U0884054

高等职业教育机械类专业系列教材

湖北装备制造职业教育品牌规划教材／模具设计与制造专业

塑料模具设计

主　编　杨志立　朱　红

副主编　卞　平

参　编　龚五堂　于　海　余立华　欧阳德祥

机械工业出版社
CHINA MACHINE PRESS

本书是依据高等职业教育模具设计与制造专业人才培养目标和规格，参照高等职业教育专业教学基本要求编写的核心课程教材。

本书由六个项目组成，每个项目又由单元来分解，详细地介绍了塑料模具设计的相关知识，具有鲜明的系统性和完整性。主要内容包括：塑料注射成型工艺及塑件结构设计、单分型面注射模设计、双分型面注射模设计、侧向分型与抽芯注射模设计、热流道注射模设计、压缩模与压注模设计等，重点介绍了塑料模具设计的步骤与方法，以及参数的选择。

本书可作为高职高专机械设计制造类相关专业的教学用书，也可作为从事塑料模具设计与制造的工程技术人员的参考用书。

本书配套有电子课件，凡选用本书作为教材的教师可登录机械工业出版社教育服务网 www.cmpedu.com 注册后免费下载。咨询电话：010-88379375。

图书在版编目（CIP）数据

塑料模具设计/杨志立，朱红主编．—北京：机械工业出版社，2016.7（2026.1 重印）

高等职业教育机械类专业系列教材 湖北装备制造职业教育品牌规划教材．模具设计与制造专业

ISBN 978-7-111-53810-3

Ⅰ.①塑… Ⅱ.①杨… ②朱… Ⅲ.①塑料模具—设计—高等职业教育—教材 Ⅳ.①TQ320.5

中国版本图书馆 CIP 数据核字（2016）第 171979 号

机械工业出版社（北京市百万庄大街 22 号 邮政编码 100037）
策划编辑：于奇慧 责任编辑：于奇慧 张丹丹
版式设计：霍永明 责任校对：肖 琳
封面设计：赵颖喆 责任印制：郜 敏
河北虎彩印刷有限公司印刷
2026 年 1 月第 1 版第 8 次印刷
184mm×260mm · 17.5 印张 · 426 千字
标准书号：ISBN 978-7-111-53810-3
定价：49.00 元

电话服务	网络服务
客服电话：010-88361066	机 工 官 网：www.cmpbook.com
010-88379833	机 工 官 博：weibo.com/cmp1952
010-68326294	金 书 网：www.golden-book.com
封底无防伪标均为盗版	机工教育服务网：www.cmpedu.com

前 言

塑料具有重量轻、比强度高、电气性能优越、化学稳定性好、摩擦因数小、耐磨性能优良、吸振和消声隔声作用好等性能特点，且易成型、易切削，能很好地同其他材料相粘接，因此在汽车、家电、办公用品、工业电器、建筑材料、电子通信等领域得到了广泛应用。塑料制品的成型离不开塑料模具，因而塑料工业的快速发展也带动了塑料模具行业的发展，塑料模具占整个模具行业比重的40%。塑料模具结构和塑料成型工艺参数的合理性对于塑料制品质量、生产成本和模具的使用寿命都会产生极大的影响。

“塑料模具设计”是面向高职院校模具设计与制造专业或机械设计制造类专业的一门专业核心课程，本书是按湖北省装备制造职业教育品牌建设任务要求编写的较为实用的教材。本书的编写遵循“打好基础、精选内容、利于教学”的原则，注重理论与实践的紧密联系，既保证了必要、足够的理论知识内容，又增强了理论知识的应用性、实用性。本书以实例作为引导，讲述了塑料模具设计的基础知识、设计方法和步骤，同时采用最新设计标准，是一本方便教学、突出实用的塑料模具设计的教材。

本书共分为六个项目，分别为塑料注射成型工艺及塑件结构设计、单分型面注射模设计、双分型面注射模设计、侧向分型与抽芯注射模设计、热流道注射模设计、压缩模与压注模设计等。

本书也是一本比较全面的有关塑料模具设计的工具书，以案例作为引导，结合模具设计的步骤，从易到难、循序渐进；线条清晰、简单明了、容易掌握；具有标准数据资料新、实用性强等特点，可作为高职高专机械设计制造类相关专业的教学用书，也可作为从事塑料模具设计与制造的工程技术人员的参考用书。

本书由武汉职业技术学院杨志立、朱红任主编，湖北工业职业技术学院卞平任副主编。其中前言和项目 1 由朱红编写，项目 2 由杨志立编写，项目 3 由卞平编写，项目 4 中的单元1、2 由荆州职业技术学院龚五堂编写，项目 4 中的单元3 与附录由武汉职业技术学院欧阳德祥编写，项目 5 由咸宁职业技术学院于海编写，项目 6 由武汉职业技术学院余立华编写。

由于编者水平有限，书中难免出现疏忽错误之处，敬请各位读者批评指正。

编 者

目录

项目 1
塑料注射成型工艺及塑件结构设计

单元 1　塑料的组成及工艺性

【学习目标】

1. 了解塑料的组成及分类。
2. 了解塑料成型的工艺性。
3. 掌握常用塑料的性能及应用，并能选用塑件原料。

1.1.1　塑料简介

1. 塑料的组成

塑料是以合成树脂为主要原料，加入一定的添加剂制成的。塑料在一定的温度、压力下可以模塑成一定的结构形状，并且在常温下能保持其结构形状不变。塑料原料如图 1-1 所示。

图 1-1　塑料原料

（1）树脂　树脂包括天然树脂和合成树脂。在塑料生产中，一般都采用合成树脂。树脂是塑料中最重要的成分，它决定了塑料的类型和基本性能，如热性能、物理性能、化学性能和力学性能等；它胶黏着塑料中的其他成分，使塑料具有塑性和流动性，从而具有成型性能。

（2）添加剂　添加剂包括填充剂、增塑剂、稳定剂、润滑剂、着色剂和固化剂等。

1）填充剂。填充剂又称填料，是塑料中重要但并非每种塑料都必不可少的成分。填充剂与塑料中的其他成分机械混合，它们之间不起化学作用，但与树脂牢固胶黏在一起。

填充剂在塑料中的作用有二：一是减少树脂用量，降低塑料成本；二是改善塑料的某些性能，扩大塑料的应用范围。在许多情况下，填充剂所起的作用是很大的，例如聚乙烯、聚氯乙烯等树脂中加入钙质填料后，便成为十分廉价的具有足够刚性和耐热性的钙塑料。用玻璃纤维作为塑料的填充剂，能使塑料的力学性能大幅度提高，而用石棉作为填充剂则可以提高塑料的耐热性。有的填充剂还可以使塑料具有树脂所没有的性能，如导电性、导磁性和导热性等。常用的填充剂有木粉、纸浆、云母、石棉和玻璃纤维等。塑料中的填充剂含量一般为20% ~50%（质量分数）。

2）增塑剂。有些树脂（如硝酸纤维、醋酸纤维和聚氯乙烯等）的可塑性很小，柔韧性也很差。为了降低树脂的熔融黏度和熔融温度，改善其成型性能，改进塑料的柔韧性、弹性等，通常加入某些能与树脂相溶、不易挥发的高沸点液态或低熔点固态的有机化合物，这类物质称为增塑剂。增塑剂的作用是提高塑料的可塑性和柔软性，但增塑剂的加入会降低塑料的稳定性、介电性能和机械强度，因此在塑料中应尽量减少增塑剂的含量。常用的增塑剂有邻苯二甲酸二丁酯、邻苯二甲酸二辛酯等。

3）稳定剂。稳定剂的作用是抑制或防止塑料在储存、加工和使用过程中产生降解，使加工顺利并保证塑件具有一定的使用寿命。所谓降解是指塑料在热、力、氧、水、光和射线等作用下，导致大分子断链或分子结构发生有害变化。

稳定剂可分为热稳定剂、光稳定剂和抗氧化剂等。使用热稳定剂的塑料主要有聚氯乙烯；使用光稳定剂的塑料有聚乙烯、聚丙烯、聚苯乙烯和聚碳酸酯等；使用抗氧化剂的塑料有聚乙烯、聚丙烯和ABS等。常用的稳定剂有硬脂酸盐、铅的化合物和环氧化合物等。稳定剂用量一般为塑料质量的0.3% ~0.5%。

4）润滑剂。润滑剂的作用是防止塑料在成型过程中发生粘模，同时还能改善塑料的流动性，便于成型加工，并提高塑件表面光泽程度。常用的润滑剂有硬脂酸、石蜡和金属皂类（硬脂酸钙、硬脂酸锌）等，其加入量通常小于1%（质量分数）。常用的热塑性塑料（如聚乙烯、聚丙烯、聚氯乙烯、聚苯乙烯、聚酰胺和ABS等）往往都要加入润滑剂。

5）着色剂。主要起美观装饰作用。着色剂品种很多，但大体分为有机颜料、无机颜料和染料三大类。对着色剂的要求：着色力强；与树脂有很好的相溶性；不与塑料中其他成分发生化学反应；成型过程中不因温度、压力变化而分解变色；在塑料的长期使用过程中能够保持稳定。

要使塑料具有特殊的光学性能，可在塑料中加入珠光着色剂、磷光着色剂和荧光着色剂等。

6）固化剂。又称硬化剂、交联剂。它的作用是促使合成树脂进行交联反应，由线型结构转变为体型结构，或者加快交联反应速度。固化剂一般多用在热固性塑料中，如在酚醛树脂中加入六次甲基四胺，在环氧树脂中加入乙二胺、三乙醇胺等。另外，在注射成型热固性塑料时加入氧化镁可促使塑料快速硬化。

塑料的添加剂还有发泡剂、阻燃剂、防静电剂、导电剂和导磁剂等。并不是每一种塑料都要加入全部的添加剂，而是依塑料品种和塑件使用要求，按需要有选择地加入某些添加剂。

2. 塑料的特性

（1）优点

1）质轻。无填料的塑料相对密度在0.82 ~2.2g/cm^{3}之间，是钢铁的1/8 ~1/4。有填料的塑料的相对密度也只有铝的1/2。采用塑料可减轻机械设备的重量，特别是对于车辆、船舶、飞机、宇宙飞行器等有重大意义。因此，塑料的比强度和比刚度反而比金属大。

2）化学稳定性好。塑料在水、水蒸气、酸、碱、盐、汽油等化学介质中，大多比较稳定，不发生化学变化。在某些强腐蚀性介质中，有些塑料的耐蚀性甚至超过某些金属。因此，在工业生产中，许多设备是由塑料制造的。如硬 PVC 可耐 90% 的硫酸、各种浓度的盐酸以及碱液，是最常用的化工耐腐蚀材料。耐蚀性最好的“塑料王”——聚四氟乙烯（PTFE），在很宽的温度范围内，对许多强腐蚀性的化学介质，甚至王水都是稳定的。

3）电绝缘性、绝热、隔声性能好。大多数塑料有优良的电绝缘性，在高频电压下，可以作为电容器的介电材料和绝缘材料，广泛用于电机、电器和电子工业的结构零件和绝缘材料，如旋钮、插座、电线包覆线、电视机壳体和电冰箱绝热层。

4）耐磨和自润滑性好。有些塑料（如聚酰胺 PA，俗称尼龙）摩擦因数小，耐磨，可在无润滑的条件下工作，机械动力的损耗小，有的甚至可以不加润滑剂，或用水润滑即可。可用于制造机械传动零件，如齿轮、轴承和密封圈等，其运动平稳，无噪声。

5）黏结性能好。很多树脂（如环氧树脂）可作胶黏剂，用于胶黏木材、橡胶、玻璃、陶瓷、金属等材料。

6）成型性能好。一般塑料都可以一次成型出复杂形状的制品，多数无须再经二次加工即可使用，生产率高，如照相机壳体、电视机壳体。

7）多种防护性能。塑料还具备防水、防潮、防透气、防振、防辐射等各种性能，如饼干等食品的外包装袋有密封、防潮的作用，泡沫塑料可以防振，宇航员的飞行服可以防辐射等。

8）其他优点。

① 光学性能好。如有机玻璃、聚苯乙烯、聚碳酸酯等塑料有良好的透光性，可用于制造航空玻璃、透明灯罩、仪器仪表罩等。

② 良好的着色性。一般塑料都可以染成各种色泽鲜艳的塑料。

③ 制品成本低。原材料价格低廉，成型方便。

（2）缺点

1）塑料的强度、硬度、刚性较金属差，易蠕变（塑料在恒定载荷下，随着时间的增长，应变会缓慢地持续增大）。

2）耐热性差。大多数塑料的耐热性差，一般只可在 100℃ 以下使用，有的使用温度不能超过 60℃，少数塑料使用温度也能达到 200～280℃。塑料在较高温度下易软化、氧化变形，甚至丧失使用性能。

3）塑料收缩（膨胀）系数大，塑料件尺寸稳定性差。如聚丙烯、聚酰胺、聚甲醛，收缩率达 1.0%～3.6%，聚酰胺等吸水还会膨胀。

4）易出现老化。塑料在长时间的使用过程中，由于受到周围环境（如光、辐射、氧、水或潮湿、腐蚀性气体和微生物等）的作用，产生色泽改变，化学结构受到破坏（如分解、降解、交联等），力学性能降低，变得硬而脆或软而黏，甚至丧失使用性能，该现象称为老化。如果在塑料中加入一些防老化剂，或者在塑料的表面喷涂防老化剂来减轻光和热的作用，可以减缓塑料的老化速度，延长使用寿命。

3. 塑料的分类

塑料的种类很多，通常有以下两种分类方法。

(1) 按塑料中合成树脂的分子结构及热性能分类

1）热塑性塑料。这类塑料的合成树脂都是线型或支链型高聚物，加热到一定温度会软化、熔融成为可流动的黏稠液体，具有一定的可塑性，可成型加工成一定形状的塑件；熔体冷却硬化后保持已成型的形状，如此可以反复多次。这一过程中只有物理变化而无化学变化，其变化是可逆的，但加热温度过高，则结构会发生变化。在适当的溶剂中可溶解或溶胀。

2）热固性塑料。这类塑料的合成树脂是体型高聚物，在加热之初，因分子呈线型结构而具有可熔性和可塑性，可成型加工成一定形状的塑件；当继续加热时，分子呈现网状结构；当温度达到一定值后，树脂变成不溶和不熔的体型结构，使形状固定下来，不再变化（称为固化）。固化定型后如再次受热，不再熔化，受强热会分解，不可反复塑化成型。在这一变化过程中，既有物理变化，又有化学变化，因此，变化过程是不可逆的。常用的热固性塑料有酚醛塑料、氨基塑料等。

(2) 按使用特性分类

1）通用塑料。通用塑料一般是指产量大、用途广、成型性好、价格便宜的塑料。通用塑料有聚乙烯（PE）、聚丙烯（PP）、聚苯乙烯（PS）、聚氯乙烯（PVC）、酚醛塑料（PF）及氨基塑料六大类。

2）工程塑料。工程塑料通常能承受一定的外力作用，力学性能良好，耐高温、耐磨、耐蚀等性能及尺寸稳定性较好。可以在工程上使用的塑料很多，如聚酰胺（PA）、聚砜（PSU）、聚甲醛（POM）、聚碳酸酯（PC）以及各种增强塑料等。

工程塑料又可分为通用工程塑料和特种工程塑料两大类。

通用工程塑料包括聚酰胺、聚甲醛、聚碳酸酯、改性聚苯醚、热塑性聚酯、超高分子量聚乙烯、甲基戊烯聚合物、乙烯醇共聚物等。

特种工程塑料有聚砜、聚醚砜、聚苯硫醚、聚酰亚胺、聚醚醚酮（PEEK）、液晶聚合物和含氟聚合物等。

4. 塑料的工艺性能

塑料的工艺性能是指与塑料成型工艺及成型质量有关的各种性能。这些性能直接影响塑料成型方法的选择、工艺参数的确定以及塑件结构和尺寸的设计等。

(1) 热塑性塑料的工艺性能 热塑性塑料的成型工艺特性包括收缩性、流动性、相容性、吸湿性、热敏性、热力学特性、结晶性及取向性等。

1）收缩性。塑料从高温熔融状态充满模具型腔，当冷却到室温后塑料的体积发生了变化，比之前熔融态下的体积小，这种现象称为塑料的收缩性。通常用收缩率 S 来表示塑料收缩性的大小。收缩率是单位长度收缩量的百分数。

塑料产生收缩的原因很多，主要有以下几点：①热收缩，是指由于物体的热胀冷缩引起的尺寸变化，随着温度的降低，收缩变小，塑件尺寸变化小；②应力松弛，因塑件脱模时存在残余应力，伴随着应力松弛将会产生时效变形；③结晶收缩，结晶度越高，塑料的收缩率越大；④分子的取向收缩，即沿取向方向塑料的收缩率大，强度高。

收缩会影响塑件的尺寸精度和稳定性。塑件上特别厚大的部位容易产生缩孔或表面凹陷等缺陷。除此之外，塑件各部分由于收缩不均还会产生应力甚至变形。

收缩的形式主要包括线收缩和后收缩。线收缩是指塑件冷却至室温后尺寸缩小的现象。后收缩是指塑件脱模后，残余应力松弛引起时效变形和尺寸缩小的现象。此外，由塑件成型后热处理引起的收缩称为后处理收缩。

影响塑件成型收缩的因素主要有以下几点：

① 塑件的品种和组成。由于塑料本身合成树脂的性质不同，其收缩率各不相同。塑料中填料的数量不同，其收缩率也不相同，填料越多，收缩率越低。

② 成型工艺条件。由于各种塑料成型的温度、压力、时间各不相同，其收缩率也不同。如模具温度高，熔体冷却慢，密度大，收缩大，尤其是结晶型塑料，因其结晶度高，体积变化大，故收缩更大。模温分布与塑件内外冷却及密度均匀性也有关，将直接影响各部分收缩量的大小及方向性。另外，成型压力及保压时间对收缩影响也较大，压力大、时间长，则收缩小，但方向性大。注射压力大，熔体黏度小，层间剪切应力小，脱模后弹性回弹大，故收缩相对减小。料温高，收缩大，但方向性小。因此在成型时调整模温、压力、注射速度及冷却时间等诸因素，也可适当改变塑件收缩情况。

③ 塑件及模具结构。塑件的形状、尺寸、壁厚等都会影响收缩率的大小。塑件壁厚大、形状复杂时，熔体冷却慢而收缩大。另外，有无嵌件及嵌件的数量、布局等都直接影响收缩的大小。模具的分型面，浇口的形式、尺寸及其分布等因素都直接影响料流方向、密度分布、保压补缩作用及成型时间。如直接浇口，其截面大则收缩小，但方向性大；若采用小浇口，则收缩率大。

常见塑料的收缩率见表1-1。

通常根据塑料的收缩范围，塑件的壁厚、形状，浇口的形式、尺寸及布置情况来设计模具。通过经验确定塑件各部位的收缩率，再确定型腔尺寸。对于高精度塑件及难以把握塑料收缩率时，模具设计时应注意以下几点：

① 塑件外径取较小收缩率，内径取较大收缩率，以留有试模后修正的余地。

② 通过试模来确定浇注系统形式、尺寸及成型工艺条件。

③ 要后处理的塑件经后处理确定尺寸变化情况（测量时必须在脱模24h以后）。

④ 按实际收缩情况修正模具。

⑤ 试模时可适当地改变工艺条件，略微修正收缩值，以满足塑件要求。

2）流动性。流动性是指塑料熔体在一定温度和压力下充满模具型腔的能力。热塑性塑料流动性的好坏，一般可由熔体流动速率来衡量。根据塑料的流动性可将塑料分为三类：流动性好的，如聚酰胺、聚乙烯、聚丙烯、聚苯乙烯、醋酸纤维素等；流动性中等的，如ABS、改性聚苯乙烯（AS）、有机玻璃（PMMA）、聚甲醛、氯化聚醚等；流动性差的，如硬PVC、聚碳酸酯、聚砜、聚苯醚、氟塑料等。

塑料流动性的好坏会直接影响塑件的质量、成型的工艺参数和模具设计。如流动性不好，熔体不能充满型腔，塑件可能产生填充不足；流动性过高，则塑件飞边严重，可能产生明显的熔接痕。

影响流动性的因素同影响收缩的因素基本一致，故在模具设计时应根据所用塑料的流动性，选用合理的结构。成型时应控制料温、模温及注射压力、注射速度等工艺条件来适当地调节充型情况，以满足成型的需要。

表 1-1 常见塑料的收缩率

塑料名称		收缩率（%）	塑料名称		收缩率（%）
聚乙烯 PE	低密度 PE-LD	1.5~3.5	聚酰胺 PA	PA6	0.8~2.5
	高密度 PE-HD	1.5~3.0		PA6（30%玻璃纤维）	0.35~0.45
	玻璃纤维增强型	0.4~0.8		PA9	1.5~2.5
聚苯乙烯 PS	通用型	0.5~0.6		PA11	1.2~1.5
	耐热型	0.3~0.6		PA66	1.5~2.2
	增韧型	0.3~0.6		PA66（30%玻璃纤维）	0.4~0.55
ABS	抗冲型	0.3~0.8		PA610	1.2~2.0
	耐热型	0.3~0.8		PA610（30%玻璃纤维）	0.35~0.45
	30%玻璃纤维增强型	0.3~0.6		PA1010	0.5~4.0
聚氯乙烯 PVC	硬质	0.6~1.5	酚醛塑料 PF	玻璃纤维填料	0.05~0.2
	半硬质	0.6~2.5		云母填料	0.1~0.5
	软质	1.5~3.0		石棉填料	0.2~0.7
聚丙烯 PP	通用型	1.0~2.5		棉纤维填料	0.3~0.7
	玻璃纤维增强型	0.4~0.8		木粉填料	0.5~0.9
聚砜 PSF	普通型	0.5~0.7	三聚氰胺-甲醛 MF	纸浆填料	0.5~0.7
	玻璃纤维增强型	0.4~0.7		矿物填料	0.4~0.7
聚甲醛 POM		1.5~3.0	脲醛塑料	纸浆填料	0.6~1.3
聚碳酸酯 PC		0.5~0.8		木粉填料	0.7~1.2

3）热敏性及水敏性。某些塑料对热较为敏感，在高温下受热时间较长或进料口截面过小，剪切作用大时，料温升高易发生变色、降解、分解，塑料的这种特性称为热敏性。具有热敏性的塑料称为热敏性塑料，如硬聚氯乙烯、聚偏氯乙烯、醋酸乙烯共聚物、聚甲醛、聚三氟氯乙烯等。热敏性塑料在分解时产生单体、气体、固体等副产物，特别是有的分解产物对人体、设备、模具都有刺激、腐蚀作用或毒性。因此，对于热敏性塑料，在模具设计、选择注射机及成型时都应注意。对于热稳定性差的塑料，应加入热稳定剂，以减弱塑料的热敏性，对模具和料筒进行镀铬处理，同时合理地设计浇注系统，严格控制加热温度和加热时间。

水敏性是指塑料在高温下发生水解的敏感程度。酯类塑料（如聚碳酸酯）属于水敏塑料，这类塑料即使含有少量的水分，在高温、高压下也会发生分解，因此成型前必须进行干燥处理，比如预先加热干燥。

4）结晶性。塑料由熔体冷却至定型，分子由完全处于无次序状态的独立移动变成分子停止自由运动，并且分子沿着一定的方向排列，这种现象称为结晶性。热塑性塑料按其结晶现象的有无分为结晶型塑料与非结晶型塑料两大类。一般结晶型塑料为不透明或半透明（如聚甲醛等）的，非结晶型塑料为透明（如有机玻璃等）的。

在模具设计及选择成型设备时，应注意对结晶型塑料有下列要求：结晶型塑料料温上升到成型温度所需的热量多，应当选用塑化能力大的设备；固化结晶时放出的热量多，模具要充分地冷却；结晶型塑料熔融态与固态的密度差大，成型收缩大，易产生缩孔、气孔；结晶型塑料冷却快时结晶度低，收缩小，透明度高，而壁厚大时冷却慢，结晶度高，收缩大，所以结晶型塑料必须严格控制模温；结晶型塑料的各向异性显著，内应力大，脱模后未结晶化的分子可能继续结晶，塑件易发生变形、翘曲。

5）吸湿性。吸湿性指塑料对水分的吸收和黏附倾向，即对水的亲疏程度。塑料大致可分为吸湿或易黏附水分和不吸水也不易黏附水分两种。吸湿或易黏附水的塑料有聚酰胺、有机玻璃、聚碳酸酯、ABS 等。不吸水也不易黏附水的塑料有聚乙烯、聚丙烯等。塑料中的含水量必须控制在允许范围内，否则水分受热汽化，塑件会产生气泡、银丝等缺陷；高温、高压下塑料会发生水解，致使流动性下降，增加成型的难度。对于吸湿性塑料，必须按要求采用适当的加热方法及规范进行预热，在使用时还需用红外线照射，以防止再吸湿。

6）应力开裂。有些塑料较脆，成型时又容易产生内应力，在不大的外力或溶剂作用下即发生开裂。为此，可以在原料内加入增强剂，提高塑料的抗裂性。此外，应该合理地选择成型条件，尽量减小塑件应力；合理设计塑件与模具结构；合理地选择浇口位置和推出位置；成型后还可以对塑件进行后处理，以提高抗裂性，消除残余应力。

7）熔体破裂。当塑料熔体在恒温下通过喷嘴孔时，其流速超过一定值后，熔体表面发生明显的横向凹凸不平或断裂的现象称为熔体破裂。熔体破裂将影响塑件的外观和性能，故对于熔体流动速率较高的塑料，应适当提高熔体温度，降低注射压力和注射速度，增大喷嘴、流道和浇口截面积。常出现熔体破裂的塑料有聚乙烯、聚丙烯和聚碳酸酯等。

（2）热固性塑料的工艺性能 热固性塑料制品的尺寸稳定性好、刚性大、耐热性好，广泛应用在工程上。其工艺性能指标有收缩性、流动性、比体积和压缩率、水分和挥发物的含量、固化速度等。

1）收缩性。热固性塑料的收缩率比热塑性的收缩率大。影响热固性塑料收缩性的因素和影响热塑性塑料收缩性的因素相同。

2）流动性。热固性塑料的流动性通常以拉西格流动性来表示。拉西格流动值（单位为mm）大则流动性好；反之，流动性差。同一品种的塑料的流动性通常分为三个等级，以供不同塑件及成型工艺选用。一般塑件面积大、嵌件多、型芯及嵌件细弱，型腔很深、形状复杂时，应采用流动性较好的塑料；反之，采用流动性较差的塑料。

塑料的流动性除了取决于塑料的品种外，在填充型腔时还常受其他因素的影响。如粒度细匀，含水分及挥发物多，预热及成型条件适当，模具表面粗糙度值小，模具结构适当等都有利于改善流动性；反之，预热或成型条件不良，模具结构不良，流动阻力大或塑料储存期过长、储存温度高等，都会导致塑料填充型腔时实际的流动性能下降。

3）比体积和压缩率。它们表示各种塑料的松散程度，是计算加料腔尺寸的依据。比体积是单位质量松散的塑料所占的体积。压缩率是指松散塑料的体积与塑件体积的比值，其值恒大于1。比体积、压缩率越大，要求加料腔越大，同时，内部充气越多，成型时排气越困难。

4）水分和挥发物的含量。塑料中的水分和挥发物主要来自两个方面：一是在运输、保管时吸收的或是成型过程中未除净的水分；二是成型过程中化学反应产生的副产物。塑料中的水分和挥发物含量，对塑件质量有直接的影响，如含量过多又不及时处理，会导致流动性大，易产生溢料，延长成型周期，塑件易产生气泡、裂纹、组织疏松等缺陷。所以，水分和挥发物在成型时应设法去除，在模具设计时可考虑开设排气槽，或进行排气操作。若水分和挥发物来源属于第一种情况，则成型前需要进行预热干燥。

5）固化与固化速度。固化是指树脂由线型结构转变成体型结构的过程。固化速度不仅与塑料品种有关，还受到塑件形状、壁厚、模具温度及是否预热等因素影响。固化速度过慢，会造成生产率低；固化速度过快，流动充型时间短，难以成型大型复杂塑件。应严格地控制生产工艺条件，改善模具结构，避免塑件出现过熟或欠熟。

5. 塑料受热时的物理状态

塑料受热时的物理状态对塑料的成型加工有着非常重要的意义，不同类型的塑料在受热时会表现出不同的物理状态。

(1) 热塑性塑料受热时的物理状态

热塑性塑料的物理状态分为玻璃态（结晶型塑料又称结晶态）、高弹态和黏流态。图1-2所示为线型非结晶型树脂和线型结晶型树脂受恒定压力时变形程度与温度的关系曲线。

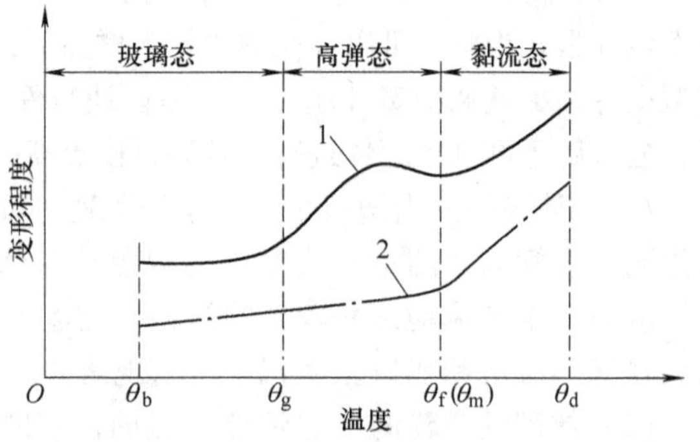

图1-2　线型树脂聚集态与温度的关系
1—线型非结晶型树脂　2—线型结晶型树脂

1）玻璃态。塑料在温度 θ_g 以下的状态是坚硬的固体，即处于玻璃态，它是大多数塑件的使用状态。处于此状态的塑料，在外力作用下分子链只能发生很小的弹性变形，并且弹性变形服从胡克定律。θ_g 称为玻璃化温度，是塑料从玻璃态转变为高弹态（或高弹态转变为玻璃态）的临界温度，是多数塑料使用的上限温度。在玻璃态下，塑料可进行车、铣、钻等切削加工。塑料在 θ_g 以下还存在一个脆化温度 θ_b，塑料在此温度下受力很容易断裂，所以 θ_b 是塑料使用的下限温度。$\theta_b \sim \theta_g$ 的范围越宽，表明塑料的使用温度范围越宽。

2）高弹态。当塑料受热温度超过 θ_g 时，由于塑料的链段运动，塑料进入高弹态。处于这一状态的塑料类似橡胶状态的弹性体，其形变能力显著增大，但仍具有可逆的形变性质。从图1-2曲线1可以看到，线型非结晶型塑料有明显的高弹态。在这种状态下，塑料可进行真空成型、压延成型和中空成型等。

3）黏流态。当塑料受热温度超过 θ_f 时，由于分子链的整体运动，塑料开始有明显的流动，塑料开始进入黏流态，变成黏流液体，通常也称之为熔体。此时形变主要是不可逆的塑性形变，经成型和冷却后，其形变会永远保持下来。在这种状态下，塑料可进行注射、挤出、吹塑等成型加工。

θ_f 称为黏流温度，是塑料从高弹态转变为黏流态（或从黏流态转变为高弹态）的临界温度。当塑料继续加热至温度 θ_d 时，塑料开始分解变色。θ_d 称为热分解温度，是塑料在高温下开始分解的临界温度，塑料的分解会降低产品的物理性能、力学性能或产生外观不良等缺陷。θ_f 是塑料成型加工的重要参考温度。$\theta_f \sim \theta_d$ 的范围越宽，塑料成型加工就越容易。

对于线型结晶型塑料，它与上述的非结晶型塑料在曲线上的区别主要有两点：一是和 θ_f

对应的温度叫熔点 θ_m，是结晶型塑料熔融和凝固之间的临界温度；二是从曲线2可看到，线型结晶型塑料在 $\theta_g \sim \theta_m$ 之间无明显的高弹态。但结晶型塑料一般不可能完全结晶，都含有非结晶的部分，所以它们在高弹态温度阶段仍能产生一定程度的变形，只不过比较小而已。

由于线型结晶型塑料不存在明显的高弹态，可在 $\theta_b \sim \theta_m$ 之间的温度范围内使用，扩大了其使用温度范围。

（2）热固性塑料受热时的物理状态　热固性塑料在受热时伴随着化学反应，它的物理状态变化与热塑性塑料明显不同。如图1-3所示，加热到一定温度时，树脂分子链运动的结果使之很快由稳定态变成塑化态，这使它具有成型性能。但这种流动状态存在的时间很短，很快由于化学反应的作用，分子结构变成网状，塑料硬化变成坚硬的固体。再加热，化学反应继续进行，分子结构变成体型，塑料还是坚硬的固体。当温度升到一定值时，塑料开始分解，即遇热不熔，高温时则分解。

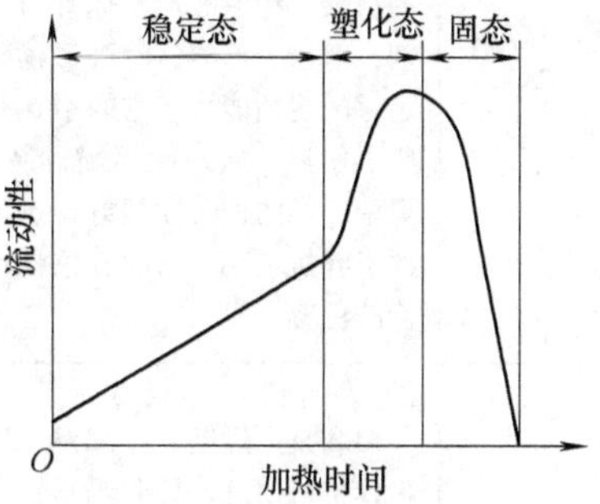

图1-3　热固性塑料受热时的物理状态

6. 热塑性塑料的基本性能与主要用途

常用热塑性塑料的基本性能与主要用途见表1-2。

表1-2　常用热塑性塑料的基本性能与主要用途

塑料名称	基本性能	主要用途
聚乙烯（PE）	无毒、无味，呈白色或乳白色，柔软、半透明的大理石状粒料，密度为0.91～0.96g/cm³，结晶型塑料。吸湿性极小，介电性能与温度、湿度无关	低压聚乙烯可用于制造塑料管、塑料板、塑料绳以及承载不高的零件，如齿轮、轴承等；高压聚乙烯常用于制作塑料薄膜、软管、塑料瓶以及电气工业的绝缘零件和电缆外皮等
聚氯乙烯（PVC）	白色或浅黄色粉末，形同面粉，造粒后为透明块状，类似明矾。有较好的电气绝缘性能，可以用作低频绝缘材料，其化学稳定性也较好。由于聚氯乙烯的热稳定性较差，长时间加热会导致分解，放出氯化氢气体，使聚氯乙烯变色，故其应用范围较小，使用温度一般为15～55℃	化学稳定性高，所以可用于制造防腐管道、管件、输油管、离心泵和鼓风机等。聚氯乙烯广泛应用于化学工业领域制造各种储槽的衬里以及建筑物的瓦楞板、门窗结构、墙壁装饰物等建筑用材。由于电绝缘性能良好，可在电气、电子工业中用于制造插座、插头、开关和电缆。在日常生活中，用于制造凉鞋、雨衣、玩具和人造革等
聚丙烯（PP）	无色、无味、无毒，密度仅为0.90～0.91g/cm³。不吸水，光泽好，易着色。聚丙烯的屈服强度、拉伸强度、压缩强度、硬度及弹性比聚乙烯好。聚丙烯的熔点为164～170℃，耐热性好，能在100℃以上的温度下进行消毒灭菌。其最低使用温度达-15℃，低于-35℃时会脆裂。聚丙烯的高频绝缘性能好，绝缘性能不受湿度的影响；但在氧、热、光的作用下极易老化，所以必须加入防老化剂	聚丙烯可用于制作各种机械零件，如法兰、接头、泵叶轮、汽车零件和自行车零件；可用于制作水、蒸汽、各种酸碱等输送管道，化工容器和其他设备的衬里、表面涂层；可用于制造盖和本体合一的箱壳、各种绝缘零件，并用于医药工业领域

（续）

塑料名称	基本性能	主要用途
聚苯乙烯（PS）	无色、透明、有光泽、无毒、无味，密度为1.054g/cm³。聚苯乙烯是目前最理想的高频绝缘材料，可以与熔融的石英相媲美。它的化学稳定性良好，能耐碱、硫酸、磷酸、质量分数为10%～30%的盐酸、稀醋酸及其他有机酸，但不耐硝酸及氧化剂，对水、乙醇、汽油、植物油及各种盐溶液也有足够的耐蚀能力。它的耐热性差，只能在不高的温度下使用，质地硬而脆，制品由于内应力而开裂。聚苯乙烯的透明性很好，透光率很高，化学性能仅次于有机玻璃。它的着色性能优良，能染成各种鲜艳的色彩	聚苯乙烯在工业上可用作仪表外壳、灯罩、化学仪器零件、透明模型等；在电气方面用作良好的绝缘材料、接线盒、电池盒等；在日用品方面广泛应用于包装材料、各种容器、玩具等
ABS（丙烯腈－丁二烯－苯乙烯共聚物）	ABS是丙烯腈、丁二烯、苯乙烯三种单体的共聚物，价格便宜，原料易得，是目前产量最大、应用最广的工程塑料之一。ABS无毒、无味，呈微黄色或白色的不透明粒料，成型的制品有较好的光泽，密度为1.02～1.05g/cm³。ABS的热变形温度比聚苯乙烯、聚氯乙烯、聚酰胺等都高，尺寸稳定性好，具有一定的化学稳定性和良好的介电性能，经过调色可配成任意颜色。其缺点是耐热性不高，连续工作温度为70℃左右，热变形温度为93℃左右。不透明，耐气候性差，在紫外线作用下易变硬发脆	在机械工业上用ABS制造齿轮、泵叶轮、轴承、把手、管道、电机外壳、蓄电池槽、冷藏库和冰箱衬里等；汽车工业上用ABS制造汽车挡泥板、扶手、热空气调节导管、加热器等，还可以用ABS夹层板制造小轿车车身；ABS还可以用来制造水表壳、纺织器材、电器零件、文教体育用品、玩具、电子琴及收录机壳体、食品包装容器、农药喷雾器及家具等
聚碳酸酯（PC）	无色透明粒料，密度为1.02～1.05g/cm³，是一种性能优良的热塑性工程塑料，韧而刚，抗冲击性在热塑性塑料中名列前茅；成型零件可达到很好的尺寸精度，并能在很宽的温度范围内保持其尺寸的稳定性；成型收缩率恒定为0.5%～0.8%；抗蠕变、耐磨、耐热、耐寒；脆化温度在－100℃以下，长期工作温度达120℃；吸水率较低，能在较宽的温度范围内保持较好的电性能。PC是透明材料，可见光的透光率接近90%。其缺点是耐疲劳强度较差，成型后制品的内应力较大，容易开裂	在机械上主要用于制造各种齿轮、蜗轮、蜗杆、齿条、凸轮、轴承，各种外壳、盖板、容器、冷冻和冷却装置的零件等。在电气方面，PC用来制造电机零件、风扇部件、拨号盘、仪表壳、接线板等，还可制造照明灯、高温透镜、视孔镜、防护玻璃等光学零件

常用热塑性和热固性塑料的成型特性见附录A和附录B。

7. 塑料选材的方法

对于塑件的材料，可以先进行初选，然后综合评价后进行试验确定。材料的初选一般有两个途径：一是根据制品用途选材；二是根据制品要求的性能选材，同时还要考虑经济成本。下面列举几种简易的选材方法。

（1）根据用途选材 除制品的用途外，还包括制品的使用环境、受力类型和作用方式、使用对象等要素。

按应用范围，塑料可归纳为以下几类：

1）制造容器、外壳、盖、导管的塑料。这类制品一般不要求承载很大负荷，但要求有良好的甚至是优良的抗冲击强度和硬度、良好的或适中的拉伸强度和尺寸稳定性，以及良好的外观和耐环境性，并要求材料的价格适中。

2）低摩擦应用方面的塑料。这类应用要求的材料需具有低的摩擦因数，甚至无润滑剂时摩擦因数也低，耐磨蚀性好，并具有良好的形稳性、耐热性和耐蚀性。

3）用作重应力机械零件的材料（如齿轮、凸轮、齿条、联轴器、辊子等）。这类材料要求力学强度高，特别是具有高的弯曲强度、拉伸强度和冲击强度，在温度升高时仍具有良好的耐疲劳性和稳定性，机械加工性良好，尺寸稳定。

4）用作化工设备的塑料和耐热塑料。这类材料要求耐化学腐蚀、吸湿性小，有的还要求耐高温或耐低温，具有较好的力学强度。

5）用作电气结构零件的塑料。这类材料要求电绝缘性优良，具有高的强度和良好的抗冲击性能、耐疲劳性和耐热性，在温度升高的情况下，尺寸稳定性良好。

6）用作透光类零件的塑料。这类透明或带颜色的半透明材料要求透光性良好，具有良好的二次成型性，耐冲击性好，并有较高的拉伸强度。

（2）根据要求的性能选材　详细了解制品的使用条件及其对材料性能的要求，然后选材并进行设计。所有的塑料选材都要把全部功能要求转换成与实际使用性能有关的工程性能，并根据要求的性能进行选材。通常根据性能选材的方法有：对塑料性能分项考虑、比较的选材，同时考虑多项性能综合评价的选材。

1.1.2　塑件材料选择实例

透明塑料盒如图1-4所示，该塑件要求无色、无味、无毒，特别强调外观要求透明，塑件批量较大，试选用塑件材料。

按照塑料选材的方法，对照表1-2及附录A，对表中各塑料进行综合比较，具体选择过程如下：

1. 分析透明塑料盒材料的性能

聚丙烯（PP）无色、无味、无毒，外观似聚乙烯，但比聚乙烯更透明、更轻。不吸水，光泽好，密度仅为0.90～0.91g/cm^3。PP的屈服强度、拉伸强度、压缩强度、硬度及弹性都比较好。其熔点为164～170℃，耐热性好，可以在100℃以上的温度下进行消毒灭菌。使用温度低于-35℃时会出现脆裂。PP的高频绝缘性能好，绝缘性能不受湿度的影响，但在氧、热、光的作用下极易老化，所以需要加入防老化剂。故选择聚丙烯（PP）塑料。

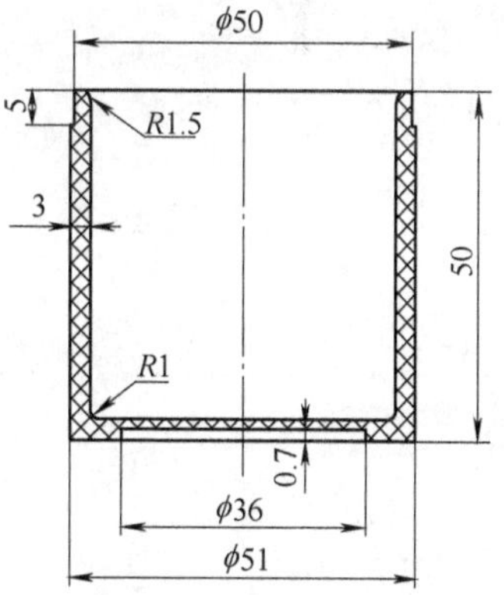

图1-4　透明塑料盒

2. 分析透明塑料盒的成型工艺性

由表1-2和附录A知，PP为结晶型塑料，吸湿性小，因此在成型前一般不需要进行干燥处理。若湿度超过允许值，则应进行干燥处理。PP的流动性极好，溢边值为0.03mm左右，易于成型。PP 的熔点和熔体热能量较高，在结晶和冷却过程中会放出较多热量，设计模具时应注意控制成型温度，因此模具要有较好的冷却系统，以减少塑件变形，并且其冷却速度快，浇注系统及冷却系统散热应适度。模具温度对收缩率影响大，易发生缩孔、凹痕、变形，取向性强。PP 成型的适宜温度为 80 ~ 90℃，不可低于 50℃，否则会造成制品表面光泽差或产生熔接痕等缺陷，温度过高会产生翘曲和变形。塑件应避免尖角、缺口，以防应力集中。PP 塑件脱模时收缩性较大，应在脱模后在定型装置上放置一天以上定型；对于尺寸精度较高的塑件，可及时进行热处理。

1.1.3 单元练习

1. 思考题

1）塑料按合成树脂的分子结构不同可分为哪几类？

2）塑料按用途不同可分为哪几类？

3）简述塑料的收缩性和流动性。

2. 综合题

如图 1-5 所示，完成工程轴套塑件材料的选择，并对所选塑料的基本性能和成型工艺性进行分析。提示：要求塑件具有良好的耐磨、减摩和自润滑性能。

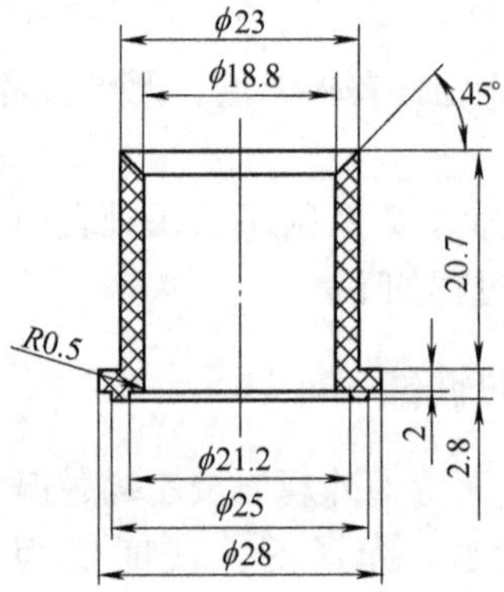

图 1-5　工程轴套

单元2　注射成型原理及工艺设计

【学习目标】

1. 了解塑料注射成型的原理。
2. 掌握塑料注射成型的工艺过程。
3. 能选择塑料的注射成型参数，编制塑件注射成型工艺卡。
4. 能在注射机上调整注射成型参数。

1.2.1　注射成型工艺

1. 注射成型原理

注射成型又称注射模塑，是热塑性塑料制件的一种主要成型方法。除氟塑料外，几乎所有的热塑性塑料都可以用此方法成型；一些热固性塑料也可以采用注射成型。

注射成型的原理是将颗粒状或粉状塑料从注射机的料斗送进加热的料筒中，经过加热熔化成黏流态熔体，在注射机柱塞或螺杆的高压推动下，以很高的速度通过喷嘴注入温度较低的闭合型腔中，经一定时间的保压、冷却，定型后即可保持模具型腔所赋予的形状，然后开模分型获得成型塑件，如图 1-6 所示。

以上工作过程就是一个成型周期，通常从几秒钟至几分钟不等，时间的长短取决于塑件的大小、形状和厚度，模具的结构，注射机类型及塑料的品种和成型工艺条件等因素。

注射成型的特点是：成型周期短，能一次成型外形复杂、尺寸精密、带有金属或非金属嵌件的塑料制件；对各种塑料的适应性强；生产率高，产品质量稳定，易于实现全自动生产。因此，注射成型广泛地应用于塑件的生产中，其产品占目前塑件生产量的 30% 左右。但注射成型的设备及模具制造费用较高，不适合单件及批量较小的塑件的生产。

2. 注射成型工艺过程

塑料注射成型工艺过程包括成型前的准备、注射成型过程和塑件的后处理。

（1）注射成型前的准备　为了使注射成型顺利进行，保证塑件质量，在注射成型之前应进行如下准备工作：

1）塑料的检验和预处理。在成型之前应对原料进行外观和工艺性能检验、染色及干燥。原料的检验包括色泽、粒度及均匀性、流动性、热稳定性、收缩性、水分含量等方面的测定。为了使成型出来的塑件更美观，或要满足使用方面的要求（如光学仪器中的零件需要黑色，防止漏光），通常要对塑料原料进行染色。

2）塑料的预热和干燥。热塑性塑料中或多或少含有水分和挥发物，适量的水分和挥发物可以起到增塑的作用。但是水分和挥发物的含量超过一定量时，就会造成塑件表面出现斑纹和

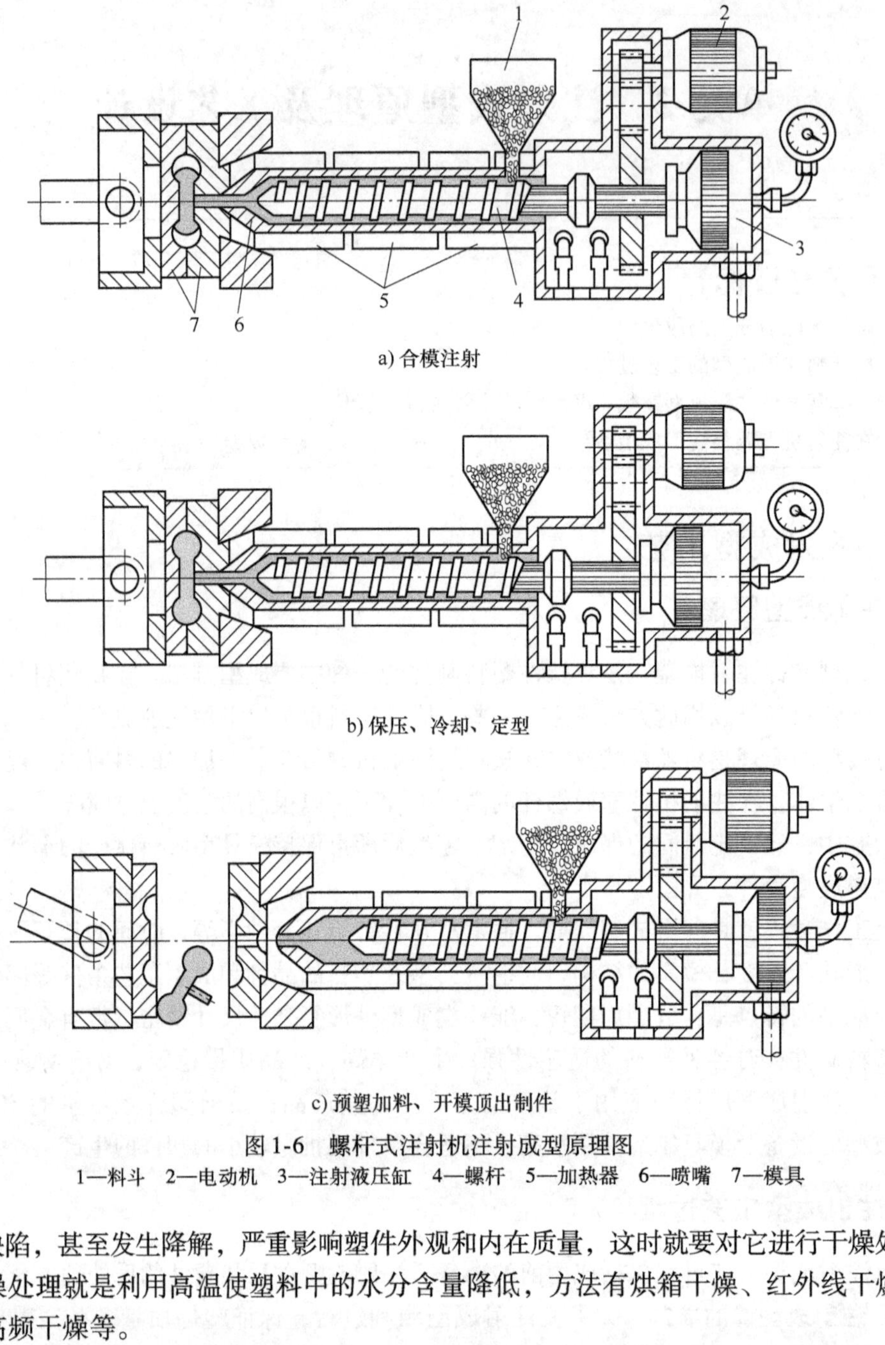

a) 合模注射

b) 保压、冷却、定型

c) 预塑加料、开模顶出制件

图 1-6　螺杆式注射机注射成型原理图

1—料斗　2—电动机　3—注射液压缸　4—螺杆　5—加热器　6—喷嘴　7—模具

气泡等缺陷，甚至发生降解，严重影响塑件外观和内在质量，这时就要对它进行干燥处理。

干燥处理就是利用高温使塑料中的水分含量降低，方法有烘箱干燥、红外线干燥、热板干燥和高频干燥等。

热塑性塑料通常采用前两种干燥方法。常用塑料在干燥箱的干燥要求见表 1-3。

3）嵌件的预热。由于金属嵌件与塑料的收缩率差别较大，因而在塑件冷却时，塑件周围产生较大的内应力，导致嵌件周围塑料层强度下降和出现裂纹。因此在成型前应对金属嵌件进行预热，以减小嵌件和塑料熔体的温度差。

对于成型不易产生应力开裂的塑料，且嵌件较小时，可以不必预热。预热的温度以不损坏金属嵌件表面所镀的锌层或铬层为限，一般为 110 ~ 130℃。对于表面无镀层的铝合金或铜嵌件，预热温度可达 150℃。

表1-3　常用塑料在干燥箱的干燥要求

塑　料	温度/℃	时间/h	塑　料	温度/℃	时间/h
软聚氯乙烯 PVC－P	70～80	3～4	聚乙烯 PE	70～80	1
硬聚氯乙烯 PVC－U	70～80	3～4	聚苯乙烯 PS	70～80	1
聚碳酸酯 PC	100～120	3～4	聚丙烯 PP	70～80	1
ABS	85～95	4～5	聚甲醛 POM	110	2
聚砜 PSU	120～140	3～4	聚酰胺 PA	90～100	3～4

4）料筒的清洗。在注射成型之前，如果注射机料筒中原来残存的塑料与将要使用的塑料不同或颜色不一致时，都要进行清洗。通常可采用对空注射法清洗。

5）脱模剂的选用。注射成型时，塑件的脱模主要是依赖合理的工艺条件和正确的模具设计，但由于塑件本身的复杂性或工艺条件控制不稳定，可能造成脱模困难，所以在实际生产中经常使用脱模剂。常用的脱模剂有硬脂酸锌、液状石蜡和硅油等。

由于注射原料的种类、形态、塑件的结构、有无嵌件以及使用要求的不同，各种塑件成型前的准备工作也不完全一样。

（2）注射成型过程　注射成型过程一般包括加料、塑化、注射、保压、冷却和脱模等几个步骤。

1）加料。注射成型时定量（定容）加料，以保证操作稳定，塑料塑化均匀，最终获得良好的塑料制件。加料过多、受热的时间过长等容易引起塑料的热降解，同时注射机的功率损耗增多；加料过少，料筒内缺少传压介质，型腔中塑料熔体压力降低，难于补缩，容易引起塑件出现收缩、凹陷、空洞甚至缺料等缺陷。

2）塑化。塑料在料筒中受热，由固体颗粒转化成黏流态并且形成具有良好可塑性的均匀熔体的过程称为塑化。决定塑料塑化质量的主要因素是物料的受热情况和所受到的剪切作用。

通过料筒对物料加热，使聚合物分子松弛，出现由固体向液体转变；而剪切作用则以机械力的方式强化了混合和塑化过程，使塑料熔体的温度分布、物料组成和分子形态都发生改变，并更趋于均匀；同时螺杆的剪切作用能在塑料中产生更多的摩擦热，促进塑料的塑化，因而螺杆式注射机对塑料的塑化比柱塞式注射机要好得多。

3）注射。塑化好的熔体被柱塞或螺杆推挤至料筒前端，经过喷嘴及模具浇注系统进入并充满型腔，这一阶段称为注射。

4）保压。在模具中熔体冷却收缩时，继续保持施压状态的柱塞或螺杆迫使浇口附近的熔体不断补充至模具中，使型腔中的塑料熔体能成型出形状完整而致密的塑件，这一阶段称为保压。

保压结束后柱塞或螺杆后退，型腔中的压力解除，这时型腔中的熔体压力将比浇口前方的高，如果浇口尚未冻结，就会发生型腔中的熔体通过浇口流向浇注系统的倒流现象，使塑件产生收缩、变形及质地疏松等缺陷。如果保压结束之前浇口已经冻结，就不存在倒流现象。

5）浇口冻结后的冷却。当浇注系统的塑料已经冻结后，继续保压已不再需要，因此可退回柱塞或螺杆，卸除对料筒内塑料的压力，并加入新料，同时通入冷却水、油或空气等冷却介质，对模具进行进一步的冷却，这一阶段称为浇口冻结后的冷却。实际上冷却过程从塑料注入型腔起就开始了，它包括从充模完成、保压到脱模前的这一阶段时间。

6）脱模。塑件冷却到一定的温度即可开模，在推出机构的作用下将塑料制件推出模外。

(3) 塑件的后处理 由于塑化不均匀或由于塑料熔体在型腔中的结晶、定向和冷却不均匀，造成塑件各部分收缩不一致，或因为金属嵌件的影响和塑件的二次加工不当等原因，塑件内部不可避免地存在一些内应力。而内应力的存在会导致塑件在使用过程中产生变形或开裂，因此应设法消除。

根据塑料的特性和使用要求，塑件可进行退火处理和调湿处理。

1）退火处理。退火处理是将塑件在一定温度的烘箱或液体介质（如热水、热矿物油、甘油、乙二醇和液状石蜡等）中保温一段时间，然后缓慢冷却至室温的热处理过程。

退火温度一般控制在塑件的使用温度以上10~20℃、塑料的玻璃化温度（工业上称之为热变形温度）以下10~20℃。温度不宜过高，否则塑件会产生翘曲变形；温度也不宜过低，否则达不到后处理的目的。

退火的时间取决于塑料品种、加热介质的温度、塑件的形状和壁厚、塑件精度要求等因素。

退火处理的结果是：消除塑件的内应力，稳定尺寸；对于结晶型塑料，还能提高结晶度，稳定结晶结构，从而提高其弹性模量和硬度。常用塑料的退火要求见表1-4。

表1-4 常用塑料的退火要求

塑 料	处理介质	温度/℃	制品厚度/mm	处理时间/min
PA6	油	130	12	15
PA66	空气或油	150	3	15
ABS	空气或水	80~100	—	16~20
PC	空气或油	125~130	1	30~40
PE	水	100	≤6	15~30
			>6	60
PP	空气	150	≤6	30~60
			>6	60
PS	空气或水	60~70	≤6	30~60
		70~77	>6	60~360
PSU	空气或水	160	<6	60~180
PMMA	空气	75	—	240~360

2）调湿处理。调湿处理是将刚脱模的聚酰胺类塑件放入沸水或醋酸钾溶液中，隔离空气，防止氧化，加速达到吸湿平衡，消除内应力，稳定其尺寸的后处理工序。因为聚酰胺类塑件脱模时，在高温下接触空气容易氧化变色；另外，这类塑件在空气中使用或存放又容易吸水而膨胀，需要经过很长时间才能使尺寸稳定下来，所以要进行调湿处理。经过调湿处理，还可以改善塑件的韧性，使冲击强度和拉伸强度有所提高。

调湿处理的介质为沸水或醋酸钾溶液（沸点为121℃），加热温度为100~120℃，热变形温度高的塑料品种取上限；相反，取下限。

调湿处理的时间取决于塑料的品种、塑件形状与壁厚和结晶度大小。达到调湿处理时间后，应缓慢冷却至室温。

不是所有的塑件都要进行后处理，如果塑件要求不严格，可以不必后处理。如聚甲醛和氯化聚醚塑件，虽然存在内应力，但由于高分子本身柔性较大和玻璃化温度较低，内应力能够自行缓慢消除，就可以不进行后处理。

3. 注射成型工艺参数

在塑件的生产中，工艺参数的选择和控制是保证成型顺利进行和塑件质量的关键因素之一，注射成型最主要的工艺参数是温度、压力和时间。

(1) 温度　在注射成型中，要控制的温度有料筒温度、喷嘴温度和模具温度。前两种温度主要影响塑料的塑化和流动，而后一种温度主要影响塑料的充模和冷却定型。

1）料筒温度。关于料筒温度的选择，涉及的因素很多，主要有以下几方面：

① 塑料的黏流温度或熔点。对于非结晶型塑料，料筒末端温度应控制在黏流温度 θ_f 以上；对于结晶型塑料，应控制在熔点 θ_m 以上。但不论结晶型或非结晶型塑料，料筒温度均不能超过塑料本身的分解温度 θ_d。也就是说，料筒温度应控制在黏流温度（或熔点）与分解温度之间即 $\theta_f \sim \theta_d$ 或 $\theta_m \sim \theta_d$。

对于黏流温度与分解温度之间温度范围较窄的塑料（如硬聚氯乙烯），为防止塑料分解，料筒温度应取偏低一些。对于黏流温度与分解温度之间范围较宽的塑料（如聚苯乙烯、聚乙烯、聚丙烯），料筒温度可以比黏流温度高一些。

对于热敏性塑料（如聚甲醛、聚氯乙烯等），要注意控制料筒的最高温度和塑料在料筒中停留的时间，防止塑料在高温下停留时间过长而产生降解。

② 塑料的相对分子质量及其分布。同一种塑料，平均相对分子质量高且分布较窄，熔体黏度大时，料筒温度应高些；而平均相对分子质量低、分布宽、熔体黏度小时，料筒温度可低些。对于玻璃纤维增强塑料，随着玻璃纤维含量的增加，熔体流动性下降，因而料筒温度要相应提高。

③ 注射机类型。柱塞式注射机中塑料的加热仅靠料筒壁和分流梭表面传热，而且料层较厚，升温较慢，因此料筒的温度要高些；螺杆式注射机中的塑料受到螺杆的搅拌混合，可获得较多的剪切摩擦热，料层较薄，升温较快，因此料筒温度可以低些，两种情况下的温差约为10～20℃。

④ 塑件及模具结构特点。对于薄壁塑件，其相应的型腔狭窄，熔体充模的阻力大，冷却快，为了提高熔体流动性，便于充满型腔，料筒温度应选择高些。反之，对于厚壁制品，料筒温度可取低一些。对于形状复杂或带有嵌件的塑件，或熔体充模流程较长、曲折较多时，料筒温度也应该取高一些。

料筒温度的分布，一般从料斗一侧起至喷嘴是逐步升高的，以利于塑料逐步均匀塑化。料筒的温度还应与其他工艺参数结合起来考虑，如采用较高的注射压力时，料筒温度可以低些；相反，料筒温度应高些。如果成型周期长，塑料在料筒中受热时间长，料筒温度应稍低些；如果成型周期较短，则料筒温度应高些。

2）喷嘴温度。喷嘴温度通常略低于料筒的最高温度，以防止熔体在喷嘴处产生“流延”现象。喷嘴低温产生的影响可从熔体注射时所产生的摩擦热中得到一定的补偿。但是，喷嘴的温度也不能过低，否则熔体在喷嘴处会出现早凝而将喷嘴堵塞，或者早凝料注入模具型腔而影响塑件质量。

3）模具温度。模具温度对塑料熔体在型腔内的流动和塑料制件的内在性能与表面质量影响很大。模具温度的高低取决于塑料的特性、塑件的尺寸与结构、性能要求及其他工艺参数。

模具的温度越低，型腔内的塑料冷却速度越快，可以大大缩短成型周期，提高生产率。但当模具温度太低时，容易产生熔接痕等缺陷，影响塑件的外观质量；模具温度过高，则塑料冷却慢，成型周期加长，塑件脱模容易翘曲变形，影响塑件的尺寸精度。

模具温度由通入定温的冷却介质来控制，也可以靠熔体注入模具自动升温和自然散热达到平衡而保持一定模温。在特殊情况下，可采用电阻加热圈和加热棒对模具加热而保持定温。不管是加热还是冷却，对塑料熔体来说都是冷却降温过程，以使塑料成型和脱模。

（2）压力 注射成型过程中的压力包括塑化压力和注射压力，它们关系到塑化和成型的质量。

1）塑化压力。塑化压力是指采用螺杆式注射机时，螺杆顶部熔体在螺杆转动后退时所受到的压力，又称背压，其大小可以通过液压系统中的溢流阀来调节。

塑化压力大小对熔体实际温度、塑化效率及成型周期等均有影响。在其他条件相同的情况下，增加塑化压力，会提高熔体的温度及其均匀性，有利于着色剂的均匀混合，有利于排除熔体中的气体。但塑化压力升高会降低塑化效率，从而延长成型周期，而且增加了塑料分解的可能性。因此，塑化压力应在保证塑件质量的前提下越低越好，其具体数值随塑料品种而异，通常很少超过2MPa。

2）注射压力。注射机的注射压力是指柱塞或螺杆头部对塑料熔体所施加的压力。在注射机上常用表压指示注射压力的大小，在40～130MPa范围内。其作用是克服熔体充模过程中的流动阻力，给予熔体一定的充模速率以及对熔体进行压实。

注射压力的大小取决于注射机的类型、塑料的品种、模具结构、模具温度、塑件的壁厚及流程的长短等，尤其是浇注系统的结构和尺寸。对于熔体黏度高的塑料，其注射压力应比黏度低的塑料高；对薄壁、面积大、形状复杂及成型时熔体流程长的塑件，注射压力也应高些；模具结构简单、浇口尺寸较大时，注射压力可以较低；对于柱塞式注射机，因料筒内压力损失较大，故注射压力应比螺杆式注射机高；料筒温度高、模具温度高时，注射压力也可以较低。

型腔充满后，注射压力的作用在于对模内熔体的压实，这时称为保压压力。在生产中，保压压力等于或小于注射时的注射压力。如果注射压力和保压压力相等，则往往可以使塑件的收缩率减小，并且尺寸稳定性及力学性能较好。缺点是会造成脱模时的残余压力过大，塑件脱模困难和成型周期长。

在实际生产中，通常通过试验确定注射压力的大小，先用低压慢速注射，然后再根据成型出来的塑件情况进行调整，直到成型出质量最好、符合要求的塑件。

（3）时间 完成一次注射成型过程所需的时间称为成型周期。它是决定成型生产率及塑件质量的一个重要因素。它包括以下几部分：

- 成型周期
  - 注射时间
    - 充模时间（柱塞或螺杆前进时间）
    - 保压时间（柱塞或螺杆停留在前进位置的时间）
  - 模内冷却时间（柱塞后退或螺杆转动后退的时间均包括在这段时间内）
  - 其他时间（指开模、脱模、喷涂脱模剂、安放嵌件和合模等时间）

成型周期直接影响生产率和设备利用率，应在保证产品质量的前提下，尽量缩短成型周期中各阶段的时间。在整个成型周期中，注射时间和冷却时间最重要。它不仅是成型周期的主要组成部分，而且对塑件的质量有决定性的影响。在生产中，充模时间一般不超过10s；保压时间（即压实时间）在整个注射时间内所占的比例较大，一般约为20～120s，壁厚特别大时可达5～10min或更长。

冷却时间主要取决于塑件的壁厚、模具温度、塑料的热性能和结晶性能。冷却时间的长短应以保证塑件脱模时不引起变形为原则，一般约为30～120s。此外，在成型过程中应尽可能缩短开模、脱模等其他时间，以提高生产率。

常用热塑性塑料注射成型的工艺参数见附录C。

4. 注射成型工艺规程编制

根据塑件的使用要求和塑料的工艺特性，正确选择成型方法，确定成型工艺过程及成型工艺条件，合理设计产品，选择原材料，合理设计注射模具及设备选择等，以保证成型工艺顺利进行，保证塑件达到要求，这一系列工作通常称为塑件工艺规程的编制。

注射成型工艺规程是塑件生产的纲领性文件，它指导塑件的生产准备及生产全过程。工艺规程的编制是保证塑件生产顺利进行及产品质量最重要的前期工作。注射成型工艺规程编制的内容和步骤如下：

1）塑件的分析。

2）塑件的成型方法及工艺流程的确定。

3）塑件模具类型和结构形式的确定。

4）成型工艺条件的确定。

5）设备和工具的选择。

6）工序质量标准和检验项目、检验方法的确定。

7）技术安全措施的制订。

8）工艺文件的制订。

1.2.2　注射成型工艺设计实例

1. 选择透明塑料盒的成型方式

根据单元1透明塑料盒塑件材料为PP，PP属于热塑性塑料，制品需大批量生产。注射成型生产周期短，效率高，易实现自动化生产。其模具结构相对复杂，制造成本较高，但批量较大的生产采用注射成型较为经济。压缩成型及压注成型主要生产热固性塑料，其生产率相对较低，制品精度较低，不易实现生产的自动化。挤出成型主要成型管材、型材等具有连续等截面的制品。气动成型主要成型塑料瓶、塑料盒、塑料箱等容器类制品。通过对比分析，图1-4所示透明塑料盒可采用注射成型。

2. 确定透明塑料盒的成型工艺

透明塑料盒的成型工艺过程包括成型前的准备、注射成型过程以及制品的后处理三个方面。

（1）成型前的准备

1）PP原料的检验。对PP的外观进行检验，包括色泽、粒度均匀度等。除此之外，还应对其成型工艺性能进行必要的检测。

2）预热干燥。PP不吸水，成型前不需做干燥处理。

3）清洗。生产前如需改变塑料品种、更换成型物料、调换颜色或发现塑料中有分解或降解现象时，必须对注射机料筒进行清洗。

4）喷涂脱模剂。为了方便制品脱模，可根据实际生产条件在模具的型腔表面喷涂脱模剂，常用的有硬脂酸锌、液状石蜡和硅油等。

（2）注射成型过程 注射成型过程一般包括加料、塑化、注射、保压、冷却和脱模等步骤。

（3）制品的后处理 由于透明塑料盒精度要求不高，壁厚不大，故不需要进行后处理。但脱模后塑件应在定型装置上放置一天以上定型。

（4）编制注射成型工艺规程 参照附录 C 编制透明塑料盒的注射成型工艺卡片（见表 1-5）。

表 1-5 塑料零件注射成型工艺卡片

	塑料零件注射成型工艺卡片				（企业名称）					
					产品名称			透明塑料盒		
	材料名称		PP		材料颜色			白色		
	零件净重		23.64g/件		零件毛重			35g/件		
	设备		HTF60W1-Ⅰ		注射成型工艺	料筒温度	第一段	150~170℃		
	模具	编号	MJ01				第二段	180~190℃		
		型腔数量	2				第三段	190~205℃		
		推出高	65mm			喷嘴温度		170~190℃		
		总高	260mm			模具温度		40~60℃		
		附件				压力	注射	60~130MPa		
	嵌件	图号	名称	数量			保压	50~ 60MPa		
						螺杆转速		30~60r/min		
	原料干燥处理	使用设备				注射时间	闭模	1.5s	工时	
		盛料高度					注射	2s	准终	单件
		翻料时间					保压	5s		
		干燥温度					冷却	10s		
		干燥时间					开模	1.5s		
							总时间	30s		
	零件成型后处理	热处理								
描图		加热温度								
		加热时间								
描校		保温时间								
		冷却方式								
底图		塑料烘干								
		包装								
装订号	检验	编制	校对	审核						

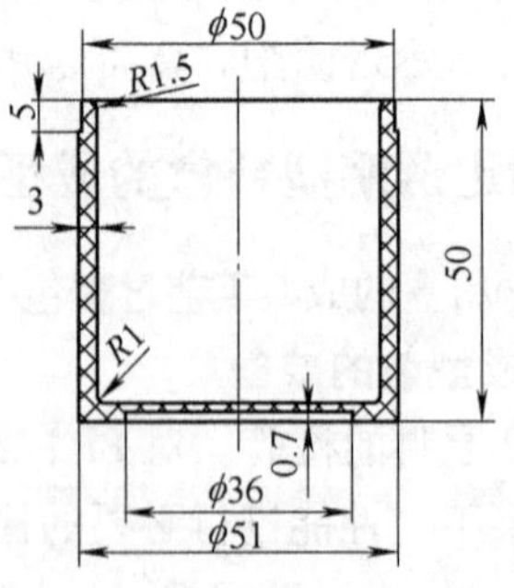

1.2.3　单元练习

1. 思考题

1）简述注射机工作循环的过程。

2）简述注射成型原理。注射成型过程分为哪几个阶段？

3）何为注射成型压力？注射成型压力的大小取决于哪些因素？

2. 综合题

1）完成图 1-5 工程轴套注射成型工艺设计。

2）完成塑料注射成型实训。

3）按塑料注射成型实验过程的要求写出实验报告。

单元3　塑件的设计

【学习目标】

1. 掌握塑件设计的基础知识。
2. 了解塑件设计的合理性与模具设计的关系。
3. 能设计符合要求的塑件结构并绘制塑件图。

1.3.1　塑件精度及结构设计

1. 塑件设计的基本要求

（1）塑件结构设计时的质量控制　塑料产品结构是否合理，不但影响产品能否顺利成型及模具结构，还会影响产品成型后的质量，因此塑件结构设计是产品质量控制的一个重要内容。要想保证产品质量，在设计塑件时应注意以下几点：

1）塑件应满足使用功能。产品设计者应使每一个塑件具有尽量多的使用功能，以减少后续因零件装配而增加的成本。

2）在满足使用功能的前提下尽量降低对塑件尺寸精度和表面质量的要求。塑件精度要求过高，模具制造难度加大，同时工艺条件控制的难度也加大了，这些都不利于保证塑件的质量。

3）尽量减少塑料的用量。在满足塑件结构、使用功能、外观要求和成型性能的基础上，应尽量减少塑料原料的用量，以降低产品成本。

4）塑件的结构、尺寸及公差和技术标准必须符合成型工艺性（如流动性、收缩率等）要求。正确的产品结构、合理的公差和技术标准能使塑件成型容易、质量高、成本低。塑件的结构工艺性差，不但模具制造成本高，而且成型也很困难。

5）尽量简化模具结构及降低模具零件的加工难度。塑件设计时，要考虑模具零件尤其是成型零件的加工工艺性。

（2）材料选择时的质量控制　塑料材料的选择是否合适，不仅影响产品的使用性能，而且影响产品的整个生产过程、生产成本和生产率，以及成型工艺规程的编制、产品成型的难易程度和产品的质量等。

产品设计者在选择塑件材料时应注意以下问题：

1）材料的性能要满足产品的使用要求。要充分分析塑件的使用环境和实际使用要求，选择物理性能、化学性能、力学性能、热性能和电性能等方面都能满足塑件使用要求的材料。

2）材料的工艺性能要满足成型工艺的要求。材料的工艺性能对成型工艺的实施、模具结构的确定和产品的质量有很大影响。在成型前要对选定材料的部分工艺性能及参数进行检验和核对，确定是否满足成型工艺的要求，如热塑性塑料熔体流动速率的测定，水分含量的测定，材料的名称、产地、等级、牌号、技术参数的核对等。

3）材料纯度要满足产品工艺要求。材料纯度不高直接影响产品的成型过程，会造成大量的废品；材料纯度过高，则会增加产品的成本。所以要严格要求材料的纯度，尤其是多组分的塑料。多组分的塑料成分多且复杂，混入异物的可能性较大，产品容易出现质量问题。为此要严格控制各个组分的质量，防止各组分杂质过高、性能不稳定或混入异物。

2. 塑件设计的内容

（1）塑件的尺寸及精度

1）塑件的尺寸。塑件的尺寸是指塑件的总体尺寸（如塑件的总体长、宽和高等），不包括壁厚、孔径等结构尺寸。

塑件尺寸的大小受到塑料成型工艺性及成型设备参数两个因素的影响。塑料成型工艺性主要指塑料流动性，流动性差的塑料（如玻璃纤维增强塑料）难以成型大型、薄壁以及复杂件，以免充不满型腔或产生熔接痕。设备参数同样影响塑件尺寸，设备为注射机时，塑件尺寸受到注射机公称注射量、锁模力和安装模板尺寸的限制；设备为压力机时，则受到压力机最大压力和工作台面尺寸的限制。

2）塑件的精度。塑件的尺寸精度是指所获得的塑件尺寸与产品图样的符合程度，即所获塑件尺寸的准确度。

影响塑件精度的因素很多，首先是模具的制造精度及磨损程度，其次是塑料收缩率的选择与波动，成型工艺条件的变化，塑件的飞边及脱模斜度，塑件成型脱模后的尺寸变化等。塑件的尺寸精度一般不高，应在保证使用要求的前提下尽可能把塑件尺寸精度选得低一些。

塑件的尺寸公差可依据 GB/T 14486—2008《塑料模塑件尺寸公差》确定，每种塑料分为高精度、一般精度和低精度三种精度。塑件公差等级分成7级，用代号 MT 表示，MT1 精度要求最高。除此，还给出了不受模具活动部分（A 部分）和受模具活动部分（B 部分）影响尺寸的公差，见表1-6。模具行业中塑件尺寸的偏差通常采用“入体原则”，孔类尺寸公差冠以“+”号，轴类尺寸公差冠以“-”号，中心距尺寸公差取表中数值之半并冠以“±”号。如果塑件给定尺寸不符合上述规定，则应先对塑件尺寸标注进行转换。

塑件公差等级的选择与塑料品种有着一定的关系。塑件的精度要求越高，模具的制造精度要求也越高。通常情况下未注公差按照低精度选用公差，在特殊要求下选用1、2级技术精密级。塑件尺寸公差等级的选用可参照表1-7。

（2）塑件表面质量

1）塑件表面粗糙度。塑件的外观要求越高，表面粗糙度值应越小。塑件表面粗糙度值的高低，主要与模具型腔的表面粗糙度有关。一般情况下，模具的表面粗糙度值要比塑件低1～2级。模具在使用过程中，由于型腔磨损而使表面粗糙度值不断加大，所以应随时给予抛光复原。透明塑件要求型腔和型芯的表面粗糙度相同，而不透明塑件则根据使用情况来决定它们的表面粗糙度。塑件的表面粗糙度可参照 GB/T 14234—1993《塑料件表面粗糙度》选取，见表1-8，一般取 Ra 值为1.6～0.2μm。

表 1-6　模塑件尺寸公差（GB/T 14486—2008）　　（单位：mm）

公差等级	公差种类	公称尺寸												
		>0~3	>3~6	>6~10	>10~14	>14~18	>18~24	>24~30	>30~40	>40~50	>50~65	>65~80	>80~100	>100~120
标注公差的尺寸公差值														
MT1	A	0.07	0.08	0.09	0.10	0.11	0.12	0.14	0.16	0.18	0.20	0.23	0.26	0.29
	B	0.14	0.16	0.18	0.20	0.21	0.22	0.24	0.26	0.28	0.30	0.33	0.36	0.39
MT2	A	0.10	0.12	0.14	0.16	0.18	0.20	0.22	0.24	0.26	0.30	0.34	0.38	0.42
	B	0.20	0.22	0.24	0.26	0.28	0.30	0.32	0.34	0.36	0.40	0.44	0.48	0.52
MT3	A	0.12	0.14	0.16	0.18	0.20	0.22	0.26	0.30	0.34	0.40	0.46	0.52	0.58
	B	0.32	0.34	0.36	0.38	0.40	0.42	0.46	0.50	0.54	0.60	0.66	0.72	0.78
MT4	A	0.16	0.18	0.20	0.24	0.28	0.32	0.36	0.42	0.48	0.56	0.64	0.72	0.82
	B	0.36	0.38	0.40	0.44	0.48	0.52	0.56	0.62	0.68	0.76	0.84	0.92	1.02
MT5	A	0.20	0.24	0.28	0.32	0.38	0.44	0.50	0.56	0.64	0.74	0.86	1.00	1.14
	B	0.40	0.44	0.48	0.52	0.58	0.64	0.70	0.76	0.84	0.94	1.06	1.20	1.34
MT6	A	0.26	0.32	0.38	0.46	0.52	0.60	0.70	0.80	0.94	1.10	1.28	1.48	1.72
	B	0.46	0.52	0.58	0.66	0.72	0.80	0.90	1.00	1.14	1.30	1.48	1.68	1.92
MT7	A	0.38	0.46	0.56	0.66	0.76	0.86	0.98	1.12	1.32	1.54	1.80	2.10	2.40
	B	0.58	0.66	0.76	0.86	0.96	1.06	1.18	1.32	1.52	1.74	2.00	2.30	2.60
未注公差的尺寸允许偏差														
MT5	A	±0.10	±0.12	±0.14	±0.16	±0.19	±0.22	±0.25	±0.28	±0.32	±0.37	±0.43	±0.50	±0.57
	B	±0.20	±0.22	±0.24	±0.26	±0.29	±0.32	±0.35	±0.38	±0.42	±0.47	±0.53	±0.60	±0.67
MT6	A	±0.13	±0.16	±0.19	±0.23	±0.26	±0.30	±0.35	±0.40	±0.47	±0.55	±0.64	±0.74	±0.86
	B	±0.23	±0.26	±0.29	±0.33	±0.36	±0.40	±0.45	±0.50	±0.57	±0.65	±0.74	±0.84	±0.96
MT7	A	±0.19	±0.23	±0.28	±0.33	±0.38	±0.43	±0.49	±0.56	±0.66	±0.77	±0.90	±1.05	±1.20
	B	±0.29	±0.33	±0.38	±0.43	±0.48	±0.53	±0.59	±0.66	±0.76	±0.87	±1.00	±1.15	±1.30

（续）

公差等级	公差种类	公称尺寸											
		>120~140	>140~160	>160~180	>180~200	>200~225	>225~250	>250~280	>280~315	>315~355	>355~400	>400~450	>450~500
标注公差的尺寸公差值													
MT1	A	0.32	0.36	0.40	0.44	0.48	0.52	0.56	0.60	0.64	0.70	0.78	0.86
	B	0.42	0.46	0.50	0.54	0.58	0.62	0.66	0.70	0.74	0.80	0.88	0.96
MT2	A	0.46	0.50	0.54	0.60	0.66	0.72	0.76	0.84	0.92	1.00	1.10	1.20
	B	0.56	0.60	0.64	0.70	0.76	0.82	0.86	0.94	1.02	1.10	1.20	1.30
MT3	A	0.64	0.70	0.78	0.86	0.92	1.00	1.10	1.20	1.30	1.44	1.60	1.74
	B	0.84	0.90	0.98	1.06	1.12	1.20	1.30	1.40	1.50	1.64	1.80	1.94
MT4	A	0.92	1.02	1.12	1.24	1.36	1.48	1.62	1.80	2.00	2.20	2.40	2.60
	B	1.12	1.22	1.32	1.44	1.56	1.68	1.82	2.00	2.20	2.40	2.60	2.80
MT5	A	1.28	1.44	1.60	1.76	1.92	2.10	2.30	2.50	2.80	3.10	3.50	3.90
	B	1.48	1.64	1.80	1.96	2.12	2.30	2.50	2.70	3.00	3.30	3.70	4.10
MT6	A	2.00	2.20	2.40	2.60	2.90	3.20	3.50	3.90	4.30	4.80	5.30	5.90
	B	2.20	2.40	2.60	2.80	3.10	3.40	3.70	4.10	4.50	5.00	5.50	6.10
MT7	A	2.70	3.00	3.30	3.70	4.10	4.50	4.90	5.40	6.00	6.70	7.40	8.20
	B	2.90	3.20	3.50	3.90	4.30	4.70	5.10	5.60	6.20	6.90	7.60	8.40
未注公差的尺寸允许偏差													
MT5	A	±0.64	±0.72	±0.80	±0.88	±0.96	±1.05	±1.15	±1.25	±1.40	±1.55	±1.75	±1.95
	B	±0.74	±0.82	±0.90	±0.98	±1.06	±1.15	±1.25	±1.35	±1.50	±1.65	±1.85	±2.05
MT6	A	±1.00	±1.10	±1.20	±1.30	±1.45	±1.60	±1.75	±1.95	±2.15	±2.40	±2.65	±2.95
	B	±1.10	±1.20	±1.30	±1.40	±1.55	±1.70	±1.85	±2.05	±2.25	±2.50	±2.75	±3.05
MT7	A	±1.35	±1.50	±1.65	±1.85	±2.05	±2.25	±2.45	±2.70	±3.00	±3.35	±3.70	±4.10
	B	±1.45	±1.60	±1.75	±1.96	±2.15	±2.35	±2.55	±2.80	±3.10	±3.45	±3.80	±4.20

注：A——不受模具活动部分影响的尺寸；B——受模具活动部分影响的尺寸。

表 1-7　常用材料模塑件公差等级的选用

材料代号	模塑材料		公差等级		
			标注公差尺寸		未注公差尺寸
			高精度	一般精度	
ABS	丙烯腈 - 丁二烯 - 苯乙烯共聚物		MT2	MT3	MT5
SAN	丙烯腈 - 苯乙烯共聚物		MT2	MT3	MT5
CA	醋酸纤维素		MT3	MT4	MT6
EP	环氧树脂		MT2	MT3	MT5
PA	聚酰胺	无填料填充	MT3	MT4	MT6
		30% 玻璃纤维填充	MT2	MT3	MT5
PBT	聚对苯二甲酸丁二酯	无填料填充	MT3	MT4	MT6
		30% 玻璃纤维填充	MT2	MT3	MT5
PC	聚碳酸酯		MT2	MT3	MT5
PDAP	聚邻苯二甲酸二烯丙酯		MT2	MT3	MT5
PE - LD	聚乙烯		MT5	MT6	MT7
PESU	聚醚砜		MT2	MT3	MT5
PET	聚对苯二甲酸乙二酯	无填料填充	MT3	MT4	MT6
		30% 玻璃纤维填充	MT2	MT3	MT5
PF	苯酚 - 甲醛树脂	无机填料填充	MT2	MT3	MT5
		有机填料填充	MT3	MT4	MT6
PMMA	聚甲基丙烯酸甲酯		MT2	MT3	MT5
POM	聚甲醛	≤150mm	MT3	MT4	MT6
		>150mm	MT4	MT5	MT7
PP	聚丙烯	无填料填充	MT4	MT5	MT7
		30% 无机填料填充	MT2	MT3	MT5
PPE	聚苯醚；聚亚苯醚		MT2	MT3	MT5
PPS	聚苯硫醚		MT2	MT3	MT5
PS	聚苯乙烯		MT2	MT3	MT5
PSU	聚砜		MT2	MT3	MT5
PVC - U	未增塑聚氯乙烯		MT2	MT3	MT5
PVC - P	软聚氯乙烯		MT5	MT6	MT7
UF	脲 - 甲醛树脂	无机填料填充	MT2	MT3	MT5
		有机填料填充	MT3	MT4	MT6

表1-8　不同加工方法和不同材料所能达到的表面粗糙度

加工方法	材料		Ra值范围/μm										
			0.025	0.050	0.100	0.200	0.40	0.80	1.60	3.20	6.30	12.50	25
注射成型	热塑性塑料	PMMA（有机玻璃）	—	—	—	—	—	—	—				
		ABS	—	—	—	—	—	—	—				
		AS	—	—	—	—	—	—	—				
		聚碳酸酯		—	—	—	—	—	—				
		聚苯乙烯		—	—	—	—	—	—	—			
		聚丙烯			—	—	—	—	—				
		聚酰胺			—	—	—	—	—				
		聚乙烯			—	—	—	—	—	—	—		
		聚甲醛		—	—	—	—	—	—	—			
		聚砜				—	—	—	—	—			
		聚氯乙烯				—	—	—	—	—			
		聚苯醚				—	—	—	—	—			
		氯化聚醚				—	—	—	—	—			
		PBT				—	—	—	—	—			
	热固性塑料	氨基塑料				—	—	—	—	—			
		酚醛塑料				—	—	—	—	—			
		硅酮塑料				—	—	—	—	—			
压制和挤胶成型		氨基塑料				—	—	—	—	—			
		酚醛塑料				—	—	—	—	—			
		嘧胺塑料			—	—	—	—					
		硅酮塑料				—	—	—					
		DAP					—	—	—	—			
		不饱和聚酯					—	—	—	—			
		环氧塑料				—	—	—	—	—			
机械加工		PMMA	—	—	—	—	—	—	—	—	—		
		聚酰胺							—	—	—	—	
		聚四氟乙烯						—	—	—	—	—	
		聚氯乙烯							—	—	—	—	
		增强塑料							—	—	—	—	—

2）塑件表观质量。塑件的表观质量指的是塑件成型后的表观缺陷状态，如常见的缺料、溢料、飞边、凹陷、气孔、熔接痕、银纹、翘曲与收缩、尺寸不稳定等。它们是由塑件成型工艺条件、塑件成型原材料选择、模具总体设计等多种因素造成的。

（3）塑件的结构设计　塑件结构设计的主要内容包括塑件形状、壁厚、脱模斜度、加强肋、支承面与凸台、圆角、孔、螺纹、齿轮、嵌件、标记符号及表面装饰等。

1）形状。塑件的内外表面形状应在满足使用要求的情况下尽可能易于成型。由于侧抽芯和瓣合模不但使模具结构复杂，制造成本提高，还会在分型面上留下飞边，增加塑件的修整量，因此，塑件设计时可适当改变塑件的结构，尽可能避免侧向凸凹与侧孔，以简化模具结构。表1-9为改变塑件形状以利于成型的典型实例。

表1-9　改变塑件形状以利于成型的典型实例

序号	改 变 前	改 变 后	说　明
1	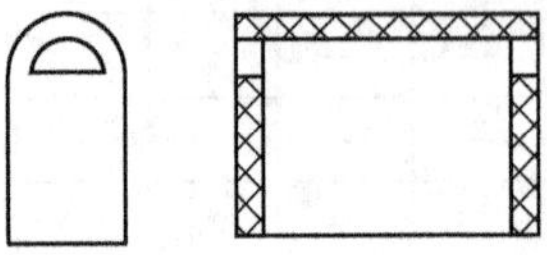	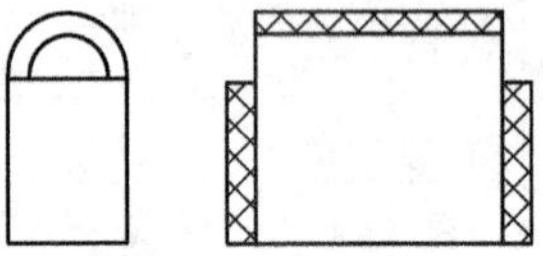	改变塑件形状后，不需要采用侧抽芯或瓣合分型的模具
2	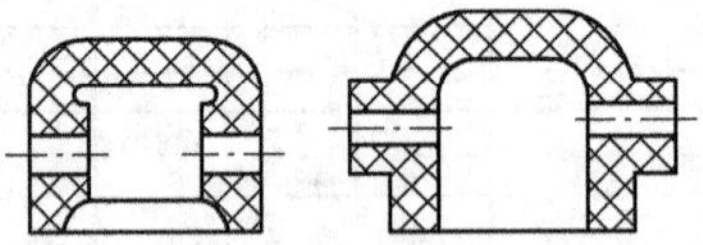	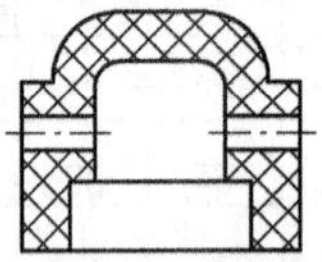	应避免塑件表面横向凸台，以便于脱模
3	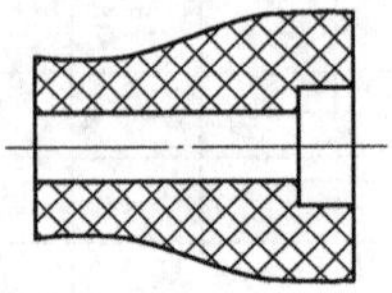	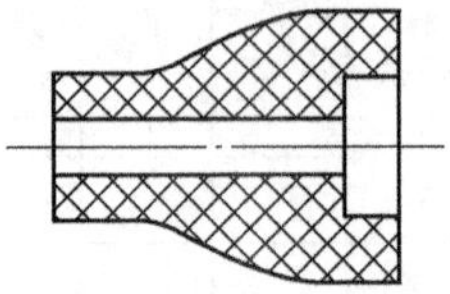	塑件外侧凹，必须采用瓣合凹模，使塑料模具结构复杂，塑件表面有接痕
4	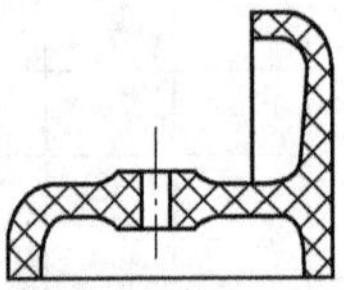	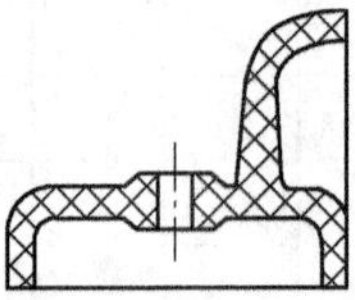	塑件内侧凹，抽芯困难
5	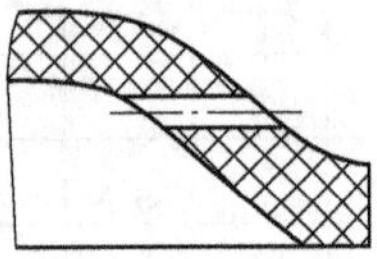	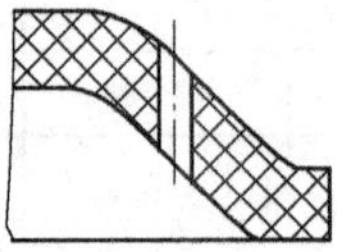	将横向侧孔改为垂直向孔，可免去侧抽芯机构

塑件内侧有较浅的凸凹并允许带有圆角时，可以用整体凸模采取强制脱模的方法使塑件从凸模上脱下，如图1-7a所示；塑件外侧凸凹也可以强制脱模，如图1-7b所示。但此时塑件在脱模温度下应具有足够的弹性，以使塑件在强制脱膜时不会变形，如聚乙烯、聚丙烯、

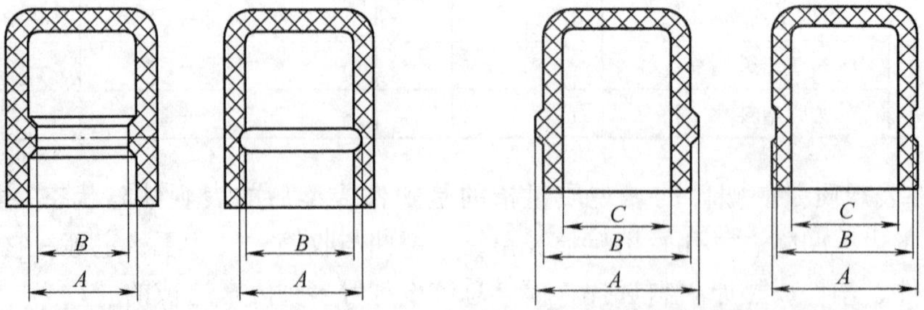

a) $\frac{A-B}{B}\times100\%<5\%$　　b) $\frac{A-B}{C}\times100\%<5\%$

图1-7　可强制脱模的侧向凸凹结构

聚甲醛等能适应这种情况。但是，大多数情况下塑件侧向凸凹不能强制脱模，此时应采用侧向分型与抽芯结构的模具。

2）脱模斜度。塑料冷却后产生收缩会包紧在凸模或型芯上，或由于黏附作用，塑件紧贴在凹模型腔内。因此，为了便于从塑件中抽出型芯或从型腔中脱出塑件，防止在脱模时擦伤塑件，在设计塑件时必须使塑件内外表面沿脱模方向留有足够的斜度，在模具上即称为脱模斜度，如图1-8所示。

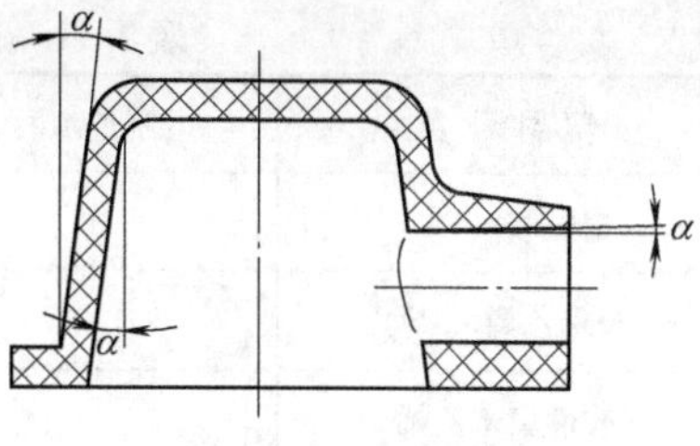

图1-8　塑件的脱模斜度

脱模斜度的大小取决于塑件的性能、几何形状（如高度或深度、壁厚）及型腔表面状态（如表面粗糙度、加工纹路等）。硬质塑料比软质塑料脱模斜度大；形状较复杂，或成型孔较多的塑件取较大的脱模斜度；塑件高度较大，孔较深，则取较小的脱模斜度；壁厚增加，内孔包紧型芯的力大，脱模斜度也应取大些。

脱模斜度的标注根据塑件的内外尺寸而定：对于塑件内孔，以型芯小端为基准，尺寸符合图样要求，斜度沿扩大的方向取得；对于塑件外形，以型腔（凹模）大端为基准，尺寸符合图样要求，斜度沿缩小的方向取得。一般情况下，脱模斜度不包括在塑件的公差范围内。

表1-10列出了塑料常用的脱模斜度。

当要求开模后塑件留在型腔内时，塑件内表面的脱模斜度应大于塑件外表面的脱模斜度，此时应将表中型腔、型芯所对应的数值对调。

表1-10　塑料常用的脱模斜度

塑料名称	脱模斜度	
	型　腔	型　芯
聚乙烯、聚丙烯、软聚氯乙烯、聚酰胺、氯化聚醚	25′~45′	20′~45′
硬聚氯乙烯、聚碳酸酯、聚砜	35′~40′	30′~50′
聚苯乙烯、有机玻璃、ABS、聚甲醛	35′~1°30′	30′~40′
热固性塑料	25′~40′	20′~50′

注：本表所列脱模斜度适于开模后塑件留在型芯上的情形。

3）壁厚。塑件的壁厚对塑件质量有很大影响。壁厚过小，成型时流动阻力大，大型复杂塑件就难以充满型腔。塑件壁厚的最小尺寸应满足以下要求：具有足够的强度和刚度；脱模时能经受推出机构的推出力而不变形，能承受装配时的紧固力。塑件最小壁厚值随塑料品种和塑件大小不同而异。

壁厚过大，不但造成原料的浪费，而且对于热塑性塑料增加了冷却时间，降低了生产率，也影响产品质量，如容易产生气泡、缩孔、凹陷等缺陷；对热固性塑料成型来说，则增加了模压成型时间，并易造成固化不完全。所以，塑件的壁厚应有一个合理的范围。

热塑性塑料易于成型薄壁塑件，其最小壁厚能达到0.25mm，但一般不宜小于0.6~0.9mm，常取2~4mm。热固性塑料的小型塑件，壁厚取0.6~2.5mm，大型塑件取3.2~

8mm。表1-11为热塑性塑件最小壁厚及推荐壁厚参考值，表1-12为根据外形尺寸推荐的热固性塑件壁厚值。

表1-11 热塑性塑件最小壁厚及推荐壁厚参考值 （单位：mm）

塑料种类	制件流程50mm的最小壁厚	一般制件壁厚	大型制件壁厚
聚酰胺（PA）	0.45	1.75~2.60	>2.4~3.2
聚苯乙烯（PS）	0.75	2.25~2.60	>3.2~5.4
改性聚苯乙烯	0.75	2.29~2.60	>3.2~5.4
有机玻璃（PMMA）	0.80	2.50~2.80	>4.0~6.5
聚甲醛（POM）	0.80	2.40~2.60	>3.2~5.4
软聚氯乙烯（PVC-P）	0.85	2.25~2.50	>2.4~3.2
聚丙烯（PP）	0.85	2.45~2.75	>2.4~3.2
氯化聚醚	0.85	2.35~2.80	>2.5~3.4
聚碳酸酯（PC）	0.95	2.60~2.80	>3.0~4.5
硬聚氯乙烯（PVC-U）	1.15	2.60~2.80	>3.2~5.8
聚苯醚（PPE）	1.20	2.75~3.10	>3.5~6.4
聚乙烯（PE）	0.60	2.25~2.60	>2.4~3.2

表1-12 根据外形尺寸推荐的热固性塑件壁厚值 （单位：mm）

塑料名称	塑件外形高度		
	≤50	>50~100	>100
粉状填料的酚醛塑料	0.7~2.0	2.0~3.0	5.0~6.5
纤维状填料的酚醛塑料	1.5~2.0	2.5~3.5	6.0~8.0
氨基塑料	1.0	1.3~2.0	3.0~4.0
聚酯玻璃纤维填料的塑料	1.0~2.0	2.4~3.2	>4.8
聚酯无机物填料的塑料	1.0~2.0	3.2~4.8	>4.8

同一塑件的壁厚应尽可能一致，否则会因冷却或固化速度不同而产生内应力，使塑件产生翘曲、缩孔、裂纹甚至开裂。当然，要求塑件各处壁厚完全一致也是不可能的。因此，为了使壁厚尽量一致，在可能的情况下常将壁厚的部分挖空。如果在结构上要求具有不同的壁厚，壁厚之比不应超过3：1，且不同壁厚应采用适当的修饰半径，使壁厚部分缓慢过渡。表1-13为改善塑件壁厚的典型实例。

4）加强肋。加强肋的主要作用是在不增加壁厚的情况下，加强塑件的强度和刚度，避免塑件翘曲变形。此外，合理布置加强肋还可以提高塑料熔体的充模能力，减小塑件内应力，避免气孔、缩孔和凹陷等缺陷。

表1-13　改善塑件壁厚的典型实例

序号	不合理	合理	说明
1	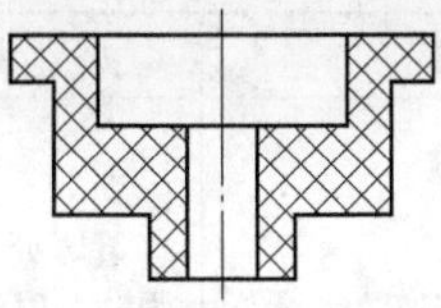	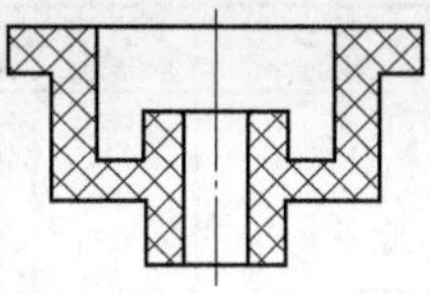	
2	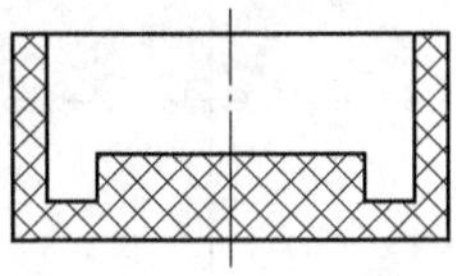	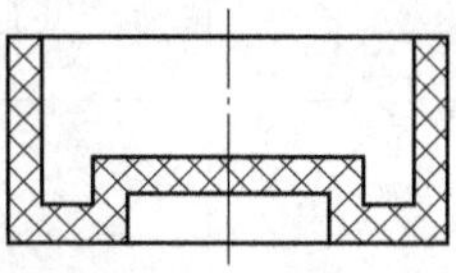	左图壁厚不均匀，易产生气泡、缩孔、凹陷等缺陷，使塑件变形，右图壁厚均匀，能保证质量
3	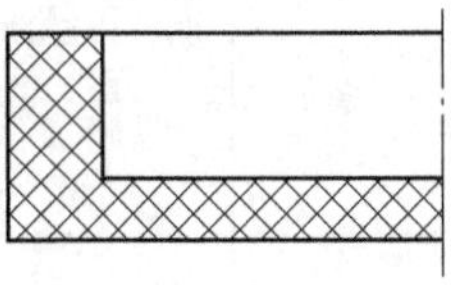	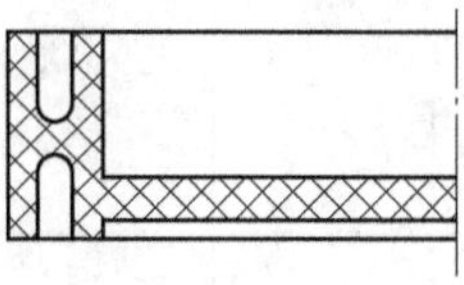	
4	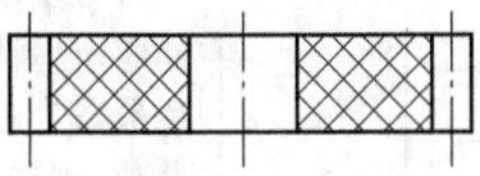	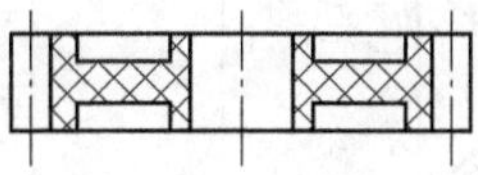	右图壁厚均匀，能保证质量
5	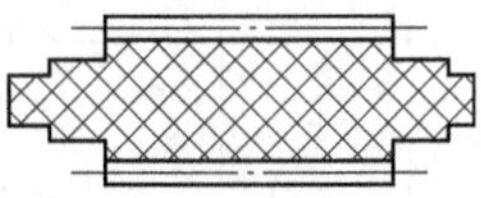	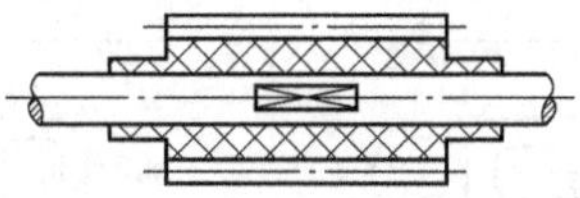	全塑齿轮轴应在中心设置钢芯
6	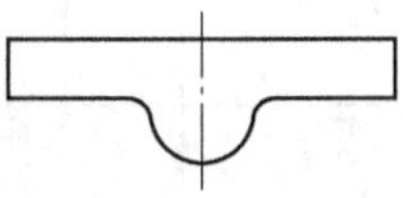	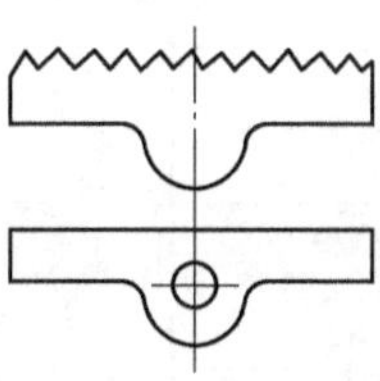	壁厚不均匀的塑件，可在易产生凹痕的表面设计波纹形式，或在厚壁处开设工艺孔，以掩盖或消除凹痕

加强肋的形状尺寸如图1-9所示。若塑件壁厚为δ，则加强肋高度$L=(1\sim3)\delta$，肋条宽$A=(1/4\sim1)\delta$，肋根过渡圆角$R=(1/8\sim1/4)\delta$，收缩角$\alpha=2^\circ\sim5^\circ$，肋端部圆角$r=\dfrac{\delta}{8}$，当$\delta\leqslant2$mm时，取$A=\delta$。

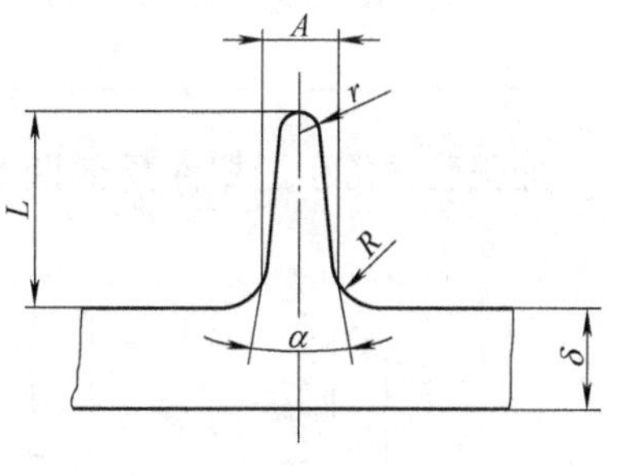

图1-9　加强肋的形状尺寸

在塑件上设置加强肋有以下要求：

① 加强肋的厚度应小于塑件厚度，并与壁采用圆弧过渡。

② 加强肋端面高度不应超过塑件高度，宜低于后者0.5mm以上。

③ 尽量采用数个高度较矮的肋代替孤立的高肋，肋与肋之间距离应大于肋宽的两倍。

④ 加强肋的设置方向除应与受力方向一致外，还应尽可能与熔体流动方向一致，以免料流受到搅乱，使塑件的韧性降低。

表 1-14 所示为加强肋设计的典型实例。

表 1-14　加强肋设计的典型实例

序号	不合理	合理	说明
1	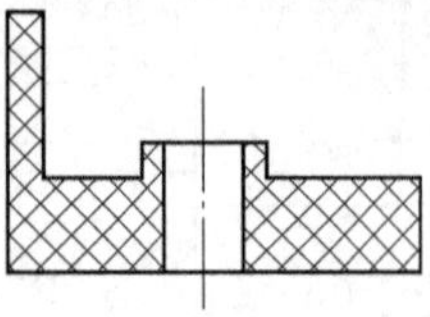	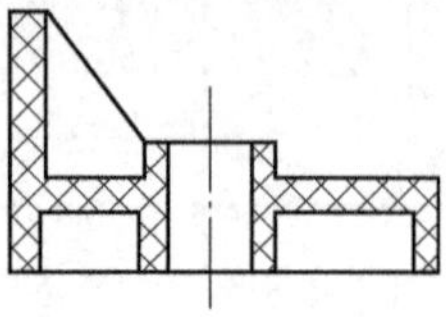	过厚处应减薄并设置加强肋，以保持原有强度
2	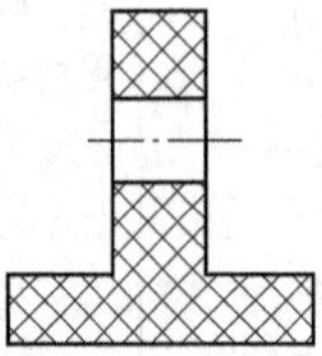	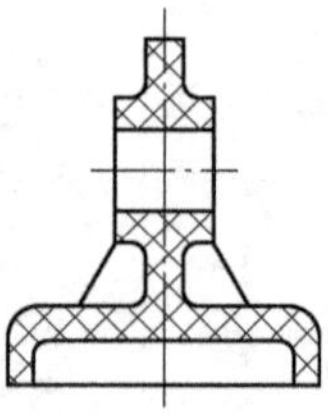	过高的塑件应设置加强肋，以减薄塑件壁厚
3	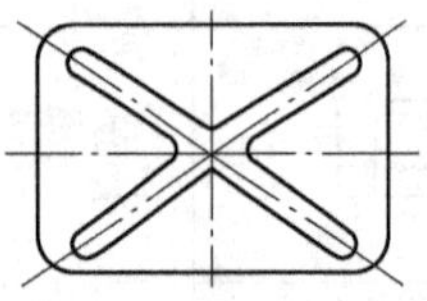	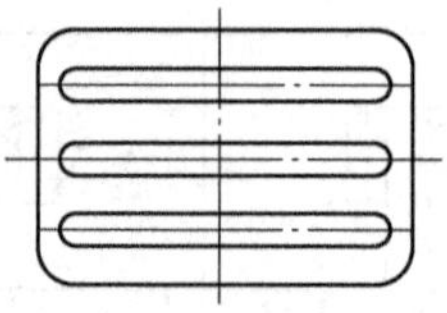	对于平板状塑件，加强肋应与料流方向平行，以免造成充模阻力过大和降低塑件韧性
4	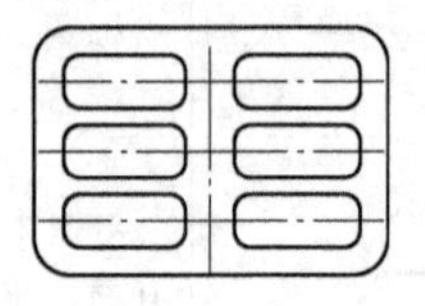	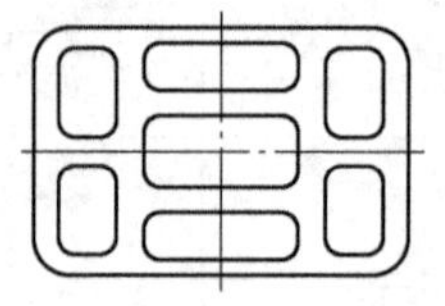	对于非平板状塑件，加强肋应交错排列，以免塑件产生翘曲变形
5	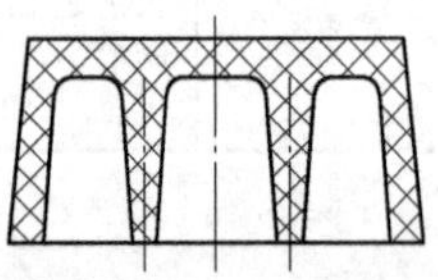	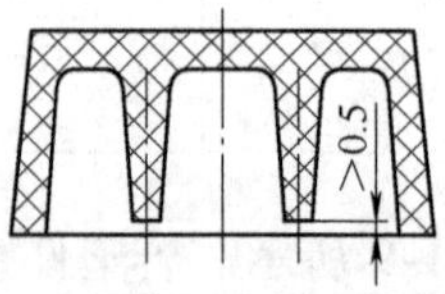	加强肋应设计得矮一些，与支承面的间隙应大于 0.5mm

加强肋常常引起塑件局部凹陷，可采用某些方法来修饰和隐藏这种凹陷，如图 1-10 所示。

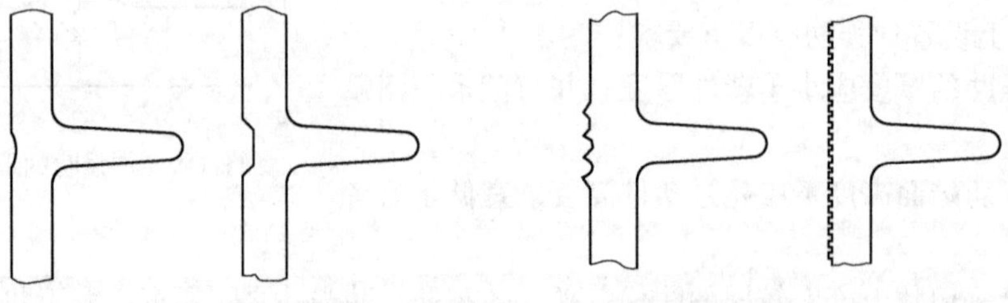

图 1-10　采用各种方法来掩盖加强肋引起的凹陷

除了采用加强肋外，薄壳状的塑件可制成球面或拱曲面，这样可以有效地增加刚度和减少变形，如图 1-11 所示。

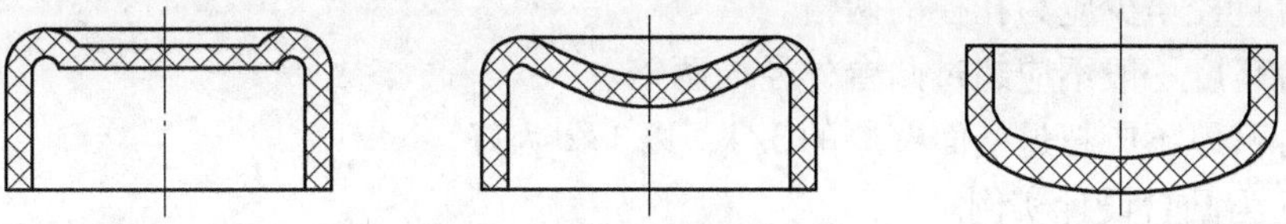

图 1-11 容器底与盖的加强

对于薄壁容器的边缘，可按图 1-12 所示设计来增加刚度和减少变形。

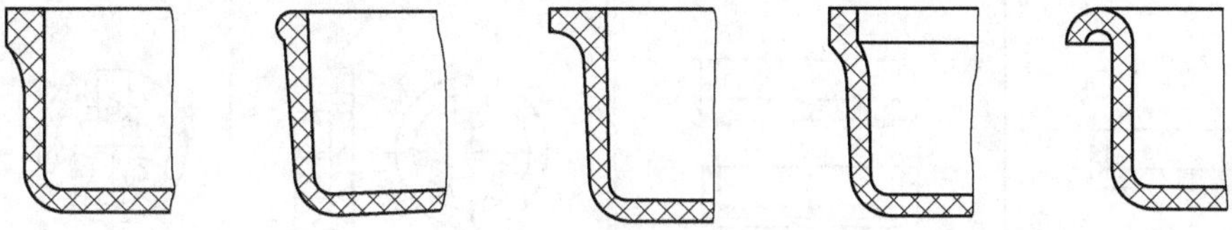

图 1-12 容器边缘的增强

矩形薄壁容器采用软塑料成型时，侧壁易出现内凹变形，因此在不影响使用的情况下，可将塑件各边均设计成向外凸的弧状，使变形不易看出，如图 1-13 所示。

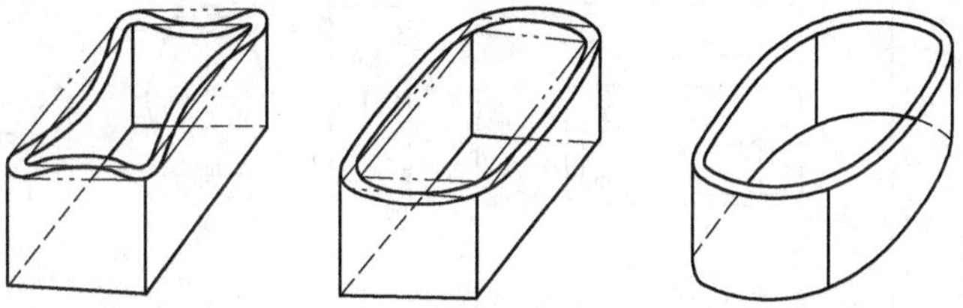

a) b) c)

图 1-13 防止矩形薄壁容器侧壁内凹变形

5）支承面与凸台。塑件的支承面应保证其稳定性，不宜以塑件的整个底面作为支承面，因为塑件稍许翘曲或变形将会使底面不平。通常采用的是几个凸起的脚底或凸边支承，如图 1-14 所示。图 1-14a 以整个底面做支承面是不合理的，图 1-14b 和图 1-14c 分别以边框凸起和脚底作为支承面，设计较合理。

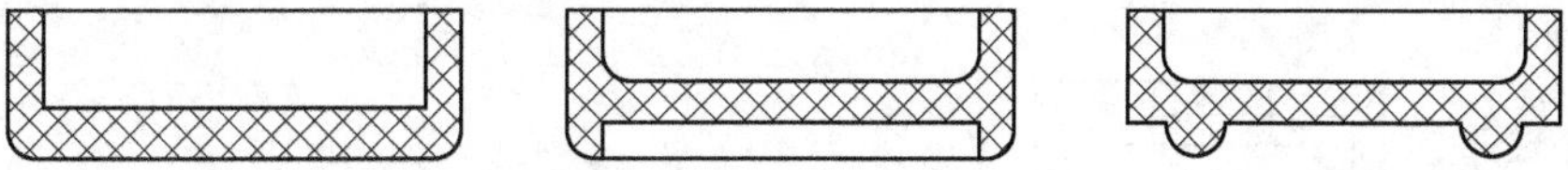

a) b) c)

图 1-14 塑件的支承面

凸台是塑件上凸出的锥台或支承块，用于装配诸如自攻螺钉或螺杆拧入件之类的紧固件，或加强塑件上的孔的强度。凸台设计应遵循以下原则：

① 凸台应尽可能设在塑件边角部位。

② 应有足够的脱模斜度。

③ 侧面应设有角撑，以分散负荷压应力。

④ 凸台与基面接合处应有足量的圆弧过渡。

⑤ 凸台直径至少应为孔径的两倍。

⑥ 凸台高度一般不应超过凸台外径的两倍。

⑦ 凸台壁厚不应超过基面壁厚的3/4，以1/2为好。

表1-15为凸台设计实例。

表1-15 凸台设计实例

不合理	合理	不合理	合理
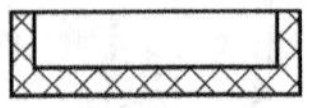	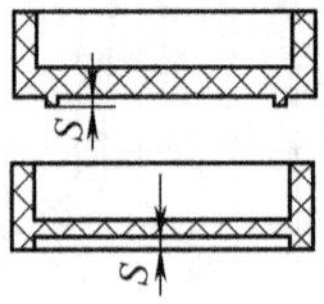	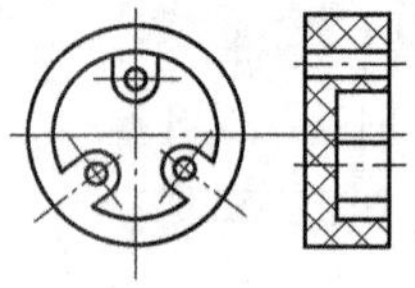	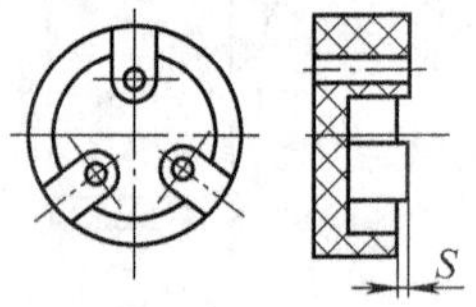
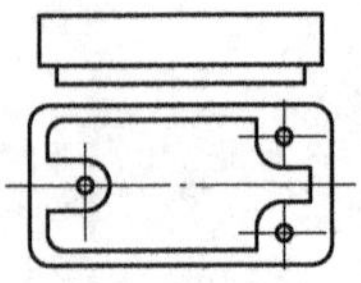	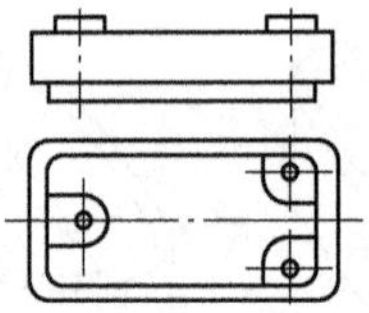	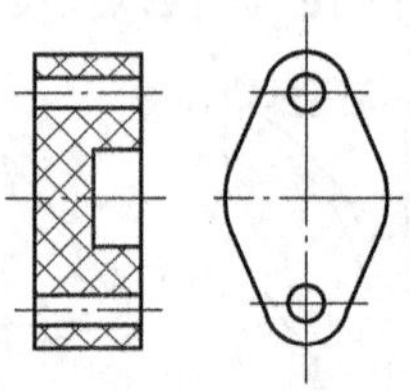	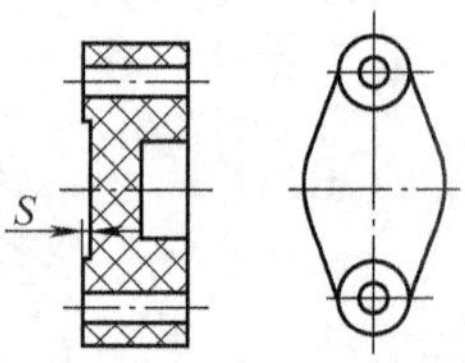

6）圆角。为了避免应力集中，提高塑件的强度，改善熔体的流动情况和便于脱模，在塑件各内外表面的连接处均应采用圆弧过渡，如图1-15所示。此外，圆弧还使塑件变得美观，并且模具型腔在淬火或使用时也不致因应力集中而开裂。

图1-16所示为内圆角半径、壁厚与应力集中系数之间的关系。由图可见，将R/δ控制在0.25~0.75的范围内较为合理。对于塑件的某些部位，在成型必须处于分型面、型芯与型腔配合处等位置时，则不便制成圆角，而采用尖角。

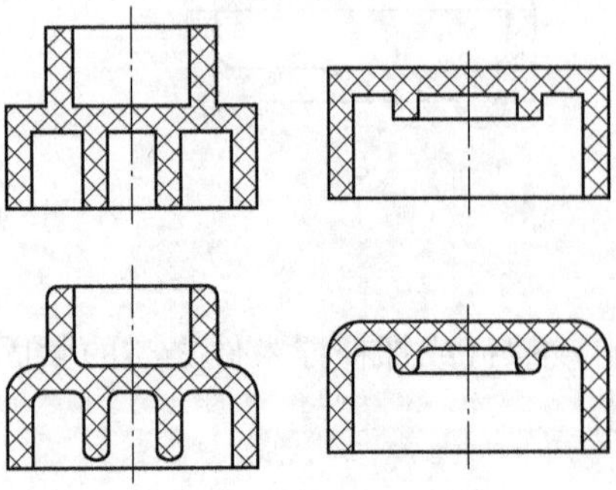

图1-15 塑件上的圆角

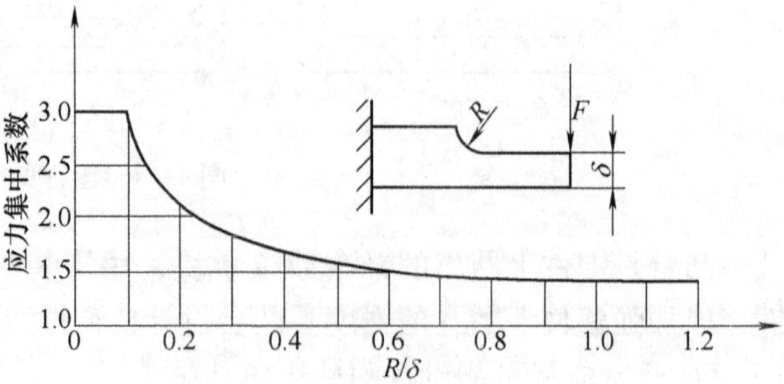

图1-16 R/δ与应力集中系数的关系曲线

7）孔。塑件上常见的孔有通孔、不通孔、异形孔（形状复杂的孔）和螺纹孔等。这些孔均应设置在不易削弱塑件强度的地方，在孔与孔之间、孔与边壁之间应留有足够的距离。热固性塑件孔间距、孔边距与孔径的关系见表1-16。当两孔直径不一样时，按小孔的孔径取值。热塑性塑件孔间距、孔边距与孔径的关系可按表1-16中所列数值的75%确定。

表1-16　热固性塑件孔间距、孔边距与孔径的关系　（单位：mm）

孔　径	≤1.5	>1.5~3	>3~6	>6~10	>10~18	>18~30
孔间距、孔边距	1~1.5	>1.5~2	>2~3	>3~4	>4~5	>5~7

① 通孔。成型通孔用的型芯一般有以下几种安装方法，如图1-17所示。

在图1-17a中型芯一端固定，这种方法简单，但会出现不易修整的横向飞边，且当孔较深或孔径较小时，型芯易受熔体的冲击而弯曲。

在图1-17b中用一端固定的两个型芯来成型，并使一个型芯的径向尺寸比另一个大0.5~1mm，这样即使稍有不同心，也不致引起安装和使用上的困难，其特点是型芯长度缩短一半，稳定性增加。这样成型方式适用于孔较深且孔径要求不是很高的场合。

在图1-17c中型芯一端固定，另一端导向支承，这种方法使型芯有较好的强度和刚度，又能保证同轴度，较为常用，但其导向部分因导向误差发生磨损，会产生圆周纵向溢料。型芯不论用什么方法固定，孔深均不能太大，否则型芯会弯曲。压缩成型时尤应注意，通孔深度应不超过孔径的3.75倍。

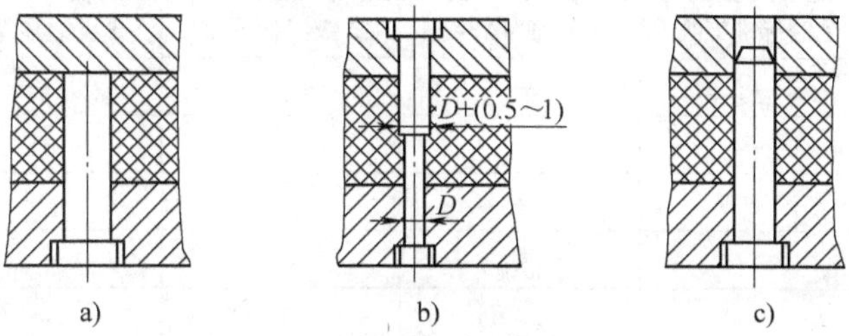

图1-17　通孔的成型方法

② 不通孔。不通孔只能用一端固定的型芯来成型，因此其深度应浅于通孔。根据经验，注射成型或压注成型时，孔深应不超过直径的4倍。压缩成型时，孔深应浅些，平行于压制方向的孔一般不超过直径的2.5倍。垂直于压制方向的孔一般不超过直径的2倍。直径小于1.5mm的孔或深度太大（大于以上值）的孔最好采用成型后再机械加工的方法获得。如能在成型时于钻孔位置压出定位浅孔，则将给后加工带来很大方便。

③ 异形孔。当塑件孔为异形孔（斜度孔或复杂形状孔）时，常常采用拼合方法来成型，这样可避免侧向抽芯。图1-18所示为几个典型的例子。

8）螺纹。塑件上的螺纹既可直接用模具成型，也可在成型后采用机械加工方法获得。对于需要经常装拆和受力较大的螺纹，应采用金属螺纹嵌件。塑件上的螺纹应选用较大的螺距尺寸，直径较小时也不宜选用细牙螺纹，否则会影响使用强度。表1-17列出了塑件螺纹的选用范围。

塑件上螺纹的直径不宜过小，螺纹的外径不应小于4mm，内径不应小于2mm，精度不超过3级。如果模具上螺纹的螺距未考虑收缩值，那么塑件螺纹与金属螺纹的配合长度则不

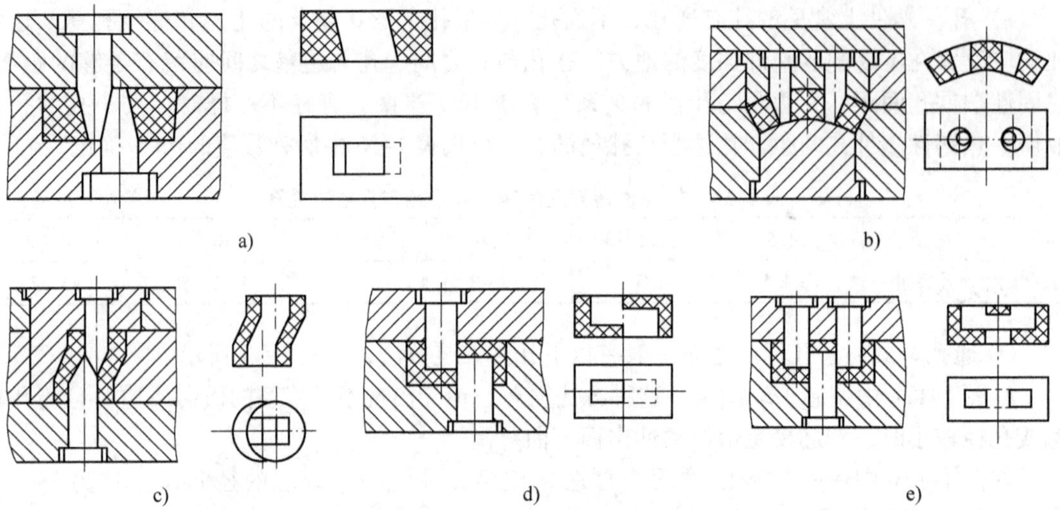

图 1-18　用拼合型芯成型异形孔

能太长，一般不大于螺纹直径的 1.5 ~2 倍，否则会因干涉造成附加内应力，使螺纹联接强度降低。

表 1-17　塑件螺纹的选用范围

螺纹公称直径/mm	螺纹种类				
	公制标准螺纹	1 级细牙螺纹	2 级细牙螺纹	3 级细牙螺纹	4 级细牙螺纹
≤3	+	—	—	—	—
>3 ~6	+	—	—	—	—
>6 ~10	+	+	—	—	—
>10 ~18	+	+	+	—	—
>18 ~30	+	+	+	+	—
>30 ~50	+	+	+	+	+

注：表中“+”为建议采用的范围。

为了防止螺纹最外圈崩裂或变形，应使螺纹最外圈和最里圈留有台阶，如图 1-19 和图 1-20所示。螺纹的始端或终端应逐渐开始和结束，有一段过渡长度 l。

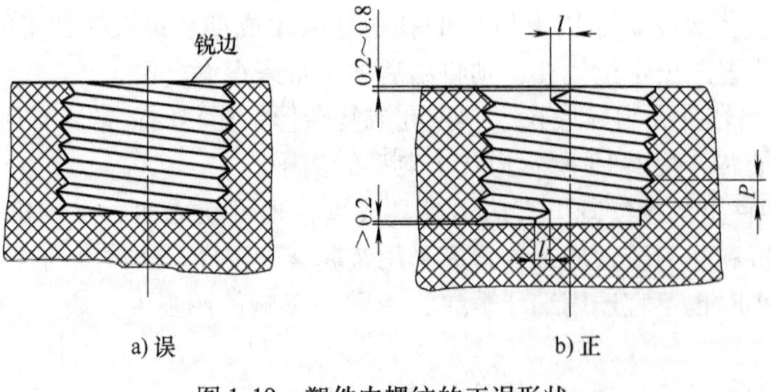

图 1-19　塑件内螺纹的正误形状

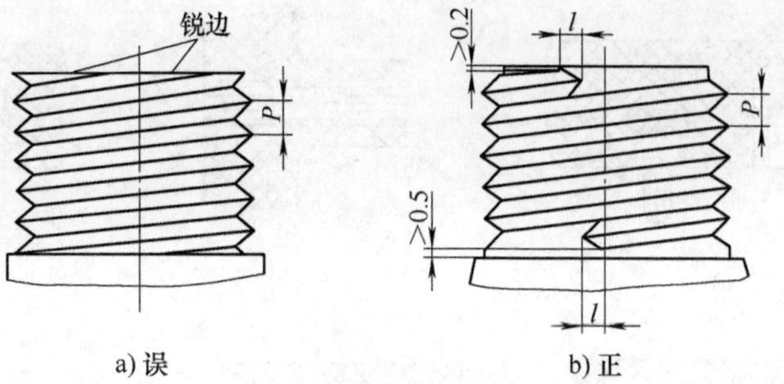

图 1-20　塑件外螺纹的正误形状

9）嵌件。塑件中镶入嵌件的目的是提高塑件局部的强度、硬度、耐磨性、导电性和导磁性等，或者增加塑件的尺寸和形状的稳定性，或者降低塑料的消耗。嵌件的材料有金属、玻璃、木材和已成型的塑件等，其中金属嵌件的使用最为广泛，其结构如图 1-21 所示。图 1-21a 为圆筒形嵌件；图 1-21b 为带台阶圆柱形嵌件；图 1-21c 为片状嵌件；图 1-21d 为细杆状贯穿嵌件，汽车转向盘即是一例。

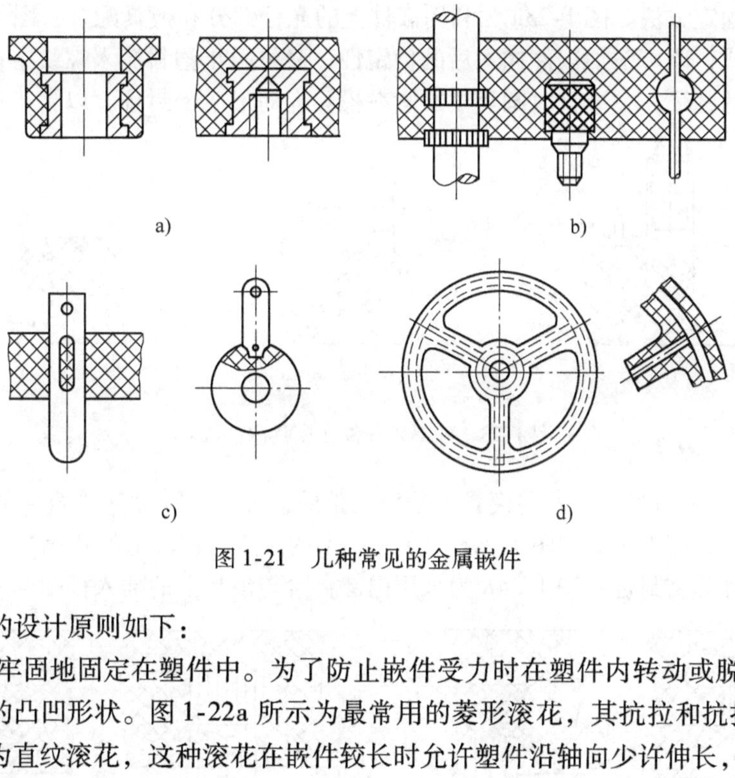

图 1-21　几种常见的金属嵌件

金属嵌件的设计原则如下：

① 嵌件应牢固地固定在塑件中。为了防止嵌件受力时在塑件内转动或脱出，嵌件表面必须设计适当的凸凹形状。图 1-22a 所示为最常用的菱形滚花，其抗拉和抗扭强度都较大；图 1-22b 所示为直纹滚花，这种滚花在嵌件较长时允许塑件沿轴向少许伸长，以降低这一方向的内应力，但在这种嵌件上必须开有环形沟槽，以免在受力时被拔出；图 1-22c 所示为六角形嵌件，因其尖角处易产生应力集中，故较少采用；图 1-22d 所示为用孔眼、切口或局部折弯来固定的片状嵌件；薄壁管状嵌件也可用边缘折弯法固定，如图 1-22e 所示；针状嵌件可采用将其中一段轧扁或折弯的办法固定，如图 1-22f 所示。

② 模具内的嵌件应定位可靠。模具中的嵌件在成型时要受到高压熔体流的冲击，可能产生位移和变形，同时熔体还可能挤入嵌件上预制的孔或螺纹线中，影响嵌件使用，因此嵌

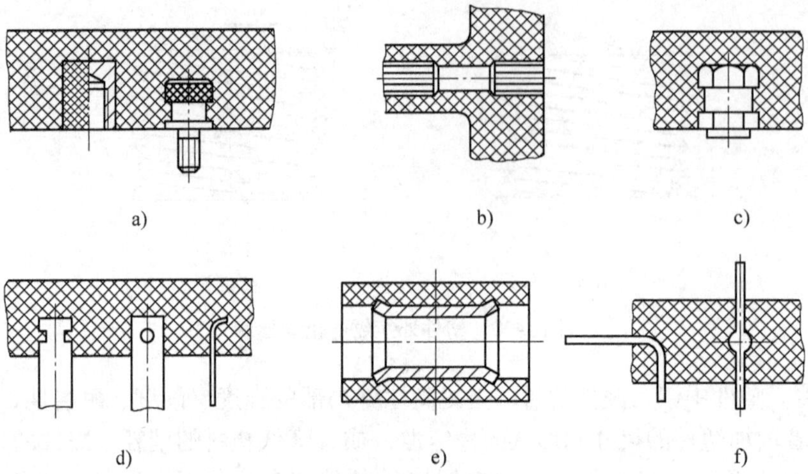

图 1-22　金属嵌件在塑件内的固定方式

件必须可靠定位，并要求嵌件的高度不超过其定位部分直径的 2 倍。图 1-23 所示为外螺纹嵌件在模内的固定方法。图 1-23a 为利用嵌件上的光杆部分和模具配合；图 1-23b 为采用一凸肩配合的形式，既可增加嵌件插入后的稳定性，又可阻止塑料流入螺纹中；图 1-23c 为嵌件上有一凸出的圆环，在成型时圆环被压紧在模具上而形成密封环，以阻止塑料的流入。

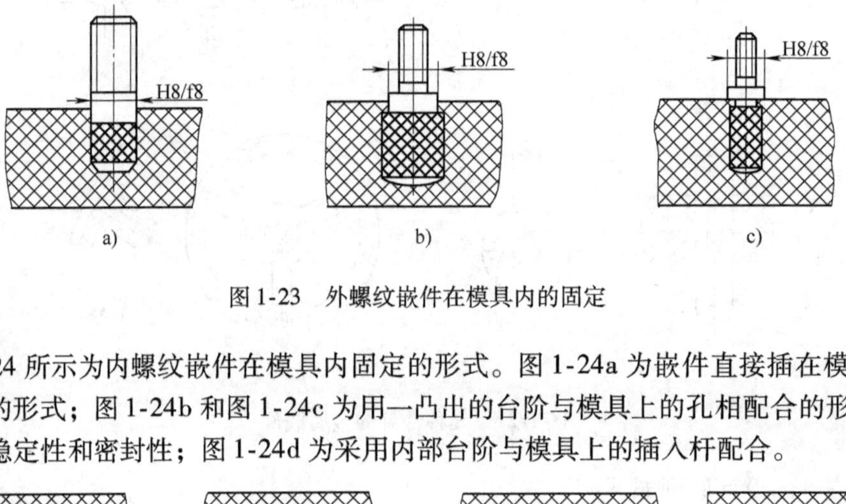

图 1-23　外螺纹嵌件在模具内的固定

图 1-24 所示为内螺纹嵌件在模具内固定的形式。图 1-24a 为嵌件直接插在模具内的圆形光杆上的形式；图 1-24b 和图 1-24c 为用一凸出的台阶与模具上的孔相配合的形式，以增加定位的稳定性和密封性；图 1-24d 为采用内部台阶与模具上的插入杆配合。

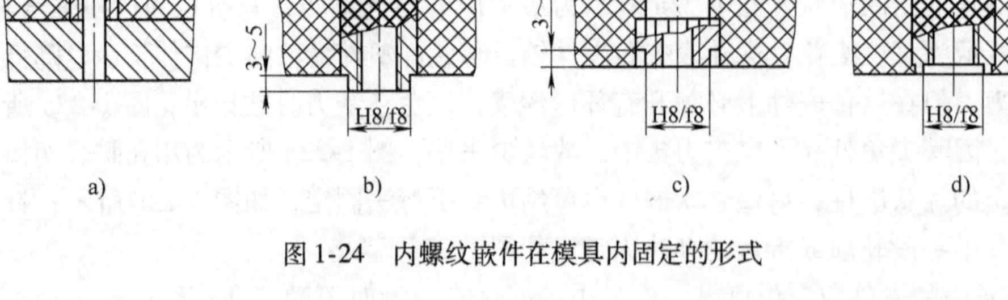

图 1-24　内螺纹嵌件在模具内固定的形式

一般情况下，注射成型时嵌件与模板安装孔的配合为 H8/f8；压缩成型时嵌件与模板安装孔的配合为 H9/f9。当嵌件过长或呈细长杆状时，应在模具内设支承，以免嵌件弯曲，但这时在塑件上会留下孔，如图 1-25 所示。

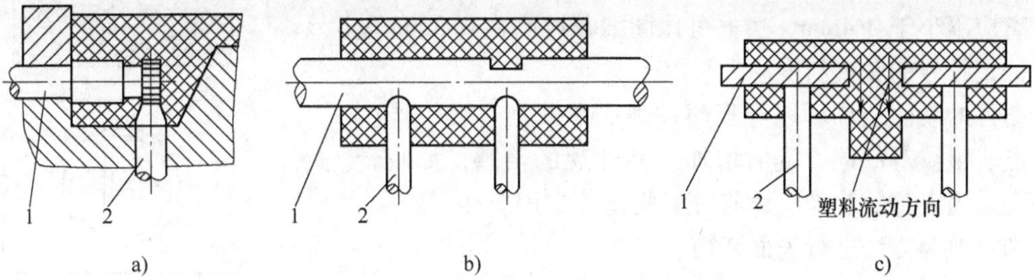

图 1-25　细长嵌件在模具内支承固定

1—嵌件　2—支承柱

③ 嵌件周围的壁厚应足够大。由于金属嵌件与塑件的收缩率相差较大，致使嵌件周围的塑料存在很大的内应力，如果设计不当，则会造成塑件开裂，而保持嵌件周围适当的塑料层厚度可以减少塑件的开裂倾向。

对于酚醛塑料及与之相似的热固性塑料的金属嵌件，周围塑料层厚度可参见表 1-18。另外，嵌件不应带有尖角，以减少应力集中。

热塑性塑料注射成型时，应将大型嵌件预热到接近物料的温度。

对于应力难以消除的塑件，可在嵌件周围覆盖一层高聚物弹性体或在成型后进行退火处理。嵌件的顶部也应有足够的塑料层厚度，否则会出现鼓泡或裂纹。

成型带嵌件的塑件会降低生产率，使生产不易实现自动化。

表 1-18　金属嵌件周围塑料层的厚度　　（单位：mm）

图　例	金属嵌件直径 D	周围塑料层最小厚度 C	顶部塑料层最小厚度 H
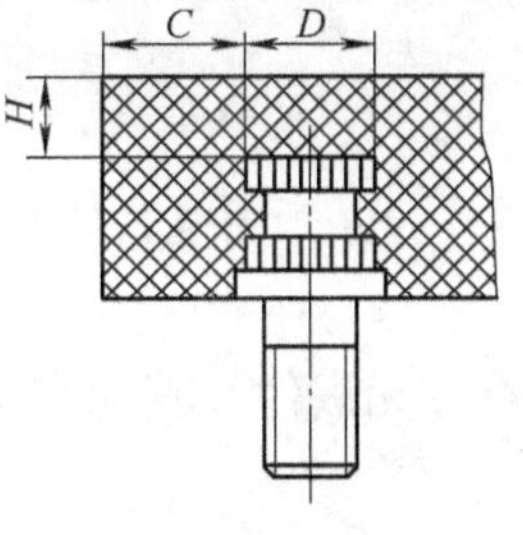	≤4	1.5	0.8
	>4～8	2.0	1.5
	>8～12	3.0	2.0
	>12～16	4.0	2.5
	>16～25	5.0	3.0

10）标记符号及表面装饰。由于装潢或某些特殊要求，塑件上有时需要带有文字或图案、标记符号及花纹（或表面装饰）。

标记符号应放在分型面的平行方向上，并有适当的斜度以便脱模。若标志符号为凸形，在模具上即为凹形，加工较容易，但标志符号容易被磨损。若标志符号为凹形，在模具上即为凸起，难以机械加工，需要采用特殊加工工艺，但凹入标记符号可涂印各种装饰颜色，增添美观感。图 1-26 所示是在凹框内设置凸起的标记符号，可把凹框制成镶块嵌入模具内。这样既易于加工，标记符号在使用时又不易被磨损破坏，最为常用。标记符号多采用电铸成形、冷挤压、照相化学腐蚀或电火花等加工技术。

塑件上成型的标记符号，凸出的高度不小于0.2mm，线条宽度不小于0.3mm，通常以0.8mm为宜。两条线之间的距离应不小于0.4mm，边框可比图案花纹高出0.3mm以上。标记符号的脱模斜度应大于10°。

塑件的表面装饰可以隐蔽塑件表面在成型过程中产生的疵点、银纹等缺陷，同时增加产品外观的美感，如收音机外壳采用皮革纹装饰。目前对某些塑件常用彩印、胶印、丝印和喷镀等方法进行表面装饰。

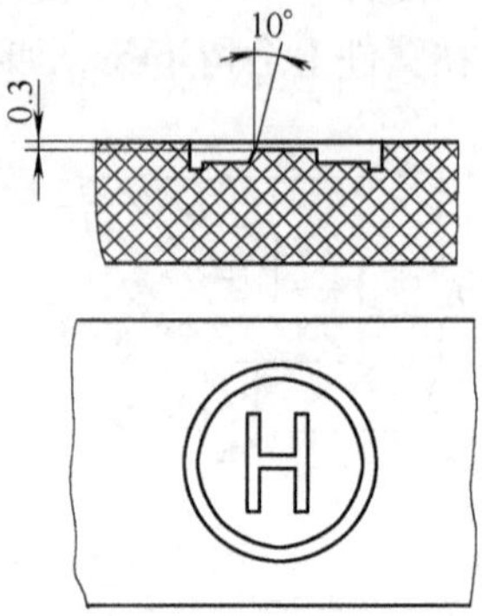

图1-26 塑件上标记符号的形式

1.3.2 塑件结构设计实例

1. 透明塑料盒塑件结构工艺分析

根据单元1的分析，透明塑料盒采用PP塑料。塑件整体为圆筒类零件，如图1-4所示，其总体尺寸为ϕ51mm×50mm，壁厚为3mm，无侧凹或侧孔等，模具结构简单，不需侧向抽芯或分型机构。

（1）塑件的尺寸精度 该塑件精度要求不高，未注公差通过查表1-7为MT7，外观要求透明，无瑕疵，性能稳定。

（2）塑件的表面粗糙度 通过查表1-8得到PP注射成型时，其表面粗糙度的范围为Ra0.10~1.6μm，而该塑件对于表面粗糙度没有特别的要求，故取Ra0.8μm。

（3）脱模斜度 通过查表1-10，采用PP成型塑件时，其型腔脱模斜度为25′~45′，型芯脱模斜度为20′~45′。塑件深度较大，故需设置脱模斜度，为了塑件最终的留模方式在动模型芯上，塑件内表面脱模斜度为20′，外表面脱模斜度为45′。

（4）壁厚 塑件的侧壁壁厚为3mm，底部为2.3mm，口部为2.5mm。塑件壁厚整体较均匀，有利于塑件的成型。

（5）支承面 该塑件没有整体支承面及凸台。

（6）圆角 塑件内表面连接处采用圆角过渡，筒壁口部为R1.5mm，筒壁与筒底连接处为R1mm，这样有利于塑件的成型。

（7）其他 该塑件结构上无加强肋、孔、侧孔与侧凹、螺纹，无嵌件及其他文字符号、标记。

由以上分析可得，该塑件结构简单并合理，无须对其做特定的修改。塑件尺寸精度要求不高，塑件容易成型，尺寸精度容易保证。

2. 扣盖塑件结构工艺分析

通过对透明塑料盒结构工艺性的分析，初步掌握了塑件结构工艺性分析的一般方法，下面对扣盖结构工艺性进行简单的分析。

扣盖采用PC塑料。塑件总体形状为正方形壳盖类零件，如图1-27所示，其总体尺寸为60mm×60mm×25mm，壁厚为3mm，中心有ϕ4mm的圆孔，侧壁有两个6mm×8mm相对的长方形孔。模具需要侧向抽芯机构。

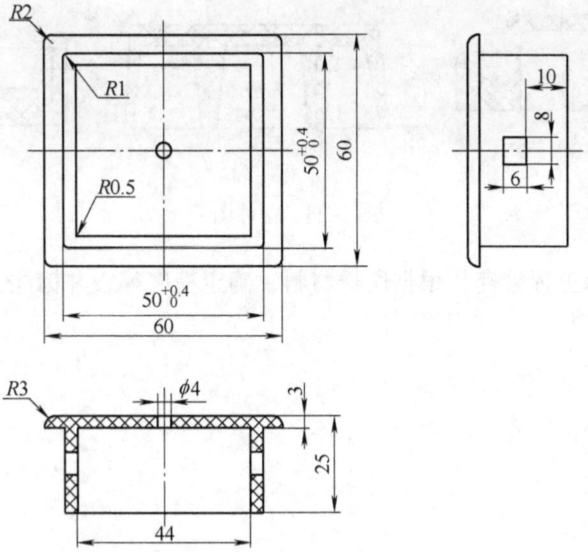

图1-27　扣盖

（1）塑件的尺寸精度　该塑件精度要求不高，已注公差50mm×50mm处为MT3，未注公差为MT5。

（2）塑件的表面粗糙度　通过查表1-8得到PC注射成型时，其表面粗糙度的范围为*Ra*0.05～1.6μm，而该塑件对于表面粗糙度没有特别的要求，故取*Ra*0.8μm。

（3）脱模斜度　塑件深度不大时可不设置脱模斜度，将塑件的侧型芯设置在动模，以使塑件最终的留模方式在动模。

（4）壁厚　塑件的侧壁壁厚为3mm，且塑件壁厚整体均匀，有利于塑件的成型。

（5）圆角　为了便于塑件的成型，塑件内外表面连接处分别采用*R*0.5mm、*R*1mm、*R*2mm、*R*3mm圆角过渡。

（6）其他　该塑件结构上无加强肋、螺纹、嵌件及其他文字符号、标记。

由以上分析可得，该塑件结构规则，有侧孔，无须对其做特定的修改。塑件尺寸精度要求不高，塑件容易成型，尺寸精度容易保证。

1.3.3　单元练习

1. 思考题

1）塑料制件设计必须遵循的原则是什么？

2）什么是脱模斜度？脱模斜度的选择原则有哪些？

3）对图1-28所示塑件的设计进行修改。对修改后的塑件图分别给出名称、材料和精度等级。

2. 综合题

1）按照塑件结构设计要求，设计带有台阶通孔的三种不同结构的塑件零件图，按一般精度等级标注尺寸。

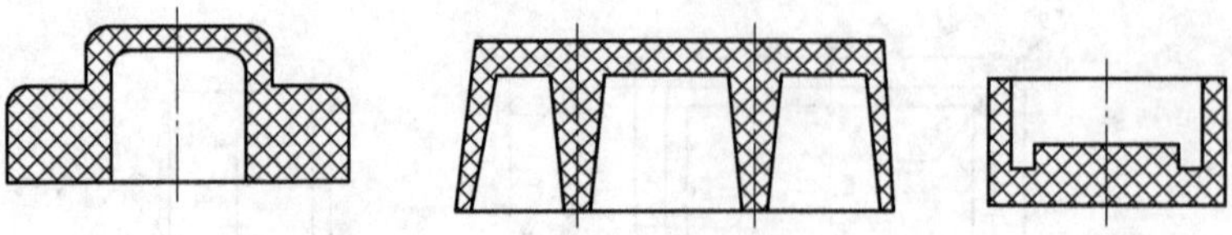

图 1-28　塑件图

2）如图 1-5 所示工程轴套，根据所选材料，确定精度等级并标注公差。

项目 2 单分型面注射模设计

单元 1　注射成型设备与注射模具

【学习目标】

1. 熟悉注射机的结构组成和工作原理。
2. 熟悉塑料注射模的结构组成和分类。
3. 掌握注射模和注射机相关参数的校核方法。

2.1.1　注射机与注射模

1. 注射机的基本结构

注射成型机（简称注射机或注塑机）在注射成型的一个工作循环中，需完成塑化、注射和成型三项基本工作。因此，一台普通型注射机由注射装置、合模装置、液压传动系统和电气控制系统等组成。图 2-1 所示为最常用的卧式注射机的基本结构。

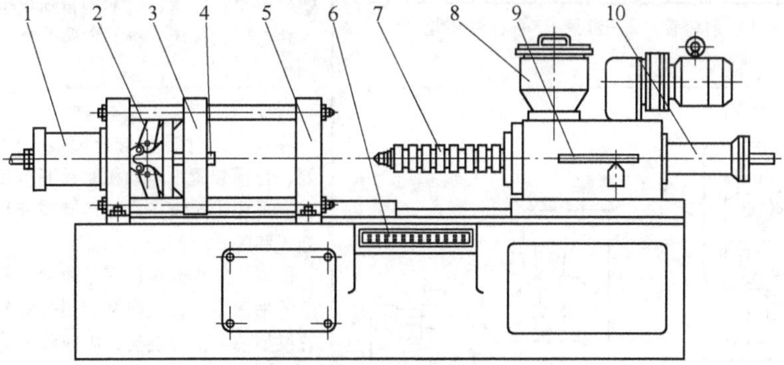

图 2-1　卧式注射机的基本结构

1—合模液压缸　2—合模机构　3—移动模板　4—顶杆　5—固定模板　6—控制台　7—料筒及加热器　8—料斗　9—定量供料装置　10—注射液压缸

注射装置的主要作用是将各种形态的塑料均匀熔化，并以足够的压力和速度将一定量的熔体注射到模具的型腔内，当熔体充满型腔后，仍需保持一定的压力和作用时间，使其在合适压力作用下冷却定型。

合模装置的作用是实现模具的闭合并锁紧，以保证注射时模具可靠地合紧，并完成模具的开启和脱出塑件的动作。

液压传动系统和电气控制系统的作用是为注射机提供动力和实现控制，保证注射机按工艺过程的动作程序和预定的工艺参数（压力、温度、时间等）准确有效地工作。

2. 注射机的分类

（1）按外形结构特点分类 注射机按外形结构特点可分为立式、卧式和直角式三类，见表2-1。

表2-1 注射机按外形结构特点分类

类别	示 意 图	说 明
立式注射机	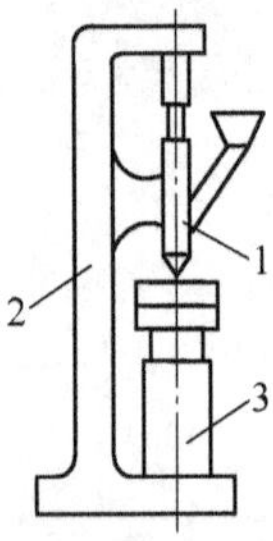 1—注射装置 2—机身 3—合模装置	特点：注射装置与合模装置的轴线呈一直线垂直排列，采用液压－曲肘式或液压式合模装置。 优点：占地少，模具拆卸方便，易于安装嵌件。 缺点：重心高，加料困难；推出的塑件要人工取出，不易实现自动化；注射量较小
卧式注射机	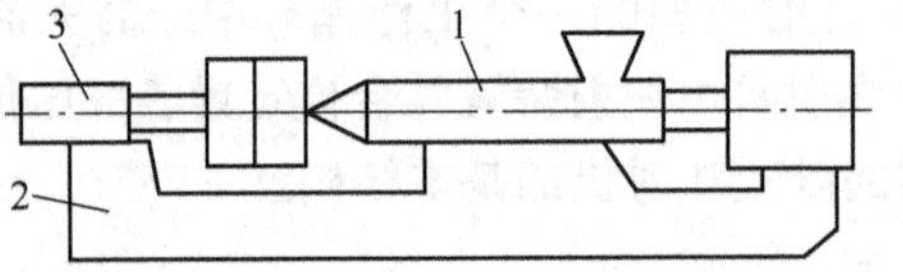 1—注射装置 2—机身 3—合模装置	特点：注射装置与合模装置的轴线呈一直线水平排列，采用液压－曲肘式或液压式合模装置，应用广泛。 优点：重心低，稳定；加料、操作及维修方便；塑件可自行脱落，易实现自动化生产。 缺点：占地大，模具安装麻烦，嵌件安放不稳
直角式注射机	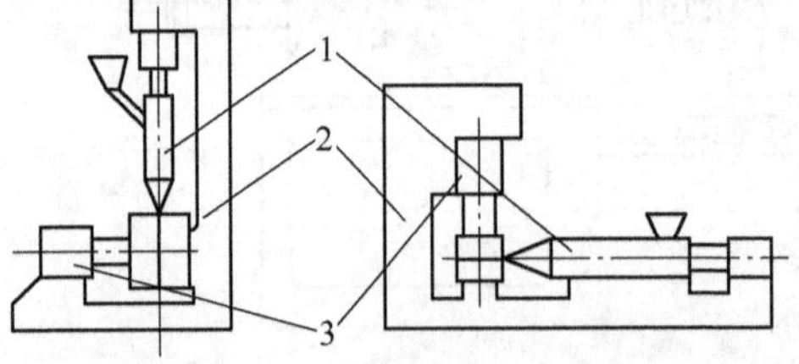 1—注射装置 2—机身 3—合模装置	特点：注射装置与合模装置的轴线相互垂直排列，合模装置由电动机驱动开合模丝杠传动，注射装置采用齿轮齿条机械传动或液压传动，占地介于立式和卧式之间。 优点：结构简单，适于成型中心不允许有浇口痕迹的平面塑件，同时常利用开模时丝杠的传动拖动螺纹型芯或型环旋转，以便脱下塑件。 缺点：机械传动无准确可靠的注射压力、保压压力及锁模力，模具受冲击振动较大

（2）按塑料在料筒的塑化方式分类 注射机按塑料在料筒的塑化方式可分为柱塞式和螺杆式两类，见表2-2。

此外，按合模装置的驱动方式不同可分为机械式、液压－机械式（图2-1）和液压式（图2-9）三大类。机械式因其锁模力及模板移动行程有限，且工作噪声大，现已基本淘汰。

液压驱动较平稳安全。按工作方式不同分为全自动、半自动和手动，全自动注射机已成为现代注射机的主要形式，它在必要时也能进行半自动和手动操作。

按成型工艺特点不同可分为热塑性塑料注射机、热固性塑料注射机、反应注射机、结构发泡注射机、注射吹塑成型机、注射－拉伸－吹塑成型机、气体辅助注射机、复合注射机、排气注射机、转盘式注射机、旋转式注射机和双色注射机等。

表 2-2　注射机按塑料在料筒的塑化方式分类

类别	示 意 图	说　明
柱塞式注射机	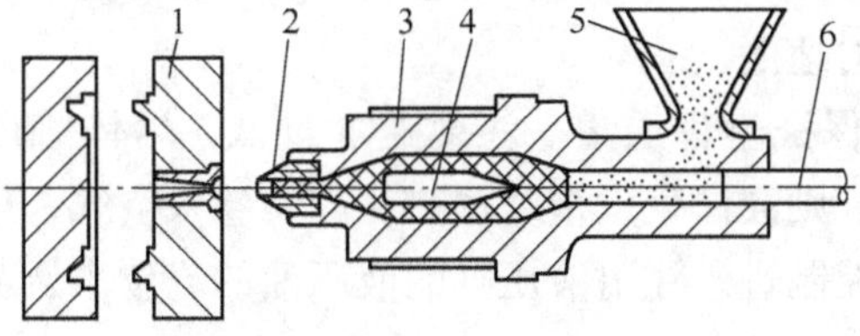 1—注射模　2—喷嘴　3—料筒　4—分流梭 5—料斗　6—柱塞	柱塞为直径为 20～100mm 的金属圆杆，当其后退时塑料自料斗定量地落入料筒内。柱塞前进时，料筒内的塑料经分流梭分成薄环状，被均匀加热，同时在剪切作用下塑料进一步混合和塑化，并完成注射。 多为立式注射机，注射量小于 30～60g，不宜用于成型流动性差、热敏性强的塑料
螺杆式注射机	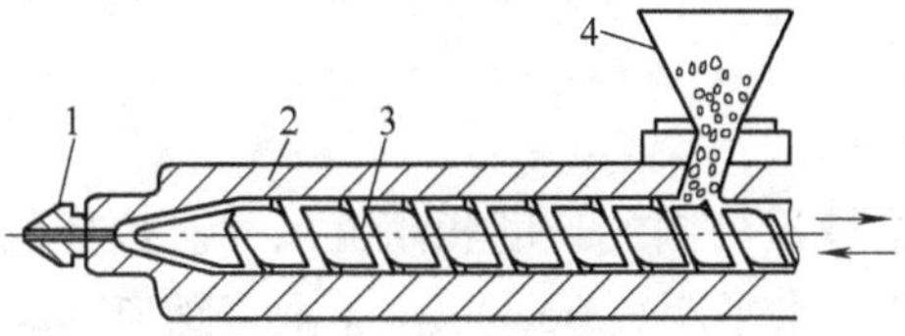 1—喷嘴　2—料筒　3—螺杆　4—料斗	螺杆在料筒内旋转时，将落入料筒的塑料逐渐压实、排气和塑化，并将塑料熔体推向料筒的前端，积存在料筒头部和喷嘴之间，螺杆本身受熔体的压力而缓慢后退。当积存的熔体达到预定的注射量时，螺杆停止转动，在注射液压缸的推动下，将熔体注入模具型腔。 卧式注射机多为螺杆式

3. 注射机的技术参数

注射机的技术参数主要有以下几方面，它反映了注射机的加工范围和加工能力。

（1）公称注射量　公称注射量是指在对空注射的条件下，螺杆或柱塞完成一次最大行程后，注射装置所能达到的最大注射量。它反映了注射机的加工能力，即所能生产的塑料制件的最大质量，故常用作表征注射机规格的主要参数。

注射机的公称注射量的表示方法有两种，即“注射质量”和“注射容量”，两者均以注射聚苯乙烯（PS）塑料作为标准。“注射质量”是指注射机的螺杆（或柱塞）完成一次最大行程所注射出的熔体的质量（g），如 60g、125g 等，这种表示方法与塑料的密度有关，在注射其他塑料时应进行换算。“注射容量”则是指注射机的螺杆（或柱塞）完成一次最大行程所注射出的熔体的体积（cm^3），这种表示方法与塑料的密度无关。

（2）注射压力　注射压力是指注射时螺杆（或柱塞）施于熔融塑料单位面积上的压力。由于受到浇注系统、型腔表面的阻力等，注射压力传到型腔时仅为初始时的 1/4～1/2。注射压力大，能使塑料充满型腔并压实，有利于保证塑件质量。但注射压力太大，锁模力也需增大，对注射机和模具的寿命都有一定负面影响。

影响注射压力的因素很多，如塑料性能、塑件形状和尺寸、模具的结构等。为了适应多种塑料和各种结构塑件的加工要求，每一台注射机的注射压力都有一定的调节范围。塑件简单、精度要求低，塑料黏度低、流动性好，注射压力可小些。调节压力的办法是调节注射系统的油压，或更换不同直径的螺杆（或柱塞）和料筒。

（3）额定塑化能力 额定塑化能力表示塑化装置在单位时间塑化的塑料量，常以 g/s 为单位。额定塑化能力越大，则生产能力越大，能生产大型件。必须注意，在选用注射机时，应留有余地，即注射机的公称注射量和额定塑化能力等基本参数应较实际所需大 20% 左右，这样在生产时既能使塑料充分塑化，又能保证塑料充满型腔。

（4）注射速度（时间） 注射机的注射时间是指螺杆或柱塞推出最大注射量时所需的最短时间。注射行程与注射时间之比称为注射速度。

在生产中应选择合理的注射速度，以保证塑件质量。注射速度过低，熔体难以充满型腔，或出现严重的熔接痕；注射速度过高，则会产生大量摩擦热，容易卷入空气，还可能使聚合物发生分解和变色。注射速度可通过控制进入注射液压缸的液压油的流量来调节，以适应不同塑料和不同结构塑件的成型要求。

（5）锁模力 锁模力又称合模力，是指熔体注入型腔时，合模装置对模具施加的最大夹紧力。当高压的塑料熔体充满模具型腔时，会在型腔内产生一个很大的力，力图使模具沿分型面胀开。因此必须依靠锁模力将模具夹紧，保证注射时动、定模闭合紧密，使型腔内熔体不产生外溢飞边。

（6）合模装置的基本尺寸

1）模板尺寸和拉杆间距。模板尺寸是指模板外围的长度和高度尺寸。拉杆间距是指两拉杆内侧之间水平与垂直方向的距离，用“（水平距离/mm）×（垂直距离/mm）”表示。如图 2-2 所示 XS－Z－60 型注射机的模板尺寸为长 330mm、高 400mm 左右，拉杆间距为 190mm×300mm。这两个参数限制了模具的外形尺寸和装模方向。

2）最大模厚和最小模厚。最大模厚和最小模厚是指移动模板闭合模具，达到规定锁模力时，移动模板与固定模板间的最大和最小距离（图 2-2）。这两个参数决定了注射机允许容纳的模具的厚度范围。在注射机上可安装模具的最大厚度用 H_{max} 表示，大于此厚度，无法开模取件或无法合模；在注射机上可安装的最小模具厚度用 H_{min} 表示，小于此厚度则模具合不上，但可以通过加垫块来弥补。

3）开模行程。开模行程指移动模板能够移动的最大距离。模具是依靠移动模板的移动来实现合模和开模的，确定开模行程的需要量时，应以保证模具开模后能顺利取出塑件为标准。

（7）顶出行程和顶出力 顶出行程和顶出力即注射机的液压顶出装置能够提供的最大顶出行程（图 2-2 所示为 140mm）和最大顶出力。

（8）合模速度和开模速度 合模与开模速度应合适，如太快，容易损坏模具或嵌件，不安全；如太慢，生产率低。目前国内的移模速度范围为：快速 12～22m/min，慢速 0.25～3.0m/min。合模速度和开模速度可以调节。随着注射机工作的高效化，要求提高动模板运行速度，使开模、合模速度均在 35m/min 以上。

常用国产注射机的规格和技术参数见附录 D。

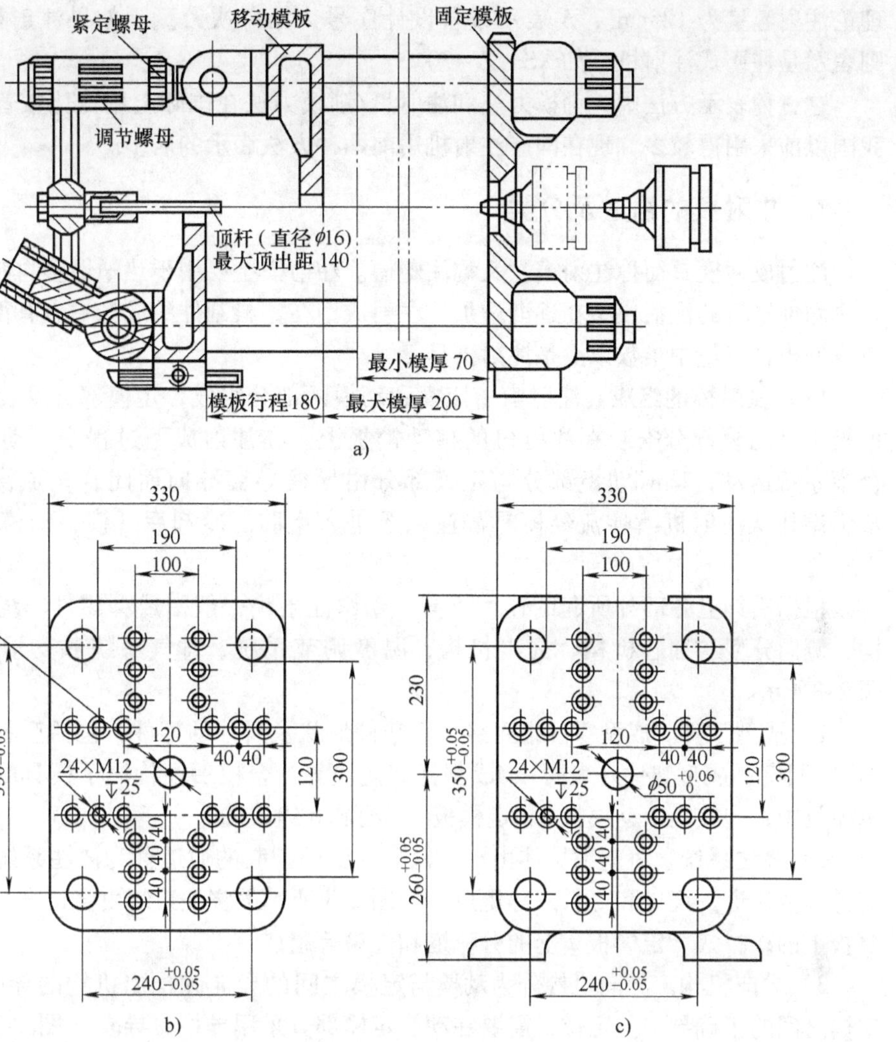

图 2-2 XS－Z－60 型注射机的模板尺寸

4. 注射机型号规格的表示方法

注射机型号规格的表示方法有三种：锁模力、注射量/锁模力、注射量。

锁模力表示法是用注射机的最大锁模力参数来表征该机的型号规格。此表示法直观、简单，可直接反映注射塑件的面积大小。如 HTF250X1/J2，“HT” 为生产厂家海天的汉语拼音缩写，“F” 为标准配置机型，“250” 表示锁模力为 2500kN，“X1” 为标准控制系统，“J2” 为变频泵配置。

注射量/锁模力表示法是用理论注射容量与锁模力两个参数共同表示注射机的型号规格，这种表示方法能够比较全面地反映注射机加工塑件的能力。如 SZ－200/1000，“SZ” 意为塑料注射成型机，理论注射容量为 200cm^3，锁模力为 1000kN。

注射量表示法是用注射机的理论注射容量参数来表征注射机的规格型号。如 XS－ZY－125A，XS 表示塑料成型机，Z 表示注射成型，Y 表示螺杆式注射机，“125” 表示理论注射容量为 125cm^3，A 表示设备设计序号为第一次改型。如果注射机型号中没有 Y，则表示是柱塞式注射机，如 XS－Z－30。

这三种表示方法中，锁模力法和注射量/锁模力法在国际上用得比较普遍。注射量法在我国以前采用得较多，现在国产注射机用前两种方法表示的居多。

5. 注射模的组成及分类

注射成型模具简称注射模，又称注塑模。注射模主要用于热塑性塑料制件的成型，近年来热固性塑料的注射成型在逐渐增加。注射成型在塑料制件的成型中占有很大比重，世界塑料成型模具产量中半数以上是注射模具。

（1）注射模的组成 注射模由定模和动模两部分组成，定模部分安装在注射机的固定模板上，动模部分安装在注射机的移动模板上。在注射成型过程中，动模随注射机上的合模系统运动，同时动模部分与定模部分由导柱导套导向而闭合构成浇注系统和型腔，塑料熔体从注射机喷嘴流经模具浇注系统进入型腔。冷却后开模，动模与定模分离，取出塑件。

根据模具上各部分所起的作用不同，塑料注射模一般由成型零件、浇注系统、导向机构、侧向分型与抽芯机构、推出机构、温度调节系统、排气系统和支承零部件组成，如图 2-3所示。

1）成型零件。成型零件指直接决定塑件形状及尺寸的零件，包括型芯（成型塑件内表面）、凹模（成型塑件外表面）、成型杆和镶块等，合模后便构成了模具的型腔。图 2-3 所示模具中，型腔是由动模板 1、定模板 2、型芯 6 组成的。

2）浇注系统。将塑料熔体由注射机喷嘴引向型腔的通道称为浇注系统，浇注系统由主流道、分流道、浇口和冷料穴等组成。如图 2-3 所示的浇注系统由浇口套 5、拉料杆 15、动模板上的冷料穴、定模板 2 上的分流道和浇口等组成。

3）导向机构。导向机构分为动模与定模之间的导向和推出机构的导向。为了确保动、定模之间的正确导向与定位，需要在动、定模部分采用导柱、导套（图 2-3 中导柱 8、导套 7）或在动、定模部分设置互相吻合的内外锥面导向。推出机构的导向通常由推板导柱和推板导套（图 2-3 中推板导柱 16、推板导套 17）组成。

4）侧向分型与抽芯机构。塑件上带有侧向孔或侧向凸、凹时，在开模推出塑件之前，必须从塑件中抽出成型侧向孔或侧向凸、凹的活动零件，实现这类功能的装置即侧向分型与抽芯机构，如图 2-10 所示。

5）推出机构。在开模过程中，将塑件及浇注系统凝料从模具中推出的装置即为推出机构。一般情况下，推出机构由推杆、推管、推件板、复位杆、推杆固定板、推板、拉料杆及推板导柱和推板导套等组成。图 2-3 中的推出机构由推杆 18、推板 13、推杆固定板 14、复位杆 19、拉料杆 15、推板导柱 16 及推板导套 17 等组成。

6）温度调节系统。为了满足注射成型工艺对模具温度的要求，必须对模具的温度进行控制，这就需要在模具中设置冷却或加热的温度调节系统。冷却系统一般采用在模具上开设冷却水道（如图 2-3 中的冷却水道 3）的形式，加热系统则为在模具内部或四周安装加热元件。

7）排气系统。在注射成型过程中必须将型腔内原有的空气和塑料加热后挥发出来的气

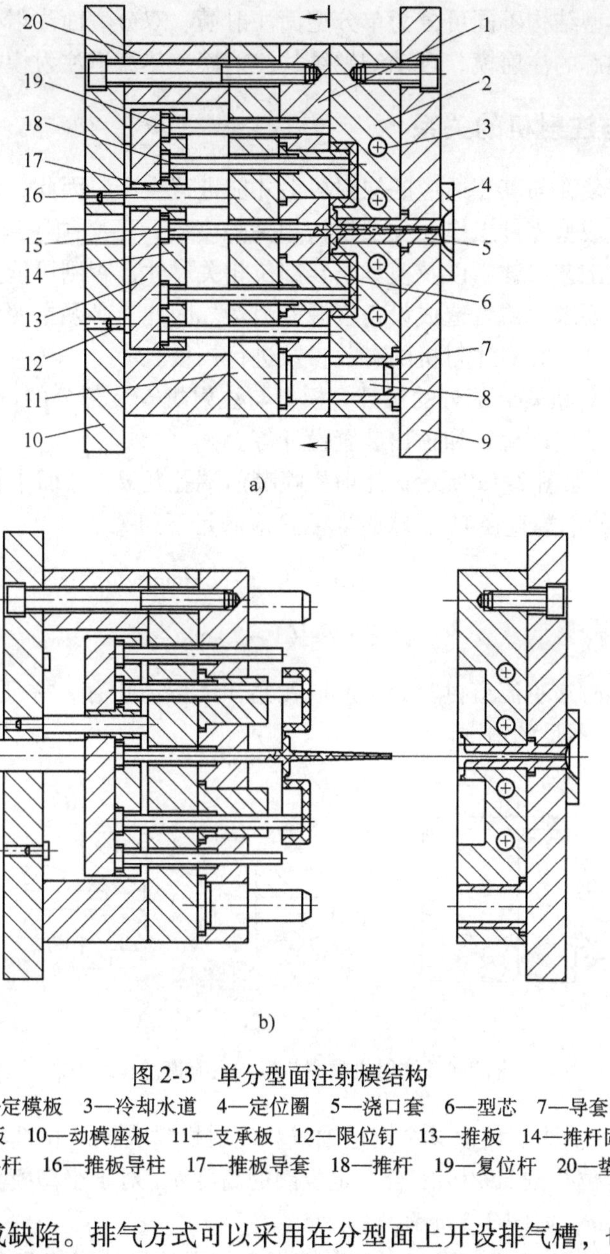

图2-3　单分型面注射模结构

1—动模板　2—定模板　3—冷却水道　4—定位圈　5—浇口套　6—型芯　7—导套　8—导柱　9—定模座板　10—动模座板　11—支承板　12—限位钉　13—推板　14—推杆固定板　15—拉料杆　16—推板导柱　17—推板导套　18—推杆　19—复位杆　20—垫块

体排出模外，以免造成缺陷。排气方式可以采用在分型面上开设排气槽，也可以利用推杆或型芯与模具的配合间隙来排气。

8）支承零部件。用来安装固定或支承成型零件及其他各部分机构的零部件即支承零部件。支承零部件组装在一起，可以构成注射模具的基本骨架。图2-3所示模具支承零部件为定模座板9、支承板11、垫块20和动模座板10等。

（2）注射模的分类　注射模的类型很多。按所用注射机的种类不同分为卧式或立式注射机用注射模和直角式注射机用注射模；按其在注射机上的安装方式不同可分为移动式注射模（仅用于立式注射机）和固定式注射模；按模具的型腔数目不同可分为单型腔注射模和多型腔注射模；按模具分型面的特征不同可分为水平分型面注射模和带有垂直分型面的注射模。

按照注射模典型结构不同可分为单分型面注射模、双分型面注射模、带活动镶块的注射模、侧向分型与抽芯的注射模、自动卸螺纹的注射模、热流道注射模等。

6. 注射模与注射机的关系

注射模必须安装在与其相适应的注射机上才能进行生产。因此，设计注射模时，除了确定模具结构、计算成型零件工作尺寸及校核相关强度外，还必须了解模具与注射机的关系，了解注射机的有关工艺参数，以及模具安装部位相关尺寸，否则可能造成安装不上、满足不了塑件生产的有关要求，或者造成设备资源的浪费。因此，必须按照注射机的有关尺寸来设计注射模的有关尺寸，并对注射机的有关参数进行校核。

(1) 模具与注射机安装部分的设计 模具与注射机安装部分的设计内容包括喷嘴尺寸、定位圈尺寸、模具的安装固定和顶出装置设计等。

1）喷嘴尺寸。如图2-4a所示，注射机喷嘴前端孔径 d、球面半径 r 与模具主流道衬套（又称为浇口套）的小端直径 D_0、球面半径 R 应满足下列关系

$$D_0 = d + (0.5 \sim 1)\text{mm}$$

$$R = r + (1 \sim 2)\text{mm}$$

从而保证注射成型时在主流道衬套处不形成死角，无熔体积存，并便于主流道凝料的脱模。图2-4b所示配合是不良的情况。

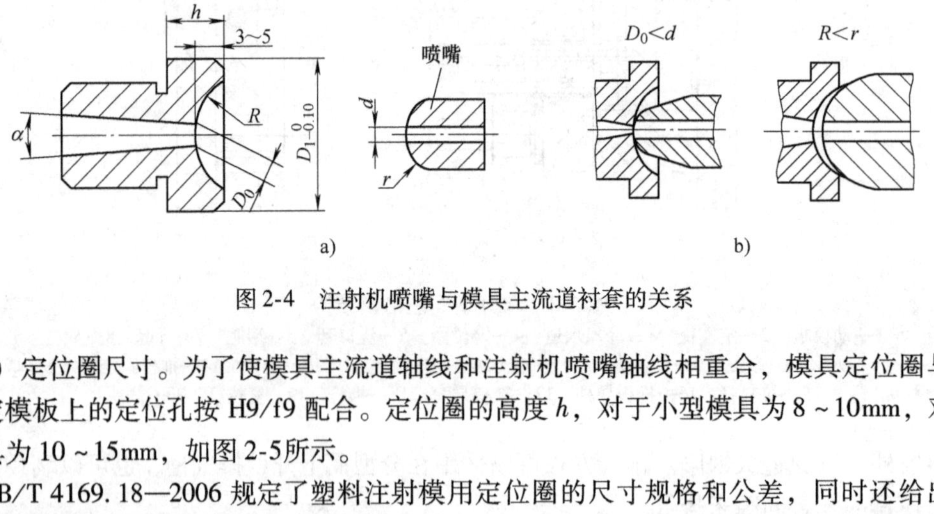

图2-4 注射机喷嘴与模具主流道衬套的关系

2）定位圈尺寸。为了使模具主流道轴线和注射机喷嘴轴线相重合，模具定位圈与注射机固定模板上的定位孔按H9/f9配合。定位圈的高度 h，对于小型模具为8~10mm，对于大型模具为10~15mm，如图2-5所示。

GB/T 4169.18—2006规定了塑料注射模用定位圈的尺寸规格和公差，同时还给出了材料、硬度要求和标记方法。

定位圈技术要求为：未注表面粗糙度为 Ra6.3μm；未注倒角为 C1；材料为45钢；硬度为28~32HRC。

标记示例：直径 D=100mm 的定位圈标记为“定位圈 100GB/T 4169.18—2006”。

3）模具的安装固定。模具的定模部分安装在注射机的固定模板上，动模部分安装在注射机的移动模板上。模具在注射机上的安装固定方法有两种：一种是用螺钉直接固定，另一种是用螺钉、压板固定，如图2-6所示。当用螺钉固定时，模具固定板与注射机模板上的孔应完全吻合，对于重量较大的大型模具，采用螺钉直接固定较为安全。采用压板固定时，只

要在模具固定板安放压板的外侧附近有螺孔就能紧固，因此，用压板固定安装方便灵活，应用最为广泛。

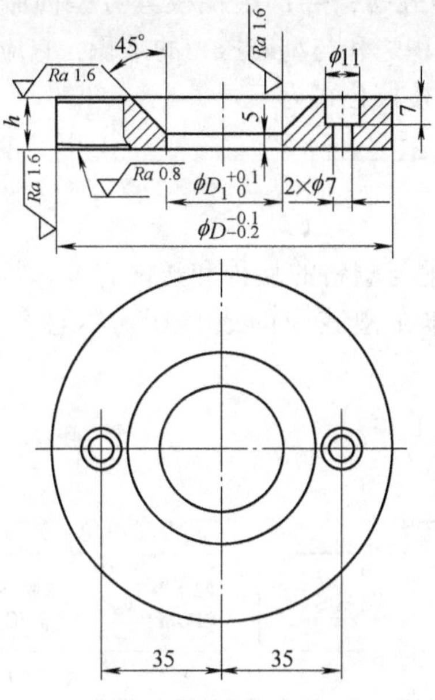

图 2-5　定位圈尺寸

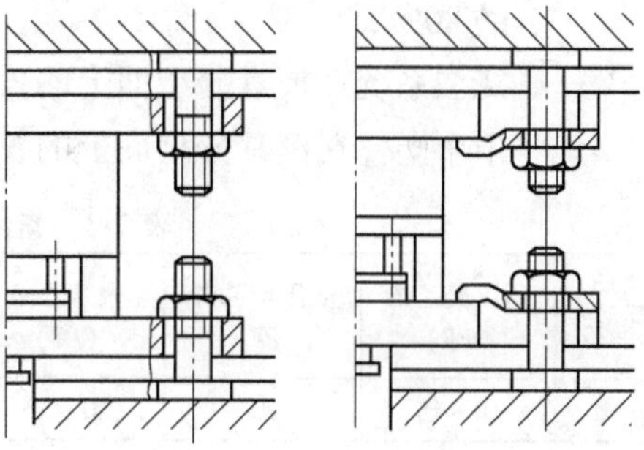

图 2-6　模具的安装固定方法

4）顶出装置设计。各种型号注射机顶出装置的顶出形式和最大顶出距离不尽相同，设计时，应使模具的推出机构与注射机相适应。通常应根据注射机顶出装置的顶出形式、顶杆直径、顶杆间距和顶出距离等，校核模具内的推杆位置是否合理，确认推杆推出距离能否达到使塑件脱模的要求。

国产注射机的顶出装置大致可分为以下四类：

① 中心顶杆机械顶出装置，如卧式注射机 XS－Z－60、XS－ZY－350，立式注射机 SYS－30，直角式注射机 SYS－45、SYS－60等。

② 两侧机械式双顶杆顶出装置，如卧式注射机 XS－Z－30、XS－ZY－125。

③ 中心顶杆液压顶出和两侧机械式双顶杆联合作用的顶出装置，如卧式注射机 XS－ZY－250、XS－ZY－500。

④ 中心顶杆液压顶出与其他开模辅助液压缸联合作用，如卧式注射机 XS－ZY－1000。

（2）模具与注射机有关参数的校核

1）最大注射量的校核。最大注射量即公称注射量，指注射机一次注射塑料的最大体积。在设计注射模时，应保证塑件和浇注系统凝料所需的总注射量小于所选注射机的公称注射量。校核公式为

$$Km_p \geqslant nm + m_1 \tag{2-1}$$

式中　K——注射机额定塑化量的利用系数，一般取 0.8；

m_p——注射机公称注射量（g 或 cm^3）；

m_1——浇注系统所需塑料的质量或体积（g 或 cm^3）；

m——单个塑件的质量或体积（g 或 cm^3）；

n——型腔数目。

2）锁模力的校核。当高压的塑料熔体充满模具型腔时，会产生使模具分型面胀开的力，力的大小等于塑件和浇注系统在分型面上的投影面积之和与型腔压力的乘积，它应小于注射机的额定锁模力，以保证注射时不发生溢料现象。校核公式为

$$F_p \geqslant npA + pA_1 \tag{2-2}$$

式中 F_p——注射机的额定锁模力（N）；

p——塑料熔体在型腔中的成型压力（MPa），它与塑料的品种和塑件有关，常用塑料的型腔压力可参见表 2-3，通常熔体在型腔中的成型压力取注射压力的 80%；

A_1——浇注系统在模具分型面上的投影面积（mm^2）；

A——单个塑件在模具分型面上的投影面积（mm^2）。

表 2-3 常用塑料的型腔压力 （单位：MPa）

塑料品种	高压聚乙烯（PE）	低压聚乙烯（PE）	聚苯乙烯（PS）	丙烯腈-苯乙烯（AS）	ABS	聚甲醛（POM）	聚碳酸酯（PC）
型腔压力	10～15	20	20～25	30	30	35	40

3）最大模厚和最小模厚校核模具厚度应满足下列关系

$$H_{min} \leqslant H \leqslant H_{max} \tag{2-3}$$

4）开模行程的校核。开模行程是指模具开启过程中注射机移动模板的移动距离。注射机的开模行程是有限制的，塑件从模具中取出时所需的开模距离必须小于注射机的最大开模距离，否则塑件无法从模具中取出。按注射机的合模机构不同，开模行程可按下面两种情况校核。

① 注射机的最大开模行程与模具厚度无关。当注射机采用液压-机械式合模装置（或称为合模机构）时，最大开模行程由连杆机构的最大行程决定，并不受模具厚度的影响。模具安装厚度靠连接在移动模板后的大调节螺母在允许的范围内调节，而开模行程由合模机构的曲肘（单曲肘或双曲肘）的运动或合模液压缸的运动决定，如图 2-1 和图 2-2 所示。属于此类型的国产注射机有 XS-Z-30、XS-Z-60、XS-ZY-125、XS-ZY-350、XS-ZY-500、XS-ZY-1000、XS-ZY-4000 等。

使用这类注射机，对于图 2-7 所示的单分型面注射模具，其开模行程可按下式校核

$$s \geqslant H_1 + H_2 + (5 \sim 10)\text{mm} \tag{2-4}$$

式中 s——注射机的最大开模行程；

H_1——塑件被推出的距离（脱模距离）；

H_2——包括浇注系统在内的塑件高度。

对于图 2-8 所示的双分型面注射模，为了保证开模后既能取出塑件又能取出流道内的凝料，需要在开模距离中增加定模座板与中间板之间的分开距离 a。a 的大小应保证可以方便地取出流道内的凝料，其开模行程可按下式校核

$$s \geqslant H_1 + H_2 + a + (5 \sim 10)\,\text{mm} \tag{2-5}$$

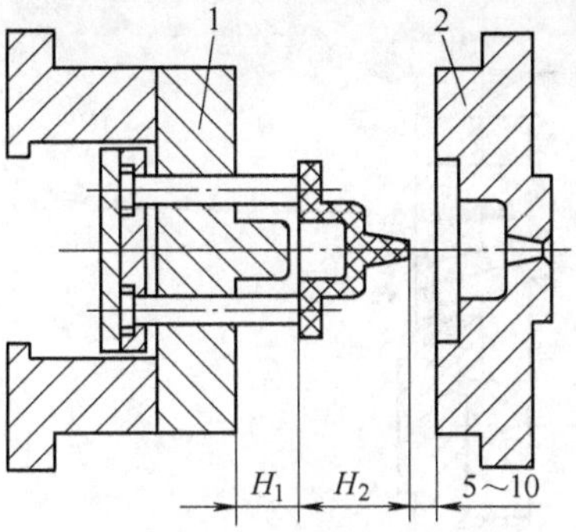

图 2-7　单分型面注射模开模行程
1—动模　2—定模

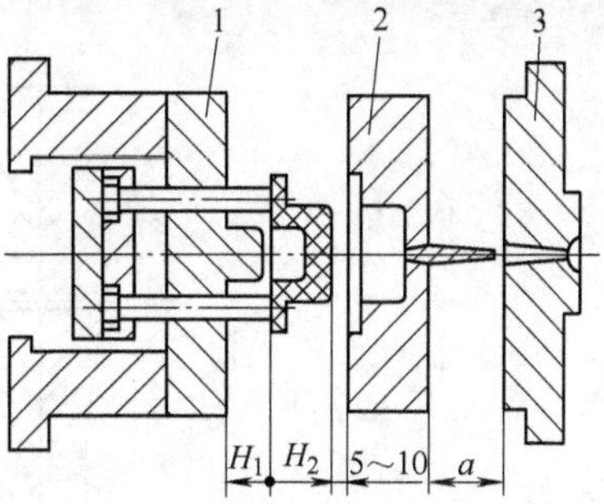

图 2-8　双分型面注射模开模行程
1—动模　2—中间板　3—定模座板

② 注射机的最大开模行程与模具厚度有关。对于液压式合模装置的注射机和带有丝杠开模合模机构的直角式注射机，如液压式注射机 XS－ZY－250，角式注射机 SYS－45 和 SYS－60等，其最大开距是固定的，所以注射机的最大开模行程受到模具厚度的影响，如图 2-9所示。安装的模具厚度越大，开模行程越小。这种注射机上标明了最大开距 s（即移动模板与固定模板之间的最大距离）和允许的模具安装最小厚度。实际的最大开模行程等于最大开距 s 减去模具厚度 H_m。

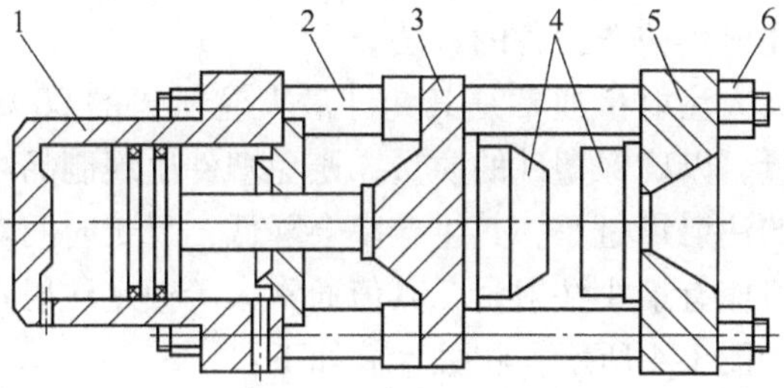

图 2-9　液压式合模装置
1—合模液压缸　2—拉杆　3—移动模板
4—模具　5—固定模板　6—拉杆螺母

使用这类注射机，对于单分型面注射模，校核公式为

$$s \geqslant H_m + H_1 + H_2 + (5 \sim 10)\,\text{mm} \tag{2-6}$$

对于双分型面注射模，校核公式为

$$s \geqslant H_m + H_1 + H_2 + a + (5 \sim 10)\,\text{mm} \tag{2-7}$$

应该注意的是，当模具需要利用开模动作完成侧向分型与抽芯动作时，开模行程的校核还应考虑完成侧向抽芯动作所需的开模距离，如图 2-10 所示。设完成侧向抽芯动作所需的

开模距离为 H_c，当 $H_c \leqslant H_1 + H_2$ 时，H_c 对开模行程没有影响，仍用上述各公式进行校核。当 $H_c > H_1 + H_2$ 时，可用 H_c 代替上述校核公式中的 $H_1 + H_2$ 进行校核。

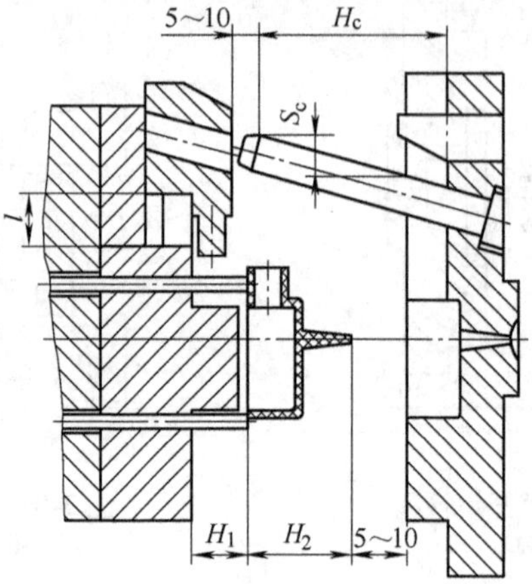

图 2-10　有侧向抽芯时的开模行程

2.1.2　注射机选用实例

1. 选择透明塑料盒成型设备

初选注射机时，通常依据注射机允许的最大注射量或锁模力来确定，其余作为校核依据。下面介绍依据最大注射量初选设备的方法。

注射机可以提供的最大注射量通常是其允许最大注射量的 80%，其值应大于注射模各型腔所需要的所有注射量，以确保塑件的质量，避免塑件出现制品内部组织疏松、制品强度不足等缺陷。若注射机的注射量过小，其生产率会降低，且长时间对塑料加热会导致塑料的分解或变质，因此注射机应有最小注射量，其值通常大于额定注射量的 20%。

透明塑料盒零件图如图 1-4 所示，相关计算如下：

(1) 计算单个塑件体积

$$V_{塑件} \approx 26.27\mathrm{cm}^3 \ (过程略)$$

(2) 塑件成型时需要的注射量

$$V = V_{塑件} + V_{浇} \approx (26.27 + 2)\mathrm{cm}^3 \approx 28\mathrm{cm}^3$$

该塑件成型采用一模一件生产，初步估算浇注系统凝料需要的体积 $V_{浇}$ 为 $2\mathrm{cm}^3$。

(3) 初定注射机型号　根据塑件成型时需要的注射量，查附录 D 选择 HTF60 - Ⅱ型注射机。

(4) 设备主要参数列表（略）

2. 选择扣盖塑件成型设备并编制成型工艺

(1) 初选扣盖塑件成型设备　下面以塑件成型时所需要的锁模力来初选注射机，即要求注射机的锁模力必须大于模具型腔内熔体充型时对模具所产生的胀模力，避免模具发生溢料导致塑件产生飞边。

扣盖零件图如图1-27所示，相关计算如下：

1）塑件在分型面上的投影面积$A_{塑件}$。

$$A_{塑件}=60\times60\text{mm}^2=3600\text{mm}^2$$

2）浇注系统在分型面上的投影面积$A_{浇}$。塑件为正方形的薄壳类零件，采用一模一件生产，浇注系统在分型面上的投影面积与塑件重合。

3）塑件成型时产生的胀模力$F_{胀}$。

$$F_{胀}=Ap=3600\times40\text{N}=144\text{kN}$$

查表2-3，得到成型PC塑件型腔所需的平均压力为40MPa。

4）设备参数列表。根据锁模力大于胀模力的原则，查附录D，选择HTF60－Ⅱ型注射机，设备主要参数列表略。

（2）编制扣盖塑件相关成型工艺

1）材料PC性能简要分析。PC性能见表1-2。PC虽然吸水性小，但高温时对水分比较敏感，会出现银丝、气泡及强度下降现象，所以加工前必须进行干燥处理；且熔融温度高，熔体黏度大，流动性差，所以成型时要求有较高的温度和压力。因熔体黏度对温度十分敏感，一般用提高温度的方法来增加熔融塑料的流动性。另外，PC的耐疲劳强度较差，成型后制品的内应力较大，容易开裂。

2）选择成型方法及成型工艺。扣盖塑件材料为PC，属于热塑性塑料，制品需大批量生产。注射成型生产周期短、效率高，易实现自动化生产。其模具结构相对复杂，制造成本较高，但对于批量较大的生产采用注射成型较为经济。压缩成型及压注成型主要生产热固性塑料，其生产率相对较低，制品精度较低，不易实现生产的自动化。挤出成型主要用于成型管材、型材等具有连续等截面的制品。气动成型主要用于成型塑料瓶、塑料盒、塑料箱等容器类制品。通过以上简述可知，扣盖应采用注射成型生产。

扣盖的成型工艺过程包括成型前的准备、注射成型过程及制品的后处理三个方面。

① 成型前的准备。

a）原料的检验。对PC的外观进行检验，包括其色泽、粒度均匀度等。除此，还应对其成型工艺性能进行必要的检测。

b）预热干燥。PC水敏性强，成型前必须做干燥处理。建议采用红外线烘箱在100～110℃干燥8～12h。将材料中过多的水分和挥发物除去，避免塑件出现气泡、银丝及强度下降等缺陷。

为了方便制品脱模，可根据实际生产条件在模具的型腔表面喷涂脱模剂，常用的脱模剂有硬脂酸锌、液状石蜡和硅油等。

② 注射过程。注射过程一般包括加料、塑化、注射、保压、冷却和脱模等步骤。

③ 制品的后处理。PC易产生应力集中，所以应严格控制成型条件，塑件成型后对其进行退火后处理，消除内应力。将烘箱温度调节到100～110℃，将塑件放入红外线烘箱8～10min。

3）确定成型工艺参数，编制成型工艺卡片。参照附录C确定扣盖的注射成型工艺参数。扣盖采用螺杆式注射机进行生产。

① 温度。料筒前段温度：240～280℃；料筒中段温度：260～290℃；料筒后段温度：

240～270℃。

喷嘴温度：230～250℃；模具温度：90～110℃。

② 压力。注射压力：100～140MPa；保压压力：50～60MPa。

③ 时间。注射时间：2s；保压时间：25s；冷却时间：30s；成型周期：90s。

扣盖注射成型工艺卡片见表2-4。

表2-4　扣盖注射成型工艺卡片

	塑料零件注射成型工艺卡片				（企业名称）					
					产品名称			扣盖		
	材料名称		PC		材料颜色			白色		
	零件净重		27.48g/件		零件毛重			38g/件		
	设备		HTF60-Ⅱ		注射成型工艺	料筒温度	第一段（前）	240～280℃		
	模具	编号	MJ02				第二段（中）	260～290℃		
		型腔数量	1				第三段（后）	240～270℃		
		推出高	30mm			喷嘴温度		230～250℃		
		总高	260mm			模具温度		90～110℃		
		附件				压力	注射	100～140 MPa		
	嵌件	图号	名称	数量			保压	50～60 MPa		
						螺杆转速		30~60 r/min		
	原料干燥处理	使用设备				注射时间	闭模	1.5s	工时	
		盛料高度					注射	2s	准终	单件
		翻料时间					保压	25s	30s	90s
		干燥温度	100~110℃				冷却	30s		
		干燥时间	8～12h				开模	1.5s		
							总时间	60s		
	零件成型后处理	热处理			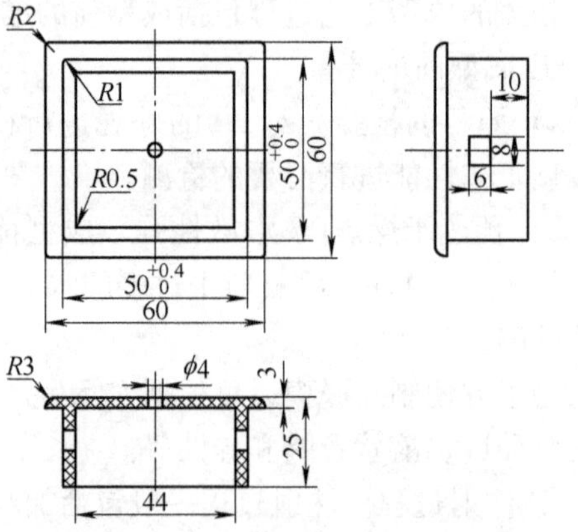					
描图		加热温度	150℃							
		加热时间	10min							
描校		保温时间								
		冷却方式	空气							
底图		塑料烘干								
		包装								
装订号	检验	编制	校对	审核						

2.1.3　单元练习

1. 思考题

1）注射机的基本组成有哪些？

2）简述注射成型原理。成型过程分为哪几个阶段？
3）何为注射成型压力？注射成型压力的大小取决于哪些因素？
4）注射模由哪些结构组成？
5）注射模的分类方法如何？按模具总体结构特征不同，注射模分为哪几类？
6）单分型面和双分型面注射模的区别是什么？
7）设计注射模时，为什么要对锁模力校核？如何校核？
8）如何按最大注射量来校核注射机？
9）注射机喷嘴与注射模主流道的尺寸关系如何？
10）注射模与注射机的安装形式有哪几种？

2. 综合题

如图2-11所示，选择工作灯后盖塑件的注射成型设备并编制注射成型工艺过程（塑料采用ABS）。

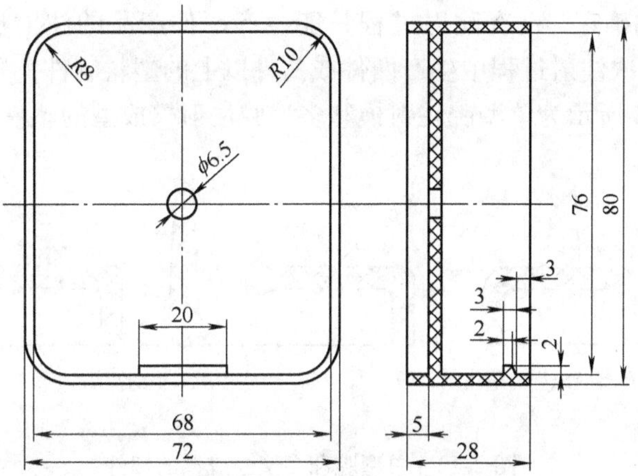

图2-11　工作灯后盖

单元2　分型面的选择与浇注系统设计

【学习目标】

1. 掌握合理选择分型面和确定型腔数目的方法。
2. 掌握注射模浇注系统的设计方法。

2.2.1　分型面的选择

1. 型腔数目的确定和型腔的布局

（1）型腔数目的确定　一次注射过程只能生产一件产品的注射模称为单型腔注射模。如果一副注射模在一次注射过程中生产两件或两件以上的塑料制件，则这样的注射模称为多型腔注射模。图2-12所示为单型腔注射模和多型腔注射模成型的塑件。

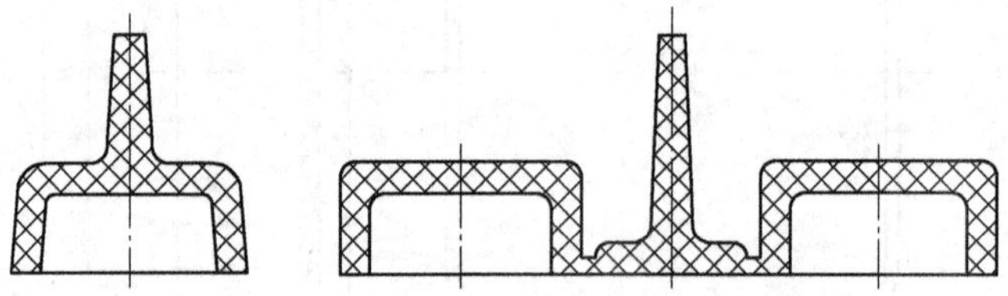

a) 单型腔成型的塑件　　b) 多型腔成型的塑件

图2-12　单型腔和多型腔成型的塑件

单型腔、多型腔的优缺点及适用范围见表2-5。

表2-5　单型腔、多型腔的优缺点及适用范围

类　型	优　点	缺　点	适用范围
单型腔模具	塑件的精度高；成型工艺参数易于控制；模具结构简单；模具制造成本低，周期短	塑料成型的生产率低，塑件的成本高	塑件较大，精度要求较高或者小批量及试生产
多型腔模具	塑料成型的生产率高，塑件的成本低	塑件的精度低；成型工艺参数难以控制；模具结构复杂；模具制造成本高，周期长	大批量、长期生产的中小型塑件

（2）型腔的布局

1）单型腔模具塑件在模具中的位置。单型腔模具有塑件在动模部分、定模部分及同时在动模和定模中的结构。塑件在单型腔模具中的位置如图2-13所示。图2-13a为塑件全部在定模中的结构，图2-13b为塑件全部在动模中的结构，图2-13c、d为塑件同时在定模和

动模中的结构。

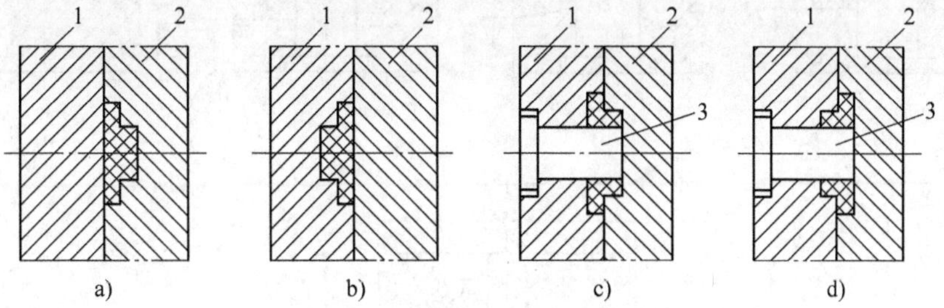

图 2-13 塑件在单型腔模具中的位置
1—动模板 2—定模板 3—型芯

2）多型腔模具型腔的布局。对于多型腔模具，由于型腔的布局与浇注系统密切相关，所以在模具设计时应综合考虑。型腔的布局应使每个型腔都能通过浇注系统从总压力中均等地分得所需的足够压力，以保证塑料熔体能同时均匀充满每一个型腔，从而使各个型腔的塑件的内在质量均匀稳定。多型腔的布局方法有：

① 平衡式布局。平衡式多型腔布局如图 2-14a、b、c 所示。其特点是从主流道到各型腔的分流道和浇口的长度、截面形状、尺寸及分布对称性对应相同，可实现各型腔均匀进料和达到同时充满型腔的目的。

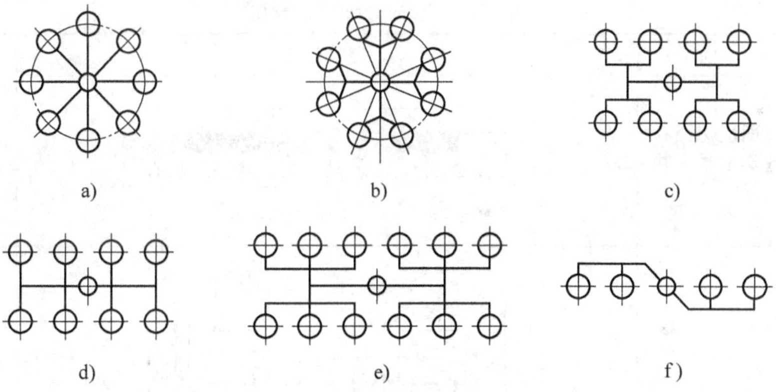

图 2-14 平衡式和非平衡式多型腔布局

② 非平衡式布局。非平衡式多型腔布局如图 2-14d、e、f 所示。其特点是从主流道到各型腔浇口的分流道的截面形状和尺寸相同，但长度不相等、分布不对称，因而不利于均衡进料。但这种方式可以明显缩短分流道的长度，减少浇注系统凝料，节约塑件的原材料。在实际设计和生产过程中，可通过调整各浇口的截面尺寸来达到同时充满型腔的目的。

2. 分型面设计

（1）分型面的形式 分型面是指用于取出塑件和浇注系统凝料的模具的开合面，如图 2-15所示。

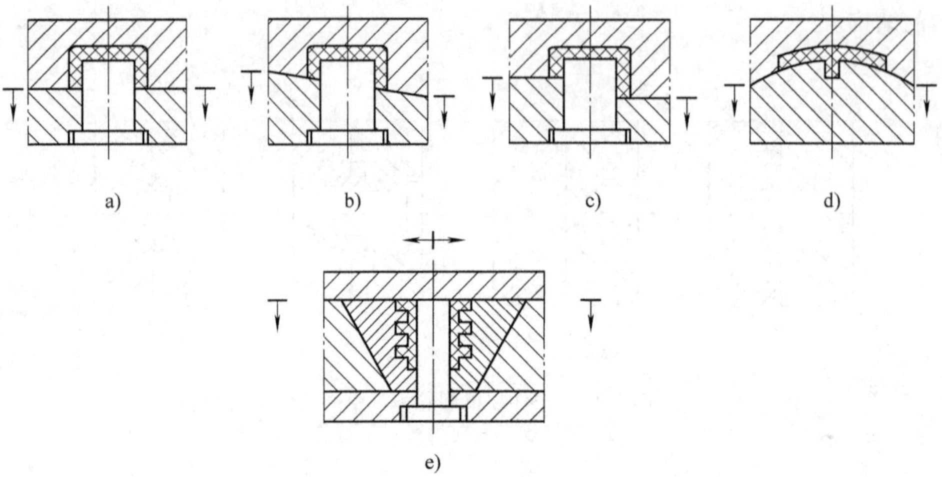

图 2-15　注射模的分型面

注射模有的只有一个分型面，有的有多个分型面，而且分型面有平面、曲面和斜面等多种形式，如图 2-15 所示。图 2-15a 为平直分型面，图 2-15b 为倾斜分型面，图 2-15c 为阶梯分型面，图 2-15d 为曲面分型面，图 2-15e 为瓣合分型面，也称垂直分型面。

（2）分型面的选择　影响选取分型面的因素很多。在选择分型面时，应遵循的原则见表 2-6。

表 2-6　选择分型面的原则

序号	原　　则	简　　图	说　　明
1	分型面应选择在塑件外形的最大轮廓处	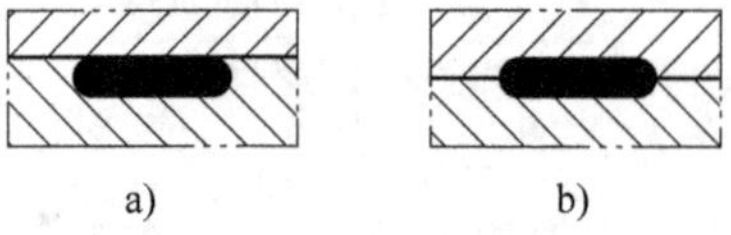	图 b 正确，分型面取在塑件外形的最大轮廓处，才能使塑件顺利脱模
2	分型面的选取应有利于塑件的留模方式，便于塑件顺利脱模	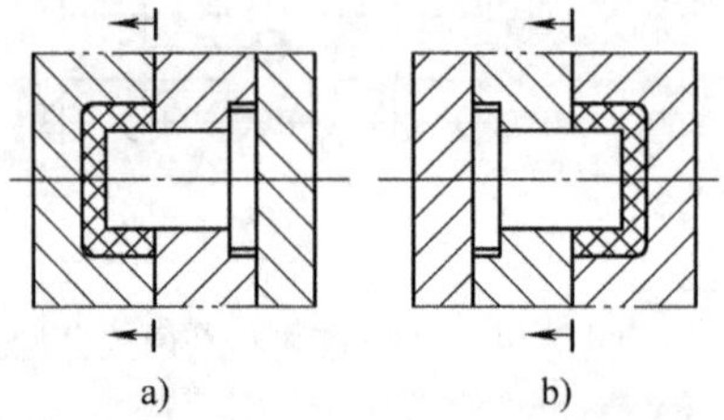	图 b 合理，分型后，塑件会包紧型芯而留在动模一侧
		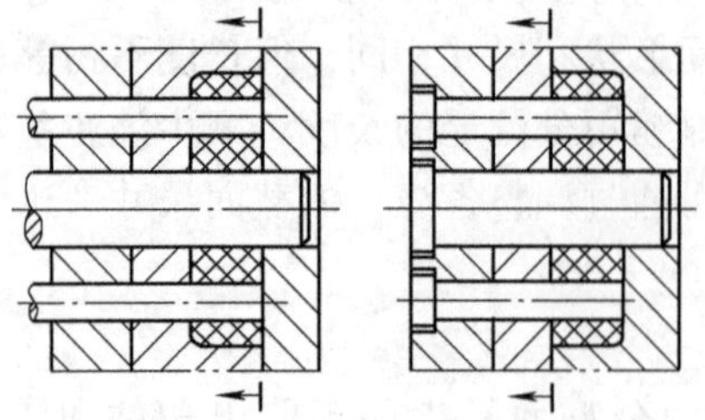	图 b 合理，分型后，塑件留在动模一侧，并由推件板推出

（续）

序号	原　　则	简　　图	说　　明
3	保证塑件的精度要求	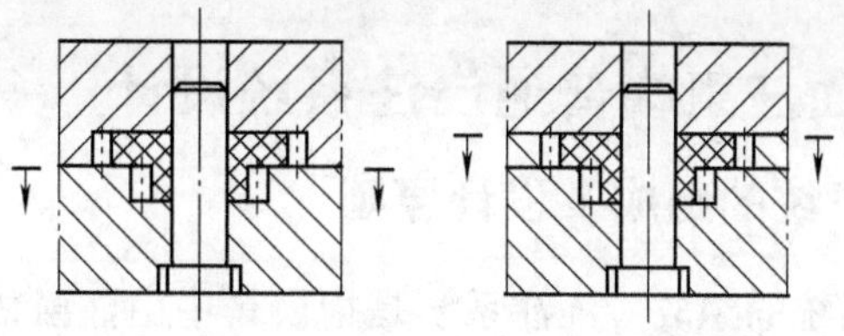 a)　b)	图b合理，能保证双联塑料齿轮的同轴度要求
4	满足塑件的外观要求	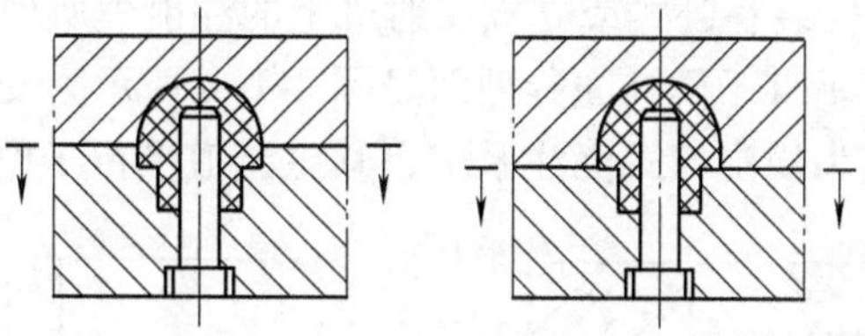 a)　b)	图b合理，所产生的飞边不会影响塑件的外观，而且易清除
5	便于模具的制造	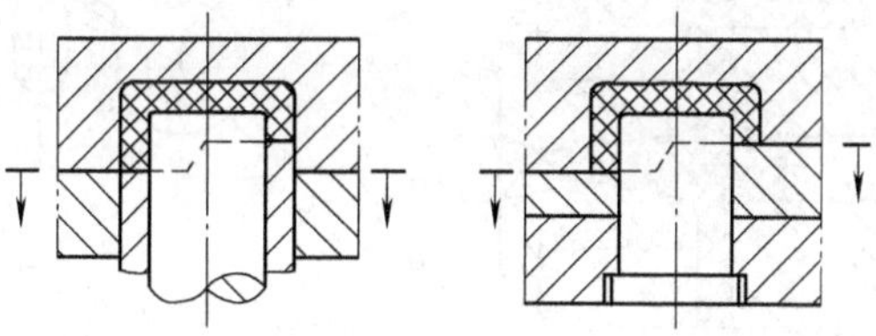 a)　b)	图b合理，图a的推管制造较困难，使用稳定性较差
		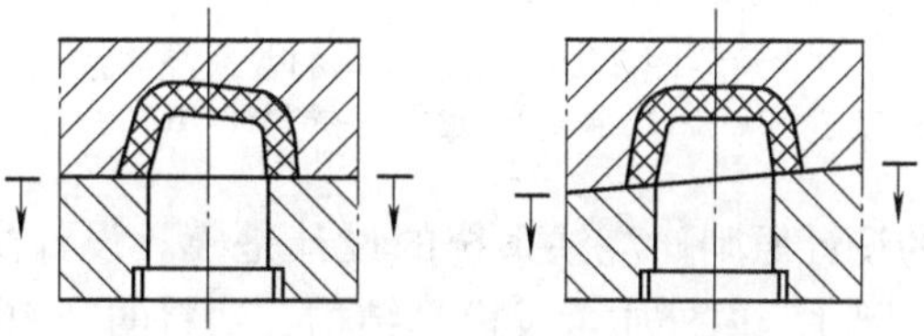 a)　b)	图b合理，图a的型芯、型腔制造较困难
6	有利于减小成型面积	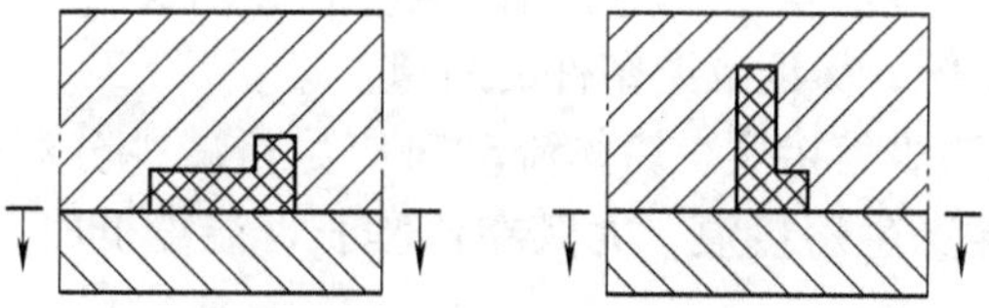 a)　b)	图b合理，塑件在分型面上的投影面积小，成型可靠
7	增强排气效果	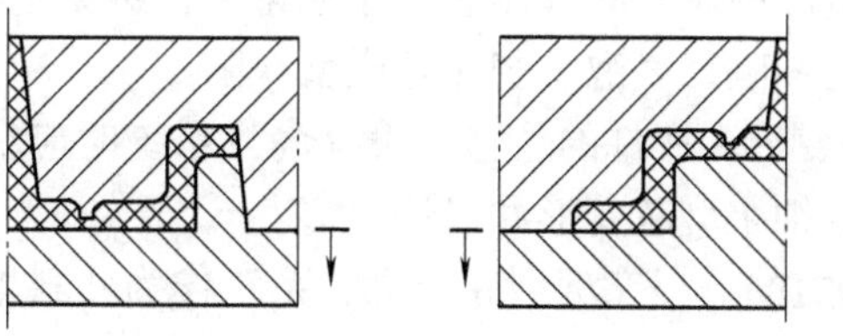 a)　b)	图b合理，熔体料流末端在分型面上，有利于增强排气效果

在实际设计工作中，不可能全部满足上述分型面的选取原则，此时应分清主次矛盾，采取综合评判的方法，从而较合理地确定分型面。

2.2.2 单分型面注射模普通浇注系统设计

1. 普通浇注系统的组成及设计原则

（1）普通浇注系统的组成 浇注系统是指模具中由注射机喷嘴到型腔之间的进料通道。普通浇注系统一般由主流道、分流道、浇口和冷料穴四部分组成。

图2-16a所示为安装在卧式或立式注射机上的注射模所用的浇注系统，也称为直浇口式浇注系统，其主流道垂直于模具的分型面。图2-16b所示为安装在角式注射机上的注射模所用的浇注系统，也称为横浇口式浇注系统，其主流道平行于模具的分型面。

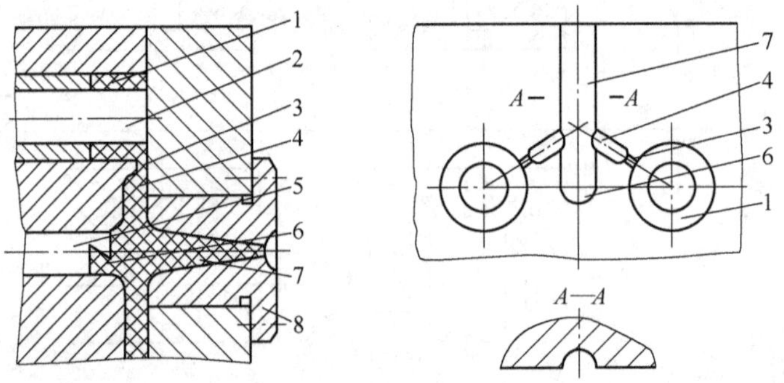

a) b)

图2-16 注射模具的普通浇注系统

1—型腔 2—型芯 3—浇口 4—分流道 5—拉料杆 6—冷料穴 7—主流道 8—浇口套

（2）浇注系统的设计原则 浇注系统的设计是模具设计的一个重要环节，设计合理与否，对塑件的性能、尺寸、内外质量及模具结构、塑料的利用率等都有较大影响。设计浇注系统时，一般应遵循如下基本原则：

1）了解塑料的成型性能。掌握塑料的流动特性以及温度、剪切速率对黏度的影响，以设计出合适的浇注系统，保证成型塑件的质量。

2）尽量避免或减少熔接痕。熔体流动时应尽量减少分流的次数，有分流必然有汇合，熔体汇合之处必然会产生熔接痕，尤其在流程长、温度低时，对塑件强度和外观都有直接影响。

3）有利于型腔中气体的排出。浇注系统应能顺利地引导塑料熔体充满型腔的各个部分，使浇注系统及型腔中原有的气体能有序地排出，避免充填过程中产生湍流或涡流，也避免因气体积存而引起凹陷、气泡、烧焦等成型缺陷。

4）防止型芯的变形和嵌件的位移。设计浇注系统时应尽量避免塑料熔体直接冲击细小型芯和嵌件，以防止细小型芯变形和嵌件位移。

5）尽量采用较短的流程充满型腔。浇注系统作为塑料熔体充填型腔的流动通道，要求流经其内的塑料熔体热量损失及压力损失减小到最低限度，以保证较理想的流动状态及有效地传递最终压力。特别是对于较大型塑件，应选择合理的浇口位置，减少流道的折弯，减小流道的表面粗糙度值，这样不仅可以避免型腔充不满等成型缺陷，还可以缩短充填时间，减少材料消耗。

6）应保证塑件外观质量。设计浇注系统时，应考虑到去除浇口方便，同时不影响塑件的外表美观。如电视机外壳、带花纹的旋钮和装饰品等塑件，它们的外观都有各种造型设计质量要求，浇口不允许开设在外表面上。

7）流动距离比的校核。对于大型或薄壁塑料制件，塑料熔体有可能因其流动距离过长或流动阻力太大而无法充满整个型腔，必须对其注射成型时的流动距离比进行校核。

2. 流动距离比的校核

流动距离比简称流动比，它是指塑料熔体在模具中进行最长距离的流动时，截面厚度相同的各段料流通道及各段型腔的长度与其对应截面厚度之比值的总和，其值应不大于塑料的许用流动距离比，即

$$\phi = \sum_{i=1}^{n} \frac{L_i}{t_i} \leqslant [\phi] \tag{2-8}$$

式中 ϕ——流动距离比；

L_i——模具中各段料流通道及各段型腔的长度（mm）；

t_i——模具中各段料流通道及各段型腔的截面厚度（mm）；

$[\phi]$——塑料的许用流动距离比，见表2-7。

表2-7 部分塑料的注射压力与流动距离比

塑料品种	注射压力/MPa	流动距离比	塑料品种	注射压力/MPa	流动距离比
聚乙烯（PE）	49 68.6 147	140~100 240~200 280~250	聚苯乙烯（PS）	88.2	300~260
			聚甲醛（POM）	98	210~110
聚丙烯（PP）	49 68.6 117.6	140~100 240~200 280~240	PA6	88.2	320~200
聚碳酸酯（PC）	88.2 117.6 127.4	130~90 150~120 160~120	PA66	88.2 127.4	130~90 160~130
软聚氯乙烯（PVC-P）	88.2 68.6	280~200 240~160	硬聚氯乙烯（PVC-U）	68.6 88.2 117.6 127.4	110~70 140~100 160~120 170~130

图2-17a所示为侧浇口进料的塑件，料流通道按截面的厚度可分为五段，其流动距离比为

$$\phi = \frac{L_1}{t_1} + \frac{L_2}{t_2} + \frac{L_3}{t_3} + \frac{L_4}{t_4} + \frac{L_5}{t_5}$$

图2-17b所示为点浇口进料的塑件，料流通道按截面的厚度可分为六段，其流动距离

比为

$$\phi = \frac{L_1}{t_1} + \frac{L_2}{t_2} + \frac{L_3}{t_3} + \frac{L_4}{t_4} + \frac{L_5}{t_5} + \frac{L_6}{t_6}$$

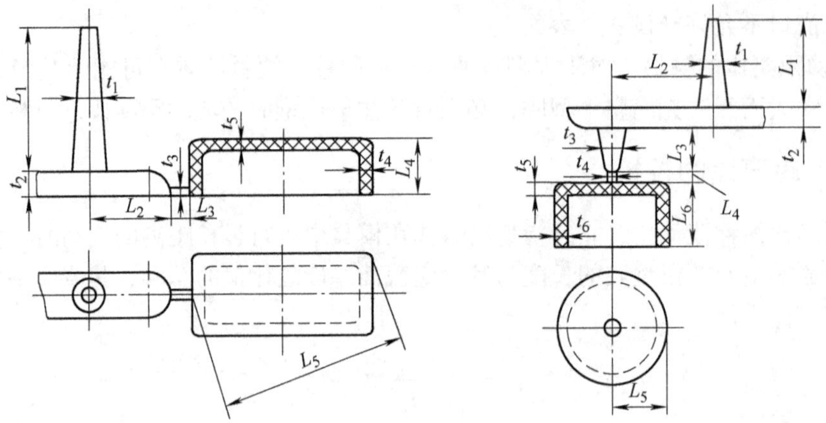

a)　　b)

图 2-17　流动距离比计算实例

3. 主流道设计

主流道是指浇注系统中从注射机喷嘴与模具接触处开始到分流道为止的塑料熔体的流动通道。主流道是熔体最先流经模具的部分，它的形状与尺寸对塑料熔体的流动速度和充模时间有较大影响，因此，必须使熔体的温度降和压力损失最小。

(1) 主流道尺寸　如图 2-16a 所示，在卧式或立式注射机上使用的模具中，主流道垂直于分型面。由于主流道要与高温塑料熔体及注射机喷嘴反复接触，所以只有在小批量生产时，主流道才在注射模上直接加工。大部分注射模中，主流道通常设计成可拆卸、可更换的主流道衬套（又称为浇口套）。

为了让主流道凝料能从浇口套中顺利拔出，主流道应设计成圆锥形，如图 2-4 所示，其锥角 α 为 2°~6°，小端直径比注射机喷嘴直径大 0.5~1mm，并要求主流道球面半径比注射机喷嘴球面半径大 1~2mm，其深度为 3~5mm。流道内表面粗糙度值 $Ra \leqslant 0.8\mu m$。

(2) 浇口套　浇口套一般采用碳素工具钢（如 T8A、T10A 等材料）制造，热处理淬火硬度 53~57HRC。浇口套及其固定形式如图 2-18 所示。

图 2-18a 所示为浇口套与定位圈设计成整体形式，用螺钉固定于定模座板上，一般只用于小型注射模；图 2-18b、c 所示为浇口套与定位圈设计成两个零件的形式，以台阶的方式固定在定模座板上，其中图 2-18c 所示为浇口套穿过定模座板与定模板的形式。浇口套与模板间的配合采用 H7/m6 的过渡配合，浇口套与定位圈采用 H9/f9 的间隙配合。

为了使模具主流道轴线和注射机喷嘴轴线相重合，定位圈与注射机固定模板上的定位孔按 H9/f9 配合。

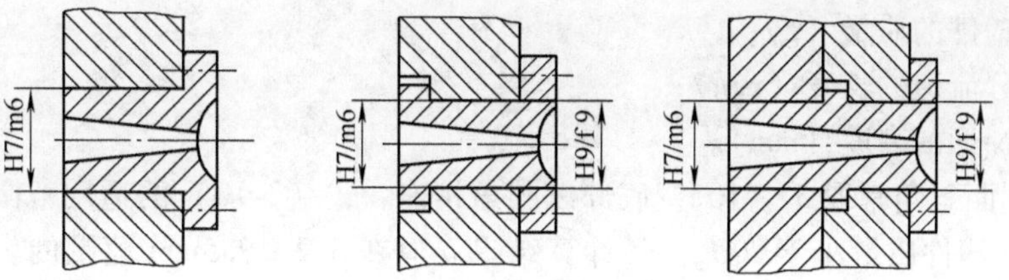

图2-18　浇口套及其固定形式

4. 分流道设计

在设计多型腔或者多浇口的单型腔模具的浇注系统时，应设置分流道。分流道是指主流道末端与浇口之间的一段塑料熔体的流动通道。分流道的作用是改变熔体流向，使其以平稳的流态均衡地分配到各个型腔。设计时应注意尽量减少流动过程中的热量损失和压力损失。

（1）分流道的截面形状和尺寸　分流道可开设在动、定模分型面的两侧或其中任意一侧。设计要求其截面形状应尽量使其比表面积（流道表面积与其体积之比）小，目的是在温度较高的塑料熔体和温度相对较低的模具之间提供较小的接触面积，以减少热量损失。

常用的分流道截面形状有圆形、梯形、U形、半圆形及矩形等，如图2-19所示。

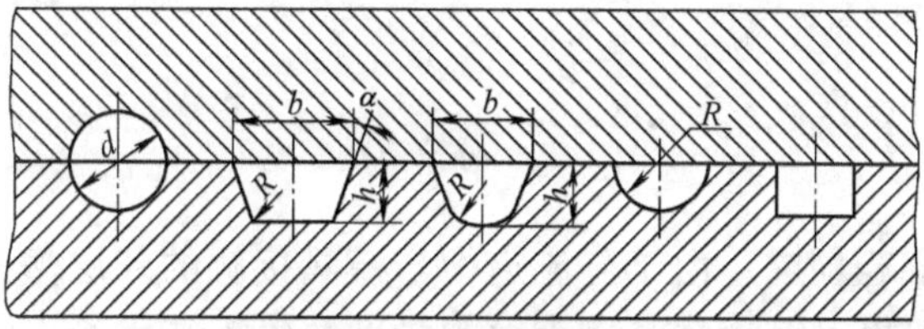

图2-19　分流道的截面形状

其中圆形截面的比表面积最小，但需开设在分型面的两侧，在制造时一定要注意模板上、下两部分形状对中吻合；梯形及U形截面分流道加工较容易，且热量损失与压力损失均不大，为常用的形式；半圆形截面分流道的比表面积比梯形和U形截面分流道略大，在设计中也有采用；矩形截面分流道因其比表面积较大，且流动阻力也大，故在设计中不常采用。

分流道的截面尺寸依塑料品种、塑件尺寸、成型工艺条件以及流道的长度等因素确定。通常圆形截面分流道直径为2～10mm。对于流动性较好的聚酰胺、聚乙烯、聚丙烯等塑料的小型塑件，在分流道长度很短时，直径可小到2mm；对于流动性较差的聚碳酸酯、聚砜等，直径可大至10mm；对于大多数塑料，分流道截面直径常取5～6mm。

梯形截面分流道的尺寸可按下面经验公式确定，即

$$b=0.2654\sqrt{m}\sqrt[4]{L} \tag{2-9}$$

$$h=\frac{2}{3}b \tag{2-10}$$

式中　b——梯形大底边宽度（mm）；

m——塑件的质量（g）；

L——分流道的长度（mm）；

h——梯形的高度（mm）。

梯形的侧面斜角常取5°~10°，底部以圆角相连。式（2-10）的适用范围为塑件壁厚在3.2mm以下，塑件质量小于200g，且计算结果b应在3.2~9.5mm范围内。按照经验，根据成型条件不同，b也可在5~10mm内选取。

U形截面分流道的宽度b可在5~10mm内选取，半径$R=0.5b$，深度$h=1.25R$，斜角$\alpha=5°\sim10°$。

（2）分流道的长度 根据型腔在分型面上的排布情况，分流道可分为一级分流道、二级分流道甚至三级、四级分流道。分流道的长度要尽可能短，且弯折少，以便减少压力损失和热量损失，节约塑料的原材料和降低能耗。图2-20所示为分流道长度的设计参数尺寸，$L_1=6\sim10$mm，$L_2=3\sim6$mm，$L_3=6\sim10$mm。L的尺寸根据型腔的多少和型腔的大小而定。

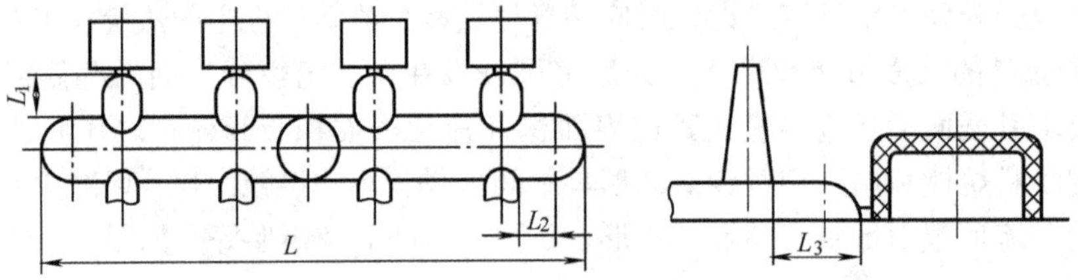

图2-20 分流道的长度

（3）分流道的表面粗糙度 由于分流道中与模具接触的外层塑料迅速冷却，只有内部的熔体流动状态比较理想，因此分流道表面粗糙度数值不能太小，一般Ra值为1.6μm左右，这样可增加对外层塑料熔体的流动阻力，使外层塑料冷却固定，形成绝热层。

（4）分流道在分型面上的布置形式 分流道在分型面上的布置形式与型腔在分型面上的布置形式密切相关。如果型腔（多为圆形）呈圆形分布，则分流道一般呈辐射状布置；如果型腔（多为矩形）呈矩形分布，则分流道一般采用“非”字状布置。

分流道布置应遵循两个原则：一个是排列应尽量紧凑，以缩小模板尺寸；另一个是流程尽量短，对称布置，使胀模力的中心与注射机锁模力中心一致。分流道常用的布置形式有平衡式和非平衡式两种，这与多型腔的平衡式与非平衡式的布置是一致的。

5. 浇口概述

（1）浇口的概念 浇口又称进料口，是连接分流道与型腔的熔体通道。浇口的设计与位置的选择恰当与否，直接关系到能否成型高质量的塑件。

（2）浇口的作用 浇口可分为限制性浇口和非限制性浇口两类。限制性浇口是整个浇注系统中截面尺寸最小的部位，其作用如下：

1）浇口通过截面面积的突然变化，使分流道输送来的塑料熔体产生突变的流速增加，提高剪切速率，降低黏度，使其成为理想的流动状态，从而迅速均衡地充满型腔。对于多型腔的模具，调节浇口的尺寸，还可以使非平衡布置的型腔达到同时进料的目的。

2）浇口还起着较早凝固、防止型腔中熔体倒流的作用。

3）浇口通常是浇注系统中最小截面的部分，这有利于在塑件的后加工中塑件与浇口凝料的分离。

非限制性浇口是整个浇注系统中截面尺寸最大的部位，它主要对中大型筒类、壳类塑件型腔起引料和进料后的施压作用。

6. 单分型面注射模浇口设计

单分型面注射模的浇口可采用直浇口、中心浇口、侧浇口、环形浇口、轮辐浇口、爪形浇口和潜伏浇口等浇口形式。

（1）直浇口 直浇口又称为主流道型浇口，它属于非限制性浇口。这种形式的浇口只适用于单型腔模具，直浇口的形式如图2-21所示。其特点是：

1）塑料熔体由主流道的大端直接进入型腔，因而流动阻力小，流动路程短，补缩时间长。

2）有利于消除深型腔气体不易排出的缺点，使排气顺畅。

3）塑件和浇注系统在分型面上的投影面积最小，模具结构紧凑，注射机受力均匀。

4）塑件易翘曲变形，浇口截面大，去除浇口困难，去除后会留有较大的浇口痕迹，影响塑件美观。

直浇口大多用于注射成型大、中型长流程深型腔筒形或壳形塑件，尤其适合于如聚碳酸酯、聚酯等高黏度塑料。

在设计直浇口时，为了减小与塑件接触处的浇口面积，防止该处产生缩孔、变形等缺陷，应选用较小的主流道锥角α（$\alpha=2°\sim4°$），且尽量减小定模板和定模座板的厚度。

（2）中心浇口 当筒类或壳类塑件的底部中心或接近于中心部位有通孔时，浇口就开设在该孔口处，同时中心设置分流锥，这种类型的浇口称为中心浇口，如图2-22所示。中心浇口可看成是直浇口的一种特殊形式，它具有直浇口的优点，同时又可避免直浇口易产生的缩孔、变形等缺陷。在设计时，环形的厚度一般不小于0.5mm。

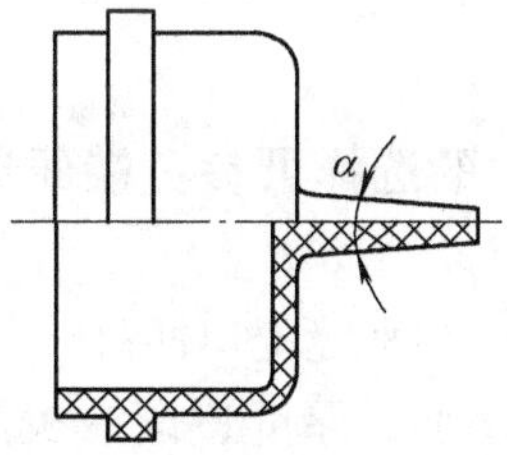

图2-21 直浇口的形式

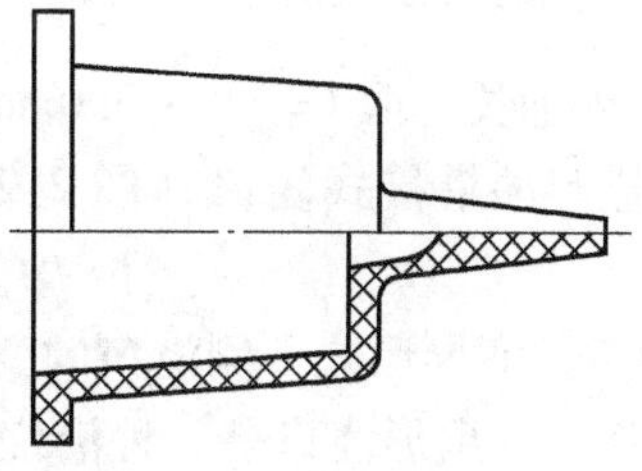

图2-22 中心浇口的形式

（3）侧浇口

1）侧浇口的形式。侧浇口一般开设在分型面上，塑料熔体从内侧或外侧充填模具型腔，其截面形状多为矩形（扁槽），是限制性浇口。侧浇口广泛使用在多型腔单分型面注射模上，侧浇口的形式如图2-23所示。

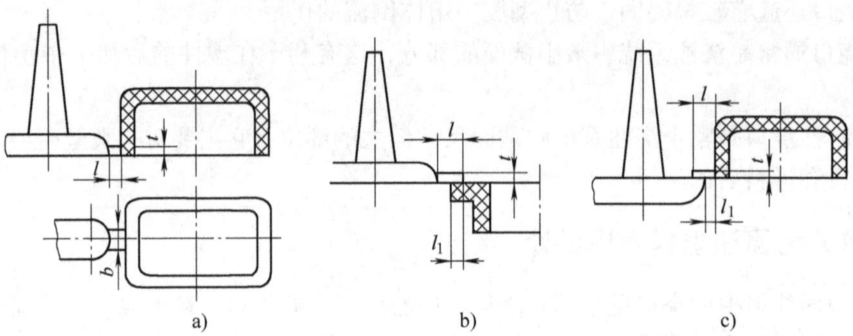

图2-23　侧浇口的形式

2）侧浇口的特点。由于浇口截面小，减小了浇注系统塑料的消耗量，同时去除浇口容易，不留明显痕迹。但这种浇口成型的塑件往往有熔接痕存在，且注射压力损失较大，对深型腔塑件排气不利。

3）侧浇口的尺寸。侧浇口的尺寸计算公式为

$$b=\frac{0.6\sim0.9}{30}\sqrt{A} \tag{2-11}$$

$$t=\frac{1}{3}b \tag{2-12}$$

式中　b——侧浇口的宽度（mm）；

A——塑件的外侧表面面积（mm^2）；

t——侧浇口的厚度（mm）。

4）侧浇口的分类。

① 侧向进料的侧浇口（图2-23a）。对于中小型塑件，一般宽度 $b=1.5\sim5.0$mm，深度 $t=0.5\sim2.0$mm（取侧浇口宽度的$\frac{1}{3}$），浇口的长度 $l=0.7\sim2.0$mm。

② 端面进料的搭接式浇口（图2-23b）。搭接部分的长度 $l_1=(0.6\sim0.9)\ \text{mm}+\frac{b}{2}$，浇口长度 l 可适当加长，取 $l=2.0\sim3.0$mm。

③ 侧面进料的搭接式浇口（图2-23c）。其浇口长度的选择可参考端面进料的搭接式浇口。

5）侧浇口的变异形式。侧浇口的变异形式有扇形浇口和平缝浇口两种。

① 扇形浇口。扇形浇口是一种沿浇口方向宽度逐渐增加、厚度逐渐减少的呈扇形的侧浇口，如图2-24所示，常用于扁平且较薄的塑件，如盖板和托盘等。通常在与型腔结合处形成长 $l=1.0\sim1.3$mm，厚 $t=0.25\sim1.0$mm 的进料口，进料口的宽度 b 视塑件大小而定，一般按式（2-11）计算，整个扇形的长度 L 可取6mm左右。采用扇形浇口，使塑料熔体在宽度方向上的流动得到更均匀的分配，可使塑件的内应力减小，减少带入空气的可能性，但浇口痕迹较明显。

② 平缝浇口。平缝浇口又称薄片浇口，如图2-25所示。这类浇口宽度很大，厚度很小，主要用来成型面积、尺寸较大的扁平塑件，可减小平板塑件的翘曲变形。但浇口的去除

比扇形浇口更困难，浇口在塑件上的痕迹也更加明显。平缝浇口的宽度 b 一般取塑件长度的25%～100%，厚度 t=0.2～1.5mm，长度 l=1.2～1.5mm。

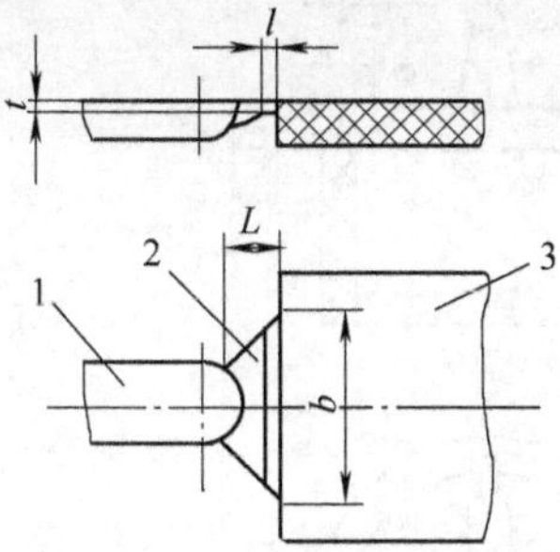

图2-24　扇形浇口的形式
1—分流道　2—扇形浇口　3—塑件

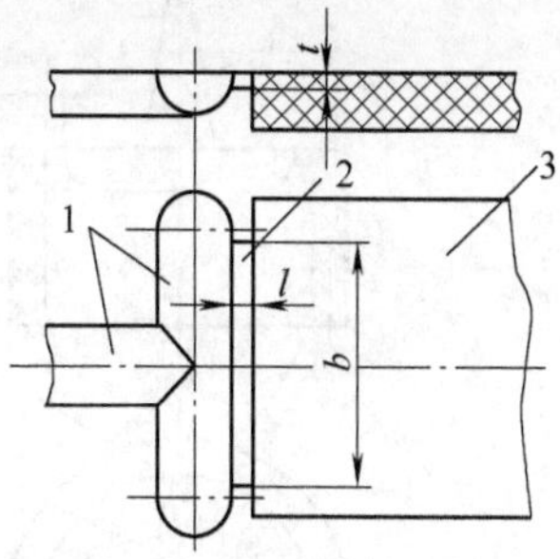

图2-25　平缝浇口的形式
1—分流道　2—平缝浇口　3—塑件

（4）环形浇口　对型腔充填采用圆环形进料形式的浇口称环形浇口，环形浇口的形式如图2-26所示。环形浇口的特点是进料均匀，圆周上各处流速大致相等，熔体流动状态好，型腔中的空气容易排出，熔接痕可基本避免。环形浇口主要用于成型圆筒形无底塑件，但浇注系统耗料较多，浇口去除较难。

图2-26a所示为内侧进料的环形浇口，浇口设计在型芯上，浇口的厚度 t=0.25～1.6mm，长度 l=0.8～1.8mm；图2-26b为端面进料的搭接式环形浇口，搭接长度 l_1=0.8～1.2mm，总长 l=2～3mm；图2-26c为外侧进料的环形浇口，其浇口尺寸可参考内侧进料的环形浇口。实际上，前述的中心浇口也是一种端面进料的环形浇口。

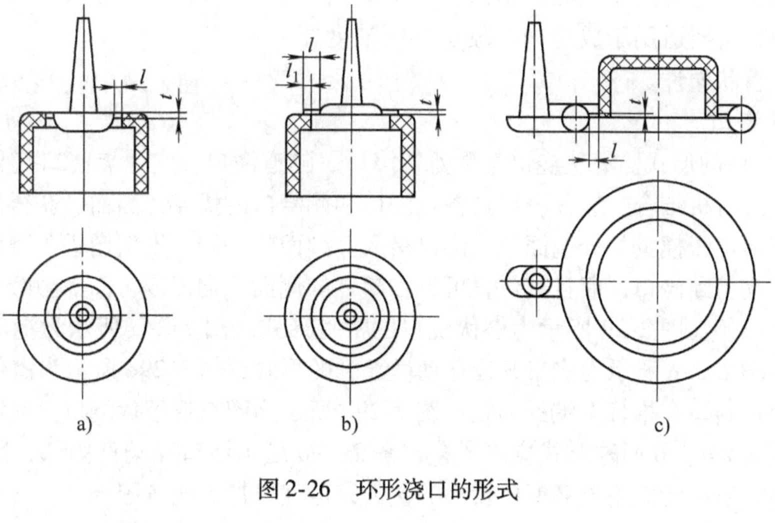

图2-26　环形浇口的形式

（5）轮辐浇口　轮辐浇口是在环形浇口基础上改进而成的，由原来的圆周进料改为数小段圆弧进料。轮辐浇口的形式如图2-27所示。

这种形式的浇口耗料比环形浇口少得多，且去除浇口容易。这类浇口在生产中比环形浇口应用广泛，多用于底部有大孔的圆筒形或壳形塑件。轮辐浇口的缺点是增加了熔接痕，影响了塑件的强度。

轮辐浇口的尺寸可参考侧浇口的尺寸取值。

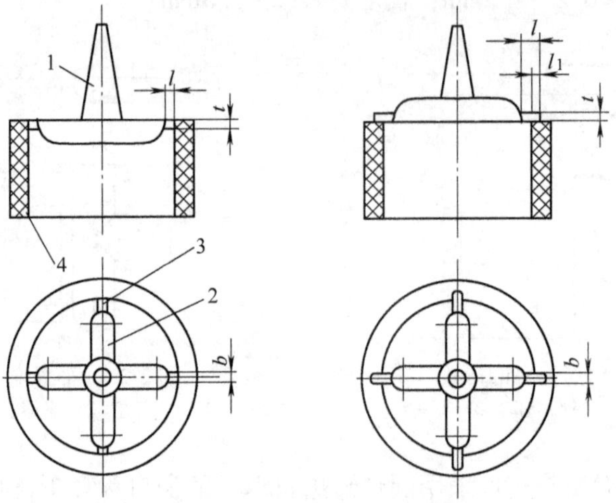

图 2-27 轮辐浇口的形式

1—主流道 2—分流道 3—浇口 4—塑件

(6) 爪形浇口 爪形浇口如图 2-28 所示，爪形浇口加工较困难，通常采用电火花成形。型芯可用作分流锥，其头部与主流道有自动定心的作用（型芯头部有一段与主流道大端大小一致），从而避免了塑件弯曲变形或同轴度差等成型缺陷。爪形浇口的缺点与轮辐浇口类似，主要适用于成型内孔较小且同轴度要求较高的细长管状塑件。

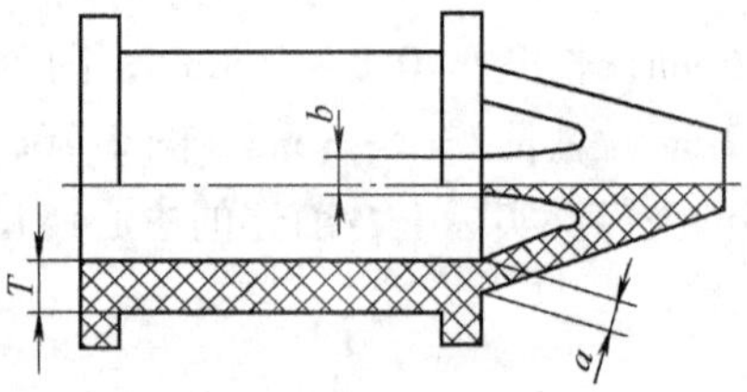

图 2-28 爪形浇口的形式

(7) 潜伏浇口

1）潜伏浇口的形式。潜伏浇口又称剪切浇口、隧道浇口，它由点浇口变异而来，是点浇口和侧浇口的有机结合，这种浇口具备点浇口和侧浇口的优点，因而已获得广泛应用。潜伏浇口的分流道位于模具的分型面上，浇口潜入分型面的一侧，沿斜向进入型腔，这样在开模时不仅能自动剪断浇口，而且其位置可设在塑件的侧面、端面或背面等隐蔽处，使塑件的外表面无浇口痕迹。图 2-29 所示为潜伏浇口的常见形式。图 2-29a 所示为浇口开设在定模部分的形式；图 2-29b 所示为浇口开设在动模部分的形式；图 2-29c 所示为潜伏浇口开设在推杆上部，而进料口在推杆上端的形式；图 2-29d 所示为圆弧形潜伏浇口。在潜伏浇口的各种形式中，图 2-29a、b 两种形式应用最多；图 2-29c 所示浇口在塑件内部，因此其外观质量好；图 2-29d 所示浇口用于高度比较小的塑件，但浇口加工比较困难。

2）潜伏浇口的尺寸。潜伏浇口一般为圆锥形截面，其尺寸设计可参考点浇口。如图 2-29所示，潜伏浇口的引导锥角 β 应取 10°～20°，对于硬质脆性塑料，β 取大值，反之取小值。潜伏浇口的方向角 α 越大，越容易拔出浇口凝料，一般 α 取 45°～60°，对于硬质脆性塑料，α 取小值。推杆上的进料口宽度为 0.8～2mm，具体数值应根据塑件的尺寸确定。

由于潜伏浇口与型腔相连时有一定角度，形成了切断浇口的刃口，这一刃口在脱模或分型时形成的剪切力可将浇口自动切断。不过，对于较强韧的塑料，则不宜采用。

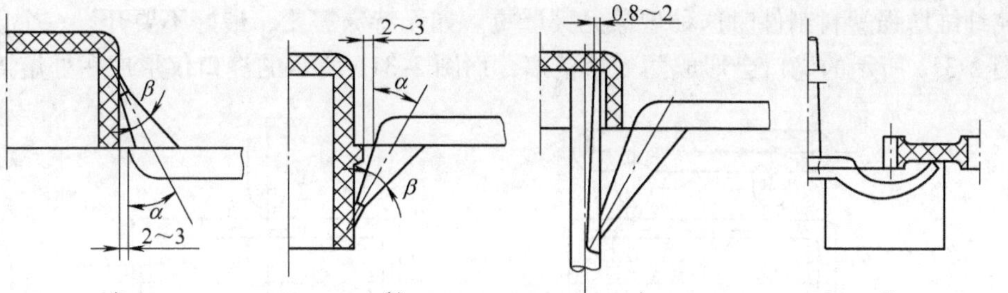

图2-29　潜伏浇口的形式

7. 浇口位置的选择

浇口的形式有很多，但无论采用何种形式，其开设的位置对塑件的成型性能及质量都有很大影响，同时，也影响模具的结构。选择浇口位置时，需要根据塑件的结构、成型质量要求、塑料的流动状态等因素综合考虑。选择的一般原则为：

（1）尽量缩短流动距离　浇口位置的选择应保证熔体迅速而均匀地充填模具型腔，尽量缩短熔体的流动距离，这对大型塑件更为重要。

（2）避免熔体破裂现象引起塑件的缺陷　小的浇口如果正对着一个宽度和厚度较大的型腔，则熔体经过浇口时，由于受到很高的切应力，将产生喷射和蠕动等现象，这些喷出的高度定向的细丝或断裂物会很快冷却变硬，与后进入型腔的熔体不能很好熔合而使塑件出现明显的熔接痕。要克服这种现象，可适当地加大浇口的截面尺寸，或采用冲击型浇口（浇口对着大型芯等），避免熔体破裂现象的发生。

（3）浇口应开设在塑件厚壁处　当塑件的壁厚相差较大时，若将浇口开设在薄壁处，这时塑料熔体进入型腔后，不但流动阻力大，而且还易冷却，影响熔体的流动距离，难以保证充满整个型腔。从收缩角度考虑，塑件厚壁处往往是熔体最晚凝固的地方，如果浇口开设在薄壁处，则厚壁的地方因熔体收缩得不到补缩就会形成表面凹陷或缩孔。为了保证塑料熔体顺利充填型腔，使注射压力得到有效传递，且在熔体凝固收缩时又能得到充分补缩，一般浇口的位置应开设在塑件的厚壁处。

（4）考虑分子定向的影响　由于垂直于流向和平行于流向之处的强度和应力开裂倾向是有差别的，往往垂直于流向方位的强度低，容易产生应力开裂，所以在选择浇口位置时，应充分注意这一点。

图2-30所示塑件，由于其底部圆周带有一金属嵌件，如果浇口开设在A处（直浇口或点浇口），则此塑件使用不久就会断裂，因为塑料与金属环形嵌件的线膨胀系数不同，嵌件周围的塑料层有很大的周向应力。若浇口开设在B处（侧浇口），由于聚合物分子沿塑件圆周方向定向，应力开裂的机会就会大为减少。

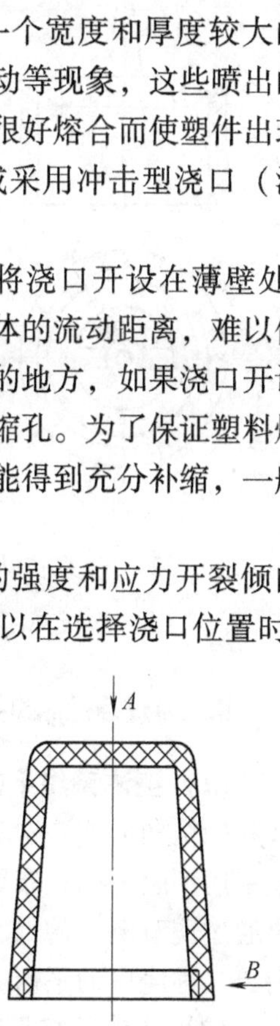

图2-30　浇口的位置对定向的影响

（5）减少熔接痕，提高熔接强度　由于浇口位置的原因，塑料熔体充填型腔时会造成两股或两股以上的熔体料流的汇合。在汇合之处，料流前端是气体且温度最低，所以在塑件上就会形成熔接痕。

熔接痕部位塑件的熔接强度会降低，也会影响塑件外观，在成型玻璃纤维增强塑料制件时这种现象尤其严重。如无特殊需要，最好不要开设一个以上的浇口，图 2-31a 所示的浇口会形成两处熔接痕，而图 2-31b 所示的浇口仅形成一处熔接痕。

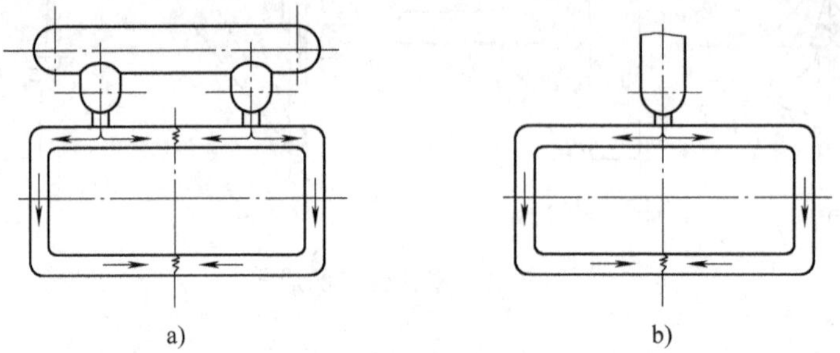

图 2-31　减少熔接痕的数量

圆环形浇口流动状态好，无熔接痕，而轮辐浇口有熔接痕，而且轮辐越多，熔接痕越多，如图 2-32 所示。

为了提高熔接的强度，可以在料流汇合处的外侧或内侧设置溢料槽，将料流前端的冷凝料引入其中，成型后再去除，如图 2-33 所示。

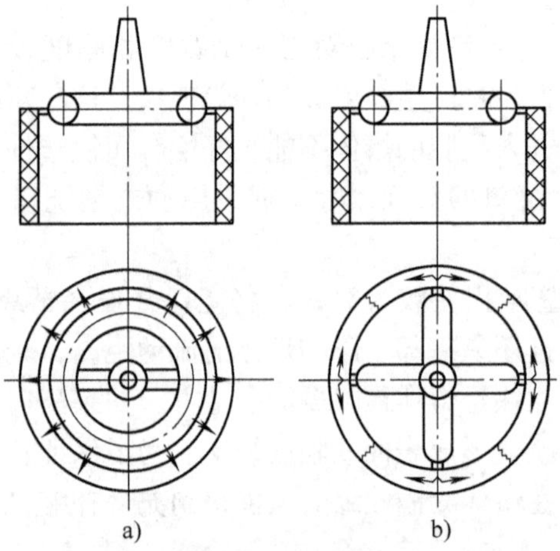

图 2-32　环形浇口与轮辐浇口熔接痕的比较

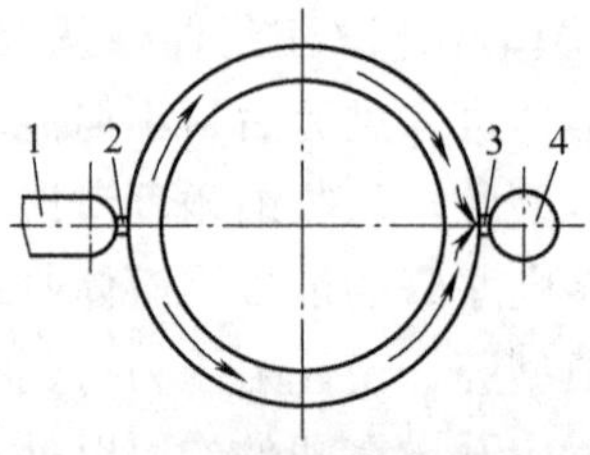

图 2-33　开设溢料槽提高熔接强度
1—分流道　2—浇口　3—溢料口　4—溢料槽

8. 浇注系统的平衡

(1) 浇注系统平衡的概念　为了提高生产率，降低成本，中、小型塑件往往采取一模多腔的结构形式，这时型腔的布置有平衡式布置和非平衡式布置两种形式。一般设计时应尽量采用型腔平衡式布置。若根据某种需要浇注系统被设计成型腔非平衡式布置的形式，则需要通过调节浇口的尺寸，使各浇口的流量及成型工艺条件达到一致，这就是浇注系统的平衡，又称浇口的平衡。

(2) 浇注系统平衡的计算方法　浇注系统平衡计算的思路是通过计算多型腔模具各个浇口的 BGV（Balanced Gate Value）来判断。浇口平衡时，对于相同塑件的多型腔，各浇口计算出的 BGV 必须相等；对于不同塑件的多型腔，各浇口计算出的 BGV 必须与其塑件型腔的填充量成正比。

对于相同塑件的多型腔，BGV可用下式计算，即

$$\mathrm{BGV}=\frac{A_g}{\sqrt{L_r}L_g} \tag{2-13}$$

式中　A_g——浇口的截面面积（mm^2）；

L_r——从主流道中心至浇口的流动通道的长度（mm）；

L_g——浇口的长度（mm）。

对于不同塑件的多型腔，BGV可用下式计算，即

$$\frac{W_a}{W_b}=\frac{\mathrm{BGV}_a}{\mathrm{BGV}_b}=\frac{A_{ga}\sqrt{L_{rb}}L_{gb}}{A_{gb}\sqrt{L_{ra}}L_{ga}} \tag{2-14}$$

式中　W_a、W_b——型腔a、b的充填量（熔体质量或体积）；

A_{ga}、A_{gb}——型腔a、b的浇口截面面积（mm^2）；

L_{ra}、L_{rb}——从主流道中心至型腔a、b的流动通道的长度（mm）；

L_{ga}、L_{gb}——型腔a、b的浇口长度（mm）；

在一般多型腔注射模浇注系统设计中，浇口的截面面积通常采用矩形或圆形点浇口，浇口截面面积A_g与分流道截面面积A_r的比值应取

$$A_g:A_r=0.07\sim0.09 \tag{2-15}$$

矩形浇口的截面宽度b为其厚度t的3倍，即$b=3t$，各浇口的长度相等。

例2-1　图2-34所示为相同塑件10个型腔的模具流道分布图，各浇口为矩形窄浇口，各段分流道直径相等，分流道直径$d_r=6$mm，各浇口的长度$L_g=1.25$mm。为保证各浇口平衡进料，试确定各浇口的截面尺寸。

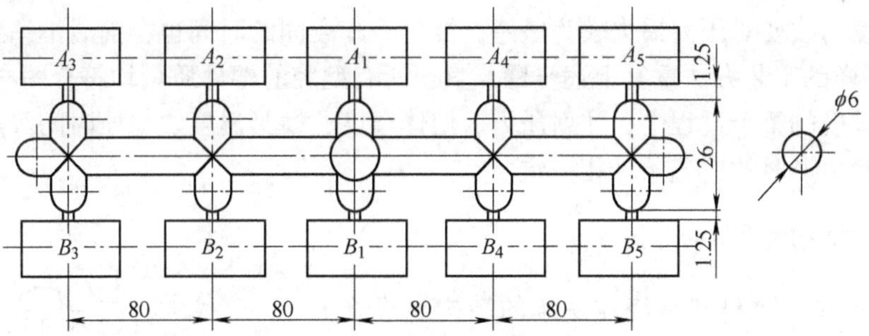

图2-34　浇口平衡计算实例

解　从图2-34中的型腔排布可以看出，A_2、B_2、A_4、B_4型腔对称布置，流道的长度相同；A_3、B_3、A_5、B_5对称，A_1、B_1对称。为了避免两侧浇口和中间浇口的截面相差过大，以A_2、B_2、A_4、B_4为基准，先求出这两组浇口的截面尺寸，再求另外三组浇口的截面尺寸。

1）分流道截面面积A_r。

$$A_r=\frac{d_r^2}{4}\pi=28.27\mathrm{mm}^2$$

2）基准浇口A_2、B_2、A_4、B_4的截面尺寸（取$A_g=0.07A_r$，$b=3t$）。

由 $A_{g2,4}=0.07A_r=3t_{2,4}^2=0.07\times28.27\text{mm}^2=1.98\text{mm}^2$ 求得，$t_{2,4}=0.81\text{mm}$，$b_{2,4}=3t_{2,4}=2.43\text{mm}$。

3）其他三组浇口的截面尺寸。根据 BGV 相等原则得

$$\text{BGV}=\frac{A_{g1}}{\sqrt{\frac{26}{2}}\times1.25}=\frac{A_{g3,5}}{\sqrt{80\times2+\frac{26}{2}}\times1.25}=\frac{1.98}{\sqrt{80+\frac{26}{2}}\times1.25}=0.16$$

$$A_{g1}=3t_1^2=0.72\text{mm}^2,\ t_1=0.49\text{mm},\ b_1=3t_1=1.47\text{mm}$$

$$A_{g3,5}=3t_{3,5}^2=2.63\text{mm}^2,\ t_{3,5}=0.94\text{mm},\ b_{3,5}=3t_{3,5}=2.82\text{mm}$$

把上述计算结果列于表 2-8 中，用以比较。

表 2-8 平衡后的各浇口尺寸 （单位：mm）

浇口尺寸＼型腔	A_1、B_1	A_2、B_2	A_3、B_3	A_4、B_4	A_5、B_5
长度 L_g	1.25	1.25	1.25	1.25	1.25
宽度 b	1.47	2.43	2.82	2.43	2.82
厚度 t	0.49	0.81	0.94	0.81	0.94

（3）实际生产过程中浇注系统平衡的调整 在实际的注射模设计与生产中，常采用试模的方法来达到浇口的平衡。

1）首先将各浇口的长度、宽度和厚度加工成对应相等的尺寸。

2）试模后检验每个型腔中的塑件质量，特别要检查晚充满的型腔中的塑件是否发生因补缩不足而产生缺陷。

3）将晚充满、有补缩不足缺陷的型腔的浇口宽度略微修大，尽可能不改变浇口深度，因为浇口深度的改变对压力损失较为敏感，浇口冷却凝固的时间也会前后不一致。

4）用同样的工艺方法重复上述步骤，直至所有型腔的塑件质量均符合图样技术要求。

在上述试模的整个过程中，注射压力、熔体温度、模具温度、保压时间等成型工艺参数应与正式批量生产时的工艺条件相一致。

9. 冷料穴和拉料杆设计

（1）冷料穴 冷料穴是浇注系统的结构组成之一。冷料穴的作用如下：

1）容纳浇注系统流道中料流的前锋冷料，以免这些冷料进入型腔。

2）便于在该处设置主流道的拉料杆。模具开模时，主流道凝料在拉料杆的作用下，从浇口套中被拉出，随后推出机构将塑件和凝料一起推出模外。

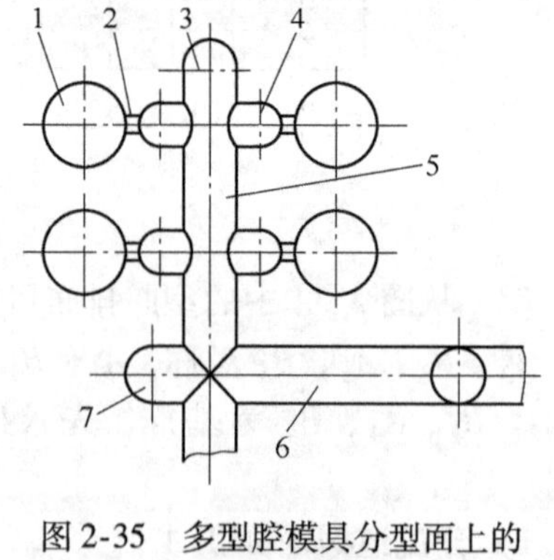

图 2-35 多型腔模具分型面上的分流道冷料穴

1—型腔 2—浇口 3、7—分流道冷料穴 4—三级分流道 5—二级分流道 6—一级分流道

主流道冷料穴的结构如图 2-16 所示；多型腔模具分型面上的分流道冷料穴如图 2-35 所示，并不是所有的多型腔注射模在分型面都要设计冷料穴，对于塑料性能和成型工艺控制较好，或塑件要求不高

时，可不必设置冷料穴。

（2）拉料杆　拉料杆有以下两种基本形式。

1）适于推杆（推管）推出机构的Z形拉料杆，拉料杆固定在推杆固定板上，如图2-36所示。

图2-36a所示的Z形拉料杆是最常用的一种形式，工作时依靠Z形钩将主流道凝料拉出浇口套，如选择好Z形的方向，凝料会由于自重而自动脱落，不需要人工取出。

图2-36b、c所示的形式，在分型时靠动模板上的反锥度穴和浅圆环槽的作用将主流道凝料拉出浇口套，然后靠推杆强制将其推出。

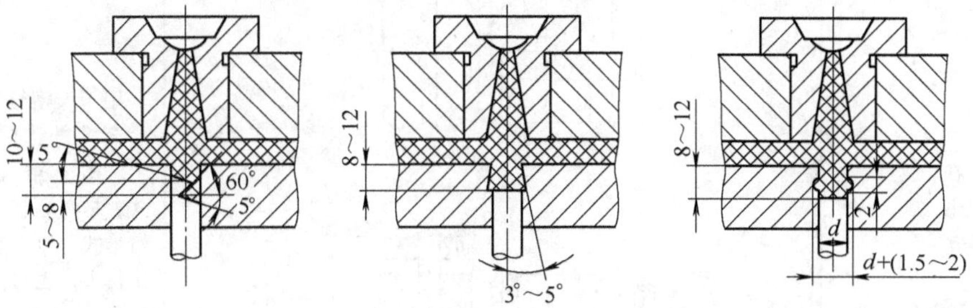

a)　　b)　　c)

图2-36　适于推杆推出的拉料杆

2）适于推件板推出机构的球形拉料杆，如图2-37所示。其典型的结构是球头形拉料杆，拉料杆固定在动模板上，如图2-37a所示；图2-37b所示为菌形拉料杆。这两种结构是靠头部凹下去的部分将主流道凝料从浇口套中拉出，然后在推件板推出时，将主流道凝料从拉料杆的头部强制推出。图2-37c所示结构是靠塑料的收缩包紧力使主流道凝料包紧在中间拉料杆（带有分流锥的型芯）上，以及靠环形浇口与塑件的连接将主流道凝料拉出浇口套，然后靠推件板将塑件和主流道凝料一起推出模外，主流道凝料能在推出时自动脱落。

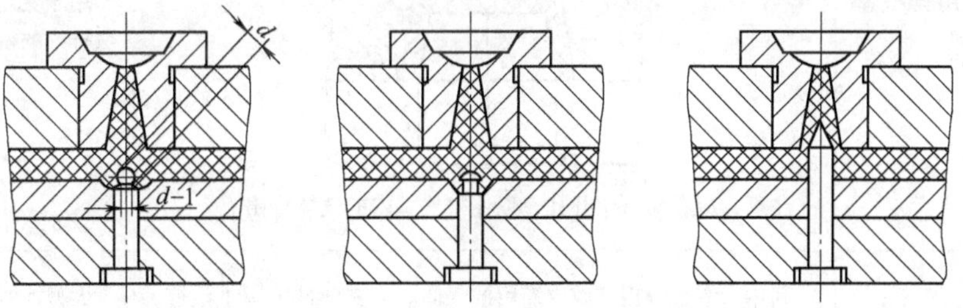

a)　　b)　　c)

图2-37　适于推件板推出的拉料杆

10. 排气系统设计

当塑料熔体充填模具型腔时，必须将浇注系统和型腔内的空气以及塑料在成型过程中产生的低分子挥发物顺利地排出模外。如果气体不能被顺利排出，塑件会由于填充不足而出现气泡、接缝或表面轮廓不清等缺陷，甚至气体受压而产生高温，使塑件焦化。另外，气体的排放不畅还会产生反压力而降低充模速度。因此在模具设计时必须考虑型腔的排气问题。

注射模的排气通常采用四种方式，见表2-9。

表2-9　注射模的排气方式

序号	排气方式	说　明	适用范围
1	利用配合间隙排气	利用分型面之间以及推杆、型芯、镶件与模板之间的配合间隙进行排气，间隙值为0.03～0.05mm	中小型简单型腔模具
2	在分型面上开设排气槽排气	分型面上排气槽的形式及尺寸如图所示 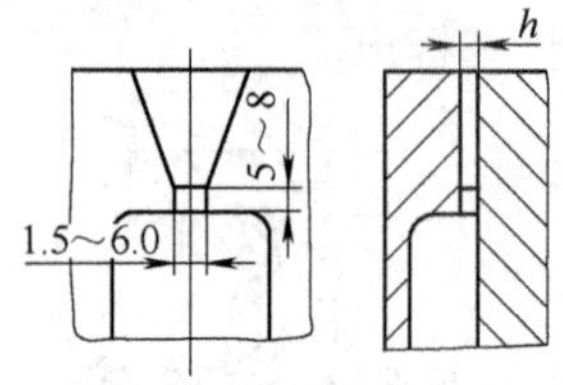 a) 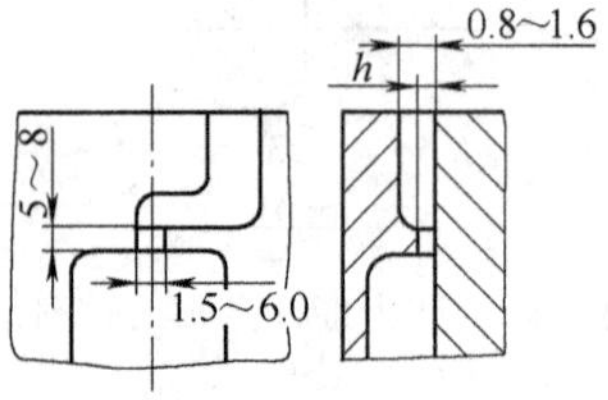 b) 排气槽的深度见表2-10	用于大型模具且型腔最后充填的部位在分型面上。图a排气槽为燕尾式，排气顺畅；图b为转弯形式，可以防止熔体喷出伤人，也可降低动能的损失
3	利用排气塞排气	排气塞是一种特别烧制的有气孔的金属块，结构如图所示 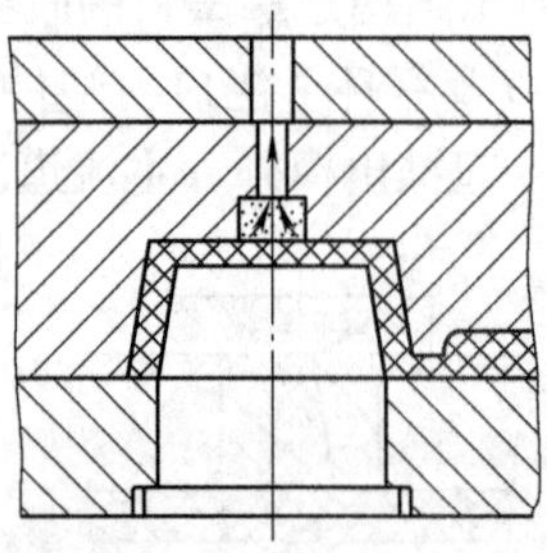 注意：应在模具中开孔，以便排气塞内的气体排出	用于无法用上述两种方法排气的模具
4	强制性排气	利用真空泵吸出型腔内滞留的气体。会在塑件上留下痕迹，应设置在塑件的内侧	大型、复杂塑件或加热易放出热量的塑料

表2-10　排气槽的深度　　（单位：mm）

塑件原料	排气槽深度 h	塑件原料	排气槽深度 h
聚乙烯（PE）	0.02	聚酰胺（PA）	0.01
聚丙烯（PP）	0.01～0.02	聚碳酸酯（PC）	0.01～0.03
聚苯乙烯（PS）	0.02	聚甲醛（POM）	0.01～0.03
ABS	0.03	丙烯酸共聚物	0.03

2.2.3　分型面的选择与浇注系统设计实例

选择透明塑料盒注射模分型面并设计浇注系统。

1. 型腔数目的确定与型腔布置

型腔数目的确定既要考虑塑件的质量，又要考虑塑件的数量。对塑件质量要求较高，且数量相对较少时，可以采用单型腔设计；反之，采用多型腔设计。同时，也要考虑现有注射机的注射能力（注射量与锁模力）。如果该模具选择注射机型号为 XS－ZY－60，其注射量为 $60cm^3$；根据式（2-1），则有

$$Km_p \geqslant nm + m_1$$

$$n \leqslant (0.8 \times 60 - 2)/26.27 \approx 1.75$$

其中，$K=0.8$；$m_p=60cm^3$；$m=26.27cm^3$；$m_1=2cm^3$。

经校核，该注射机注射量满足一模一件的设计要求，该型腔设置在模具的中心位置。

2. 分型面的选择

如图 2-38a 所示，该塑件的分型面可在 *A*、*B*、*C* 三个位置选择，根据分型面应选择在塑件位置最大处的原则，*C* 处分型面的塑件尺寸明显比 *A*、*B* 分型面尺寸小，故 *C* 处不能选择为分型面。考虑到脱模时塑件的脱模斜度，该塑件分型面选择在 *B* 处。分型面绘制完成后，如图 2-38b 所示。该塑件可以利用 3D 软件进行分模分析。

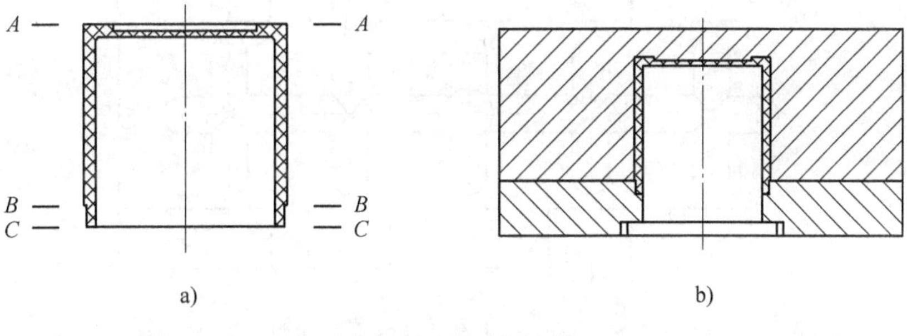

图 2-38　分型面选择

3. 浇注系统的选择

该塑件精度要求低，属于中等深度圆形型腔结构，可以采用直浇口。熔融塑料通过主流道直接进入型腔，流程短，进料快，流动阻力小，传递压力好，保压补缩作用强，有利于排气和消除熔接痕，且模具结构简单，制造方便，故该结构采用直浇口形式，设计后的图形如图 2-39 所示。浇口位置在塑件底部的中心。

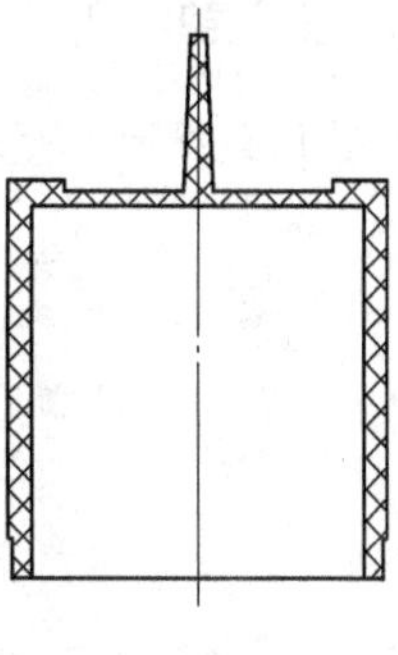

图 2-39　浇注系统设计

4. 排气及引气系统设计

该塑件由制件顶部进料，气体可以沿着分型面排出。排气时，只要在分型面上开设排气槽即可。由于分型面不在塑件的最底部，为了更好地排气，将凸模分解成型芯和动模板两个结构，型芯和动模板之间采用间隙配合。零件之间的间隙既有利于排气，也有利于脱模时的引气，并且，零件组合的方式也有利于加工和节约成本。

2.2.4 单元练习

1. 思考题

1）分型面的形式有哪些？分型面的作用是什么？

2）单型腔和多型腔注射模的优缺点有哪些？

3）主流道和分流道的设计原则是什么？

4）什么是浇注系统的平衡？在实际生产中，如何调整浇注系统的平衡？

5）平衡式和非平衡式型腔分布的特点是什么？

6）浇口位置的选择原则有哪些？

7）计算图 2-40 所示非平衡式布置的浇注系统浇口平衡的尺寸。圆形分流道直径为 $\phi5.5$mm，浇口截面面积与分流道截面面积之比为 $A_g/A_r=0.07$，浇口宽厚比 $b/t=3$。

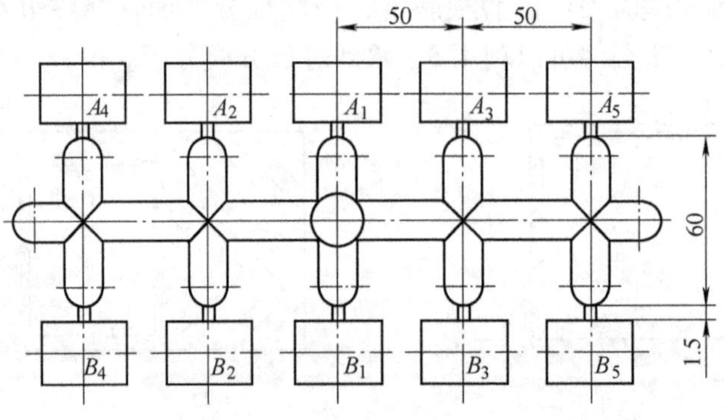

图 2-40　非平衡式浇注系统示例

2. 综合题

如图 1-5 所示工程轴套塑件（一模 6 件），选择模具分型面并设计浇注系统。

单元3 成型零件的设计

【学习目标】

1. 熟悉成型零件的结构设计方法。
2. 掌握成型零件的尺寸计算方法。

2.3.1 成型零件的结构设计

构成塑料模具型腔的零件统称为成型零件。成型零件在工作时，直接与塑料熔体接触，承受料流的高速冲刷、脱模摩擦和模温交替变化等，因此，成型零件不仅要求有正确的几何形状、较高的尺寸精度和较小的表面粗糙度值，而且要求有合理的结构、较高的刚度和强度，以及较好的耐磨性。

一副模具与另一副模具之间最主要的区别，就在于成型零件不同，换言之，成型零件构成了一副模具的核心内容。设计成型零件时，应根据塑件的塑料性能、使用要求、几何结构，并结合分型面和浇口位置的选择、脱模方式和排气位置来确定型腔的总体结构，接下来再根据塑件的尺寸，计算成型零件工作尺寸，确定型腔组合方式，以及成型零件的机加工、热处理、装配等要求，必要时还应对关键部位进行强度和刚度校核。

成型零件决定了塑件的几何形状和尺寸。通常成型零件包括凹模（型腔）、型芯、镶块、成型杆和成型环等。

1. 凹模的结构设计

凹模是成型塑件外表面的主要零件。按结构不同可分为整体式和组合式两种结构形式。

（1）整体式凹模 整体式凹模是在整块金属模板上加工而成的，其优点是牢固，不易变形，不会使塑件产生拼接线痕迹；缺点是整体式凹模加工较困难，热处理不方便，浪费贵重的模具材料，故常用于形状简单的中、小型模具，有时也用于不需要后续热处理的较大型模具。

（2）组合式凹模 组合式凹模是指凹模由两个以上的零部件组合而成。按组合方式不同，组合式凹模可分为整体嵌入式、局部镶嵌式、侧壁镶嵌式和四壁拼合式。

采用组合式凹模，可简化复杂型腔的加工工艺，减少热处理变形；拼合处有间隙，有利于排气；便于模具的维修；节省贵重的模具钢。为了保证组合后型腔尺寸的精度和装配的牢固，减少塑件上的拼接痕迹，要求镶块的尺寸、几何公差等级较高，组合结构必须牢固，镶块的机械加工工艺性要好。因此，选择较好的镶拼结构是非常重要的。

1）整体嵌入式凹模。整体嵌入式凹模的结构如图2-41所示。它主要用于成型小型塑件，而且是多型腔模具。各单个凹模采用机械加工、冷挤压、电加工等方法加工制成，然后压入模板中。这种结构加工效率高，拆装方便，可以保证各个凹模的形状和尺寸一致。

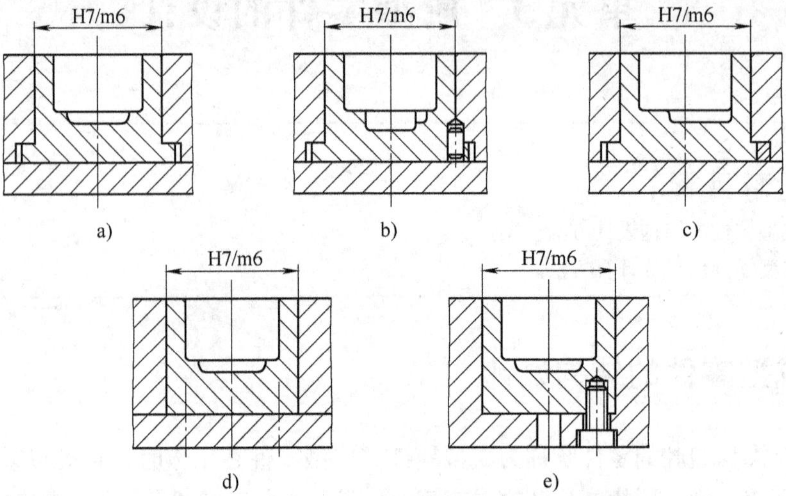

图 2-41　整体嵌入式凹模的结构

图 2-41a、b、c 为通孔台肩式，即凹模带有台肩，嵌入模板后，再用垫板与螺钉紧固。如果凹模镶件是回转体，而型腔是非回转体，则需要用销钉或键止转定位。图 2-41b 采用销钉定位，结构简单，装拆方便；图 2-41c 采用键定位，接触面积大，止转可靠。

图 2-41d 为通孔无台肩式，凹模嵌入模板内，用螺钉与垫板固定。

图 2-41e 为不通孔式，凹模嵌入固定板后直接用螺钉固定，在固定板下部设计有用于装拆凹模的工艺通孔，这种结构可省去垫板。

2）局部镶嵌式凹模。局部镶嵌式凹模的结构如图 2-42 所示，为了加工方便或由于凹模的某一部分容易损坏，需要经常更换，应考虑采用这种局部镶嵌的办法。

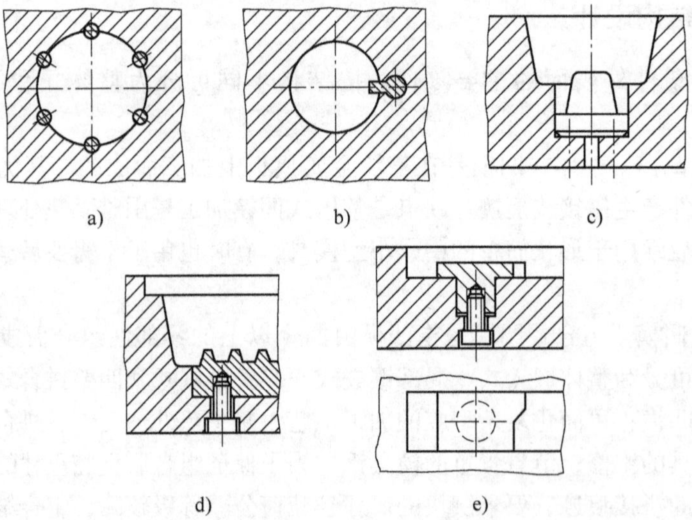

图 2-42　局部镶嵌式凹模的结构

图2-42a 所示为异形凹模，先加工周围的小孔，再在小孔内镶入芯棒并加工大孔，加工完毕后把这些芯棒取出，调换型芯镶入小孔与大孔组成凹模。

图2-42b 所示凹模内有局部凸起，可将此凸起部分单独加工，再把加工好的镶块利用圆形槽或T形槽、燕尾槽等方式镶在圆形凹模内。

图2-42c 所示为利用局部镶嵌的办法加工圆环形凹模。

图2-42d 所示为在凹模底部局部镶嵌。

图2-42e 所示为利用局部镶嵌的办法加工长条形凹模。

3）底部镶拼式凹模。底部镶拼式凹模的结构如图2-43所示，为了机械加工、研磨、抛光、热处理方便，形状复杂的凹模底部可以设计成镶拼式结构。

选用这种结构时，应注意结合面磨平、抛光时要仔细，以保证接合处的锐棱（不能带圆角），以利于脱模。此外，底板还应有足够的厚度，以免因变形而挤入塑料。

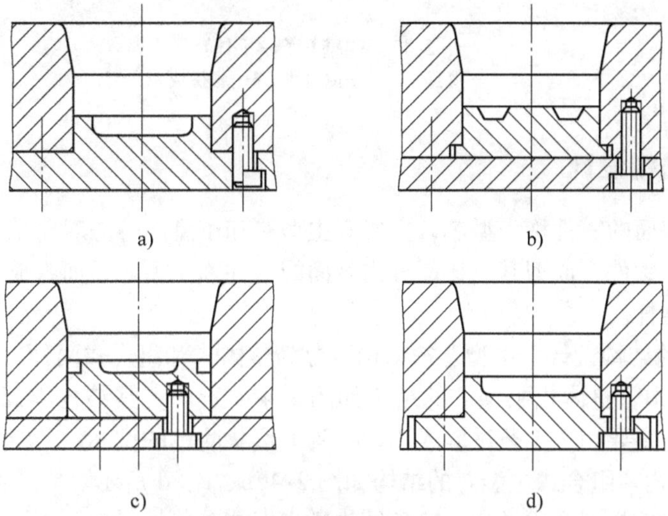

图2-43　底部镶拼式凹模的结构

4）侧壁镶拼式凹模。侧壁镶拼式凹模的结构如图2-44所示，这种结构便于加工和抛光，但是一般很少采用。因为在成型时，熔融塑料的成型压力会使螺钉和销钉产生变形，从而达不到产品的技术要求。

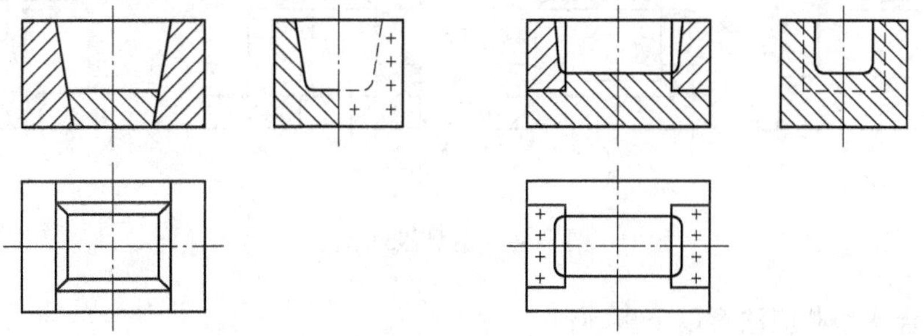

图2-44　侧壁镶拼式凹模的结构

5）四壁拼合式凹模。四壁拼合式凹模如图2-45所示。图2-45a 所示结构适用于大型和形状复杂的凹模，可以把它的四壁和底板分别加工，经研磨后压入模套中；图2-45b中，为了保证装配的准确性，侧壁之间采用锁扣连接，连接处外壁留有0.3~0.4mm的间隙，以使内侧接缝紧密，减少塑料的挤入。

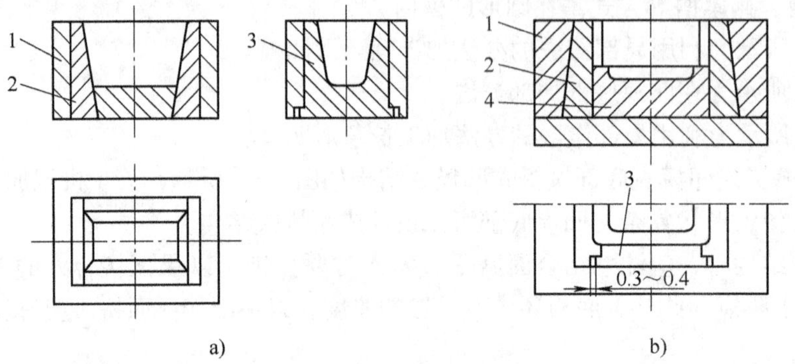

图2-45　四壁拼合式凹模
1—模套　2、3—侧拼块　4—底拼块

2. 型芯的结构设计

成型塑件内表面的零件称为型芯，主要有主型芯和小型芯等。对于结构简单的容器，如壳、罩、盖之类的塑件，成型其主体部分内表面的零件称主型芯，而将成型其他小孔的型芯称为小型芯或成型杆。

（1）主型芯的结构设计　主型芯按结构可分为整体式和组合式两种。

1）整体式结构。整体式主型芯的结构如图2-46a所示，其结构牢固，但不便于加工，消耗的模具钢多，主要用于工艺试验或小型模具上形状简单的型芯。

2）组合式结构。组合式主型芯的结构如图2-46b、c、d所示。为了便于加工，形状复杂的型芯往往采用镶拼组合式结构，这种结构是将型芯单独加工后，再镶入模板中。

图2-46b为通孔台肩式，型芯用台肩和模板连接，再用垫板、螺钉紧固，连接牢固，是最常用的方法。对于固定部分是圆柱面而型芯有方向性的场合，可采用销钉或键定位。

图2-46c为通孔无台肩式结构，图2-46d为不通孔式结构。

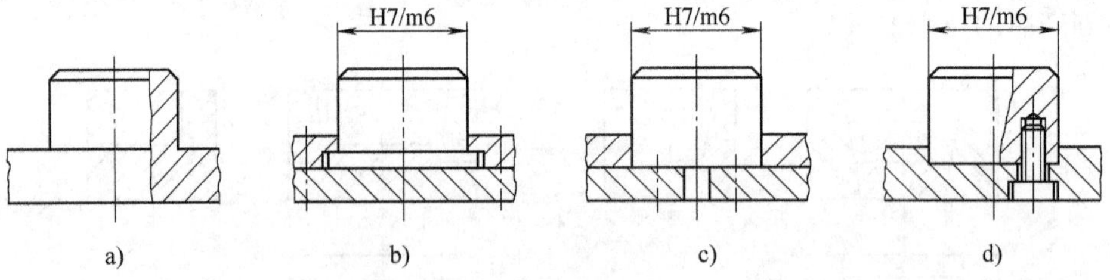

图2-46　主型芯的结构

采用组合式型芯应注意以下事项：

① 镶拼组合式型芯的优缺点与组合式凹模的优缺点基本相同。设计和制造这类型芯时，必须注意结构合理，应保证型芯和镶块的强度，防止热处理时变形，且避免尖角与壁厚突变。

② 若小型芯距离主型芯太近，如图2-47a所示，热处理时薄壁部位易开裂，故应采用图2-47b所示的结构，将主型芯制成整体式再镶入小的型芯。

③ 在设计型芯结构时，应注意塑料的溢料飞边是否影响脱模取件。采用图2-48a所示结构，溢料飞边的方向与塑件脱模方向相垂直，影响塑件的取出；而采用图2-48b所示结构，溢料飞边的方向与脱模方向一致，便于脱模。

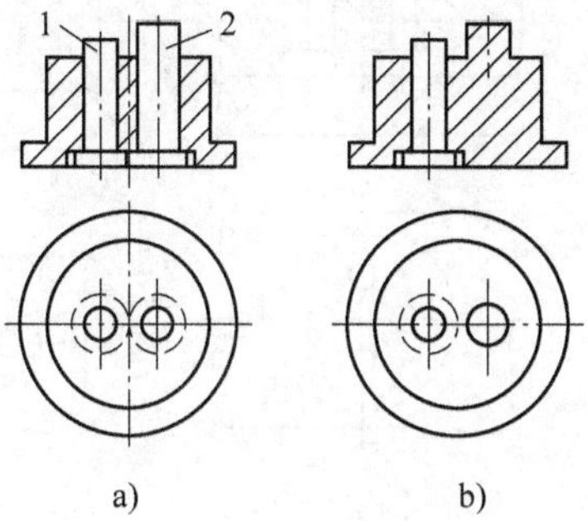

图2-47　相近小型芯的镶拼组合结构
1—小型芯　2—大型芯

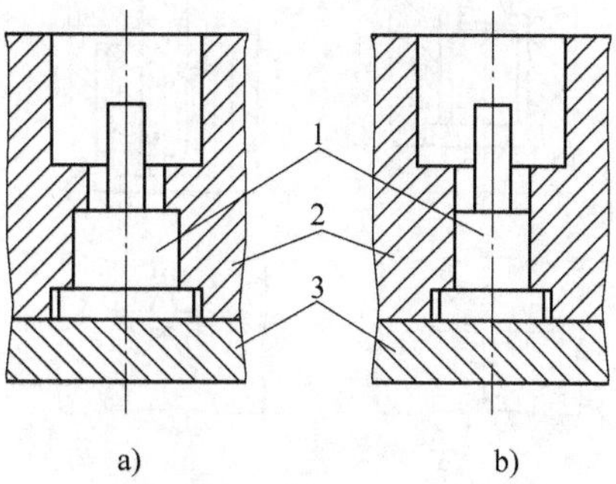

图2-48　便于脱模的镶拼型芯组合结构
1—型芯　2—型腔零件　3—垫板

（2）小型芯的结构设计　小型芯用来成型塑件上的小孔或槽。小型芯单独制造后，再嵌入模板中。

1）圆形小型芯的几种固定方法。圆形小型芯采用图2-49所示的几种固定方法。图2-49a所示为采用台肩固定的形式，下面用垫板压紧。

图2-49b所示结构中固定板太厚，可在固定板上减少配合长度，同时将细小的型芯制成台阶的形式。

图2-49c是型芯细小而固定板太厚的形式，型芯镶入后，在下端用圆柱垫垫平。

图2-49d所示结构适用于固定板厚而无垫板的场合，即在型芯的下端用螺塞紧固。

图2-49e是型芯镶入后，在另一端采用铆接固定的形式。

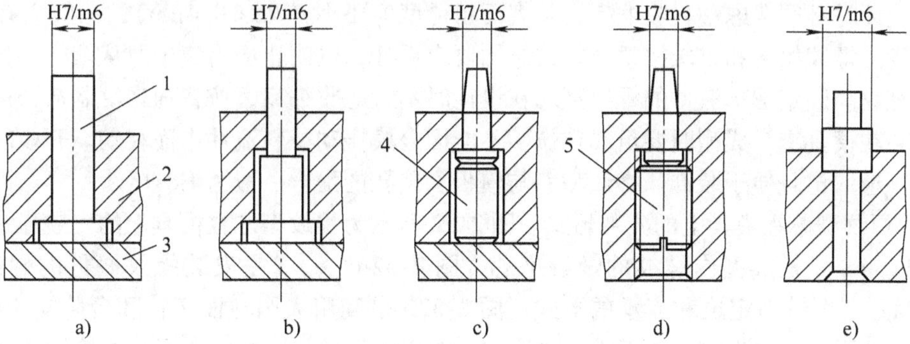

图2-49　圆形小型芯的固定方式
1—圆形小型芯　2—固定板　3—垫板　4—圆柱垫　5—螺塞

2）异形小型芯的几种固定方法。对于异形型芯，为了制造方便，常将型芯设计成两段。型芯的连接固定段制成圆形台肩和模板连接，如图2-50a所示，也可以用螺母紧固，如图2-50b所示。

3）互相靠近的小型芯的固定。如图2-51所示为多个互相靠近的小型芯，采用台肩固定时，台肩发生重叠干涉，可将台肩相碰的一面磨去，将型芯固定板的台阶孔加工成大圆台阶孔或长腰圆形台阶孔，再将型芯镶入固定板。

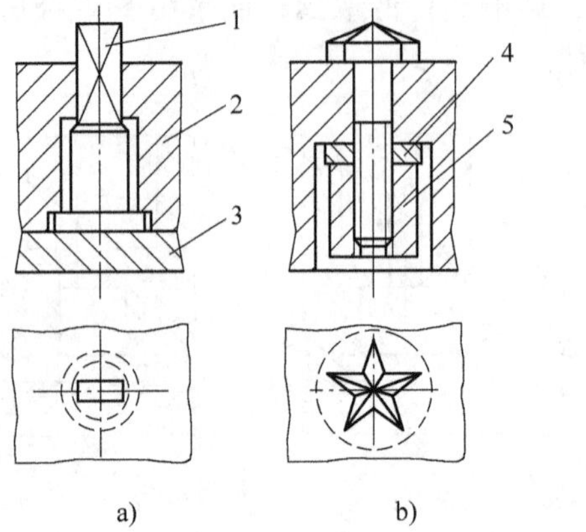

图2-50　异形小型芯的固定方式
1—小型芯　2—固定板　3—垫板　4—挡圈　5—螺母

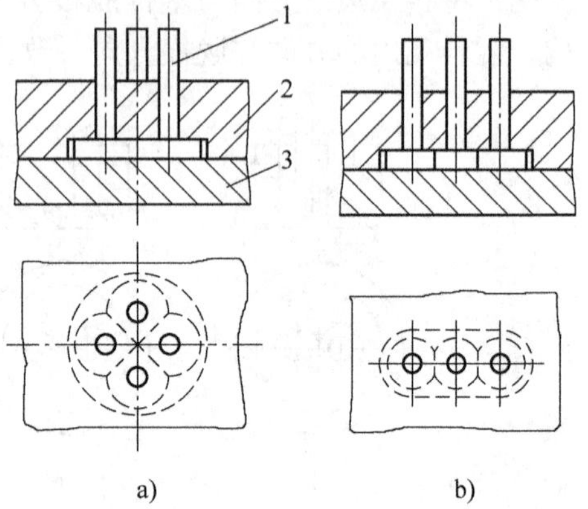

图2-51　多个互相靠近的型芯的固定
1—异形小型芯　2—固定板　3—垫板

3. 螺纹型芯和螺纹型环结构设计

螺纹型芯和螺纹型环分别是用来成型塑件内螺纹和外螺纹的活动镶件。另外，螺纹型芯和螺纹型环也可以用来固定带螺纹孔和螺杆的嵌件。成型后，螺纹型芯和螺纹型环的脱卸方式有两种：一种是模内自动脱卸，另一种是模外手动脱卸。这里仅介绍模外手动脱卸螺纹型芯和螺纹型环的结构及其固定方法。

（1）螺纹型芯

1）螺纹型芯的结构要求。螺纹型芯按用途不同分为直接成型塑件上的螺纹孔和固定螺母嵌件两种。这两种螺纹型芯在结构上没有原则上的区别。用来成型塑件上的螺纹孔的螺纹型芯在设计时必须考虑塑料收缩率，其表面粗糙度值要小（$Ra<0.4\mu m$），一般应有0.5°的脱模斜度。螺纹始端和末端按塑料螺纹结构要求设计，以防止应力集中及从塑件上拧下时拉毛塑料螺纹。固定螺母嵌件的螺纹型芯在设计时不考虑收缩率，按普通螺纹制造即可。螺纹型芯安装在模具上，成型时要可靠定位，不能因合模振动或料流冲击而移动。开模时，应能与塑件一道取出且便于装卸。螺纹型芯与模板安装孔的配合一般为H8/f8。

2）螺纹型芯在模具上的安装形式。图2-52所示为螺纹型芯在模具上的安装形式，其中图2-52a、b、c是成型内螺纹的螺纹型芯，图2-52d、e、f是安装螺纹嵌件的螺纹型芯。图2-52a是利用锥面定位和支承的形式；图2-52b是利用大圆柱面定位和台阶支承的形式；图2-52c是用圆柱面定位和垫板支承的形式；图2-52d是利用嵌件与模具的接触面起支承作用，防止型芯受压下沉；图2-52e是将嵌件下端以锥面镶入模板中，以增加嵌件的稳定性，并防止塑料挤入嵌件的螺孔中；图2-52f是将小直径螺纹嵌件直接插入固定在模具上的光杆型芯上，因螺纹牙沟槽很细小，塑料仅能挤入一小段，并不妨碍使用，这样可省去模外脱卸螺纹的操作。螺纹型芯的非成型端应制成方形或将相对应的两边磨成两个平面，以便在模外用工具将其旋下。

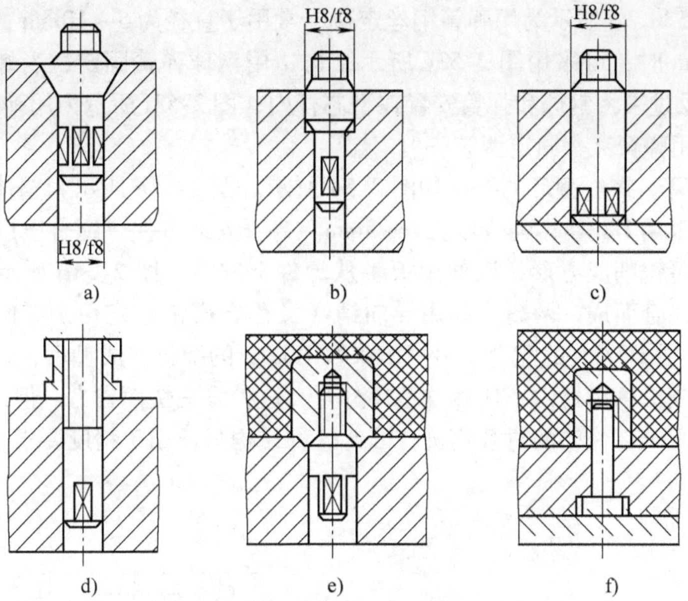

图2-52　螺纹型芯在模具上的安装形式

3）带弹性连接的螺纹型芯的安装。固定在立式注射机的动模部分的螺纹型芯，由于合模时冲击振动较大，螺纹型芯插入时应有弹性连接装置，以免造成型芯脱落或移动，导致塑件报废或模具损伤。图2-53a所示为带豁口柄的结构，豁口柄的弹力将型芯支承在模具内，适用于直径小于8mm的型芯；图2-53b所示结构中台阶起定位作用，并能防止成型螺纹时

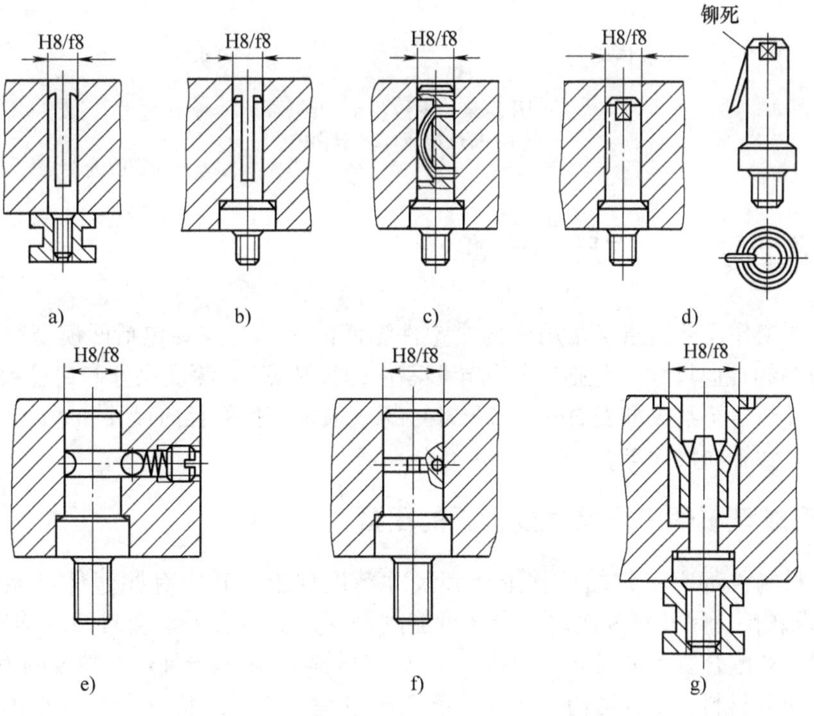

图2-53　带弹性连接的螺纹型芯的安装形式

挤入塑料；图 2-53c、d 所示为用弹簧钢丝定位，常用于直径为 5 ~ 10mm 的型芯；当螺纹型芯直径大于 10mm 时，可采用图 2-53e 所示结构，用钢球弹簧固定；当螺纹型芯直径大于 15mm 时，则可反过来将钢球和弹簧安置在型芯杆内；图 2-53f 所示为用弹簧卡圈固定型芯；图 2-53g 所示为用弹簧夹头固定型芯。

（2）螺纹型环 螺纹型环的结构如图 2-54 所示。图 2-54a 所示为整体式螺纹型环，型环与模板的配合采用 H8/f8，配合段长 3 ~ 5mm。为了安装方便，配合段以外制出 3° ~ 5° 的斜度，型环下端可铣削成方形，以便用扳手从塑件上拧下。图 2-54b 所示为组合式螺纹型环，型环由两瓣拼合而成，两瓣中间用导向销（又称合模销）定位。导向销和螺纹型环的一瓣采取 H7/m6 或 H7/k6 的配合，另一瓣采取 H9/f9 的配合。成型后，可用尖劈状卸模器楔入型环两边的楔形槽撬口内，使螺纹型环分开，这种方法快而省力。但该方法会在成型的塑料外螺纹上留下难以修整的拼合痕迹，因此这种结构只适用于精度要求不高的粗牙螺纹的成型。

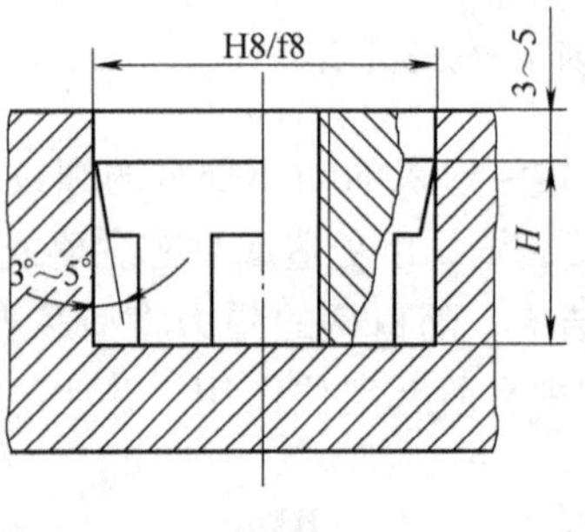

a) 整体式

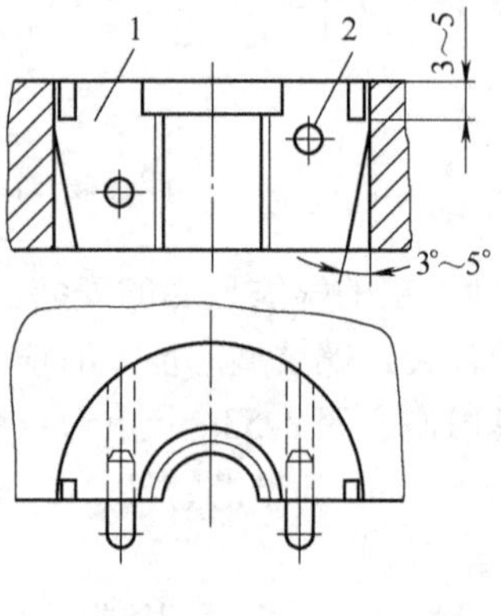

b) 组合式

图 2-54 螺纹型环的结构
1—螺纹型环 2—导向销

2.3.2 成型零件工作尺寸计算

成型零件工作尺寸是指直接用来构成塑件型面的尺寸，主要包括凹模型腔（以下简称型腔）和型芯的径向尺寸（包括矩形和异形零件的长和宽）、深度尺寸和高度尺寸、孔间距离尺寸、孔或凸台至某成型表面的距离尺寸、螺纹成型零件的径向尺寸和螺距尺寸、齿轮成型零件的径向和轴向尺寸等。

1. 计算成型零件工作尺寸要考虑的因素

任何塑料制件都有一定的几何形状和尺寸精度要求，其中有些塑件可能对几何形状（外观）要求较高，尺寸精度次之，有些可能刚好相反。也有一些会对两者均有较高要求。一般在使用中有配合要求的尺寸，则精度要求相对较高。影响塑件尺寸精度的因素很多，概括地说，有塑料材料、塑件结构、注射成型工艺过程、模具结构（包括分型面位置、浇口形式和型腔数量、分布等）、模具制造（包括零部件制造工艺、模具钢材料和热处理等）和装配、模具使用中的磨损等因素，其中塑料材料方面的因素主要是指收缩率的影响。在设计成型零件时应根据塑件的材料、几何形状、尺寸精度及其他影响因素等进行综合判断计算。

（1）塑件的收缩率波动　塑件成型后的收缩变化与塑料品种，塑件的形状、尺寸、壁厚，成型工艺条件，模具结构等因素有关，所以确定准确的收缩率是很困难的。成型工艺条件、塑料批号（指同种塑料但生产厂家不同，或同一厂家但生产日期不同）发生的变化会造成塑件收缩率的波动，其中塑料收缩率波动引起的误差为

$$\delta_s=(S_{max}-S_{min})L_s \tag{2-16}$$

式中　δ_s——塑料收缩率波动引起的误差；

S_{max}——塑料的最大收缩率；

S_{min}——塑料的最小收缩率；

L_s——塑件的公称尺寸。

实际收缩率与计算收缩率之间会有差异，一般情况下，塑料收缩率波动所引起的误差 δ_s 应小于塑件公差 Δ 的1/3，即 $\delta_s<\Delta/3$。

（2）模具成型零件的制造误差　模具成型零件的制造精度是影响塑件尺寸精度的重要因素之一。模具成型零件的制造精度越低，塑件尺寸精度也越低。一般模具成型零件工作尺寸制造误差 δ_z 的取值原则是：在不产生溢料飞边的条件下，取塑件公差值 Δ 的1/4～1/3［即 $\delta_z=(1/4\sim1/3)\Delta$］或采用公差等级IT7～IT8。组合式型腔或型芯的制造公差应根据尺寸链来确定。

（3）模具成型零件的磨损　模具在使用过程中，由于受到塑料熔体流动的冲刷，在成型过程中可能产生的腐蚀性气体的锈蚀、脱模时塑件与模具的摩擦，以及由于上述原因造成的成型零件表面粗糙度值增大而需要重新打磨抛光等，均会造成成型零件尺寸的变化，这种变化称为成型零件的磨损，其中脱模摩擦磨损是主要因素。磨损的结果使型腔尺寸（孔）变大，型芯尺寸（轴）变小，磨损的程度与塑料的品种和模具材料及热处理有关。为简化计算，一般凡与脱模方向垂直的表面不考虑磨损，与脱模方向平行的表面应考虑磨损。

磨损量应根据塑件的产量、塑料的品种、模具材料等因素来确定。生产批量小，磨损量取小值，甚至可以不考虑磨损量；热塑性塑料摩擦因数小，可取小值；模具材料耐磨性好（如模具表面进行了镀铬、氮化处理），可取小值；对于增强塑料（如玻璃纤维增强塑料等），磨损量取大值。对于中小型塑件，最大磨损量 δ_c 可取塑件公差值的1/6（即 $\delta_c=\Delta/6$），大型塑件应取 $\Delta/6$ 以下。

（4）模具安装配合及使用误差　模具成型零件装配误差以及在成型过程中成型零件配合间隙的变化，都会引起塑件尺寸的变化。例如成型压力对分型面有胀开趋势、动定模分型面间隙、分型面上的残渣或模板平面度，这些都对塑件高度方向的尺寸有影响；活动型芯与模板配合间隙过大，成型零件受塑料冲击变形，则对孔的位置精度有影响。

模具安装配合间隙变化引起的塑件尺寸误差用 δ_j 来表示。

（5）塑件的总误差　综上所述，塑件在成型过程中产生的尺寸误差应该是上述各种误差的总和，即

$$\delta=\delta_z+\delta_c+\delta_s+\delta_j \tag{2-17}$$

式中　δ——塑件的成型误差；

δ_z——模具成型零件的制造误差；

δ_c——模具成型零件的磨损引起的误差；

δ_s——塑料收缩率波动引起的误差；

δ_j——模具安装配合间隙变化引起的误差。

塑件的成型误差应小于塑件的公差值，即

$$\delta \leqslant \Delta \tag{2-18}$$

由此可见，塑件的尺寸误差为累计误差。由于影响因素多，不可控制因素多，因此，与金属机加工零件和冲压零件相比，多数塑件的尺寸精度较低，在设计塑料产品时应充分认识到这一点。设计塑件时，其尺寸精度的选择不仅要考虑塑件的使用和装配要求，而且要考虑塑件在成型过程中可能产生的误差，使塑件的成型误差小于塑件的公差值。

（6）考虑塑件尺寸和精度的原则 在一般情况下，塑料收缩率波动、成型零件的制造误差和成型零件的磨损是影响塑件尺寸和精度的主要因素。对于大型塑件，塑料收缩率对塑件的尺寸公差影响最大，应稳定成型工艺条件，并选择波动较小的塑料来减小塑件的成型误差；对于中、小型塑件，成型零件的制造误差及磨损对塑件的尺寸公差影响最大，应通过提高模具的制造精度和减小磨损来减小塑件的成型误差。

2. 成型零件工作尺寸的计算方法

成型零件工作尺寸的计算方法有两种：一种是按平均收缩率、平均制造误差和平均磨损量进行计算，这种方法计算简便，但可能有误差，在精密塑件的模具设计中受到一定限制；另一种是按极限收缩率、极限制造误差和极限磨损量进行计算，这种计算方法能保证所成型的塑件在规定的公差范围内，但计算比较复杂。

以下介绍按平均值计算的方法。

（1）计算成型零件工作尺寸的基本公式 计算模具成型零件工作尺寸的基本公式为

$$L_m = L_s(1+S) \tag{2-19}$$

式中 L_m——模具成型零件在常温下的实际尺寸；

L_s——塑件在常温下的实际尺寸；

S——塑料的计算收缩率。

以上是仅考虑塑料收缩率时的模具成型零件工作尺寸的计算公式。由于收缩率的波动、模具制造误差和成型零件的磨损是影响塑件尺寸精度的主要因素，因而应根据以上三个因素计算成型零件工作尺寸。

（2）塑料的平均收缩率 塑料的平均收缩率为

$$S_{cp} = \frac{S_{max} + S_{min}}{2} \times 100\% \tag{2-20}$$

式中 S_{cp}——塑料的平均收缩率；

S_{max}——塑料的最大收缩率；

S_{min}——塑料的最小收缩率，参见表 1-1。

（3）塑件尺寸和成型零件工作尺寸标注规定 在型腔、型芯的径向尺寸以及其他各类工作尺寸计算公式的导出过程中，所涉及的无论是塑件尺寸还是模具成型零件工作尺寸，都是按规定的标注方法标注的，即孔（内表面形状）都是按基孔制标注单向正差，下极限偏差为零，上极限偏差为正，公差值等于上极限偏差；轴（外表面形状）都是按基轴制标注单向负差，上极限偏差为零，下极限偏差为负，公差值等于下极限偏差的绝对值；中心距尺寸按公差带对称分布的原则标注。如果塑件上的公差不是按以上规定标注的，则在进行成型零件工作尺寸计算前必须进行转换，如图2-55所示。

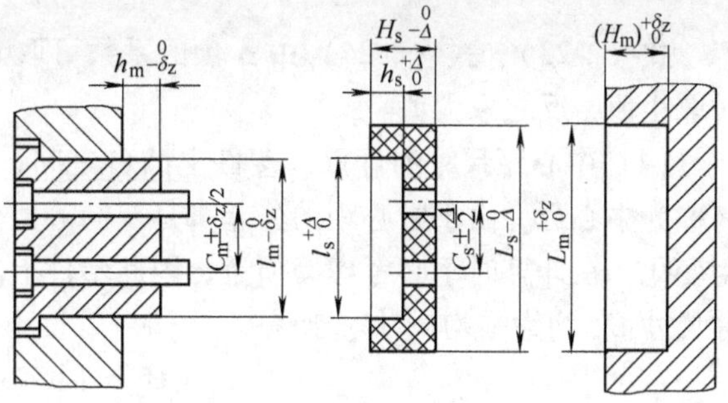

图2-55　模具成型零件工作尺寸与塑件尺寸的关系

3. 成型零件工作尺寸的计算

（1）型腔径向尺寸的计算　如图2-55所示，塑件的外形尺寸 L_s 是最大尺寸，按基轴制标注单向负差。因此，塑件的平均径向尺寸为 $L_s - \Delta/2$。模具型腔的尺寸 L_m 是最小尺寸，标注单向正差，型腔的平均尺寸则为 $L_m + \delta_z/2$。型腔的平均磨损量为 $\delta_c/2$，考虑到平均收缩率，则可列出如下等式，即

$$L_m + \frac{\delta_z}{2} + \frac{\delta_c}{2} = \left(L_s - \frac{\Delta}{2}\right) + \left(L_s - \frac{\Delta}{2}\right)S_{cp}$$

对于中、小型塑件，取 $\delta_z = \Delta/3$，$\delta_c = \Delta/6$，将上式展开后略去微小项 $\Delta/2 \cdot S_{cp}$，则得到模具型腔的径向尺寸为

$$L_m = L_s + L_s S_{cp} - \frac{3}{4}\Delta$$

标注制造公差后得

$$L_{m}{}_{0}^{+\delta_z} = \left(L_s + L_s S_{cp} - \frac{3}{4}\Delta\right)_{0}^{+\delta_z} \tag{2-21}$$

（2）型芯径向尺寸的计算　塑件孔的径向公称尺寸 l_s 是最小尺寸，标注单向正差。型芯的公称尺寸 l_m 是最大尺寸，标注单向负差。经过与上面型腔径向尺寸相类似的推导，可得

$$l_{m}{}_{-\delta_z}^{0} = \left(l_s + l_s S_{cp} + \frac{3}{4}\Delta\right)_{-\delta_z}^{0} \tag{2-22}$$

应该指出，由于 δ_z 和 δ_c 与 Δ 的关系随塑件的公差等级和尺寸大小不同而变化，因此，式（2-21）、式（2-22）中 Δ 项的系数可取 1/2 ~ 3/4。当塑件尺寸较大、公差等级较低时，δ_z 和 δ_c 可以忽略不计，Δ 项的系数取 1/2；当塑件尺寸较小、公差等级较高时，$\delta_z = \Delta/3$，$\delta_c = \Delta/6$，此时 Δ 项的系数取 3/4。

另外，对于带有嵌件的塑件，在计算收缩率时，L_s 值应为塑件外形尺寸减去嵌件外形尺寸。为了脱模方便，型腔或型芯都设计有脱模斜度。这时，计算型腔尺寸时，应以大端尺寸为基准，另一端按脱模斜度相应减小；计算型芯尺寸时，应以小端为基准，另一端按脱模斜度相应增大，这样便于修模时留有加工余量。如果塑件使用要求正好相反，应在图上注明。

（3）型腔深度尺寸和型芯高度尺寸的计算　在计算型腔深度尺寸和型芯高度尺寸时，由于型腔的底面和型芯的端面磨损很小，所以可以不考虑磨损量，由此推出

型腔深度尺寸计算公式为

$$H_{m}{}_{0}^{+\delta_z} = \left(H_s + H_s S_{cp} - \frac{2}{3}\Delta\right)_{0}^{+\delta_z} \tag{2-23}$$

型芯高度尺寸计算公式为

$$h_{m}{}_{-\delta_z}^{\ 0} = \left(h_s + h_s S_{cp} + \frac{2}{3}\Delta\right)_{-\delta_z}^{\ 0} \tag{2-24}$$

式（2-23）、式（2-24）中Δ项的系数可取1/2～2/3，即当塑件尺寸较大、精度要求低时取小值，反之取大值。

（4）中心距尺寸的计算 塑件上凸台之间、凹槽之间或凸台与凹槽之间的中心线的距离称为中心距。由于中心距的公差都是双向等值公差，同时磨损的结果不会使中心距尺寸发生变化，在计算时不必考虑磨损量，因此塑件上的中心距公称尺寸 C_s 和模具上的中心距公称尺寸 C_m 均为平均尺寸。于是

$$C_m = (1 + S_{cp})C_s$$

标注制造公差后得

$$C_m \pm \frac{\delta_z}{2} = (1 + S_{cp})C_s \pm \frac{\delta_z}{2} \tag{2-25}$$

塑件上孔的中心距是由模具上的成型孔或型芯安装孔的中心距所决定的。模具上的孔，用坐标镗床加工时，孔的轴线位置精度取决于机床精度，一般不会超过±(0.015～0.02) mm；用数控加工中心加工时更小；用普通方法加工时，孔间距大，则加工误差值也大。另外，活动型芯与模板如为间隙配合，配合间隙会产生波动而影响塑件中心距，这时应使间隙误差和制造误差的累积值小于塑件中心距所要求的公差，即位于 $\pm\delta_z/2$ 范围内。

（5）螺纹型芯和螺纹型环工作尺寸的计算 螺纹塑件模塑成型后，径向和螺距尺寸都会收缩变小。为了使螺纹塑件与标准金属螺纹较好地配合，提高成型后塑件螺纹的旋入性能，成型塑件的螺纹型芯或型环的径向尺寸都应考虑收缩率的影响，即适当缩小螺纹型环的径向尺寸和增大螺纹型芯的径向尺寸。

螺纹型环的工作尺寸属于型腔类尺寸，而螺纹型芯的工作尺寸属于型芯类尺寸。由于螺纹联接的种类很多，配合性质也各不相同，影响塑件螺纹联接的因素也比较复杂，因此要满足塑料螺纹配合的准确要求是比较难的，目前尚无塑料螺纹的统一标准，也没有成熟的计算方法。

由于螺纹中径是决定螺纹配合性质的最重要参数，它决定着螺纹的可旋入性和联接的可靠性，所以计算螺纹型环和螺纹型芯的大、中、小径尺寸时，均以塑件螺纹中径公差 $\Delta_{中}$ 为依据。因为螺纹中径的公差值总是小于大径和小径的公差值，所以在大径和小径计算中，螺纹型环或螺纹型芯都采用塑件中径的公差 $\Delta_{中}$，制造公差都采用中径制造公差 δ_z，其目的就是要提高模具的制造精度。下面介绍普通螺纹型环和螺纹型芯工作尺寸的计算公式。

1）螺纹型环的工作尺寸。

螺纹型环大径 $$D_{m大}{}_{\ 0}^{+\delta_z} = (D_{s大} + D_{s大}S_{cp} - \Delta_{中})_{\ 0}^{+\delta_z} \tag{2-26}$$

螺纹型环中径 $$D_{m中}{}_{\ 0}^{+\delta_z} = (D_{s中} + D_{s中}S_{cp} - \Delta_{中})_{\ 0}^{+\delta_z} \tag{2-27}$$

螺纹型环小径 $$D_{m小}{}_{\ 0}^{+\delta_z} = (D_{s小} + D_{s小}S_{cp} - \Delta_{中})_{\ 0}^{+\delta_z} \tag{2-28}$$

式中 $D_{m大}$——螺纹型环大径公称尺寸；

$D_{m中}$——螺纹型环中径公称尺寸；

$D_{m小}$——螺纹型环小径公称尺寸；

$D_{s大}$——塑件外螺纹大径公称尺寸；

$D_{s中}$——塑件外螺纹中径公称尺寸；

$D_{s小}$——塑件外螺纹小径公称尺寸；

S_{cp}——塑料平均收缩率；

$\Delta_{中}$——塑件螺纹中径公差，由于目前我国尚无专门的塑件螺纹公差标准，故可参照金属螺纹公差标准中精度最低者选用，其值可参考 GB/T 197—2003；

δ_z——螺纹型环中径制造公差，其值可取 $\Delta_{中}/5$ 或查表 2-11。

2）螺纹型芯的工作尺寸。

螺纹型芯大径 $$d_{m大}{}_{-\delta_z}^{\ 0} = (d_{s大} + d_{s大}S_{cp} + \Delta_{中})_{-\delta_z}^{\ 0} \tag{2-29}$$

螺纹型芯中径 $$d_{m中}{}_{-\delta_z}^{\ 0} = (d_{s中} + d_{s中}S_{cp} + \Delta_{中})_{-\delta_z}^{\ 0} \tag{2-30}$$

螺纹型芯小径 $$d_{m小}{}_{-\delta_z}^{\ 0} = (d_{s小} + d_{s小}S_{cp} + \Delta_{中})_{-\delta_z}^{\ 0} \tag{2-31}$$

式中 $d_{m大}$——螺纹型芯大径公称尺寸；

$d_{m中}$——螺纹型芯中径公称尺寸；

$d_{m小}$——螺纹型芯小径公称尺寸；

$d_{s大}$——塑件内螺纹大径公称尺寸；

$d_{s中}$——塑件内螺纹中径公称尺寸；

$d_{s小}$——塑件内螺纹小径公称尺寸；

δ_z——螺纹型芯中径制造公差，其值可取 $\Delta_{中}/5$ 或查表 2-11。

表 2-11 螺纹型环和螺纹型芯的直径制造公差 （单位：mm）

粗牙螺纹	螺纹直径	M3 ~ M12	M14 ~ M33	M36 ~ M45	M48 ~ M68
	中径制造公差	0.02	0.03	0.04	0.05
	大、小径制造公差	0.03	0.04	0.05	0.06
细牙螺纹	螺纹直径	M4 ~ M22	M24 ~ M52	M56 ~ M68	
	中径制造公差	0.02	0.03	0.04	
	大、小径制造公差	0.03	0.04	0.05	

3）螺纹型环和螺纹型芯的螺距工作尺寸。无论是螺纹型环还是螺纹型芯，其螺距尺寸都采用如下公式计算，即

$$P_m \pm \frac{\delta_z}{2} = (1 + S_{cp})P_s \pm \frac{\delta_z}{2} \tag{2-32}$$

式中 P_m——螺纹型环或螺纹型芯的螺距；

P_s——塑件外螺纹或内螺纹螺距的公称尺寸；

δ_z——螺纹型环或螺纹型芯螺距的制造公差，其值可查表 2-12。

表 2-12 螺纹型环或螺纹型芯螺距的制造公差 （单位：mm）

螺 纹 直 径	配合长度 L	制造公差 δ_z
3 ~ 10	≤12	0.01 ~ 0.03
12 ~ 22	>12 ~ 20	0.02 ~ 0.04
24 ~ 68	>20	0.03 ~ 0.05

在螺纹型环或螺纹型芯螺距计算中，由于考虑到塑件的收缩，计算所得到的螺距带有不规则的小数，加工这种特殊的螺距较困难，所以当用收缩率相同或相近的塑件外螺纹与塑件内螺纹相配合，计算螺距尺寸可以不考虑收缩率；当塑料螺纹与金属螺纹配合时，如果配合长度 $L<\dfrac{0.432\Delta_{中}}{S_{cp}}$，可不考虑收缩率；当螺纹配合牙数小于 8 牙时，也可以不计算螺距的收缩率，因为在螺纹型芯的中径尺寸中已考虑了增加中径间隙来补偿塑件螺距的累积误差。

当螺纹配合牙数较多，螺纹螺距收缩累积误差很大时，则必须计算螺距的收缩率。加工带有不规则小数的特殊螺距的螺纹型环或螺纹型芯时，可以采用在卧式车床上配置特殊齿数的变速交换齿轮等方法进行加工，最简单的办法是采用数控车床直接进行加工。

2.3.3 成型零件工作尺寸计算实例

如图2-56 所示塑件，材料为聚丙烯（玻璃纤维增强），计算该塑件注射模的成型零件工作尺寸。已知$D_1=\phi48_{-0.38}^{-0.10}$mm，$D_2=\phi27_{-0.40}^{-0.15}$mm，$d_1=\phi18_{0}^{+0.20}$mm，$d_2=\phi8_{+0.10}^{+0.25}$mm，$C=(33\pm0.13)$ mm，$h_1=34_{0}^{+0.26}$mm，$h_2=12_{0}^{+0.18}$mm，$H_1=16_{-0.20}^{0}$mm，$H_2=38_{-0.26}^{0}$mm。

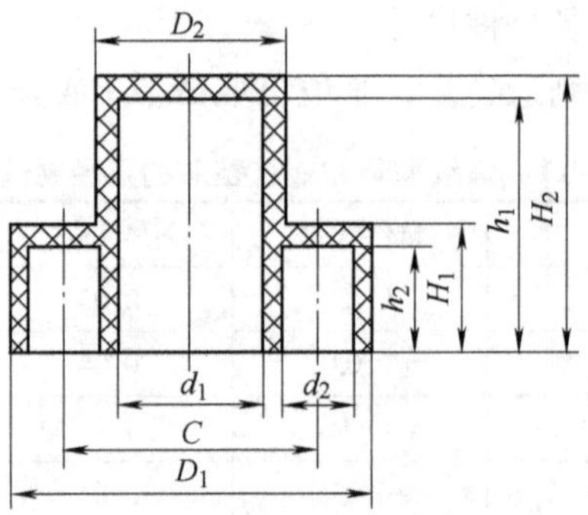

图 2-56 塑件图

解：

1）由已知条件，查表 1－1 得该塑料的收缩率为 0.4% ~0.8%，计算塑料的平均收缩率，即

$$S_{cp}=(0.4\%+0.8\%)/2=0.6\%$$

2）尺寸换算。将 $\phi48_{-0.38}^{-0.10}$ mm 换算为 $\phi47.9_{-0.28}^{0}$ mm；将 $\phi27_{-0.40}^{-0.15}$ mm 换算为 $\phi26.85_{-0.25}^{0}$mm；将 $\phi8_{+0.10}^{+0.25}$mm 换算为 $\phi8.1_{0}^{+0.15}$mm；模具制造公差取 $\delta_z=\Delta/3$，模具磨损取 $\delta_c=\Delta/6$。

3）型腔尺寸计算。

$$D_{1m}=\left(D_1+D_1S_{cp}-\frac{3}{4}\Delta\right)_{0}^{+\delta_z}$$

$$=\left(47.9+47.9\times0.6\%-\frac{3}{4}\times0.28\right)_{0}^{+0.28/3}\text{ mm}$$

$$=47.98_{0}^{+0.09}\text{mm}$$

$$D_{2m}=\left(D_2+D_2S_{cp}-\frac{3}{4}\Delta\right)_{0}^{+\delta_z}$$

$$=\left(26.85+26.85\times0.6\%-\frac{3}{4}\times0.25\right)_{0}^{+0.25/3}\text{mm}$$

$$=26.82_{0}^{+0.08}\text{mm}$$

$$H_{1m}=\left(H_1+H_1S_{cp}-\frac{2}{3}\Delta\right)_{0}^{+\delta_z}$$

$$=\left(16+16\times0.6\%-\frac{2}{3}\times0.20\right)_{0}^{+0.20/3}\text{mm}$$

$$=15.96_{0}^{+0.07}\text{mm}$$

$$H_{2m}=\left(H_2+H_2S_{cp}-\frac{2}{3}\Delta\right)_{0}^{+\delta_z}$$

$$=\left(38+38\times0.6\%-\frac{2}{3}\times0.26\right)_{0}^{+0.26/3}\text{mm}$$

$$=38.05_{0}^{+0.09}\text{mm}$$

4）型芯尺寸计算。

$$d_{1m}=\left(d_1+d_1S_{cp}+\frac{3}{4}\Delta\right)_{-\delta_z}^{0}$$

$$=\left(18+18\times0.6\%+\frac{3}{4}\times0.20\right)_{-0.20/3}^{0}\text{mm}$$

$$=18.26_{-0.07}^{0}\text{mm}$$

$$d_{2m}=\left(d_2+d_2S_{cp}+\frac{3}{4}\Delta\right)_{-\delta_z}^{0}$$

$$=\left(8.1+8.1\times0.6\%+\frac{3}{4}\times0.15\right)_{-0.15/3}^{0}\text{mm}$$

$$=8.26_{-0.05}^{0}\text{mm}$$

$$h_{1m}=\left(h_1+h_1S_{cp}+\frac{2}{3}\Delta\right)_{-\delta_z}^{0}$$

$$=\left(34+34\times0.6\%+\frac{2}{3}\times0.26\right)_{-0.26/3}^{0}\text{mm}$$

$$=34.38_{-0.09}^{0}\text{mm}$$

$$h_{2m}=\left(h_2+h_2S_{cp}+\frac{2}{3}\Delta\right)_{-\delta_z}^{0}$$

$$=\left(12+12\times0.6\%+\frac{2}{3}\times0.18\right)_{-0.18/3}^{0}\text{mm}$$

$$=12.19_{-0.06}^{0}\text{mm}$$

5）中心距尺寸计算。

$$
\begin{aligned}
C_m &= (C + CS_{cp}) \pm \frac{\delta_z}{2} \\
&= (33 + 33 \times 0.6\%)\text{mm} \pm \frac{0.26/3}{2}\text{mm} \\
&= 33.20\text{mm} \pm 0.04\text{mm}
\end{aligned}
$$

分析本例中的计算结果可以发现，成型零件工作尺寸的制造公差如采用塑件公差值的1/4～1/3，则明显过大，导致模具成型零件之间以及成型零件与模板之间的装配关系不易保证，故在生产实际中，通常是取IT7～IT8作为成型零件工作尺寸的制造公差等级。

2.3.4 单元练习

1. 思考题

1）绘出整体组合式凹模或型芯的三种基本结构，并标上配合精度。

2）常用小型芯的固定方法有哪几种形式？分别适用于什么场合？

3）螺纹型芯在结构设计上应注意哪些问题？设计组合式螺纹型环时应注意哪些问题？

4）根据图示的塑件形状与尺寸，分别计算出凹模和型芯的有关尺寸（塑料收缩率取0.5%，模具制造公差取Δ/3）。

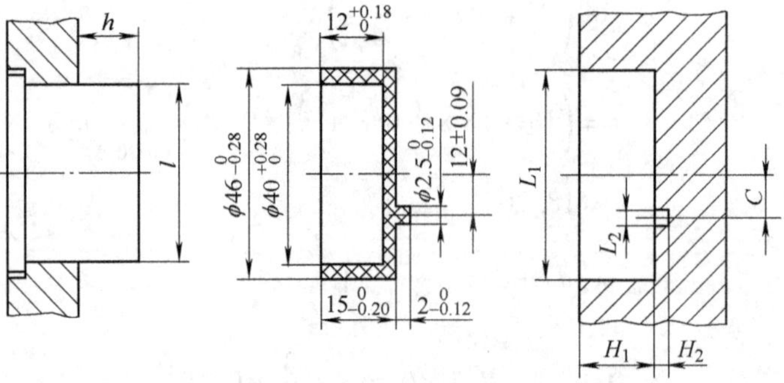

图2-57　凹模和型芯图

2. 综合题

完成图1-5所示工程轴套塑件的成型零件结构（凹模、型芯）设计和工作尺寸计算。

单元4　合模导向与推出机构的设计

【学习目标】

1. 熟悉合模导向机构的结构设计方法。
2. 掌握一次推出机构的应用场合和设计要求。

2.4.1　合模导向机构的设计

1. 合模导向机构的作用

合模导向机构是保证动模和定模或上模和下模合模时，正确地定位和导向的零件。合模导向机构主要有导柱导向和锥面定位两种形式，通常采用导柱导向定位，如图2-58所示。导向机构的作用有以下三点：

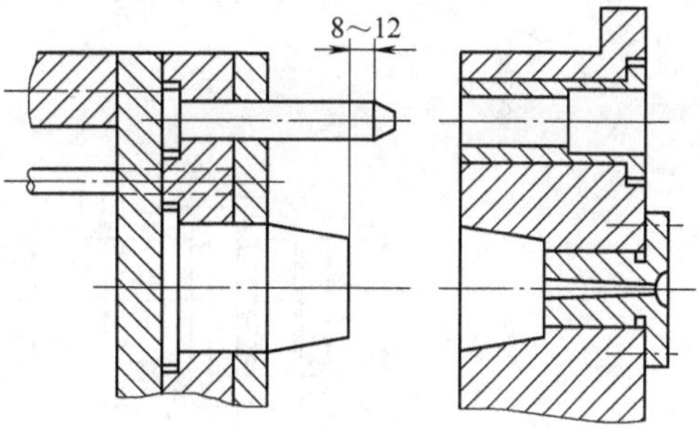

图2-58　导柱导向机构

（1）定位作用　模具闭合后，保证动模和定模或上模和下模位置正确，从而保证型腔的形状和尺寸精度。导向机构在模具装配过程中也会起到定位作用，便于模具的装配和调整。

（2）导向作用　合模时，首先是导向零件接触，引导动模和定模或上模和下模准确闭合，可避免型芯先进入型腔而造成成型零件损坏。

（3）承受一定的侧向压力　塑料熔体在充模过程中可能产生单向侧向压力或受成型设备精度的影响，导柱将承受一定的侧向压力，以保证模具正常工作。若侧向压力很大或精度要求高时，则不能单靠导柱承担，而需增设锥面定位机构来承担侧向压力。

2. 导柱导向机构的设计

导柱导向机构应用最为普遍，其主要零件是导柱和导套。导柱既可以设置在动模一侧，也可以设置在定模一侧，应根据模具结构确定。标准模架的导柱一般设在动模一侧。在不妨碍脱模的条件下，导柱通常设置在型芯高出分型面较多的一侧。

（1）导柱的设计

1）导柱的结构形式。导柱的结构形式如图2-59所示。图2-59a为带头导柱，除安装部分的台肩外，长度的其余部分直径相同；图2-59b、c为带肩导柱，除安装部分有台肩外，安装配合部分直径比导向工作部分直径大，且一般与导套外径一致。导柱的导滑部分根据需要可加工出油槽。图2-59c所示的导柱适用于固定板较薄的场合，即在固定板下面再加垫板固定，但这种结构不常用。

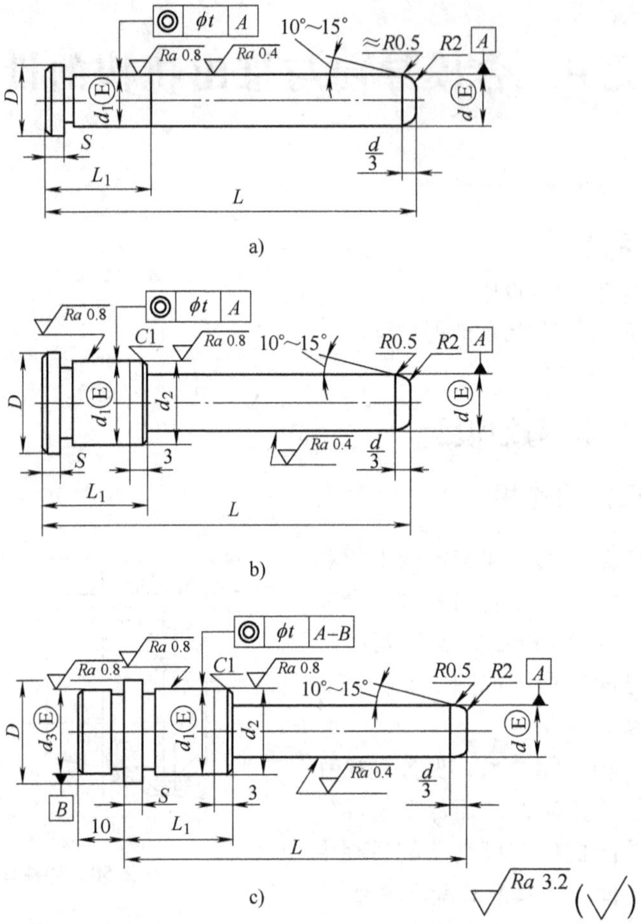

图 2-59　导柱的结构形式

2）导柱结构的技术要求。

① 长度。导柱导向部分的长度应比型芯端面的高度高出 8 ~ 12mm，以免出现导柱未进入导套，而型芯先进入型腔的情况。

② 形状。导柱前端应做成锥台形或半球形，以使导柱能顺利进入导套。由于半球形加工较困难，所以导柱前端以锥台形为多。

③ 材料。导柱应具有硬而耐磨的表面和坚韧而不易折断的内芯，因此导柱材料大多采用 20 钢（经表面渗碳淬火处理）或者 T8A、T10A 钢（经淬火处理），硬度为 50 ~ 55HRC。导柱固定部分的表面粗糙度为 *Ra*0. 8μm，导向部分的表面粗糙度为 *Ra*0. 8 ~ 0. 4μm。

④ 配合精度。导柱固定端与模板之间一般采用 H7/m6 或 H7/k6 过渡配合，导柱的导向部分通常采用 H7/f7 或 H8/f7 间隙配合。导柱的有关要求可以查阅 GB/T 4169. 4—2006 和 GB/T 4169. 5—2006。

（2）导向孔与导套的设计

1）导向孔的结构形式。导向孔分无导套和有导套两种。无导套是导向孔直接开设在模板上，这种形式的孔加工简单，适用于生产批量小、精度要求不高的模具。导套的典型结构如图2-60所示。

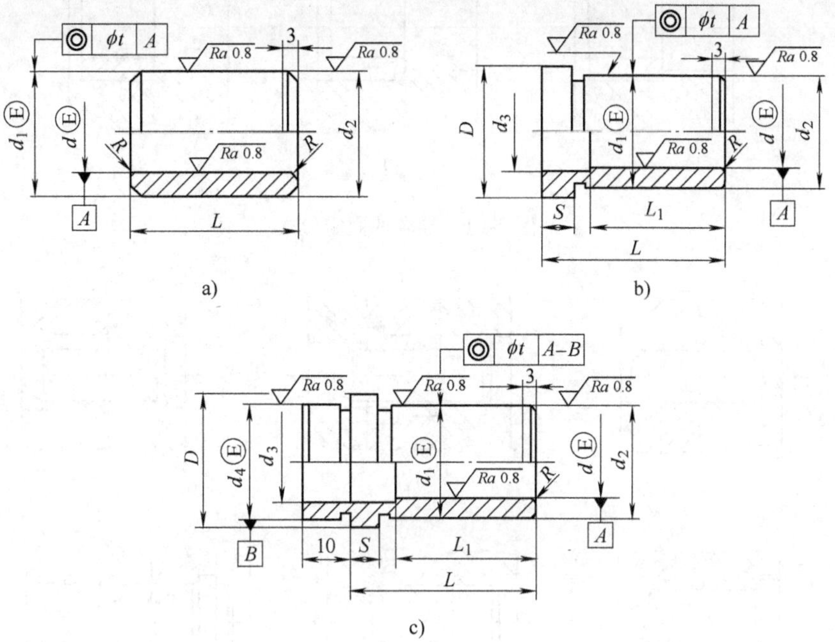

图2-60　导套的结构形式

图2-60a为直导套，结构简单，加工方便，用于简单模具或导套后面没有垫板的场合。图2-60b、c为带头导套（Ⅰ型、Ⅱ型），结构较复杂，用于精度较高的场合。这种导套的固定孔便于与导柱的固定孔同时加工，其中图2-60c所示导套用于两块板固定的场合。

2）导套的结构和技术要求。

① 形状。为使导柱顺利进入导套，导套的前端应倒圆角。导向孔最好做成通孔，以利于排出孔内的空气。如果模板较厚，导向孔必须做成不通孔时，可在不通孔的侧面打一个小孔排气或在导柱的侧壁磨出排气槽。

② 材料。可采用与导柱相同的材料或铜合金等耐磨材料制造导套，但其硬度应略低于导柱硬度，这样可以减轻磨损，以防止导柱或导套拉毛。

③ 固定形式及配合精度。直导套采用H7/r6过盈配合镶入模板，为了增加导套镶入的牢固性，防止开模时导套被拔出，可以用止动螺钉紧固。图2-61a为开缺口紧固，图2-61b为开环形槽紧固，图2-61c为侧面开孔紧固。带头导套采用H7/m6或H7/k6过渡配合镶入模板，导套固定部分的表面粗糙度为*Ra*0.8μm，导向部分的表面粗糙度为*Ra*0.8～0.4μm。导套的有关要求可以查阅GB/T 4169.2—2006和GB/T 4169.3—2006。

（3）导柱与导套的配用　由于模具的结构不同，选用的导柱和导套的结构也不同。导柱与导套的配合形式要根据模具的结构及生产要求而定，常见的配合形式如图2-62所示。图2-62a为带头导柱与模板上导向孔的配合，图2-62b为带头导柱与带头导套的配合，图2-62c为带头导柱与直导套的配合，图2-62d为带肩导柱与直导套的配合，图2-62e为带肩导柱与带头导套的配合，图2-62f为导柱与导套分别固定在两块模板中的配合形式。

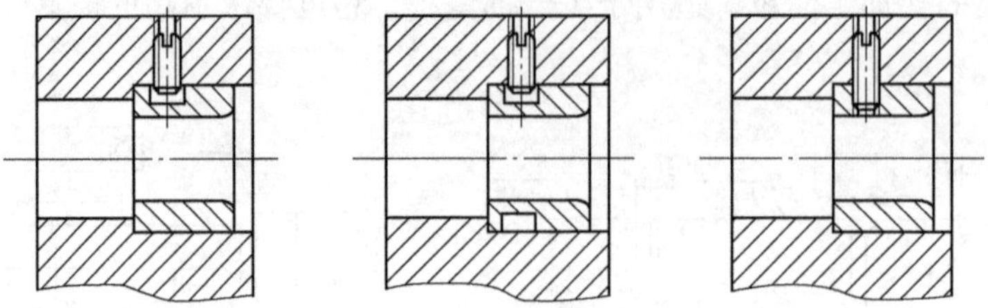

a)　　b)　　c)

图 2-61　导套的固定形式

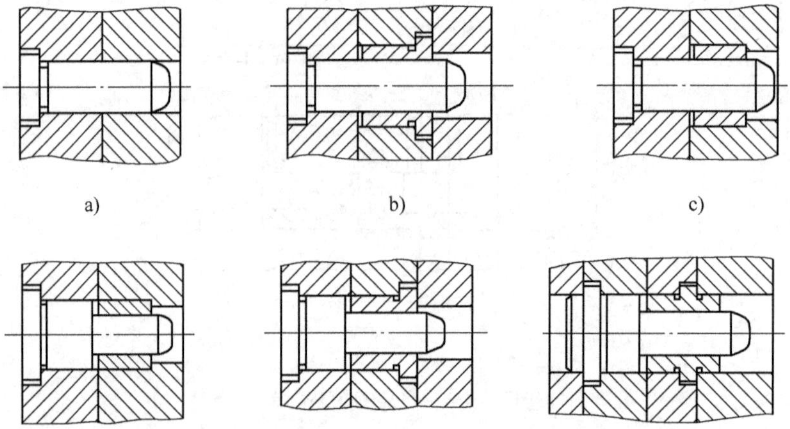

a)　　b)　　c)

d)　　e)　　f)

图 2-62　导柱与导套的配合形式

3. 锥面定位机构的设计

导柱导套对合导向，虽然对中性好，但由于导柱与导套之间存在配合间隙，导向精度不可能很高。当要求对合精度很高或侧压力很大时，必须采用锥面导向定位的方法。

当模具较小时，可以采用带锥面的导柱和导套，如图 2-63 所示。

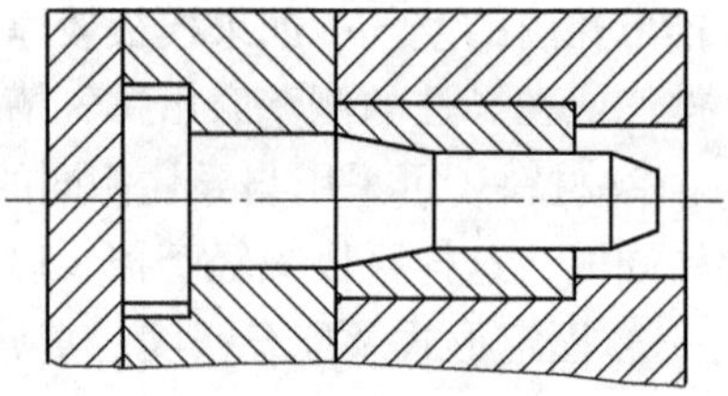

图 2-63　带锥面的导柱和导套

对于尺寸较大的模具，必须采用动、定模模板各自带锥面的导向定位机构与导柱导套联合使用。对于圆形型腔，有两种锥面对合设计方案，如图 2-64 所示。

图 2-64a 为型腔模板环抱动模板的结构，成型时，在型腔内塑料熔体压力的作用下，型腔侧壁向外胀开，会使对合锥面出现间隙；图 2-64b 为动模板环抱型腔模板的结构，成型时，对合锥面会贴得更紧，是理想的选择。锥面角度取小值有利于对合定位，但开模阻力会增大，通常情况下锥面的单面斜度一般可取 5°～20°，配合高度可取 15～20mm。

对于方形（或矩形）型腔的锥面对合，可以将型腔固定板的锥面与型腔设计成一个整

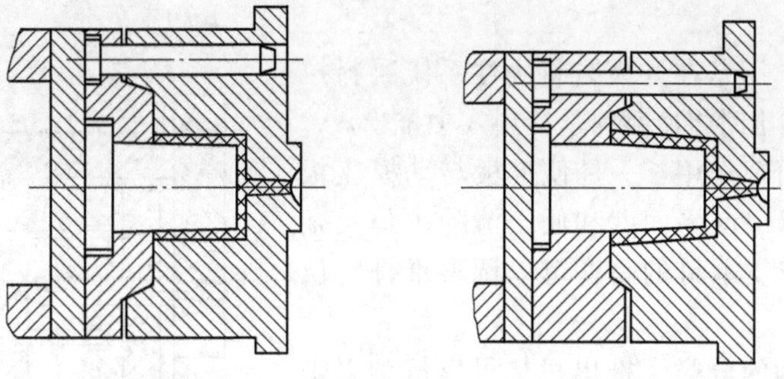

图2-64　圆形型腔的锥面对合机构

体，而型芯一侧的锥面可设计成独立件（淬火后镶拼到型芯固定板上）。这样的结构加工简单，也可以通过对镶件锥面的调整对塑件壁厚进行调整，磨损后镶件也便于更换，如图2-65所示。

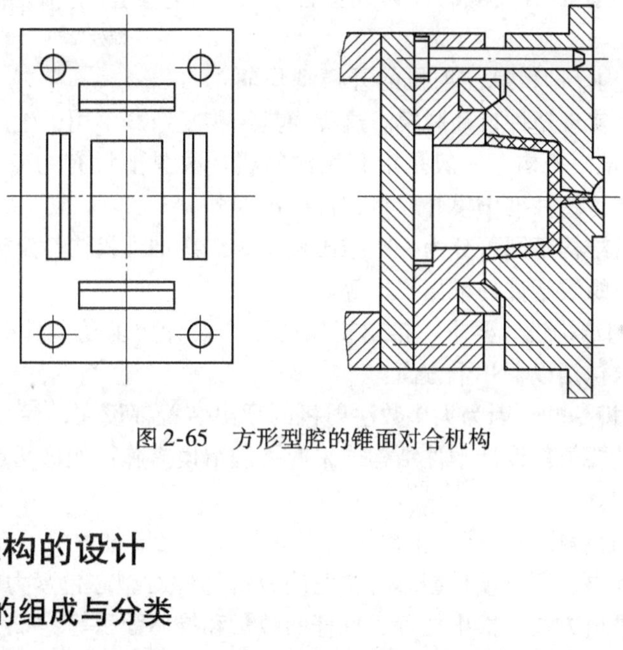

图2-65　方形型腔的锥面对合机构

2.4.2　推出机构的设计

1. 推出机构的组成与分类

在注射成型的每个成型周期中，将塑料制件及浇注系统凝料从模具中脱出的机构称为推出机构，也叫顶出机构或脱模机构。推出机构的动作通常是由安装在注射机上的机械顶杆或液压缸的活塞杆来完成的。

（1）推出机构的组成　推出机构一般由推出、复位和导向零件组成。如图2-66所示，推出部件由推杆1和拉料杆6组成，它们固定在推杆固定板2和推板5之间，两板用螺钉固定联接。注射机上的顶出力作用在推板上。

为了使推出过程平稳，推出零件不至于弯曲或卡死，常设有推出系统的导向机构，即图2-66中的推板导柱4和推板导套3。

为了使推杆回复到原来位置，需要设计复位装置，即复位杆8。复位杆的端面在动、定模的分型面上，合模时，定模接触复位杆，推动复位杆后退，从而带动推杆等推出零件恢复到原来的位置。

拉料杆 6 的作用是在开模时将浇注系统凝料拉到动模一侧，在推出时将冷凝料从冷料穴中推出。

支承钉 7 有两个作用：一是使推板与动模座板之间形成间隙，以保证平面度和便于清除废料及杂物；二是通过调节支承钉的高度可以调整推杆的位置及推出的距离。

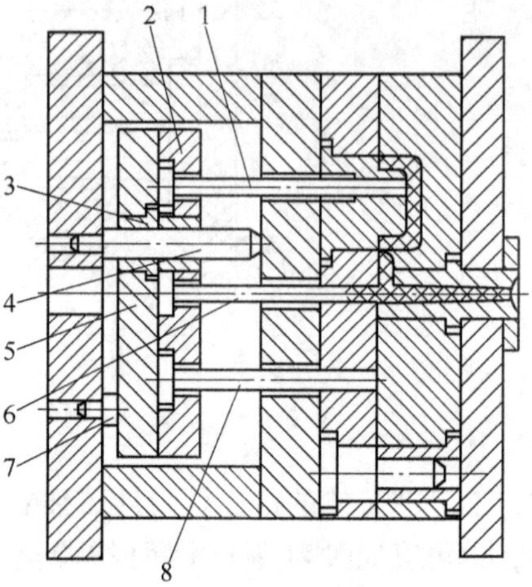

图 2-66　单分型面注射模的推出机构
1—推杆　2—推杆固定板　3—推板导套
4—推板导柱　5—推板　6—拉料杆
7—支承钉　8—复位杆

(2) 推出机构的分类　推出机构可以按动力来源分类，也可以按模具结构分类。

推出机构按动力来源可分为以下几种推出形式：

1) 手动推出机构。手动推出机构指当模具分开后，用人工操纵推出机构使塑件脱出，它又可分为模内手工推出和模外手工推出两种。这类结构多用于形状复杂、不能设置推出机构的模具或塑件结构简单、产量小的情况。

2) 机动推出机构。即依靠注射机的开模动作驱动模具的推出机构，实现塑件自动脱模。这类模具结构复杂，多用于生产批量大的情况。

3) 液压和气动推出机构。一般是指利用注射机或模具上设有的专用液压或气动装置，通过模具的推出机构将塑件推出模外或将塑件吹出模外。

推出机构按模具结构不同可分为一次推出机构、二次推出机构、定模推出机构、浇注系统凝料推出机构、带螺纹塑件的推出机构等。

(3) 推出机构的结构设计要求　推出机构的结构设计要求随塑件的形状、结构的不同而变化，基本的要求包括以下几个方面：

1) 塑件留在动模一侧。因为大多数注射机的顶出装置都设在动模一侧，如果不能保证塑件留在动模上，就要重新设计塑件结构或采取强制留模措施；如这两点仍做不到，就要在定模上设计推出机构。

2) 塑件在推出过程中不变形、不损坏。保证塑件在推出过程中不变形、不损坏是推出机构应达到的基本要求，所以设计型芯时要正确分析塑件对型芯包紧力的大小和分布情况，以此来确定合适的推出方式、推出位置、推杆的数量和推出面积等。

3) 不损坏塑件的外观质量。对于外观质量要求较高的塑件，推出位置应尽量设计在塑件内部，以免损伤塑件的外观。由于塑件收缩时包紧型芯，因此推出力作用点应尽可能靠近型芯，同时推出力应施加于塑件上强度、刚度最大的地方，如肋部、凸台等处，推杆头部的面积也应尽可能大些，以保证塑件不损坏。

4) 合模时应使推出机构正确复位。设计推出机构时应考虑合模时推出机构的复位。

5) 推出机构动作可靠。推出机构在推出与复位过程中，要求工作准确可靠，动作灵活；且制造容易，配换方便。

6) 推出机构本身应有足够的强度和刚度。推出机构在推出与复位过程中要承受一定的压力作用，故其本身应有足够的强度和刚度。

2. 推出力的计算

在注射动作结束后，塑件脱模，要克服因包紧力而产生的摩擦力。对于底部无孔的筒、壳类塑料制件，脱模推出时还要克服大气压力。

开始脱模时所需的脱模力最大，其后推出力的作用仅仅是为了克服推出机构移动的摩擦力，所以计算脱模力的时候，总是计算刚开始脱模时的初始脱模力。

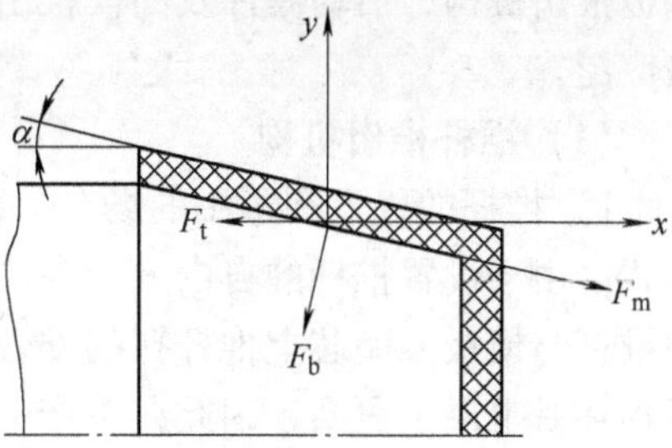

图2-67　型芯受力分析

图2-67所示为塑件在脱模时型芯的受力分析情况。由于推出力 F_t 的作用，使塑件对型芯的总压力（塑件收缩引起）降低了 $F_t\sin\alpha$，因此，推出时的摩擦力 F_m 为

$$F_m=(F_b-F_t\sin\alpha)\mu \tag{2-33}$$

式中　F_m——脱模时型芯受到的摩擦阻力（N）；

F_b——塑件对型芯的包紧力（N）；

F_t——脱模力（推出力，N）；

α——脱模斜度；

μ——塑料对钢的摩擦因数，约为0.1～0.3。

根据力平衡的原理，可列出平衡方程式，即

$$\sum F_x=0$$

故

$$F_m\cos\alpha-F_t-F_b\sin\alpha=0 \tag{2-34}$$

由式（2-33）和式（2-34），经整理后得

$$F_t=\frac{F_b(\mu\cos\alpha-\sin\alpha)}{1+\mu\cos\alpha\sin\alpha} \tag{2-35}$$

因实际上摩擦因数 μ 较小，$\sin\alpha$ 更小，$\cos\alpha$ 也小于1，故忽略 $\mu\cos\alpha\sin\alpha$，上式简化为

$$F_t=F_b(\mu\cos\alpha-\sin\alpha)=Ap(\mu\cos\alpha-\sin\alpha) \tag{2-36}$$

式中　A——塑件包络型芯的面积；

p——塑件对型芯单位面积上的包紧力，一般情况下，模外冷却的塑件，p 取24～39MPa，模内冷却的塑件，p 取8～12MPa。

从式（2-36）可以看出，脱模力（推出力）的大小随着塑件包络型芯的面积增加而增大，随着脱模斜度的增大而减小，同时也与塑料与钢（型芯材料）之间的摩擦因数有关。实际上，影响脱模力的因素很多，包括型芯的表面粗糙度、成型工艺条件、大气压力及推出机构本身在推出运动时的摩擦阻力等，在计算公式中不可能一一反映，所以以上公式只能用于大概的分析和估算。

3. 简单推出机构设计

由于单分型面注射模以一次推出机构为主，本节仅介绍一次推出机构，其他较复杂的推出机构在项目4单元3中讲述。所谓一次推出机构又称简单推出机构，它是指开模后在动模

一侧用一次推出动作完成塑件的推出。一次推出机构包括推杆推出机构、推管推出机构、推件板推出机构、活动镶件及凹模推出机构和多元推出机构等，这类推出机构最常见，应用也最广泛。

（1）推杆推出机构

1）推杆的优点和适用的场合。推杆推出机构是整个推出机构中最简单、最常见的一种形式。由于设置推杆的自由度较大，而且推杆截面大部分为圆形，制造、修配方便，容易达到推杆与模板或型芯上推杆孔的配合精度，推杆推出时运动阻力小，推出动作灵活可靠，推杆损坏后也便于更换，因此在生产中广泛应用，推杆推出机构如图 2-68 所示。但是推杆的推出面积一般比较小，易引起较大局部应力而顶穿塑件或使塑件变形，所以很少用于脱模斜度小和脱模阻力大的管类或箱类塑件。

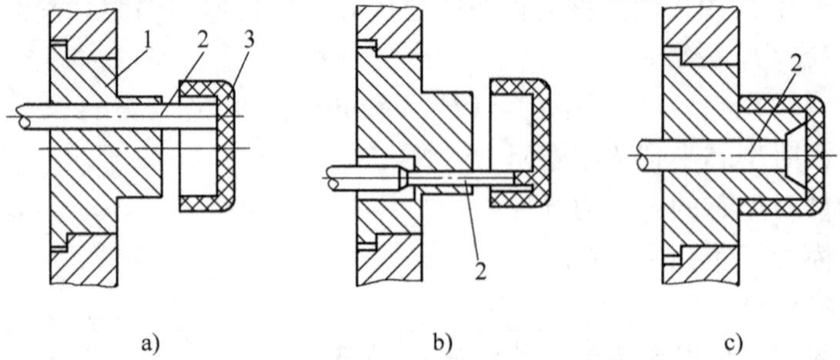

图 2-68　推杆推出机构

1—型芯　2—推杆　3—塑件

2）推杆的基本形状。推杆的基本形状如图 2-69 所示。图 2-69a 为直通式推杆，尾部采用台肩固定，是最常用的形式；图 2-69b 为阶梯式推杆，由于工作部分较细，故在其后部加粗以提高刚度，一般直径小于 3mm 时采用；图 2-69c 所示为顶盘式推杆，又称为锥面推杆，这种推杆加工起来比较困难，装配时也与其他推杆不同，需从动模型芯插入，端部用螺钉固定在推杆固定板上，适合于深筒形塑件的推出。

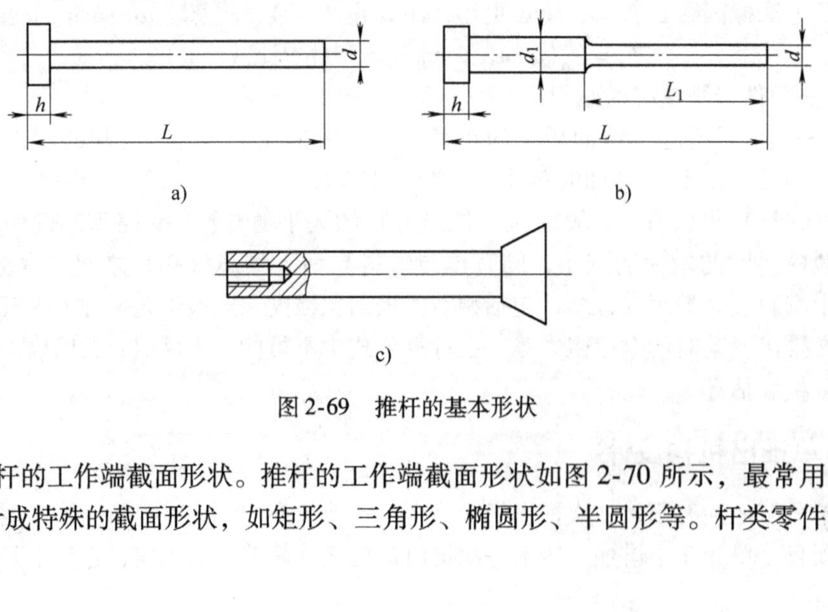

图 2-69　推杆的基本形状

3）推杆的工作端截面形状。推杆的工作端截面形状如图 2-70 所示，最常用的是圆形，还可以设计成特殊的截面形状，如矩形、三角形、椭圆形、半圆形等。杆类零件加工容易，但孔需要采用电火花、线切割等特殊机床加工。推杆的工作端截面形状应根据塑件的特点来确定。但是，不管何种形状，在设计时都应考虑到要有足够的刚度，以承受推出力，否则在推出时就可能会产生变形。

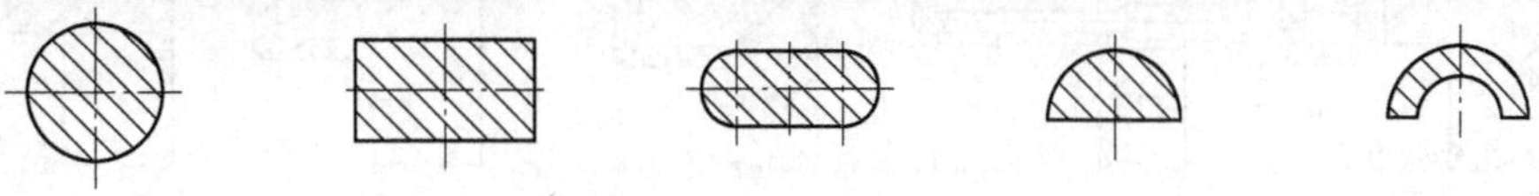

a)　b)　c)　d)　e)

图2-70　推杆的工作端截面形状

4）推杆的材料和热处理。推杆的常用材料为T8A、T10A等碳素工具钢或65Mn弹簧钢等，前者的热处理要求硬度为50～54HRC，后者的热处理要求硬度为46～50HRC。自制的推杆常采用前者，而市场上的推杆标准件以后者居多。推杆工作端配合部分的表面粗糙度一般为 $Ra0.8\mu m$。

5）推杆的固定形式与配合要求。图2-71所示为推杆在模具中的固定形式。图2-71a是最常用的形式，即对于直径为 d 的推杆，推杆固定板上的孔径应为 $d+1mm$，推杆台肩部分的直径常为 $d+5mm$，推杆固定板上的台阶孔径为 $d+6mm$；图2-71b为采用垫块或垫圈代替图2-71a中固定板上沉孔的形式，这种结构便于加工；图2-71c是推杆底部采用螺塞拧紧的形式，它适用于推杆固定板较厚的场合；图2-71d用于较粗的推杆，采用螺钉固定，如锥面推杆即采用这种固定形式。

推杆工作部分与模板或型芯上的推杆孔常采用H8/f7～H8/f8的间隙配合，视推杆直径的大小与塑料品种不同而定。

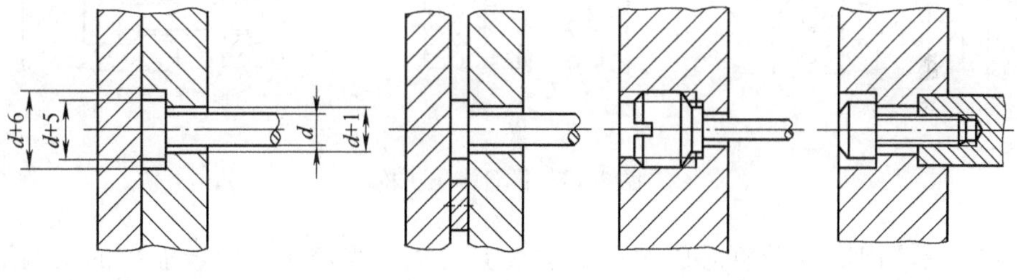

a)　b)　c)　d)

图2-71　推杆在模具中的固定形式

6）推杆设计的注意事项。

① 推杆设置的位置。推杆应选在脱模阻力最大的地方。因塑件对型芯的包紧力在四周最大，如塑件较深，应在塑件内部靠近侧壁的地方设置推杆，如图2-72a所示；如果塑件局部有细而深的凸台或肋，则必须在该处设置推杆，如图2-72b所示。推杆不宜设在塑件最薄处，否则很容易使塑件变形甚至破坏，如图2-72c所示；必要时可增大推杆面积来降低塑件单位面积上的受力，如图2-72d所示采用锥面推杆。

② 推杆的刚度。当细长推杆受到较大的脱模力时，推杆就会失稳变形，如图2-72e所示，这时就必须增大推杆直径或增加推杆的数量；同时要保证塑件推出时受力均匀，从而保证塑件推出平稳且不变形。

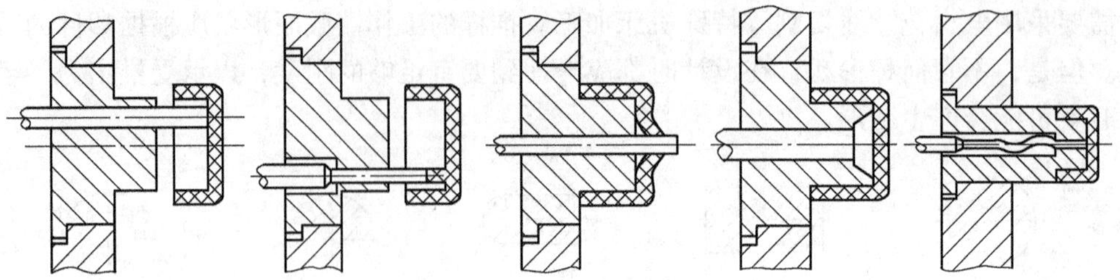

图 2-72　推杆的位置和刚度

③ 推杆的高度。因推杆的工作端面在合模注射时是型腔的组成部分，如果推杆的端面低于或高于型面，则在塑件上就会产生凸台或凹痕，影响塑件的使用及美观，因此，通常推杆装入模具后，其端面应与型面平齐或高出 0.05 ~ 0.1mm。

（2）推管推出机构　推管是一种空心推杆，推管推出机构适用于圆筒形、环形或带有孔的塑件的推出，其推出方式和推杆相同。由于推管的整个周边接触塑件，故推出塑件的力量均匀，塑件不易变形，也不会留下明显的推出痕迹。

1）推管推出机构的结构形式。图 2-73a 是最简单、最常用的结构形式，型芯固定于动模座板上。这种结构的型芯较长，但结构可靠，同时型芯可兼作推出机构导柱，多用于推出距离不大的场合。

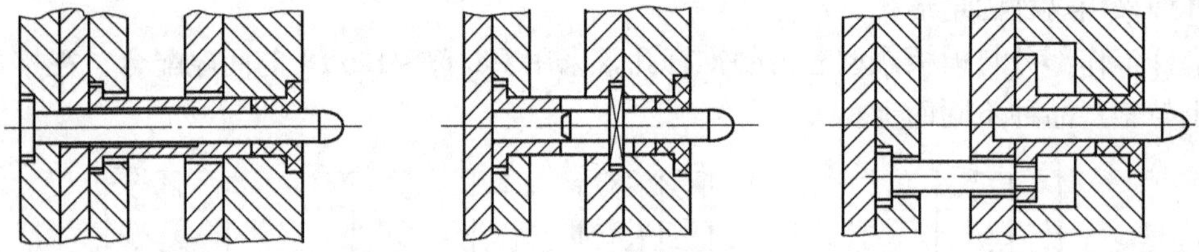

图 2-73　推管推出机构

图 2-73b 是用销或键将型芯固定在支承板上（也可固定在动模板上）的结构形式，推管在方销的位置沿轴向开有长槽，推出时让开方销，长槽在方销以下的长度应大于推出距离，推管与方销的配合采用 H8/f7 ~ H8/f8。这种结构形式的型芯较短，模具结构紧凑，但型芯的紧固力小，适用于受力不大的型芯。

图 2-73c 是型芯固定在支承板上，而推管在动模板内滑动的结构形式，这种结构可使推管与型芯的长度大为缩短，适用于动模板厚度较大而推出距离不大的场合。

2）推管的配合。推管的配合如图 2-74 所示。推管的内径与型芯的配合，当直径较小时选用 H8/f7，当直径较大时选用 H7/f7；推管外径与模板上孔的配合，当直径较小时采用 H8/f8，当直径较大时采用 H8/f7。推管与型芯的配合长

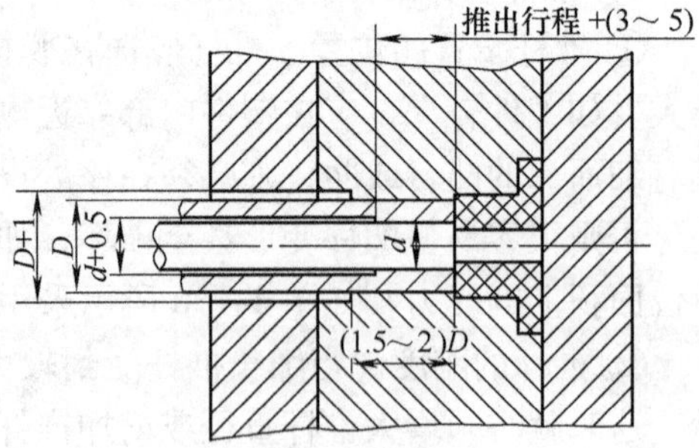

图 2-74　推管的配合

度一般比推出行程大3～5mm；推管与模板的配合长度一般取推管外径的1.5～2倍。推管固定端外径与模板有单边0.5mm的装配间隙。推管的材料、热处理硬度要求及配合部分的表面粗糙度要求与推杆相同。

(3) 推件板推出机构　推件板推出机构是由一块与型芯按一定配合精度相配合的模板和推杆（也可起复位杆的作用）所组成的。随着推出机构开始工作，推杆推动推件板，推件板从塑件的端面将其从型芯上推出。推件板推出机构的特点是推出力大，且推出力的作用面积大而均匀，运动平稳，塑件上没有推出的痕迹。推件板推出机构适用于薄壁容器、壳形塑件及表面不允许有推出痕迹的塑料制件，但对于非圆形截面的塑件，推件板与型芯的配合部分加工比较困难。

1）推件板推出机构的形式。图2-75是推件板推出机构的几种结构形式。

图2-75a所示为推杆与推件板用螺纹联接的形式，在推出过程中可以防止推件板从导柱上脱落下来。

图2-75b所示为推杆与推件板无固定连接的形式，为了防止推件板从导柱上脱落下来，固定在动模部分的导柱要足够长，并且要控制好推出行程。必要时可以在模具内侧或外侧加设定距装置。

图2-75c所示为注射机顶杆直接作用在推件板上的形式，适用于两侧有顶杆的注射机。此种模具结构简单，不需要设计推杆及其固定板，但是推件板的长度尺寸要适当增大，以满足两侧顶杆间距的要求，并适当加厚推件板，以增加刚度。

图2-75d所示为推件板镶入动模板内的形式，推杆端部用螺纹与推件板联接，并且与动模板做导向配合。推出机构工作时，推件板除了与型芯配合外，还依靠推杆进行支承与导向。这种推出机构结构紧凑，推件板在推出过程中也不会脱落。

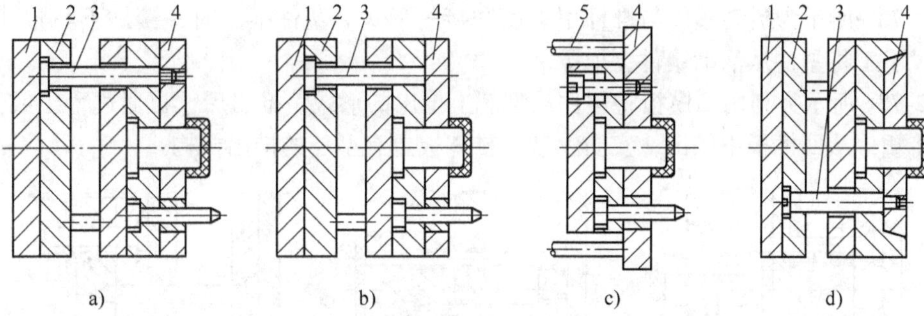

图2-75　推件板推出机构的结构形式

1—推板　2—推杆固定板　3—推杆　4—推件板　5—注射机顶杆

2）推件板设计的注意事项。

① 减少推件板和型芯的摩擦。为了减少推出过程中推件板和型芯的摩擦，可采用图2-76所示的结构，在推件板和型芯间留有0.20～0.25mm的间隙，并采用3°～5°的锥面配合，其锥度起到辅助定位的作用，可防止推件板偏心而引起溢料。

② 设置进气装置。如果成型的塑件为大型深型腔的容器，并且采用软质塑料成型，当推件板推出塑件时，在型芯与塑件中间易出现真空，从而造成脱模困难，甚至使塑件变形损坏，这时应考虑增设进气装置。

图2-77所示结构是依靠大气压力的进气装置，开模后，推件板推出时，大气压力克服弹簧的弹力将进气阀抬起而进气，塑件就能顺利地从型芯上推出。

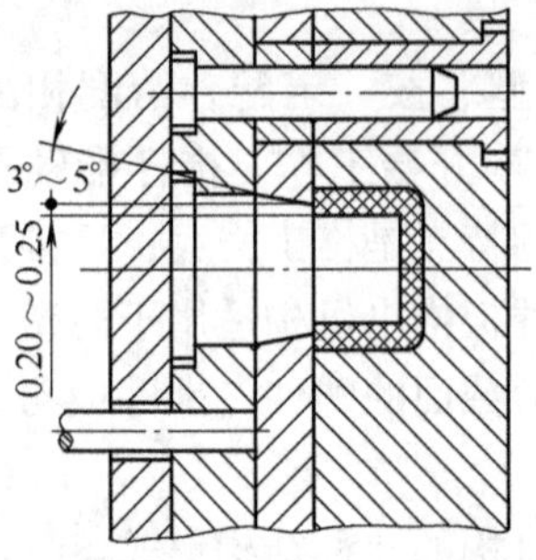

图2-76　减少推件板和型芯摩擦的结构形式

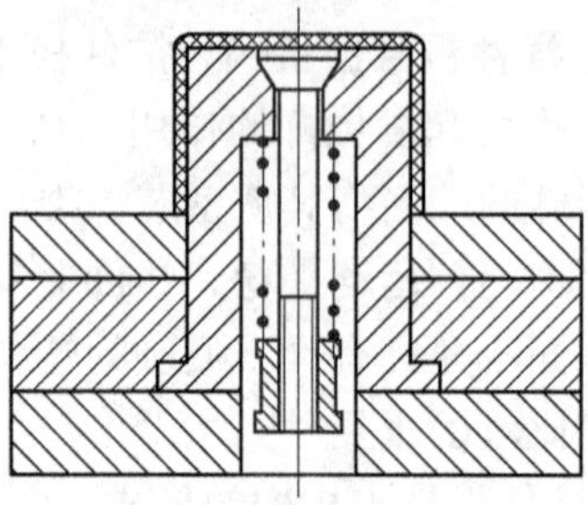

图2-77　推件板推出机构的进气装置

③ 推件板的技术要求。推件板和型芯的配合精度与推管和型芯的配合相同，采用H7/f7~H8/f7的配合。推件板的常用材料为45钢、3Cr2Mo、4CrNiMo等，热处理硬度要求28~32HRC。

(4) 活动镶件及凹模推出机构　活动镶件就是活动的成型零件。有一些塑件由于结构形状和所用材料的关系，不能采用推杆、推管、推件板等简单推出机构时，可采用活动镶件或凹模板将塑件推出。

图2-78a所示为利用螺纹型环（即活动镶件）推出零件。工作时，推杆将螺纹型环连同塑件一起推出模外，然后通过手工或专用工具将塑件与螺纹型环分离，再将螺纹型环放入模具中以成型下一个塑件。但需注意的是，推杆应先复位，以便放入螺纹型环，本例是采用弹簧来使推杆复位的。

图2-78b所示为活动镶件与推杆用螺纹联接的形式。塑件推出时，镶件不与塑件分离，需要通过手工将塑件从活动镶件上取下。

图2-78c所示为利用凹模板将塑件从型芯上推出的形式。推出后，再通过手工或其他专用工具将塑件从凹模板中取出，实质上就是推件板上有型腔的推出机构。

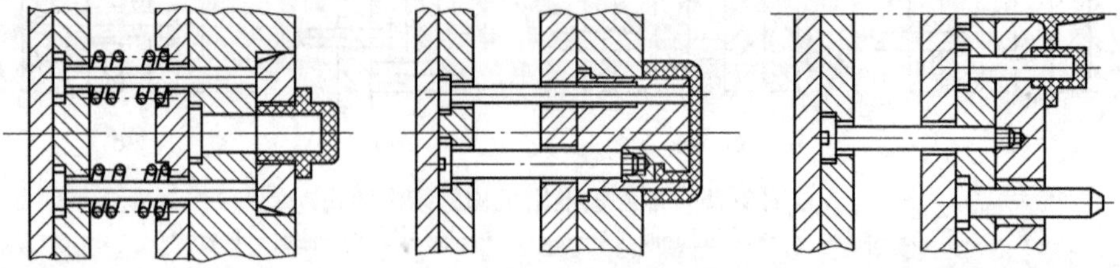

a)　　b)　　c)

图2-78　活动镶件及凹模推出机构

设计时要注意：塑件脱离型芯后，还有一部分塑件的外表面留在推件板的型腔里，需要通过手工或其他专用工具将塑件从推件板上取出，因此推件板上的型腔不能太深，脱模斜度不能太小，型腔数也不能太多，否则取出塑件将会很困难。另外推杆一定要与推件板用螺纹联接，以防止取塑件时，推件板从动模导柱上滑落。

(5) 多元推出机构　在实际生产中往往会遇到一些深腔壳体、薄壁、有局部管形、有凸台或金属嵌件等复杂结构的塑件，如果采用单一的推出机构，不能保证塑件的质量，这时就要采用两种或两种以上的多元推出机构。

图2-79a 所示是局部脱模斜度小并带有很深管状凸台的塑件，在其周边和里面的脱模阻力大，因此采用推杆和推管并用的推出机构。

图2-79b 所示是推管、推件板并用的例子，因为在塑件中间有一凸台，凸台中心有一不通孔，成型后凸台对中心型芯包紧力很大，如果只用推件板推出，很可能产生断裂或残留的现象，因此增加推管推出机构，以保证塑件顺利脱模。

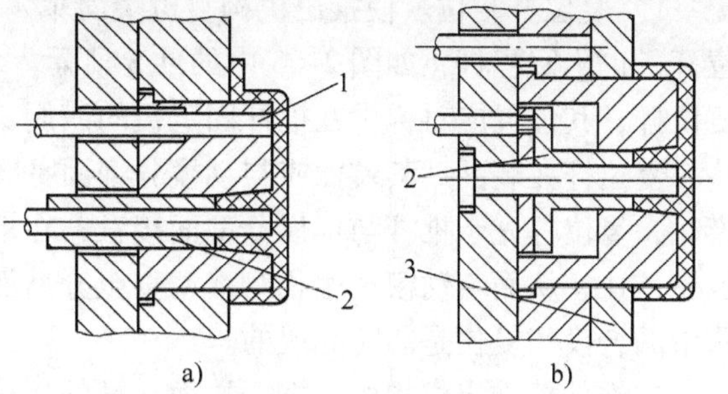

图2-79　多元推出机构

1—推杆　2—推管　3—推件板

4. 推出机构的导向与复位

推出机构在注射模工作时，每开合模一次，就往复运动一次，除了推杆和复位杆与模板的滑动配合以外，其余部分均处于浮动状态。推杆固定板与推杆的重量不应作用在推杆上，而应该由导向零件来支承，大、中型模具尤其如此。同时，推出机构往复运动必须灵活和平稳。因此，必须设计推出机构的导向装置。推出机构在开模推出塑件后，为顺利完成下一次的注射成型，还必须使推出机构复位。

（1）推出机构的导向　推出机构的导向装置通常由推板导柱和推板导套组成；简单的模具也可以由推板导柱直接与推杆固定板上的导向孔组成；对于型腔简单、推杆数量少的小模具，还可以利用复位杆作为推出机构的导向。

常用的导向形式如图2-80 所示。图2-80a 是推板导柱固定在动模座板上的形式，推板导柱也可以固定在支承板上；图2-80b 中推板导柱的一端固定在支承板上，另一端固定在动模座板上，适用于大型注射模；图2-80c 是推板导柱固定在支承板上，且直接与推杆固定板上的导向孔相配合。

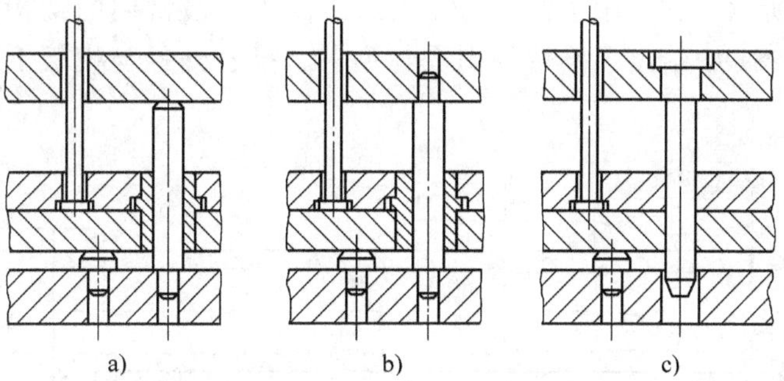

图2-80　推出机构的导向装置

前两种形式的导柱除了起导向作用外，还支承着动模支承板，从而改善了支承板的受力状况。当模具较大时，或者型腔在分型面上的投影面积较大时，最好采用这两种形式。第三种形式的推板导柱不起支承作用，适用于批量较小的小型模具。对于中、小型模具，推板导柱可以设置两根；而对于大型模具，则需安装四根。

(2) 推出机构的复位 推出机构的复位装置有复位杆复位装置和弹簧复位装置。

1）复位杆复位。使推出机构复位最简单、最常用的方法是在推杆固定板上同时安装复位杆，也称回程杆，如图2-66中的件8所示。复位杆为圆形截面，每副模具一般设置四根复位杆，其位置应对称设在推杆固定板的四周，以便推出机构在合模时能平稳复位。

复位杆在装配后其端面应与动模分型面平齐。开模时，复位杆与推出机构一同推出；合模时，复位杆先于推杆与定模分型面接触，在动模向定模逐渐合拢的过程中，推出机构被复位杆顶住，从而与动模产生相对移动直至分型面贴合，推出机构回复到原来的位置。这种结构中的合模和复位是同时完成的。

在推件板推出机构中，推杆端面与推件板接触，可起到复位作用，故在推件板推出机构中不必另外设置复位杆。

有些塑件的推杆，其端面一部分顶在塑件的端面上，其余部分顶在定模的分型面上，这样的推杆既可用来推出塑件，又可兼作复位杆。如不设置单独的复位杆，则兼作复位杆的推杆应尽量分布在推杆固定板的四周，以便复位能平稳地进行。

2）弹簧复位。图2-78a所示推出机构的复位装置为弹簧复位，即利用压缩弹簧的回复力使推出机构复位，其复位先于合模动作完成。在活动镶件后端设置推杆时，为了在合模前安放活动镶件，常采用弹簧复位。弹簧设置在推杆固定板与支承板之间，设计时应防止推出后推杆固定板把弹簧压死，或者弹簧已被压死而推出还未到位。设计时还应注意，弹簧应对称安装在推杆固定板的四周，一般为四个，常常安装在复位杆上，也可设置在推杆上或推板导柱上。此外，还可将弹簧和簧柱对称地设置在推杆固定板上。

使用弹簧复位结构简单，但必须注意弹簧要有足够的弹力，如弹簧失效，要及时更换。

2.4.3 推管与推件板设计实例

1. 推管的设计

如图2-74所示，推管的设计可参照GB/T 4169.17—2006的要求进行。圆形推管的结构设计如图2-81所示，它采用了图2-73a所示最简单、最常用的结构形式，型芯固定于动模座板上。图2-81中给出了推管的内径与型芯、推管外径与模板上孔的配合要求及几何公差。

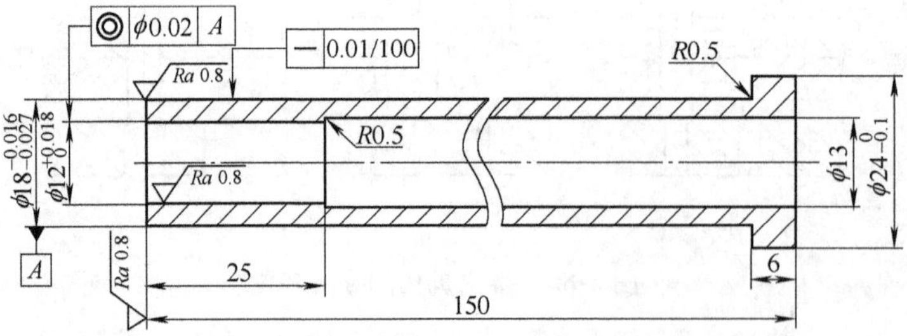

材料：T10A　　热处理：淬火50～55HRC

图2-81　圆形推管

2. 推件板的设计

推件板不论其尺寸和形状如何，都可看作由平面和孔系组成。一般平面的平行度公差等级为IT5，两侧基准面的垂直度公差等级为IT5。平面的表面粗糙度一般要求达到 *Ra*0.32～1.25μm。推件板上的孔主要有与型芯配合的孔、与导柱配合的孔及中心拉料杆孔等。推件板上各孔径配合公差等级一般为IT6～IT7，表面粗糙度要求 *Ra*0.32～1.25μm。孔的轴线与上下模板平面的垂直度一般为IT4，各孔间距的精度一般应保持在±0.02mm以内。推件板的结构设计如图2-82所示，图2-82a为圆形型芯结构，图2-82b为矩形型芯结构。

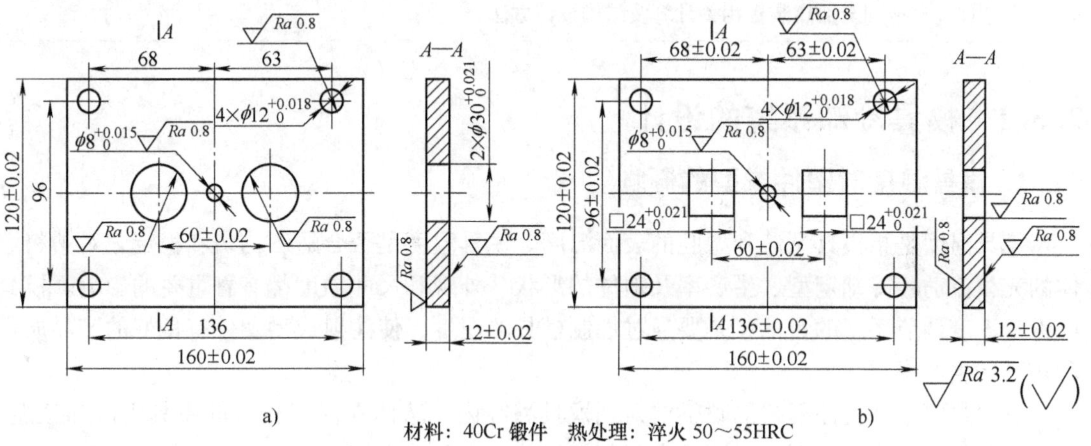

材料：40Cr 锻件　热处理：淬火 50～55HRC

图2-82 推件板的结构设计

以上两例，可供设计推管、推件板结构时参考。

2.4.4 单元练习

1. 思考题

1）一次推出机构有几种形式？各自的特点及适用场合是什么？

2）为什么要设置推出机构的复位装置？复位装置通常有哪几种类型？

2. 综合题

图1-5所示为工程轴套（一模6件），设计工程轴套的推管推出机构结构图，绘制推管、型芯零件图。

单元5　温度调节系统的设计

【学习目标】

1. 分析模具温度对塑件质量的影响。
2. 掌握模具冷却与加热装置相关计算及结构设计方法。

2.5.1　模具冷却系统的设计

1. 模具温度对塑件成型的影响

模具温度是指模具型芯和型腔的表面温度。模具温度是否合适、均匀和稳定，对塑料熔体的充模流动、冷却定型、生产率及塑件的形状、外观和尺寸精度都有着重要的影响。模具中设置温度调节系统的目的就是要通过控制模具的温度，使注射成型塑件有良好的产品质量和较高的生产率。

高温塑料熔体由注射机的喷嘴注射到模具型腔内，熔体在温度较低的模具内冷却定型、脱模，其热量除少数辐射、对流到大气环境以外，大部分由模具内通入的冷却水带走；而有些塑料的成型工艺要求模具温度较高时，仅靠吸收塑料熔体的热量不能使模具温度满足成型工艺要求，这时需对模具设计加热系统。

对于黏度低、流动性好的塑料，如聚乙烯、聚丙烯、聚苯乙烯、聚酰胺、ABS 等，一般要求模具温度不太高（一般小于 80℃），所以常用常温水或经冷凝处理后的冷水对模具进行冷却。而对于黏度高、流动性差的塑料，如聚碳酸酯、聚砜、聚苯醚等，为了提高充型性能，成型工艺要求有较高的模具温度（80～120℃），因此常常需要对模具进行加热。部分常用热塑性塑料注射成型的模具温度见表 2-13。

表 2-13　常用热塑性塑料注射成型的模具温度

塑　　料	模具温度 t/℃	塑　　料	模具温度 t/℃
聚苯乙烯（PS）	40～60	聚碳酸酯（PC）	80～110
AS 树脂（AS）	40～60	乙酸纤维素（CA）	90～120
ABS 树脂（ABS）	40～60	软聚氯乙烯（PVC－P）	45～60
烯酸树脂	40～60	硬聚氯乙烯（PVC－U）	40～60
聚乙烯（PE）	50～70	有机玻璃（PMMA）	30～60
聚丙烯（PP）	40～60	氯化聚乙烯（PE－C）	40～60
聚酰胺（PA）	55～65	聚苯醚（PPE）	110～150
聚甲醛（POM）	80～120	聚砜（PSU）	100～150

有的塑料在成型时，需要对模具设置冷却系统和加热系统。刚开始成型时，模具温度较

低，需要对模具进行加热，当模具的温度达到成型工艺要求时，即可关闭加热系统；在注射成型一段时间后，模具的温度如果高于成型工艺要求，就要打开模具的冷却系统，对模具进行冷却，使模具的温度始终控制在要求的温度范围内。

对于小型薄壁塑件，当成型工艺要求模具温度不太高时，可以不设置冷却装置，即采用自然冷却。

设置温度调节装置后，有时会给注射生产带来一些问题。例如，采用冷水调节模具温度时，大气中的水分易凝聚在模具型腔的表壁，影响塑件表面质量；而采用加热措施后，模内一些间隙配合的零件可能由于受热膨胀而使间隙减小或消失，从而造成卡死或无法工作，这些问题在设计时应予以注意。

2. 模具冷却系统结构设计

模具的冷却就是将熔融塑料传给模具的热量尽可能迅速地全部带走，以缩短成型周期，并获得最佳的塑件质量。

模具的冷却方法有水冷却、空气冷却和油冷却等，但常用的是水冷却方法。冷却方式一般是在型腔、型芯等部位合理地设置冷却通道，并通过调节冷却水流量及流速来控制模具温度。冷却水一般为室温冷水，必要时也可采用低温水来满足需求。

（1）冷却通道的设计要求　设置冷却通道需考虑模具的结构形式、模具大小、镶块位置，以及塑件熔接痕位置等诸多因素，其设计要求如下：

1）冷却通道离凹模型腔壁不宜太远或太近，以免影响冷却效果和模具的强度。冷却水管的直径可按表2-14中的经验值选取。

表2-14　冷却水管直径经验值

塑件壁厚/mm	水孔直径/mm
1~2	5~6
2~3	8~10
3~4	10~12
4~6	12~14

冷却通道中心距离一般为冷却通道直径的3~5倍，如图2-83所示。一般水道孔边至型腔表面距离为10~15mm。

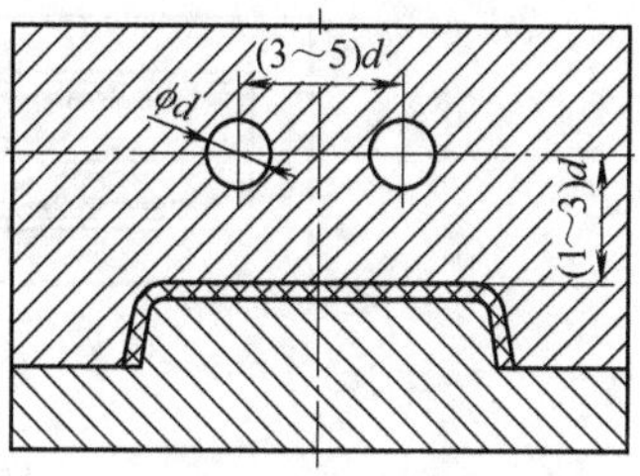

图2-83　冷却通道的位置

2）冷却通道应尽量多，通道孔径应尽量大。型腔表面的温度与冷却通道的数量、截面尺寸及冷却水的温度有关。

图2-84所示的情况是在冷却水道数量和尺寸不同的条件下通入不同温度（59.83℃和45℃）的冷却水后模内温度分布的情况。图2-84a所示型腔表面温差较小，图2-84b所示型腔表面温差较大。由此可见，为了使型腔表面温度分布趋于均匀，在模具结构允许的情况下，应尽量多设冷却通道，并采用较大的截面尺寸。

3）冷却通道的设置。冷却通道出、入口的布置应该注意两个问题，即浇口处加强冷却和冷却通道的出、入口温差应尽量小，进水口和出水口处的温差不大于5℃，对于精密模具

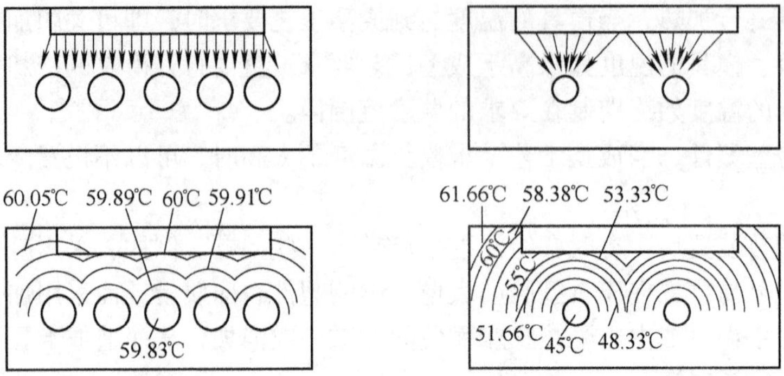

a) 合理　　b) 不合理

图 2-84　模具内的温度分布

则不大于 3℃。塑料熔体充填型腔时，浇口附近温度最高，距浇口越远，温度就越低，因此浇口附近应加强冷却，其办法就是冷却通道的入口处要设置在浇口的附近，如图 2-85 所示分别为侧浇口、多点浇口、直浇口的冷却通道的布置形式。

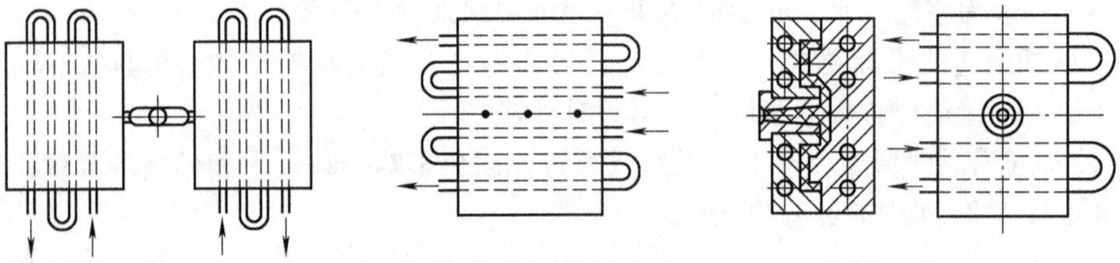

a) 侧浇口　　b) 多点浇口　　c) 直接浇口

图 2-85　冷却通道出、入口的布置

为了缩小出、入口冷却水的温差，应根据型腔的形状进行水道的排布。图 2-86b 所示的形式比图 2-86a 所示的形式要好，因为缩短了冷却通道长度，从而降低了出、入口温差，加强了冷却效果。

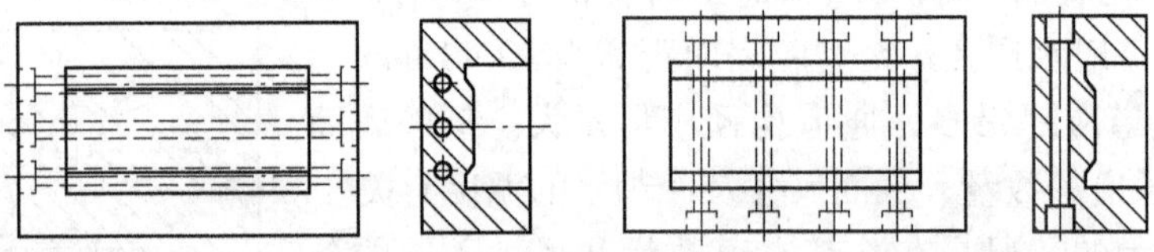

a)　　b)

图 2-86　控制冷却水温差的通道排布形式

冷却通道的连通形式有串联和并联两种，如图 2-87 所示。冷却介质不管是水还是油，总是沿阻力最小的方向流动，因此冷却通道不应并联，否则冷却水就会走捷径，从最近的阻力最小的支流道直接流走，导致流道内出现死水，使模具的其他部分得不到冷却。若因模具排位的要求，冷却通道必须并联时，则进、出水的主流道的横截面面积要比并联支流道的横截面面积的总和还要大。也就是说，同一个串联回路的通道截面面积应相等，同一个并联回路的通道截面面积不能相等。并联回路的通道截面面积如果相等，则需在各支路口加水量调节泵及流量计。要善于利用隔片和堵头来控制水流方向，改变连通形式，这是设计冷却系统的技巧所在。

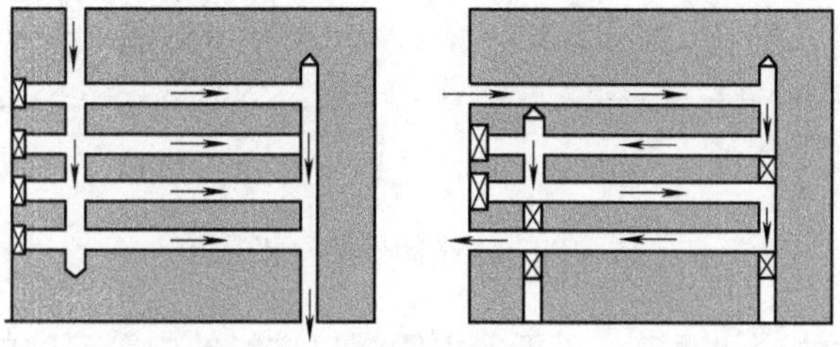

a) 并联　　b) 串联

图 2-87　冷却通道的连通形式

4）凹模和型芯要分别冷却。为保证冷却的平衡，凹模和型芯上的冷却通道要分开设置。对型芯内部的冷却要注意通道穿过型芯与模板接缝处时进行密封，以防漏水（见冷却系统的结构）。

5）水管与水嘴的设置。水管与水嘴连接处必须密封，水管接头的部位要设置在不影响操作的方向，通常朝向注射机的背向，如图 2-88 所示。

6）冷却通道的布置应避开塑件易产生熔接痕的部位。塑件易产生熔接痕的地方，本身的温度就比较低，如果在该处再设置冷却通道，就会更加促使熔接痕的产生，如图 2-89 所示。

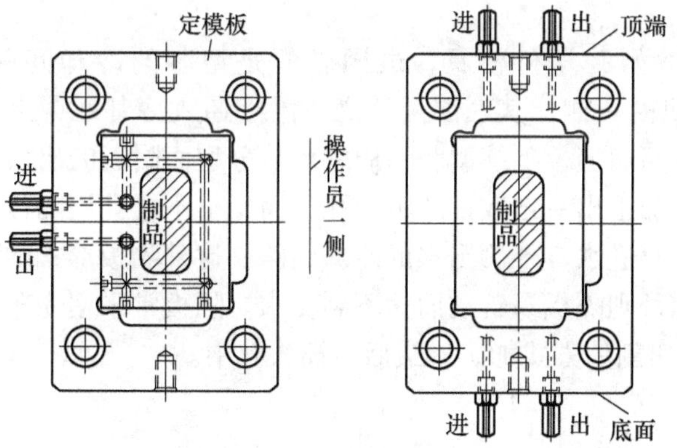

a) 合理　　b) 不合理

图 2-88　水管接头位置

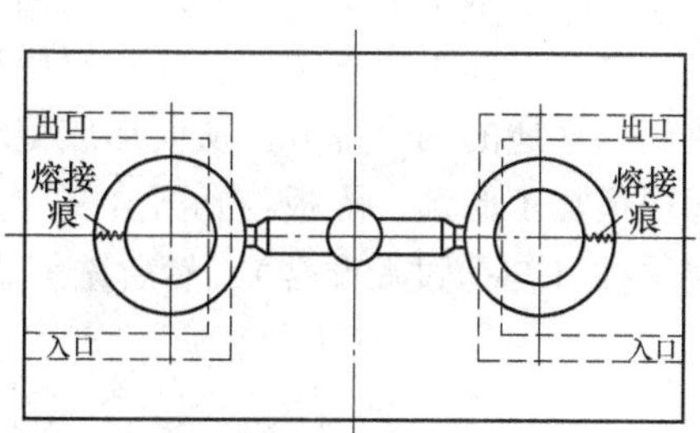

图 2-89　通道的布置应避开塑件易产生熔接痕的部位

（2）常见冷却系统的结构　冷却通道的结构形式是根据塑件形状设置的，塑件的形状是多种多样的，因此，对于不同形状的塑件，冷却通道的位置与形状也不一样。

1）扁平塑件的冷却通道。对于扁平的塑件，在使用侧浇口的情况下，常采用动、定模两侧钻孔的形式设置冷却通道，如图 2-90a 所示；在使用直浇口的情况下，可采用图 2-90b

所示的形式。孔与孔、孔与型腔的距离要求如图 2-83 所示。

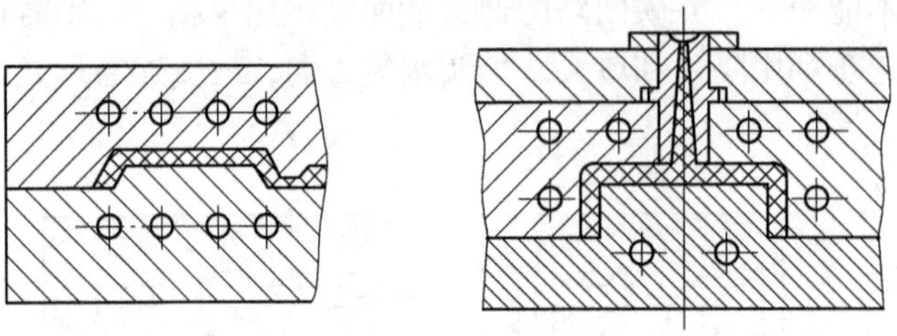

a) b)

图 2-90 扁平塑件的冷却通道

2）中等深度塑件的冷却通道。对于采用侧浇口进料的中等深度的壳形塑件，除在凹模上钻孔外，在型芯中铣出矩形截面的冷却环形水槽，如图 2-91a 所示；如凹模也要加强冷却，则可采用图 2-91b 所示的结构铣出冷却环形槽的形式；型芯上的冷却通道也可采用图 2-91c所示的形式。

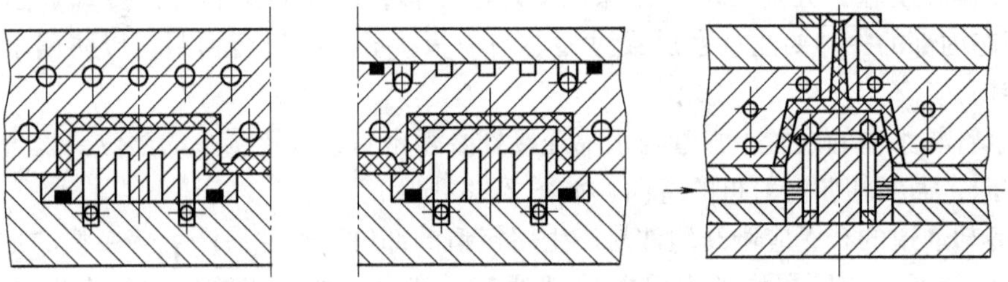

a) b) c)

图 2-91 中等深度塑件的冷却通道

3）深型腔塑件的冷却通道。对于深型腔塑件模具，最困难的是型芯的冷却问题。图 2-92所示的大型深型腔塑件模具，在凹模一侧，其底部可从浇口附近通入冷却水，沿矩形截面环形水槽流出；其侧面开设圆形截面通道，围绕型腔一周之后从分型面附近的出口排出。型芯上加工出螺旋槽，并在螺旋槽内加工出一定数量的不通孔，而每个不通孔用隔板分成底部连通的两个部分，从而形成型芯中心进水、外侧出水的冷却回路。这种隔板形式的冷却通道加工麻烦，隔板与孔配合要求高，否则隔板易转动而达不到要求。隔板常采用先车削成圆柱（与孔过渡配合），然后铣削或线切割的方式加工，最后再插入孔中。

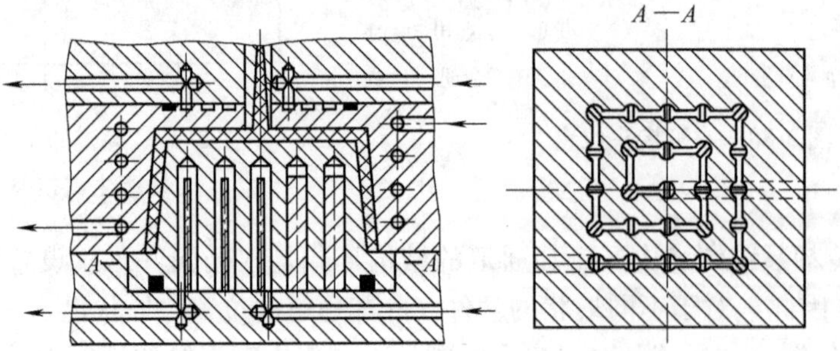

图 2-92 大型深型腔塑件的冷却通道

4）大型特深型腔塑件的冷却通道。对于大型特深凹模的塑件，其模具的凹模和型芯均可采用在对应的镶拼件上分别开设螺旋槽的形式，如图2-93所示，这种形式的冷却效果特别好。

5）细长塑件的冷却通道。

① 喷射式冷却。空心细长塑件需要使用细长的型芯，在细长的型芯上开设冷却通道是比较困难的。当塑件内孔相对比较大时，可采用喷射式冷却，如图2-94所示，即在型芯的中心制出一个不通孔，在孔中插入一根管子，冷却水从中心管子流入，喷射到浇口附近型芯不通孔的底部对型芯进行冷却，然后经过管子与型芯的间隙从出口流出。

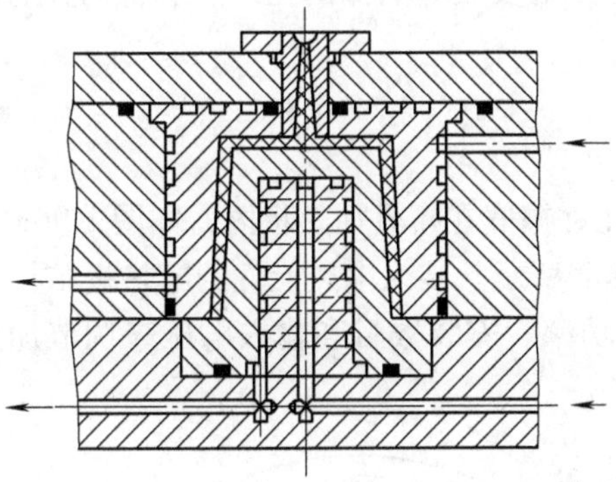

图2-93 大型特深型腔塑件的冷却通道

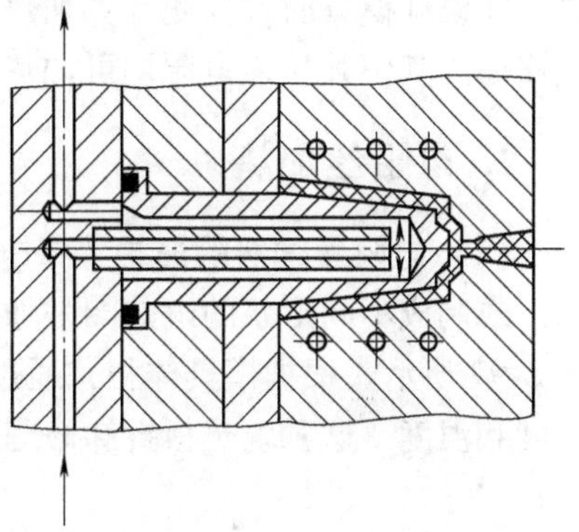

图2-94 采用喷射式对型芯冷却

② 间接式冷却。对于型芯更加细小的模具，可采用间接冷却的方式进行冷却。图2-95a所示为冷却水喷射在铍铜合金制成的细小型芯的后端，依靠铍铜合金良好的导热性能对其进行冷却；图2-95b所示为在细小型芯中插入一根与之配合接触良好的铍铜合金杆，在其另一端加工出翅片，用它来扩大散热面积，提高水流的冷却效果。

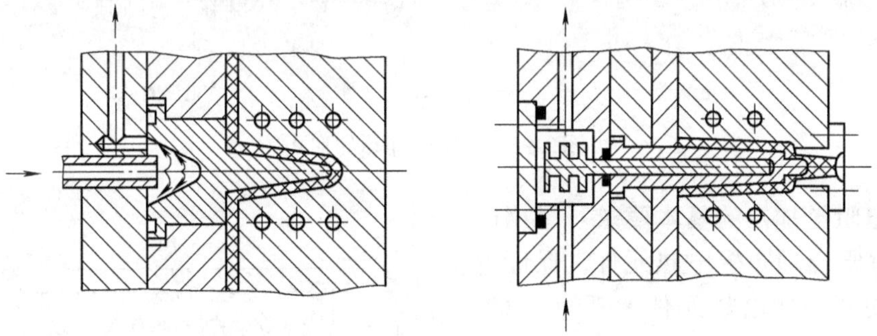

a) b)

图2-95 细长型芯的间接冷却

以上介绍了冷却回路的各种结构形式，在设计冷却通道时必须对结构进行认真考虑，但另外一点也应该引起重视，即冷却通道的密封。模具的冷却通道穿过两块或两块以上的模板或镶件时，在它们的结合面处一定要用密封圈加以密封，以防模板之间、镶拼零件之间渗水而影响模具的正常工作。

2.5.2 模具加热系统的设计

当注射成型工艺要求模具温度在80℃以上时，或者对大型模具进行预热时，或者采用热流道的模具时，模具中必须设置加热装置。模具的加热方法有好几种。对大型模具的预热除了可采用电加热方法外，还可在冷却通道中通入热水、热油、蒸汽等介质进行预热。对于模具温度要求高于80℃的注射模或热流道注射模，一般采用电加热的方法。电加热又可分为电阻丝加热和电热棒加热，由于电热棒有多种成品规格可供选择，所以大多采用电热棒加热。在设计模具时，要先计算加热所需的电功率，加工好安装电热棒的孔，然后将购置的电热棒插入其中并接通电源即可加热。

1. 电阻丝加热

（1）电阻丝加热的形式 将电阻丝组成的加热元件镶嵌在模具加热板内，如图2-96a所示，或制成不同形状的电热圈来加热模具，如图2-96b所示。装入电热元件的电热板结构如图2-97所示。根据模具体积，通过改变电热元件的功率、安装数目和输入电压来调节加热速度和温度。这种电热板拆卸修理方便，使用寿命长。

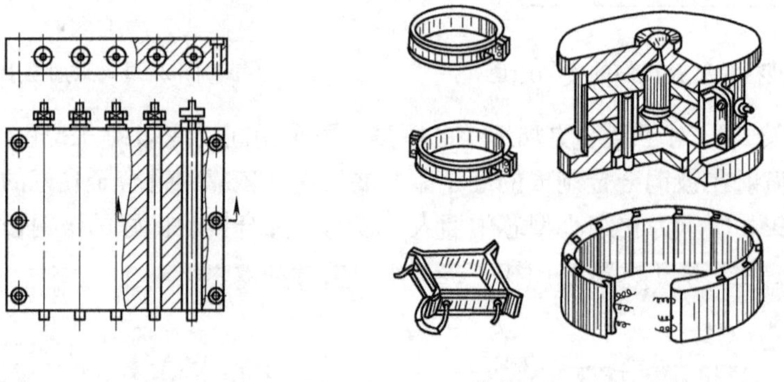

a) 电热板　　b) 电热圈

图2-96 电阻丝加热的形式

（2）电阻丝加热的基本要求 采用电阻丝加热时要合理布置电热元件，保证电热元件的功率。如电热元件的功率不足，就不能达到模具的温度要求；如电热元件功率过大，会使模具加热过快，从而出现局部过热现象，难以控制模具温度。要使模具加热均匀，保证符合塑件成型温度的条件，在设计模具电阻丝加热装置时，应考虑以下基本要求：

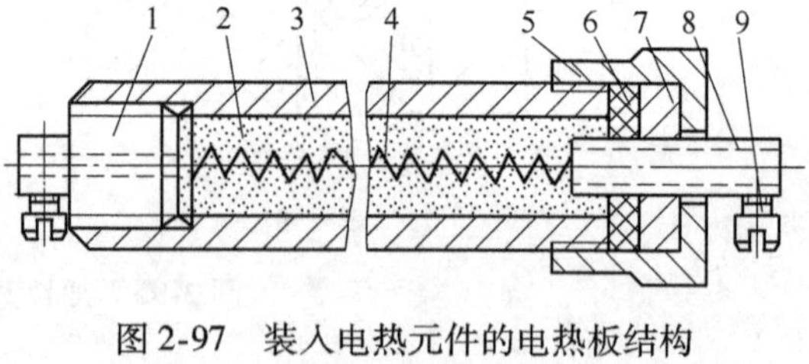

图2-97 装入电热元件的电热板结构

1—螺纹堵头 2—耐火材料 3—套管 4—电阻丝 5—螺母 6—绝缘垫 7—垫圈 8—接线柱 9—螺钉

1）正确合理地布置电热元件。

2）用于大型模具的电热板，应安装两套控制温度仪表，分别控制调节电热板中央和边缘部位的温度。

3）电热板的中央和边缘部位分别采用不同功率的电热元件，一般模具中央部位电热元件的功率稍小，边缘部位的电热元件功率稍大。

4）加强模具的保温措施，减少热量的传导和热辐射的损失。通常，在模具与注射机的上、下模板之间以及模具四周设置石棉隔热板，隔热板的厚度为 4 ~ 6mm。

2. 电热棒加热

在模具的适当部位钻孔，插入电热棒，并接入温度自动控制调节器即可。这种加热形式结构简单，使用安装方便，清洁卫生，热损失比电热圈小，应用广泛。但使用时需注意局部过热现象。

3. 加热模具电功率的计算

要得到所需电功率，应进行热平衡计算，即通过单位时间内供应塑料模具的热量与塑料模具消耗的热量平衡，从而求出所需电功率。这种计算方法很复杂，结果也并不精确。在实际生产中广泛采用简化的计算方法以求得所需的电功率，并适当增大计算结果，通过电控装置实现控制与调节温度的目的。

加热模具所需电功率一般可根据模具质量按以下经验公式计算，即

$$P = mq \tag{2-37}$$

式中　P——加热模具所需的总功率（W）；

m——模具质量（kg）；

q——单位质量模具加热所需的电功率（W/kg），见表 2-15。

表 2-15　单位质量模具加热所需的电功率　　（单位：W/kg）

模具类型	q 值	
	电热棒加热	电热圈加热
大型（>100kg）	35	60
中型（40 ~ 100kg）	30	50
小型（<40kg）	25	40

总的电功率算出之后，即可根据模板的尺寸确定电阻丝或电热棒的数量。下面以电热棒加热为例，说明其计算及选用的方法。

设电热棒采用并联接法，则每个电热棒的功率为

$$P_{每} = P_{总}/n \tag{2-38}$$

式中　$P_{每}$——每个电热棒的功率；

$P_{总}$——总的电功率；

n——电热棒根数。

根据 $P_{每}$ 的大小可查相关手册确定电热棒尺寸。在选择电热棒时，其直径和长度应与安装加热元件的空间相符合。

2.5.3 模具冷却及加热实例

1. 透明塑料盒模具的冷却

透明塑料盒（图1-4）材料采用聚丙烯（PP），属于黏度低、流动性好的塑料，一般要求模具温度不太高（一般小于80℃），常用常温水或经冷凝处理后的冷水对模具进行冷却。故模具的温度调节系统是指模具的冷却，其冷却分为两个部分，一部分是凹模冷却，另一部分是型芯冷却。

（1）凹模冷却通道的结构 凹模的冷却需要在定模板上开设一圈直径为8mm的冷却通道，在空的端面攻螺纹，并用生料带和铜塞将通道端堵上，定模板的零件结构如图2-98所示。

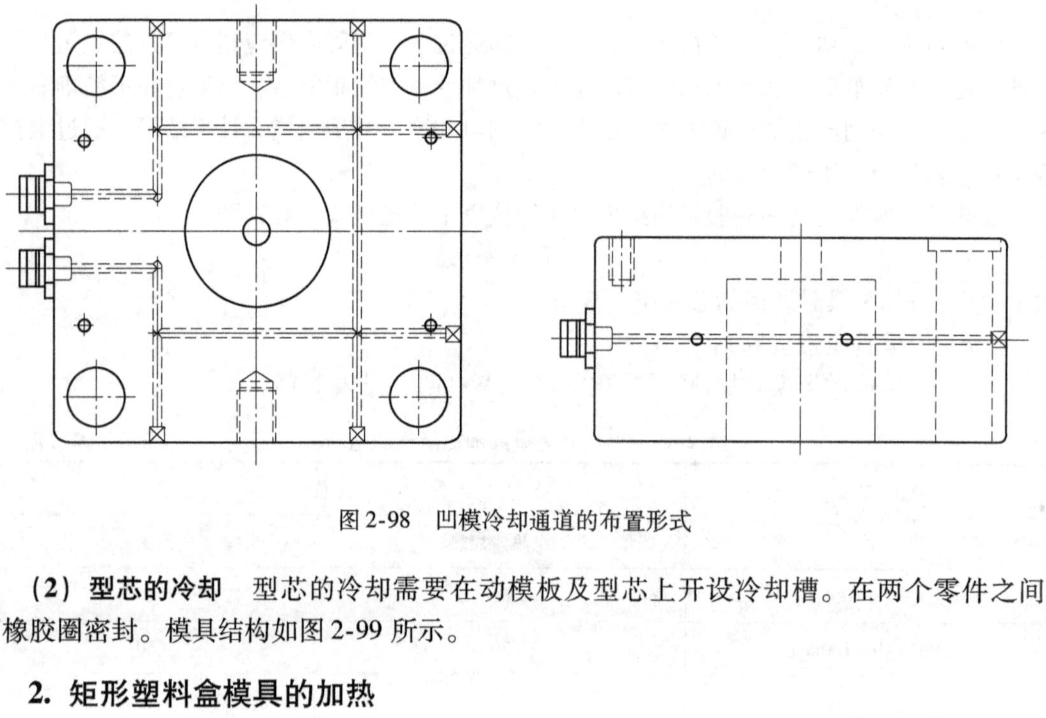

图2-98 凹模冷却通道的布置形式

（2）型芯的冷却 型芯的冷却需要在动模板及型芯上开设冷却槽。在两个零件之间，用橡胶圈密封。模具结构如图2-99所示。

2. 矩形塑料盒模具的加热

图2-100所示为矩形塑料盒模具，塑件采用聚碳酸酯（PC）材料成型。由于塑料黏度高、流动性较差，为了提高充型性能，成型工艺要求有较高的模具温度（80～120℃），因此需要对模具进行加热。

经计算，模具采用两根1/2in（1in＝0.0254m）的发热棒，感温线直径一般为6mm，最好装配在内模镶件中。

模具加热元件设计时要注意以下两点：

1）电器元件尽量设计在冷却水接口的上方，以防漏水滴在电器元件上。

2）系统要能准确控制与调节加热功率及加热温度，防止因功率不够达不到模具温度的要求，或因功率过大超过模具温度的要求。

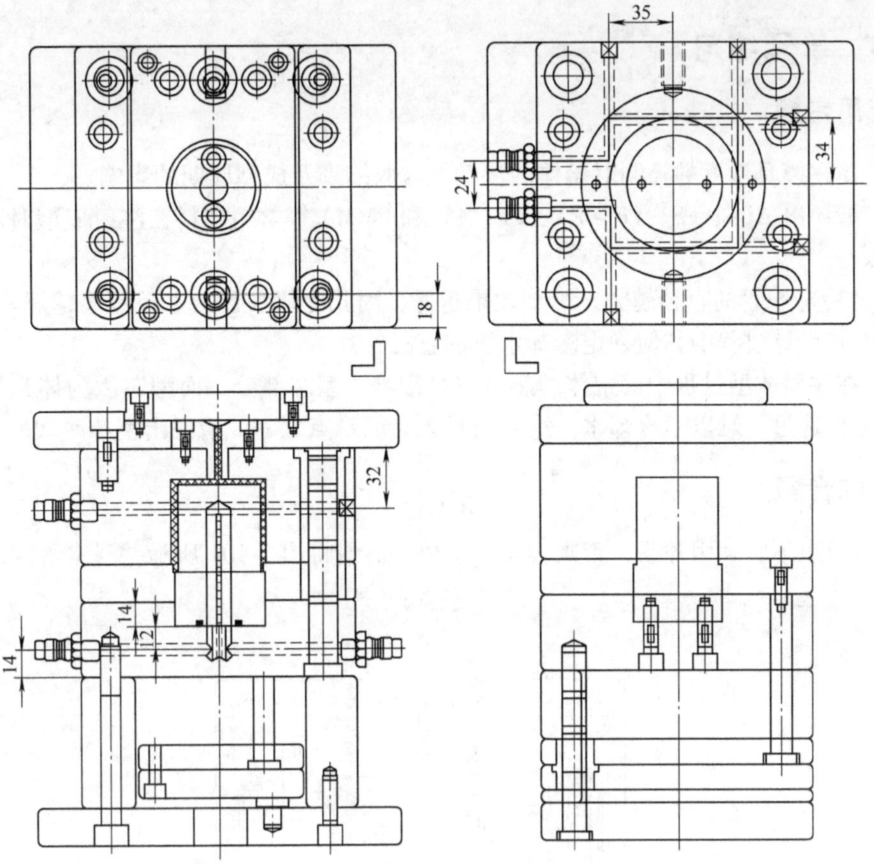

图2-99　塑料盒冷却通道布置及模具装配图

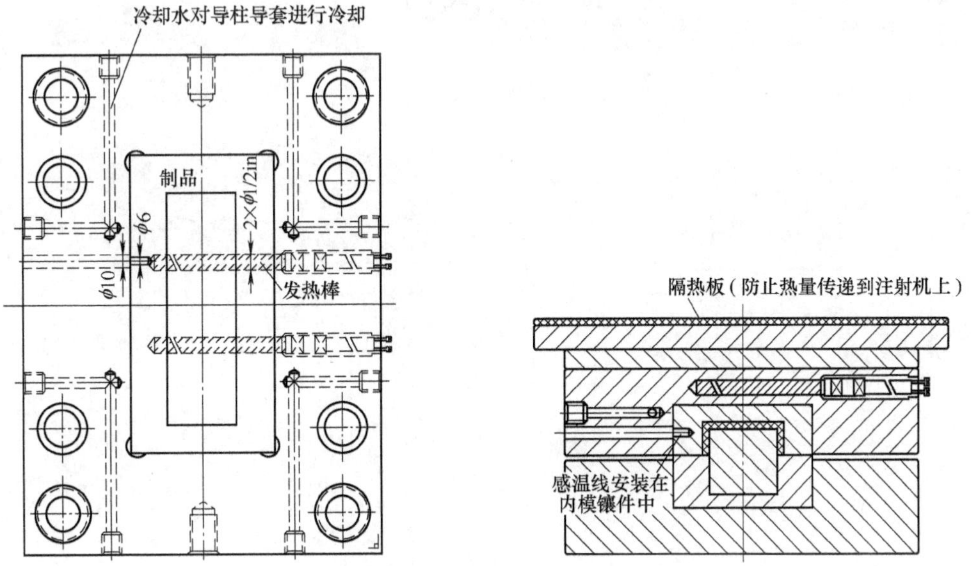

图2-100　矩形塑料盒模具

2.5.4 单元练习

1. 思考题

1）简述模具温度的控制对熔体的流动性、收缩率及成型周期的影响。

2）请说出 ABS、PS、PP、PA、PE、PC 和 PMMA 等常用塑料在注射成型时对模具温度的要求。

3）“冷却水管的直径越大，冷却效果越好，因此冷却水管的直径越大越好。”这种说法对不对？在设计过程中如何确定冷却水管的直径？

4）在注射成型过程中，熔体的热量主要传给了型芯部分，而型芯因为体积较小，且有推杆等零件通过，难以通冷却水。这是模具设计的难点之一。请说出型芯冷却的五种方法。

2. 综合题

冷却通道不宜采用并联，否则容易产生死水。请将图 2-101 所示并联水管冷却改为串联的形式。

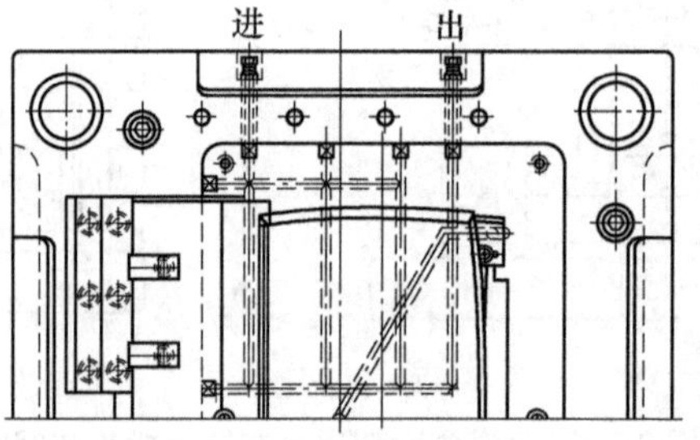

图 2-101　并联水管冷却

单元 6　标准模架的选用

【学习目标】

1. 掌握标准模架的组成、功能及用途。
2. 会选用标准模架。

2.6.1　注射模标准模架的组成

GB/T 12555—2006《塑料注射模模架》规定了塑料注射模模架的组合型式、尺寸与标记，适用于塑料注射模模架。为确保内容的完整，将单分型面注射模和双分型面注射模的模架内容一并在此进行介绍。

塑料注射模的每一个零件在国家标准中都给出了它的名称和含义，具体参见 GB/T 12555—2006。

塑料注射模模架按结构特征分为 36 种主要结构，其中直浇口模架为 12 种，点浇口模架为 16 种，简化点浇口模架为 8 种。

1. 直浇口模架

直浇口模架共 12 种，其中直浇口基本型有 4 种，直身基本型有 4 种，直身无定模座板型有 4 种。

直浇口基本型分为 A 型、B 型、C 型和 D 型，其组合型式如图 2-102 所示。

A 型：定模二模板，动模二模板；

B 型：定模二模板，动模二模板，加装推件板；

C 型：定模二模板，动模一模板；

D 型：定模二模板，动模一模板，加装推件板。

直身基本型分为 ZA 型、ZB 型、ZC 型和 ZD 型。

直身无定模座板型分为 ZAZ 型、ZBZ 型、ZCZ 型和 ZDZ 型。

2. 点浇口模架

点浇口模架共 16 种，其中点浇口基本型有 4 种，直身点浇口基本型有 4 种，点浇口无推料板型有 4 种，直身点浇口无推料板型有 4 种。

点浇口基本型分为 DA 型、DB 型、DC 型和 DD 型，其组合型式如图 2-103 所示。

直身点浇口基本型分为 ZDA 型、ZDB 型、ZDC 型和 ZDD 型。

点浇口无推料板型分为 DAT 型、DBT 型、DCT 型和 DDT 型。

直身点浇口无推料板型分为 ZDAT 型、ZDBT 型、ZDCT 型和 ZDDT 型。

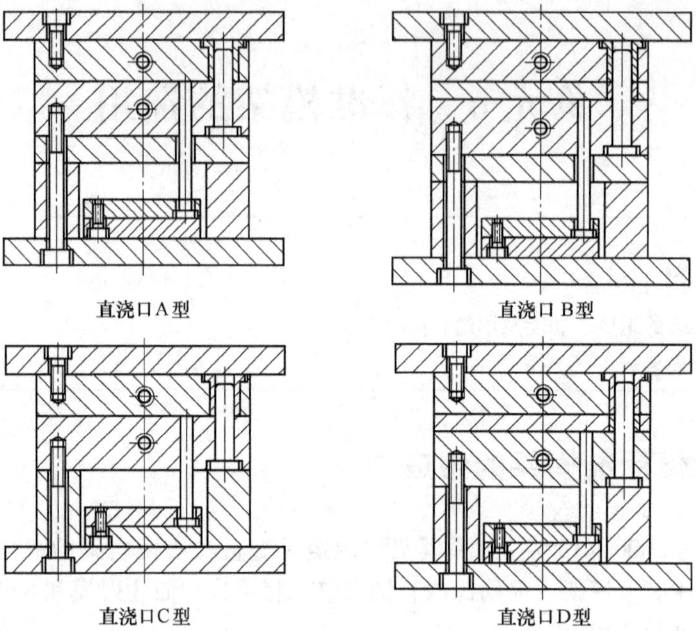

图 2-102　直浇口基本型

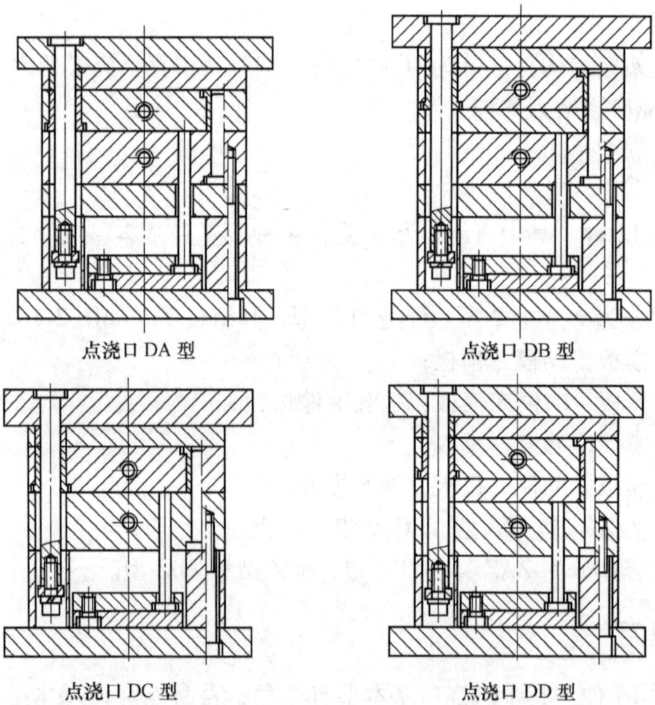

图 2-103　点浇口基本型

3. 简化点浇口模架

简化点浇口模架共 8 种，其中简化点浇口基本型有 2 种，直身简化点浇口型有 2 种，简化点浇口无推料板型有 2 种，直身简化点浇口无推料板型有 2 种。

简化点浇口基本型分为 JA 型和 JC 型。

直身简化点浇口型分为 ZJA 型和 ZJC 型。

简化点浇口无推料板型分为 JAT 型和 JCT 型。

直身简化点浇口无推料板型分为 ZJAT 型和 ZJCT 型。

4. 基本型模架组合尺寸

1）组成模架的零件应符合 GB/T 4169.1～4169.23—2006 的规定。

2）组合尺寸为零件的外形尺寸和孔径与空位尺寸。

3）基本型模架组合尺寸如图 2-104、图 2-105 和表 2-16 所示。

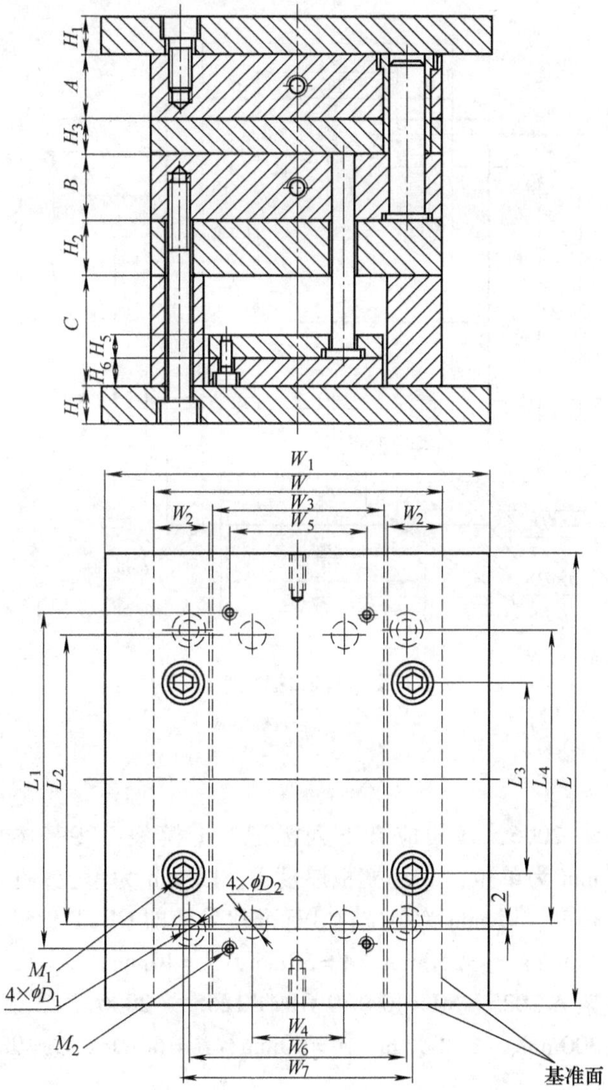

图 2-104　直浇口模架组合尺寸

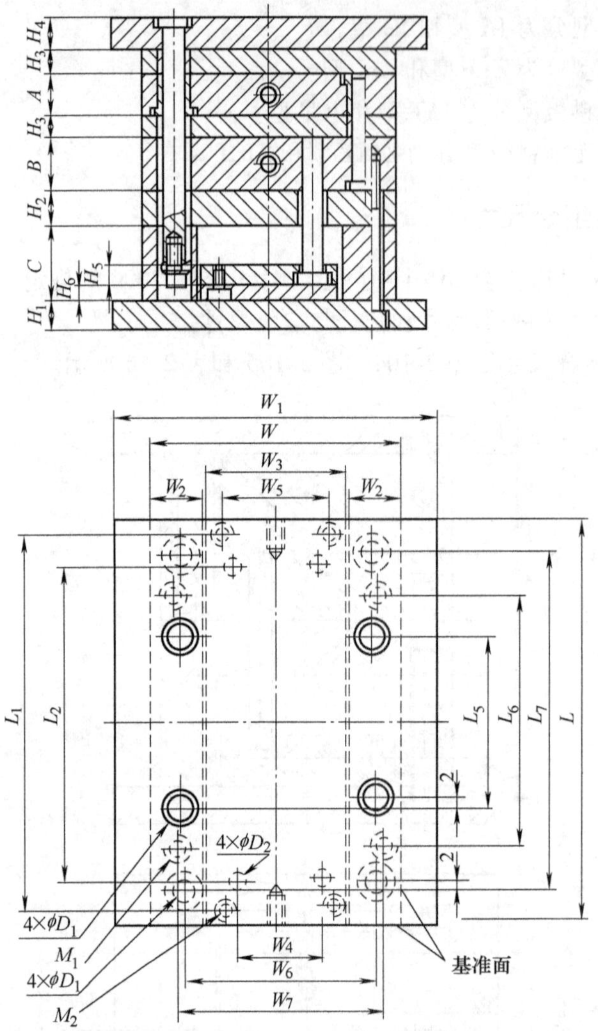

图 2-105　点浇口模架组合尺寸

5. 模架的标记

按照 GB/T 12555—2006，模架应有下列标记：①模架；②基本型号；③系列代号；④定模板厚度 A，以 mm 为单位；⑤动模板厚度 B，以 mm 为单位；⑥垫块厚度 C，以 mm 为单位；⑦拉杆导柱长度，以 mm 为单位；⑧标准代号，即 GB/T 12555—2006。

示例 1：模板宽 200mm、长 250mm，$A = 50$mm，$B = 40$mm，$C = 70$mm 的直浇口 A 型。

模架标记为：模架 A 2025 − 50 × 40 × 70 GB/T 12555—2006。

示例 2：模板宽 300mm、长 300mm，$A = 50$mm，$B = 60$mm，$C = 90$mm，拉杆导柱长度 200mm 的点浇口 B 型。

模架标记为：模架 DB 3030 − 50 × 60 × 90 − 200 GB/T 12555—2006。

表 2-16　基本型模架组合尺寸

代　号	系　　列										
	1515	1518	1520	1523	1525	1818	1820	1823	1825	1830	1835
W	150					180					
L	150	180	200	230	250	180	200	230	250	300	350
W_1	200					230					
W_2	28					33					
W_3	90					110					
A、B	20、25、30、35、40、45、50、60、70、80					25、30、35、40、45、50、60、70、80					
C	50、60、70					60、70、80					
H_1	20					20					
H_2	30					30					
H_3	20					20					
H_4	25					30					
H_5	13					15					
H_6	15					20					
W_4	48					68					
W_5	72					90					
W_6	114					134					
W_7	120					145					
L_1	132	162	182	212	232	160	180	210	230	280	330
L_2	114	144	164	194	214	138	158	188	208	258	308
L_3	56	86	106	136	156	64	84	114	124	174	224
L_4	114	144	164	194	214	134	154	184	204	254	304
L_5	—	52	72	102	122	—	46	76	96	146	196
L_6	—	96	116	146	166	—	98	128	148	198	248
L_7	—	144	164	194	214	—	154	184	204	254	304
D_1	16					20					
D_2	12					12					
M_1	4 × M10					4 × M12					6 × M12
M_2	4 × M6					4 × M8					

（续）

代号	系列											
	2020	2023	2025	2030	2035	2040	2323	2325	2327	2330	2335	2340
W	200						230					
L	200	230	250	300	350	400	230	250	270	300	350	400
W_1	250						280					
W_2	38						43					
W_3	120						140					
A、B	25、30、35、40、45、50、60、70、80、90、100						25、30、35、40、45、50、60、70、80、90、100					
C	60、70、80						70、80、90					
H_1	25						25					
H_2	30						35					
H_3	20						20					
H_4	30						30					
H_5	15						15					
H_6	20						20					
W_4	84	80					106					
W_5	100						120					
W_6	154						184					
W_7	160						185					
L_1	180	210	230	280	330	380	210	230	250	280	330	380
L_2	150	180	200	250	300	350	180	200	220	250	300	350
L_3	80	110	130	180	230	280	106	126	144	174	224	274
L_4	154	184	204	254	304	354	184	204	224	254	304	354
L_5	46	76	96	146	196	246	74	94	112	142	192	242
L_6	98	128	148	198	248	298	128	148	166	196	246	296
L_7	154	184	204	254	304	354	184	204	224	254	304	354
D_1	20						20					
D_2	12	15					15					
M_1	4×M12			6×M12			4×M12		4×M14		6×M14	
M_2	4×M8						4×M8					

2.6.2 注射模标准模架的选用

选择标准模架，可以简化模具的设计与制造。当某一型号模架选定时，就可以得到已经设计好的模架标准零件的尺寸数据，如模板大小、螺钉尺寸、安装位置等，这些零部件只需进行二次加工就可使用，大大简化了模具的设计和制造工作。

标准模架的尺寸系列很多，应选用合适的尺寸。如果选择尺寸过小，有可能使模架强度、刚度不够，而且会引起螺孔、销孔、导套（导柱）的安放位置不够；选择尺寸过大的模架，不仅导致成本提高，还有可能使注射机型号增大。

塑料注射模基本型模架系列由模板的长和宽（$L \times W$）决定。除了动、定模板的厚度需由设计者从标准中选定外，模架的其他有关尺寸在标准中都已规定。选择模架的关键是确定动、定模板的周界尺寸（长×宽）和厚度。要确定模板的周界尺寸，就要确定型腔之间或型腔与模板边缘之间的壁厚。有关壁厚尺寸的大小，可根据型腔壁厚的计算方法来确定，但由于理论计算复杂，在实际工作中使用得不多，只在一些特殊的场合用于校核计算。在实际生产中大量使用的方法是查表或用经验公式来确定型腔或模板的壁厚。

表2-17 列举了圆形型腔壁厚的经验推荐数据，表2-18 列举了矩形型腔壁厚的经验推荐数据，可供设计时参考。

表2-17 圆形型腔壁厚 *S* （单位：mm）

圆形型腔内壁直径	整体式型腔壁厚	组合式型腔	
		凹模壁厚	模套壁厚
≤40	20	8	18
>40~50	25	9	22
>50~60	30	10	25
>60~70	35	11	28
>70~80	40	12	32
>80~90	45	13	35
>90~100	50	14	40
>100~120	55	15	45
>120~140	60	16	48
>140~160	65	17	52
>160~180	70	19	55
>180~200	75	21	58

表 2-18　矩形型腔壁厚 S　（单位：mm）

矩形型腔内壁短边尺寸	整体式型腔侧壁厚度	镶拼式型腔	
		凹模壁厚	模套壁厚
≤40	25	9	22
>40~50	25~30	9~10	22~25
>50~60	30~35	10~11	25~28
>60~70	35~42	11~12	28~35
>70~80	42~48	12~13	35~40
>80~90	48~55	13~14	40~45
>90~100	55~60	14~15	45~50
>100~120	60~72	15~17	50~60
>120~140	72~85	17~19	60~70
>140~160	85~95	19~21	70~80

模架选择步骤如下：

（1）确定模架型号　根据塑件成型所需的结构确定模架的结构组合形式。

（2）确定型腔壁厚　通过查表 2-17 和表 2-18 或经有关壁厚公式的计算得到型腔壁厚尺寸。

（3）计算动、定模板周界尺寸　如图 2-106 所示。

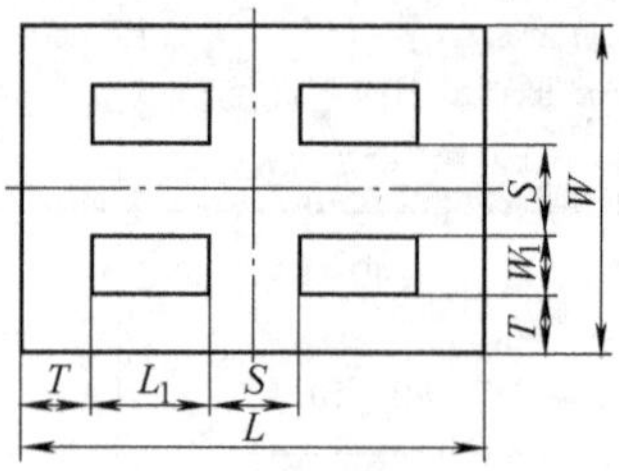

图 2-106　动、定模板周界尺寸

动、定模板的长度　　$L=2T+2L_1+S$

动、定模板的宽度　　$W=2T+2W_1+S$

式中　L——动、定模板长度；

W——动、定模板宽度；

S——型腔之间的壁厚；

L_1——型腔长度；

W_1——型腔宽度；

T——型腔到模板边的距离，中、小型模架取 40~60mm，大型模架取 60~80mm。

（4）模板周界尺寸　由步骤（3）计算出的模板周界尺寸与标准模板的尺寸不完全相等时，必须将计算出的数据向标准尺寸“靠拢”，一般向较大尺寸修整。另外，在修整时还需考虑到在壁厚位置上应有足够的位置安装其他的零部件和布置加热及冷却系统。如果尺寸不够，需要增加壁厚尺寸。

（5）确定模板厚度　根据型腔深度计算模板厚度，并按照标准尺寸进行修整。

（6）选择模架尺寸　根据确定下来的模板周界尺寸，配合模板所需厚度选择模架。

（7）检验所选模架是否合适　对所选的模架还需检验模架与注射机之间的关系，如闭合高度、开模空间等，如不合适，还需要重新选择，直至合适为止。

2.6.3　标准模架与注射机的关系

1. 模架厚度 H 和注射机的闭合距离

对于不同型号及规格的注射机，不同结构形式的合模机构具有不同的闭合距离。模架厚度与闭合距离的关系为

$$H_{\min} \leqslant H \leqslant H_{\max}$$

2. 开模行程与定、动模分开的间距之间的关系

设计时需计算确定开模行程，注射机的开模行程应大于取出塑件所需的定、动模分开的间距。

3. 选用的模架在注射机上的安装

安装时需注意：模架的外形尺寸应至少有一边小于注射机拉杆的间距；模具的定位圈与注射机的定位孔需配合良好；模具浇口套小端直径和球面半径应与喷嘴直径和球面半径相配合；模架的安装位置应与注射机模板上的螺孔相匹配；注射机顶杆的位置和顶出行程与模具推出塑件的距离相适应。

2.6.4　单元练习

1）标准模架的选用要点是什么？
2）简述基本型模架的组成、功能及用途。
3）如何确定模板的周界尺寸及模板厚度？
4）简述标准模架的选择步骤。

单元7　单分型面注射模设计程序及实例

【学习目标】

1. 熟悉单分型面注射模的设计程序。
2. 能进行单分型面注射模设计。

2.7.1　注射模设计程序

为了保证成型合格的塑料制件，必须根据塑料制件的要求和塑料的工艺性能，正确确定成型方法及成型工艺，正确设计塑料模具及选择合适的成型设备。在塑料成型工艺和塑料模具结构及设计计算的基础上，对注射模设计程序及设计实例介绍如下。

1. 设计前的准备工作

（1）接受设计任务　接受设计任务的方式大体有三种：一是给定塑料制件图及其技术要求，要求设计成型工艺及塑料模具；二是给定塑料制件样品，要求测绘制件图样并设计成型工艺及塑料模具；三是给定制件图和模具图，要求按实际生产条件，审定模具图。显然，这三种方式的责任及工作量差别很大，特别是对于第二种方式，应慎重对待。测绘后的制件图必须经有关部门认可，方可开始进行成型工艺及模具设计。

（2）收集资料与数据　设计前，必须取得如下基本资料和数据：符合标准的塑料制件图（若塑件图样根据样品测绘，最好能附上样品）；塑料制件产量；塑料品种牌号；注射机规格型号及参数；模具制造设备等。

（3）分析成型工艺性能

1）分析塑料的成型工艺性。设计注射模之前要对塑料的成型工艺性能进行分析，以综合考虑注射成型过程中塑料熔体在模内的流动性，如熔体在浇口、流道和型腔各处的流动阻力和流速等，以及塑件在成型过程中的收缩、补缩、结晶、取向和残余应力的产生与消除等问题。

2）分析塑件的成型工艺性。对塑件进行成型工艺性分析，以确认塑件的各个细节是否符合注射成型的工艺条件，在保证塑件质量和使用要求的前提下，尽量选用比较简单的模具结构，以便减少模具制造难度和降低加工成本。

（4）明确设计要求

1）明确塑件的使用要求。塑件的几何形状完全熟悉后，塑件的用途及各部分的作用也是相当重要的。应当密切关注塑件的使用要求，注意为了满足使用要求的塑件尺寸公差和技术要求。

2）明确塑件的生产纲领。塑件的生产纲领对注射模具结构，尤其是对推出机构、侧向分型与抽芯机构以及生产操作等均具有重要影响，另外，对于成型零部件所使用的注射模具材料也有影响。通常，在大批量生产中，由于注射模具价格在整个生产费用中所占的比例较小，生产率和注射模的寿命问题比较突出，因此可考虑使用自动化程度较高的复杂注射模；反之，应尽量采用结构比较简单、制造比较容易的注射模。

2. 注射成型工艺卡的制订

制订注射成型工艺卡的目的是指导模具设计工作和实际的成型加工，特别是批量大、形状复杂的大型模具，更有必要制订详细的注射成型工艺卡。注射成型工艺卡一般包括以下内容：

（1）塑件的概况　包括简图、壁厚、外形尺寸、有无侧向凸凹和嵌件等，并计算塑件的体积、质量及塑件在分型面上的投影面积等。

（2）塑料的概况　包括品名、规格、生产厂家、颜色和干燥情况等。

（3）所选的注射机参数　注射机可安装的模具最大尺寸、螺杆类型和额定功率等。

（4）注射成型条件　包括料筒各段温度、喷嘴温度、模具温度、加热冷却介质及其温度、锁模力、螺杆背压、注射压力、注射速度、循环周期（注射、保压、冷却、开模时间）等。

注射成型工艺卡应该由专门负责注射成型工艺的设计人员完成，但在一些小型工厂，模具设计者往往既是模具结构设计师，又是成型工艺师。

3. 注射模结构设计

（1）确定型腔数目　确定型腔数目的条件有最大注射量、锁模力、产品的精度要求和经济性等。

（2）确定分型面　分型面的选择应以模具结构简单、分型容易，且不破坏已成型的塑件为原则。

（3）确定型腔的排列方式　型腔的布置应尽量采用平衡式排列，以保证各型腔平衡进料。型腔的布置还要注意与冷却管道、推杆的布置相互协调。

（4）浇注系统设计　浇注系统包括主流道、分流道、浇口和冷料穴等。浇注系统的设计应根据模具的类型、型腔的数目及布置、塑件的原材料及尺寸等确定。

（5）推出机构设计　推出机构的设计根据塑件留模位置的不同而不同。由于注射机顶出装置的顶杆在动模一侧，所以，推出机构一般都设计在模具的动模部分。在设计时应尽量保证塑件开模后留在动模部分。设计过程中，除了将较长的型芯安排在动模部分以外，还常设计拉料杆，强制塑件留在动模部分。但也有些塑件的结构要求塑件在分型时留在定模部分，则应在定模一侧设计推出机构。推出机构的设计也应根据塑件的不同结构采用不同的形式，常见的有推杆、推管和推件板等结构形式。对于采用侧向分型与抽芯机构的注射模，还应合理设计抽芯机构。

（6）确定温度调节系统结构　模具的温度调节系统主要由塑料的种类决定。模具的大小，塑件的物理性能、外观和尺寸精度都对模具的温度调节系统有影响。

（7）确定凹模和型芯的固定方式　当凹模或型芯采用镶块结构时，应合理地设计镶块并同时考虑镶块的强度、可加工性及安装固定方式。

（8）排气系统设计 一般注射模可以利用模具分型面和推杆与模具的间隙排气；而对于大型和高速成型的注射模，必须设计相应的排气系统。

（9）注射模成型零件工作尺寸的计算 根据相应的公式，计算成型零件的工作尺寸，并确定模具型腔的侧壁厚度、动模板的厚度、拼块式型腔的凹模板（型腔板）的厚度及注射模的闭合高度。

（10）选用标准模架 根据设计、计算的注射模的主要尺寸，合理选用注射模的标准模架，并尽量选择标准模具零件。

（11）绘制模具结构草图 根据模具类型及结构，选择标准模架，确定模具零件主要结构尺寸和功能尺寸（如抽芯距、斜导柱或斜滑块角度、定距分型距离、推出距离等），并绘制模具结构草图。

在总体结构设计时切忌将模具结构设计得过于复杂，应优先考虑采用简单的模具结构形式。

（12）校核模具与注射机的有关尺寸 根据模具的结构尺寸和所选注射机的有关参数，进行两者之间适应性校核，从而调整与确定模具结构和注射机参数，以保证模具在注射机上正常工作。校核内容包括：

1）最大注射量校核。

2）锁模力校核。

3）最大、最小模厚校核。

4）开合模行程校核等。

（13）注射模结构设计的审查 对设计出来的注射模进行初步审查并征得用户的同意，同时，也有必要对用户提出的要求加以确认和修改。

（14）绘制模具工作图

1）模具装配图绘制要求。模具装配图用以表明模具结构、工作原理、组成模具的全部零件及其相互位置关系和装配关系。

一般情况下，模具装配图用主视图和俯视图表示，若表达不够清楚，再增加其他视图。一般按 1∶1 的比例绘制。装配图上要标明必要的尺寸和技术要求。

① 主视图。主视图一般布置在图样的上面偏左，按模具正对操作者方向绘制，采取剖视画法，一般按模具闭合状态绘制，在上、下模或定模与动模之间有一完整塑件，塑件及流道用网格线填充。

主视图是模具装配图的主体部分，应尽量在主视图上将结构表达清楚，力求将成型零件的形状画完整。

剖视图的画法一般按照机械制图国家标准执行，但也有一些行业习惯和特殊画法：如为减少局部视图，在不影响剖视图表达剖面迹线通过部分结构的情况下，可将剖面迹线以外部分旋转或平移到剖视图上，螺钉和销钉可各画一半等，但不能与国家标准发生矛盾。

② 俯视图。俯视图通常布置在图样的下面偏左，与主视图相对应。通过俯视图可以了解模具的平面布置，排样方式或浇注系统、冷却系统的布置，以及模具的轮廓形状等。

③ 塑件图。塑件图布置在图样的右上角，并注明塑件名称、塑料牌号等要素，标全塑件尺寸。塑件图尺寸较大或形状较为复杂时，可单独画在零件图上，并装订在整套模具图样中。

④ 标题栏和零件明细栏。标题栏内容应按要求填写。特别是设计者必须在相应位置签名。编制明细栏必须包括序号、代号、零件名称、图号（或页次）、数量、材料及热处理要求等。其中零件序号应自下往上排列。选材时应注明牌号并尽量减少材料种类。标准件应按规定进行标记。

⑤ 尺寸标注。装配图上需标出模具的总体尺寸、必要的配合尺寸和安装尺寸，其余尺寸一般不标注。零件序号的标注要求是不漏标、不重复标，引线不交叉，序号编制一般按顺时针方向排列，字体严格使用仿宋体，字间布置均匀、对齐等。

⑥ 技术要求。根据模具的实际情况撰写技术要求。

2）模具零件图绘制要求。装配图绘制完成后，由装配图拆画出各零件图，并标注各零件完整的尺寸、几何公差、表面粗糙度及相应的技术要求。

模具零件主要包括：工作（成型）零件，如型芯、凹模、凹模镶件、模套等；结构零件，如固定板、定位板、浇注系统零件、导向零件、分型与抽芯零件、冷却与加热零件等；紧固标准件，如螺钉、销钉及模架、弹簧等。

零件图的绘制和尺寸标注均应符合机械制图国家标准的规定，要注明全部尺寸、公差配合、几何公差、表面粗糙度、材料、热处理要求及其他技术要求。

① 视图和比例大小的选择。视图选择可参照下列建议：轴类零件通常仅需一个视图，按加工位置布置较好；板类零件通常需主视图和俯视图两个视图，一般按装配位置布置较好；镶拼组合成型零件，常画成部件图，以便于尺寸及偏差的标注。视图可按装配位置布置。

零件图的比例尺大都采用1∶1，小尺寸零件或尺寸较多的零件则需放大比例绘制。

② 尺寸标注的基本规范。尺寸标注是零件设计中一项极为重要的内容，尺寸标注要做到既不少标、漏标，又不多标、重复标，同时又要使整套模具零件图上的尺寸布置清晰、美观。

选择基准面时，尽量使设计基准、加工基准、测量基准一致，避免加工时反复换算。成型部分的尺寸标注基准应与塑件图中的标注一致。

尺寸布置应合理。大部分尺寸最好集中标注在最能反映零件特征的视图上。如对于板类零件而言，主视图上应集中标注厚度方向的尺寸，而平面内各尺寸则应集中标注在俯视图上。

另外，在同一视图上，尺寸应尽量归类布置。如可将某一模板俯视图上的大部分尺寸归成四类：第一类是孔径尺寸，可考虑集中标注在视图的左方；第二类是纵向间距尺寸，可考虑集中标注在视图轮廓外右方；第三类是横向间距尺寸，可考虑集中标注在视图轮廓外下方；第四类则是型孔大小尺寸，可考虑集中标注在型孔周围空白处，并尽量做到全套图样一致。

③ 脱模斜度有三种标注方法。其一是大、小端尺寸均标出；其二是标出一端尺寸，再标注角度；其三是在技术要求中注明。

④ 有精度要求的位置尺寸标注。对于需与轴类零件相配合的通孔中心距、多腔模具的型腔间距等有精度要求的位置尺寸，均需标注公差。

⑤ 螺纹尺寸及齿轮尺寸标注。对于螺纹成型尺寸和齿轮成型件，还需在零件图上列出主要几何参数及其公差。

⑥ 表面粗糙度及几何公差。各表面的粗糙度都应注明。对于多个相同粗糙度要求的表面，可集中在图样的右下角统一标注。

对于有几何公差要求的结构形状，则需要加注几何公差。

⑦ 技术要求及标题栏。零件图上技术要求的标注位置位于标题栏上方，应注明除尺寸、公差、表面粗糙度以外的加工要求。标题栏按统一规格填写。设计者必须在各零件图标题栏相应位置签名。

4. 注射模具的审核

由于注射模具设计直接关系到能否成型、产品的质量、生产周期及成本等许多至关重要的问题，因此，设计完成后，应该进行审核。审核的内容如下：

（1）基本结构方面

1）注射模的机构和基本参数是否与注射机匹配。

2）注射模是否具有合模导向机构，机构设计是否合理。

3）分型面选择是否合理，有无产生飞边的可能，塑件是否留在设有推出机构的动模（或定模）一侧。

4）型腔的布置与浇注系统的设计是否合理。浇口是否与塑料原料相适应，浇口位置是否恰当，浇口与流道的几何形状及尺寸是否合适，流动比数值是否合理。

5）成型零部件设计是否合理。

6）推出机构和侧向分型与抽芯机构是否合理、安全和可靠。它们之间或它们与其他模具零部件之间有无干涉或碰撞的可能。

7）是否需要排气系统，如果需要，其形式是否合理。

8）是否需要温度调节系统，如果需要，其热源和冷却方式是否合理。温控元件是否足够，精度等级如何，寿命长短如何，加热和冷却介质的循环回路是否合理。

9）支承零部件结构是否合理。

10）外形尺寸能否保证安装，固定方式选择是否合理可靠，安装用的螺栓孔是否与注射机固定模板和移动模板上的螺孔位置一致。

（2）设计图样方面

1）装配图。零部件的装配关系是否明确，配合代号标注是否恰当合理。零件的标注是否齐全，与明细栏中的序号是否对应，有关的必要说明是否明确标记，整个注射模的标准化程度如何。

2）零件图。零件号、名称、加工数量是否有确切的标注，尺寸公差和几何公差标注是否合理齐全。成型零件容易磨损的部位是否预留了修磨量。哪些零件具有超高精度要求，这种要求是否合理。各个零件的材料选择是否恰当，热处理要求和表面粗糙度要求是否合理。

3）制图方法。制图方法是否正确，是否符合有关国家标准，图样表达与技术要求是否容易理解。

2.7.2 单分型面注射模设计实例

设计如图 2-107 所示塑料罩成型模具，技术要求如下：

1）材料：POM。

2）产量：10万件。

3）壁厚均为1.5mm；未注圆角R0.5mm，未注脱模斜度为0.5°。

4）要求塑件具有较高的抗拉、抗压性能；表面不得有气孔、熔接痕、飞边等缺陷。

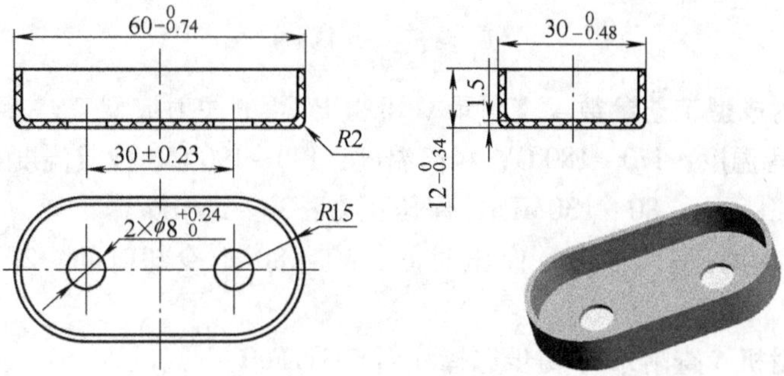

图2-107　塑料罩

1. 塑件成型工艺的分析

（1）塑件的原材料分析　聚甲醛（POM）是一种高熔点、高结晶型的热塑性塑料。聚甲醛的吸水性比较差，成型前可不必进行干燥；制品尺寸稳定性好，可以制造较精密的零件。但聚甲醛熔融温度范围小，熔融和凝固速度快，制品容易产生毛斑、折皱、熔接痕等表面缺陷，并且收缩率大，热稳定性差。聚甲醛可以采用一般热塑性塑料的成型方法生产塑料制品，如注射、挤出和吹塑等。

POM强度高，密度小，常用来代替铜、锌、锡、铅等有色金属，广泛用于机械、汽车、电子电器、日用品、管道及配件、精密仪器和建材等部门。

（2）塑件的结构工艺性分析

1）塑件的尺寸分析。塑件为腰形壳体零件，腔体深度为10.5mm，壁厚均为1.5mm，大于最小壁厚要求。总体尺寸为60mm×30mm×12mm，属于小型塑件。脱模斜度为0.5°，由于高度较小，可以顺利脱模。塑件圆角为*R*0.5mm、*R*2mm，可以提高模具强度、改善熔体的流动情况及便于脱模。

2）塑件的公差分析。塑件有5个尺寸标注公差，分别是$60_{-0.74}^{0}$mm、$30_{-0.48}^{0}$mm、(30±0.23)mm、$12_{-0.34}^{0}$mm、$2\times\phi8_{0}^{+0.24}$mm，按标准GB/T 14486—2008公差等级为MT5，属于一般精度。

3）塑件的表面质量分析。塑件表面不得有气孔、熔接痕和飞边等缺陷，表面粗糙度可取*Ra*1.6μm。塑件产量为10万件，属于大批量生产。通过以上分析，采用注射成型具有较高的经济效益。

2. 注射机的选择

（1）确定模具型腔数量　塑件的生产批量为10万件，属于大批量生产，且塑件精度要求不高，因此，应采用一模多腔。为使模具尺寸紧凑，确定型腔数目为一模两件。分流道采用平衡式布置，浇口采用侧浇口。

（2）计算塑件的体积和质量 经计算得单个塑件的体积 $V_s=4.65\text{cm}^3$，$V_j=5\text{cm}^3$。查有关手册，POM 的密度为 1.41g/cm^3，则质量 $m=1.41\times(4.65\times2+5)\text{ g}=20.16\text{g}$。

（3）锁模力的计算 该模具所需锁模力（查表 2-3，$p=35\text{MPa}$）$F_m=pA=35\times(1534\times2+960)\text{ N}\approx141\text{kN}$，则注射机的额定锁模力 F_p 应满足

$$F_p\geqslant F_m=141\text{kN}$$

（4）初选注射成型工艺参数 查附录 C 可得 POM 的注射成型工艺参数如下：

1）温度。喷嘴温度：170～180℃；料筒温度：170～190℃；模具温度：90～120℃。

2）压力。注射压力：80～130MPa；保压压力：30～50MPa。

3）时间。注射时间：2～5s；保压时间：20～80s；冷却时间：20～60s；成型周期：50～150s。

（5）初选注射机 查附录 D 初步选择注射机 HTF60－Ⅱ。

3. 模具结构的设计

（1）分型面的选择 首先确定模具的开模方向为塑件的高度方向，根据分型面应选择在塑件外形最大轮廓处的原则，此塑件的分型面在罩体的底平面处。

（2）型腔的布局 采用一模两件模具结构，型腔间隔 30mm 布置，如图 2-108 所示。

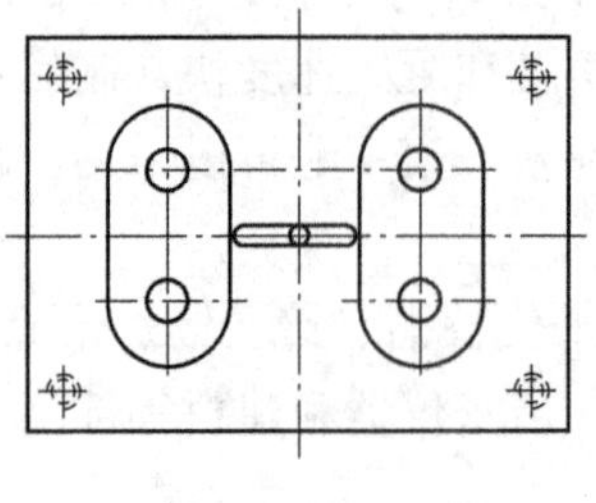

图 2-108 型腔布置

（3）确定模具总体结构类型 本模具的结构形式采用单分型面注射模，采用一模两腔，顶杆推出，流道采用平衡式，浇口采用侧浇口。

为了缩短成型周期，提高生产率，保证塑件质量，动、定模均开设冷却通道。

（4）浇注系统的设计 型腔布局为一模两件，浇注系统组成为主流道、分流道、浇口和冷料穴。

1）主流道设计。

① 主流道尺寸。根据所选注射机，主流道小端尺寸为

$$d=\text{注射机喷嘴尺寸}+(0.5\sim1)\text{mm}\approx(2+1)\text{mm}=3\text{mm}$$

主流道球面半径为

$$SR=\text{注射机喷嘴球面半径}+(1\sim2)\text{mm}\approx10\text{mm}+1\text{mm}=11\text{mm}$$

② 主流道衬套形式。虽然是小型模具，但为了便于加工和缩短主流道长度，将衬套和定位圈设计成分体式，主流道衬套长度取 57.5mm，主流道设计成圆锥形，锥角取 5°，

内壁表面粗糙度取 $Ra0.4\mu m$。衬套材料采用 T10A 钢，热处理淬火后表面硬度为 53 ~57HRC。

2）分流道设计。

① 分流道长度。分流道只有一级，对称分布，考虑到浇口的位置，取总长为26mm。

② 分流道的形状、截面尺寸。为了便于机械加工及凝料脱模，分流道的截面形状常采用加工工艺性比较好的圆形截面。根据塑料的流动性，分流道的直径一般取 2 ~12mm，比主流道的大端小 1 ~2mm。本模具分流道的直径取5mm，以分型面为对称中心，分别设置在定模和动模上。

③ 分流道的表面粗糙度。分流道的表面粗糙度一般取 $Ra0.8 \sim 1.6\mu m$ 即可，在此取 $Ra1.6\mu m$。

3）浇口设计。塑件结构较简单，表面质量无特殊要求，故选择侧浇口。侧浇口一般开设在模具的分型面上，从制品侧面边缘进料。可方便地调整浇口尺寸，控制剪切速率和浇口封闭时间，是广泛采用的一种浇口形式。

本模具侧浇口的截面形状采用矩形，长为2mm，宽为3mm，高为0.8mm。

4）冷料穴和拉料杆设计。本模具只有一级分流道，流程较短，故只在主流道末端设置冷料穴。冷料穴设置在主流道正面的动模板上，直径稍大于主流道的大端直径，取6mm，长度取为10mm。

拉料杆采用钩形拉料杆，直径取6mm。拉料杆固定在推杆固定板上，开模时随着动、定模分开，将主流道凝料从主流道衬套中拉出。在制品被推出的同时，冷凝料也被推出。

（5）排气系统设计 由于此模具属于中、小型模具，且模具结构较为简单，可利用模具分型面和模具零件间的配合间隙自然地排气，间隙通常为0.02 ~0.03mm，不必设排气槽。

（6）成型零件设计

1）型腔。塑件表面光滑，无其他特殊结构。塑件总体尺寸为60mm ×30mm ×12mm，考虑到一模两腔以及浇注系统和结构零件的设置，型腔镶件尺寸取120mm ×100mm，深度根据模架的情况进行选择。为了安装方便，在定模板上开设相应的型腔切口，并在直角上钻直径为10mm的孔，以便于装配（见图2-110）。

2）型芯。与型腔一致，型芯的尺寸也取120mm ×100mm，并在动模板上开设相应的型芯切口。

（7）成型零件尺寸计算 塑件所用的材料POM是一种收缩范围比较大的塑料，因此成型零件的尺寸均按平均值法进行计算。

聚甲醛（POM）的收缩率为1.5% ~3.0%，故平均收缩率为

$$S_{cp} = (S_{max} + S_{min})/2 = 2.25\%$$

根据塑件尺寸公差的要求，模具的制造公差取塑料制品公差的1/3。计算成型零件的全部工作尺寸如下：

1）型腔工作尺寸计算。

$60_{-0.74}^{\ 0}$mm 对应型腔（径向）尺寸为

$$L_m=(L_s+L_sS_{cp}-\frac{3}{4}\Delta)^{+\delta_z}_{0}$$

$$=(60+60\times 2.25\%-0.74\times 3/4)^{+0.74/3}_{0}\text{mm}$$

$$=60.80^{+0.25}_{0}\text{mm}$$

$30^{0}_{-0.48}$mm 对应型腔（径向）尺寸为

$$L_m=(L_s+L_sS_{cp}-\frac{3}{4}\Delta)^{+\delta_z}_{0}$$

$$=(30+30\times 2.25\%-0.48\times 3/4)^{+0.48/3}_{0}\text{mm}$$

$$=30.32^{+0.16}_{0}\text{mm}$$

$R15$mm 对应型腔（径向）尺寸为

$$L_m=30.32^{+0.16}_{0}\text{mm}\div 2=15.16^{+0.08}_{0}\text{mm}$$

$12^{0}_{-0.34}mm$ 对应型腔深度尺寸为

$$H_m=(H_s+H_sS_{cp}-\frac{2}{3}\Delta)^{+\delta_z}_{0}$$

$$=(12+12\times 2.25\%-0.34\times 2/3)^{+0.34/3}_{0}\text{mm}$$

$$=12.04^{+0.11}_{0}\text{mm}$$

2）型芯工作尺寸计算。

$\phi 8^{+0.24}_{0}$mm 对应型芯径向尺寸为

$$l_m=(l_s+l_sS_{cp}+\frac{3}{4}\Delta)^{0}_{-\delta_z}$$

$$=(8+8\times 2.25\%+0.24\times 3/4)^{0}_{-0.24/3}\text{mm}$$

$$=8.36^{0}_{-0.08}\text{mm}$$

$27^{+0.48}_{0}$mm 对应型芯（径向）尺寸为

$$l_m=(l_s+l_sS_{cp}+\frac{3}{4}\Delta)^{0}_{-\delta_z}$$

$$=(27+27\times 2.25\%+0.48\times 3/4)^{0}_{-0.48/3}\text{mm}$$

$$=27.97^{0}_{-0.16}\text{mm}$$

$R13.5$mm 对应型芯（径向）尺寸为

$$l_m=27.97^{0}_{-0.16}\text{mm}\div 2=13.98^{0}_{-0.08}\text{mm}$$

$57^{+0.74}_{0}$mm 对应型芯（径向）尺寸为

$$l_m=(l_s+l_sS_{cp}+\frac{3}{4}\Delta)^{0}_{-\delta_z}$$

$$=(57+57\times 2.25\%+0.74\times 3/4)^{0}_{-0.74/3}\text{mm}$$

$$=58.84^{0}_{-0.25}\text{mm}$$

$10.5^{+0.34}_{0}$mm 对应型芯高度尺寸为

$$h_m = (h_s + h_s S_{cp} + \frac{2}{3}\Delta)^{\ 0}_{-\delta_z}$$
$$= (10.5 + 10.5 \times 2.25\% + 0.34 \times 2/3)^{\ 0}_{-0.34/3} \text{mm}$$
$$= 10.96^{\ 0}_{-0.11} \text{mm}$$

3）中心距尺寸计算。

（30 ±0.23）mm 对应距离尺寸为

$$C_m = (1 + S_{cp}) C_s \pm \delta_z/2$$
$$= [(1 + 2.25\%) \times 30 \pm 0.46/6] \text{mm}$$
$$= (30.68 \pm 0.08) \text{mm}$$

（8）冷却系统设计 一般注射到模具内的塑料温度为200℃，而塑件固化后从模具型腔中取出时的温度在60℃以下。本项目选择常温水对模具进行冷却。

由于冷却通道的位置、结构形式、孔径、表面状态、水的流速、模具材料等很多因素都会影响模具的热量向冷却水传递，精确计算比较困难。实际生产中，通常都是根据模具的结构确定冷却通道，通过调节水温、水速来满足要求。

冷却水管直径根据表2-14经验值选取，本塑件壁厚均为1.5mm，选水孔直径为6mm。在型腔和型芯上均采用直流循环冷却装置。由于动模、定模均为镶拼式，受结构限制，冷却通路布置如图2-109所示。

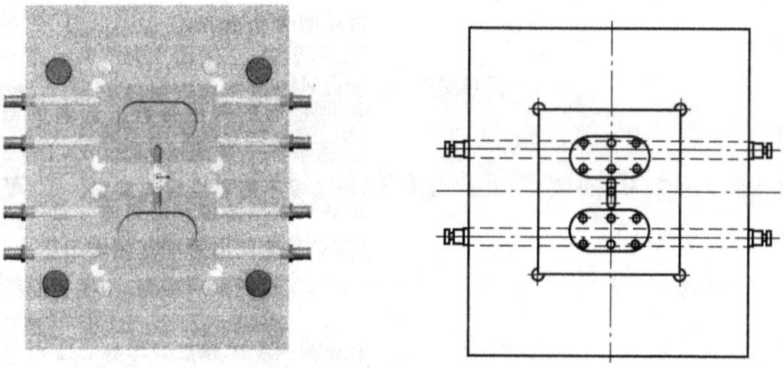

图2-109 冷却通道布置

（9）推出机构设计 塑件采用推杆推出，模具上设置6根普通的圆形推杆，共12根。普通的圆形推杆按GB/T 4169.1—2006选用，查相关手册选用ϕ3mm×100mm圆形推杆。

（10）标准模架的选用 根据型腔的布局可以看出，嵌件的尺寸为120mm×100mm。加模板边距约为200mm，再考虑到导柱、导套及联接螺钉布置应占的位置和采用的推出机构等各方面问题，确定选用板面为200mm×250mm，结构为直浇口基本型C型的模架（GB/T 12555—2006），定模座板和动模座板厚度均取25mm。下面确定各模板的尺寸。

1）A 板尺寸。A 板为定模型腔板，塑件高 12mm，在模板上还要开设冷却通道，冷却通道离型腔应有一定的距离，因此 A 板厚度取 50mm。

2）B 板尺寸。B 板是凸模（型芯）固定板，在模板上也要开设冷却通道，冷却通道离型腔应有一定的距离，因此 B 板厚度取 40mm。

3）C 垫块尺寸。

$$
\begin{aligned}
\text{垫块厚度} &= \text{推出行程} + \text{推板厚度} + \text{推杆固定板厚度} + (5\sim10)\text{mm} \\
&= [12 + 10 + 15 + (5\sim10)]\text{mm} \\
&= 42\sim47\text{mm}
\end{aligned}
$$

根据计算并查相关手册，垫块厚度取 50mm。

从选定模架可知，模架外形尺寸（宽×长×高）为 200mm×250mm×203mm。

模架标记为：模架 C 2025－50×40×50 GB/T 12555—2006。

4. 注射机有关参数校核

（1）最大注射量的校核 为了保证正常的注射成型，注射机的最大注射量应大于制品的质量或体积（包括流道凝料）。注射机的实际注射量是注射机的额定注射量的 80% 以内。HTF60－Ⅱ注射机额定注射量为 60cm^3，利用系数取 0.8，则注射机的实际注射量为 48cm^3。

单个塑件的体积 $V_s = 4.65\text{cm}^3$，浇注系统的体积 $V_j = 5\text{cm}^3$，所需注射量为（4.65×2＋5）$\text{cm}^3 = 14.3\text{cm}^3$。

$$14.3\text{cm}^3 < 48\text{cm}^3$$

注射量符合要求。

（2）注射压力的校核 POM 所需注射压力为 80～120MPa，注射机的注射压力为 236MPa。

$$120\text{MPa} < 236\text{MPa}$$

注射压力校核合格。

（3）锁模力校核 注射机锁模力 F_p 为 600kN，该塑件所需锁模力为 141kN，锁模力校核合格。

（4）模具尺寸的校核 模具平面尺寸 250mm×250mm＜310mm×310mm（拉杆间距），合格。

模具高度 203mm，120mm＜203mm＜330mm，合格。

模具开模所需行程＝10.5mm（型芯高度）＋12mm（塑件高度）＋（5～10）mm＝（27.5～32.5）mm＜300mm（注射机模板行程），合格。

综合分析，所选注射机是合适的。

5. 模具装配图绘制

（1）模具装配图绘制要求 模具装配图用以表明模具结构、工作原理、组成模具的全部零件及其相互位置关系和装配关系。一般情况下，模具装配图用主视图和俯视图表示，若表达不够清楚时，再增加其他视图。一般按 1∶1 的比例绘制。装配图上要标明必要的尺寸和技术要求。

塑件图布置在图样的右上角，并注明塑件名称、塑料牌号等要素，标全塑件尺寸。塑件图尺寸较大或形状较为复杂时，可单独画在零件图上，并装订在整套模具图样中。

1）标题栏和明细栏。标题栏内容应按统一要求填写。特别是设计者必须在相应位置签名。编制明细栏必须包括序号、代号、零件名称、图号（或页次）、数量、材料及热处理要求等。其中零件序号应自下往上排列。选材时应注明牌号并尽量减少材料种类。标准件应按规定进行标记。

2）尺寸标注。装配图上需标出模具的总体尺寸、必要的配合尺寸和安装尺寸，其余尺寸一般不标注。零件序号标注要求是不漏标、不重复标，引线不交叉，序号编制一般按顺时针方向排列，字体严格使用仿宋体，字间布置均匀、对齐等。

3）技术要求。根据各模具的实际情况撰写技术要求。

（2）模具装配图绘制步骤　模具装配图的绘制过程一般有以下几个阶段，即装配图设计的准备，画出塑件的主剖视图，绘制装配草图的核心部分，完成模具装配图。

1）初步绘制模具结构草图。这是设计模具装配图的第一阶段，基本内容是根据塑件所用塑料的品种，塑件的尺寸大小、复杂程度、精度高低、批量大小来确定模具的结构形式，随后开始绘制草图。

模具装配图通常用3个视图并辅以必要的局部视图来表达。绘制装配图时，应根据塑件的外形和流道的分布，确定型腔在模板上的布置，然后配置各相应机构，大体可确定模具在主分型面上的平面尺寸（长×宽）。再根据分型面个数，按标准选择模架，其中型腔板的厚度需根据塑件的型腔深度来确定，这样就可以大体上确定模具的外形尺寸。注意合理布置3个主要视图，同时还要考虑标题栏、明细栏、技术要求、尺寸标注等需要的图面位置。

2）绘制模具装配草图。

① 在结构草图的基础上，画出主流道及定位圈；画出脱模推出机构；画出抽芯机构（本设计不需抽芯）、定位机构及复位机构；画出温度调节系统等。

② 根据各零件的装配关系是否表达清楚，调整各视图的剖切位置，增加一个全剖左视图，删除一些不必要的线段，标出视图的剖切位置。

3）完成模具装配图。完整的模具装配图应包括表达模具结构的各个视图、主要尺寸和配合、技术要求、零件编号、明细栏和标题栏等，如图2-110所示。

本阶段应完成的各项工作内容如下：①标注尺寸；②编写技术要求；③零件编号；④编写明细栏、标题栏；⑤绘制塑料零件简图；⑥检查装配图。

6. 模具零件图绘制

（1）模具零件图绘制要求　装配图绘制完成后，由装配图拆画出各零件图，标注各零件完整的尺寸公差、几何公差、表面粗糙度及相应的技术要求。

零件图的绘制和尺寸标注均应符合机械制图国家标准的规定，要注明全部尺寸、公差配合、几何公差、表面粗糙度、材料、热处理要求及其他技术要求。

（2）绘制模具零件图

1）型腔镶件零件图的绘制。采用UG等软件直接绘制型腔镶件零件图，然后转到AutoCAD里进行修改，完成后的零件图如图2-111所示。

2）型芯镶件零件图的绘制。采用UG等软件直接绘制型芯镶件零件图，完成后的零件图如图2-112所示。

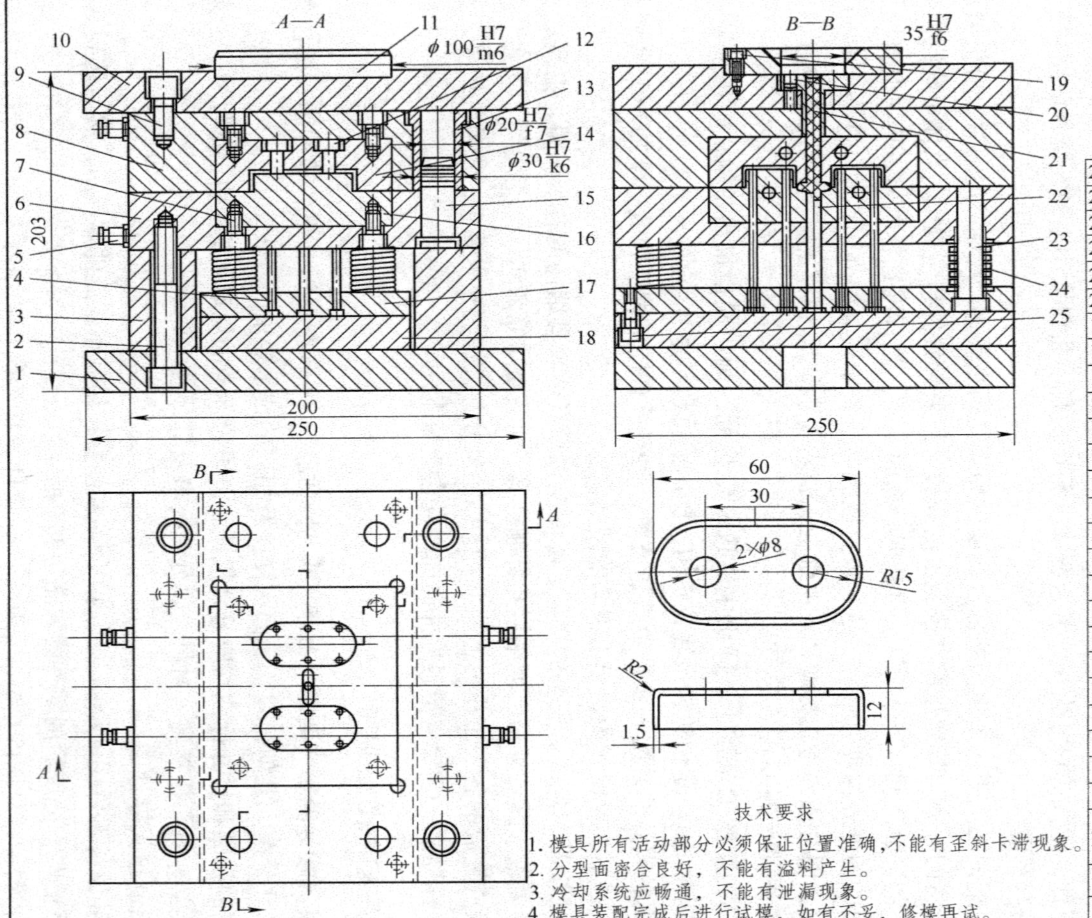

技术要求

1. 模具所有活动部分必须保证位置准确,不能有歪斜卡滞现象。
2. 分型面密合良好，不能有溢料产生。
3. 冷却系统应畅通，不能有泄漏现象。
4. 模具装配完成后进行试模，如有不妥，修模再试。

序号	代号	名称	数量	材料	备注
25	GB/T 70.1—2008	内六角圆柱头螺钉 M6	4	45	
24	GB/T 2089—2009	弹簧	4	65Mn	
23	GB/T 4169.13—2006	复位杆	4	T8A	
22	GB/T 4169.1—2006	拉料杆	1	T8A	
21	KT05	主流道衬套	1	45	
20	GB/T 70.1—2008	内六角圆柱头螺钉 M6	4	45	
19	GB/T 70.1—2008	内六角圆柱头螺钉 M6	4	45	
18	GB/T 4169.7—2006	推板	1	45	
17	GB/T 4169.8—2006	推杆固定板	1	45	
16	KT03	型芯镶件	1	Cr12MoV	
15	GB/T 4169.4—2006	导柱	4	T8A	
14	KT02	型腔镶件	1	Cr12MoV	
13	GB/T 4169.3—2006	导套	4	T8A	
12	KT04	型芯杆	4	Cr12MoV	
11	GB/T 4169.18—2006	定位圈	1	45	
10	GB/T 4169.8—2006	定模座板	1	45	
9	GB/T 70.1—2008	内六角圆柱头螺钉 M12	4	45	
8	GB/T 4169.8—2006	定模板	1	45	
7	GB/T 70.1—2008	内六角圆柱头螺钉 M6	4	黄铜	
6	GB/T 4169.8—2006	动模板	1	45	
5	KT01	水嘴	8	黄铜	
4	GB/T 4169.1—2006	推杆	12	45	
3	GB/T 4169.6—2006	垫块	2	Q235A	
2	GB/T 70.1—2008	内六角圆柱头螺钉 M12	4	45	
1	GB/T 4169.8—2006	动模座板	1	45	

制图		塑料罩模具装配图	1:1
校核			
		KT00	

图 2-110　模具装配图

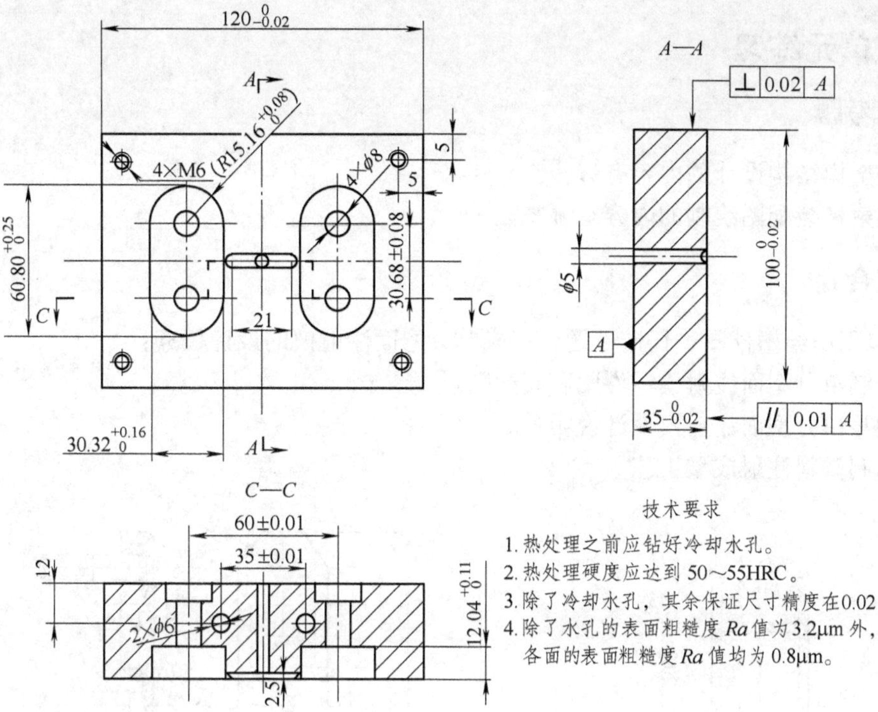

技术要求

1. 热处理之前应钻好冷却水孔。
2. 热处理硬度应达到 50～55HRC。
3. 除了冷却水孔，其余保证尺寸精度在0.02以内。
4. 除了水孔的表面粗糙度 *Ra* 值为3.2μm 外，其余各面的表面粗糙度 *Ra* 值均为 0.8μm。

图 2-111 型腔镶件零件图

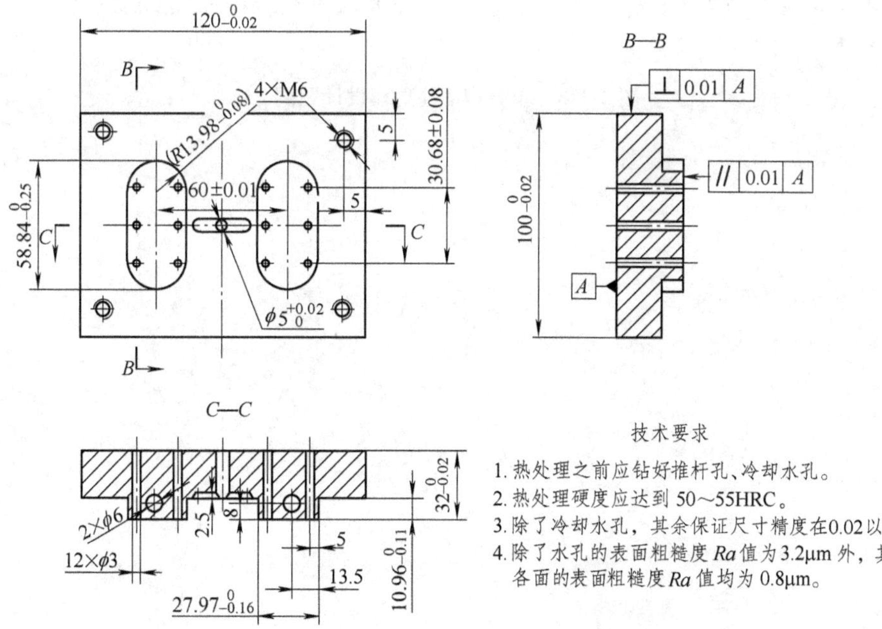

技术要求

1. 热处理之前应钻好推杆孔、冷却水孔。
2. 热处理硬度应达到 50～55HRC。
3. 除了冷却水孔，其余保证尺寸精度在0.02以内。
4. 除了水孔的表面粗糙度 *Ra* 值为3.2μm 外，其余各面的表面粗糙度 *Ra* 值均为 0.8μm。

图 2-112 型芯镶件零件图

2.7.3 单元练习

1. 思考题

1）注射模结构设计的内容有哪些？

2）注射模装配图绘制的内容有哪些？

2. 综合题

根据以下所给塑件图，任选一题，完成单分型面注射模的设计任务：

1）绘制单分型面注射模零件图和装配图。

2）编写单分型面注射模设计说明书。

3）编制塑料注射成型工艺。

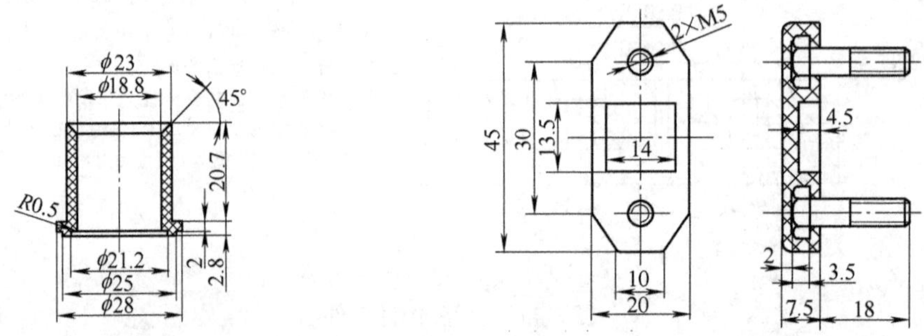

名称：轴套；材料：PA66；
未注公差按一般精度等级选用

a)

名称：车窗扣座；材料：ABS；所有未注圆角全部 $R2$；未注公差按一般精度等级选用

b)

图 2-113　单分型面注射模设计题例

项目 3 双分型面注射模设计

单元 1　双分型面注射模典型结构分析

【学习目标】

1. 了解双分型面注射模的结构组成和工作过程。
2. 掌握双分型面注射模的典型结构。

3.1.1　双分型面注射模概述

许多塑料制品要求外观平整、光滑，不允许有较大的浇口痕迹，因此采用单分型面注射模中介绍的各种浇口形式不能满足制品的要求，这就需要采用一种特殊的浇口——点浇口。图 3-1 所示为采用点浇口的塑料制件，其外观要求较高。

图 3-1a 为罩形塑件及其浇注系统，图 3-1b 为汽车门的内衬板及其浇注系统。汽车门的内衬板属于大型塑料制件，其在分型面上的投影面积非常大，因此每模只能成型一个塑件。如果采用单分型面注射模，侧浇口的位置不便设置；如果采用中间直接浇口，则从塑件中心到边缘的距离较远，塑料流动困难，不利于成型。因此要采用多浇口成型，这也必须借助于点浇口。

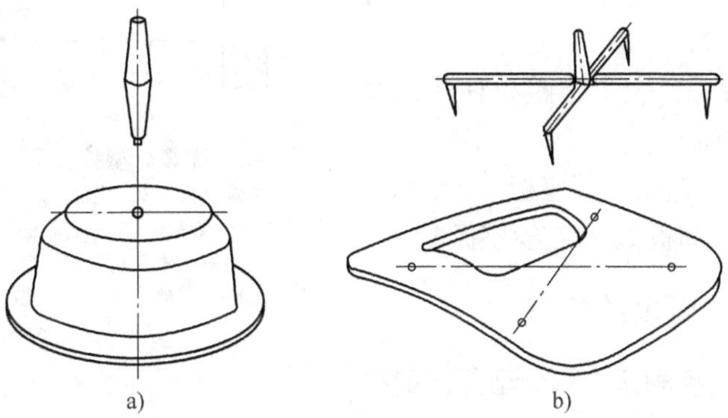

图 3-1　点浇口的塑料制件

点浇口是一种非常细小的浇口，又称为针点浇口。它在塑件表面只留下针尖大的一个痕迹，不会影响塑件的外观。由于点浇口为菱形，所以模具必须专门设置一个分型面用于取出浇注系统凝料，因此出现了双分型面注射模，如图2-8所示，一个分型面用于取出塑件，另一个分型面用于取出浇注系统凝料。

1. 双分型面注射模工作过程

双分型面注射模泛指浇注系统凝料和塑件由不同分型面取出的注射模，也称为三板式注射模。与单分型面注射模相比，双分型面注射模在定模部分增加了一块可以往复移动的中间板，也称为流道板。下面以图3-2为例说明双分型面注射模的工作过程。

图3-2所示为弹簧分型拉杆定距式双分型面注射模。*A—A*为第一分型面，*B—B*为第二分型面。开模时，注射机开合模系统带动动模部分后移，在弹簧9的作用下，模具首先在*A—A*分型面分型，中间板10随动模一起后移，主浇道凝料随之拉出。当动模部分移动一定距离后，固定在定距拉杆8端部的螺母与中间板10的端面接触，使之停止移动。动模继续后移，*B—B*分型面分型，塑件因包紧在型芯12上而留在动模一侧，浇注系统凝料在浇口处自行拉断，然后在*A—A*分型面之间由人工取出。动模继续后移，当注射机的顶杆接触推板3时，推出机构开始工作，在推杆14和推件板7的推动下将塑件从型芯12上推出，并在*B—B*分型面之间自行落下。

2. 双分型面注射模的组成

如图3-2所示，双分型面注射模由以下几部分组成：

1）成型零部件，包括型芯12、中间板10。

2）浇注系统，包括浇口套13、中间板10和定模座板11。

3）导向部分，包括导柱15、定距拉杆8和中间板10上的导向孔。

4）推出装置，包括推杆14、推杆固定板4、推板3和推件板7。

5）定距分型部分，包括定距拉杆8及其端部的螺母、弹簧9。

6）结构零部件，包括动模座板1、支承板5、型芯固定板6、中间板10和定模座板11等。

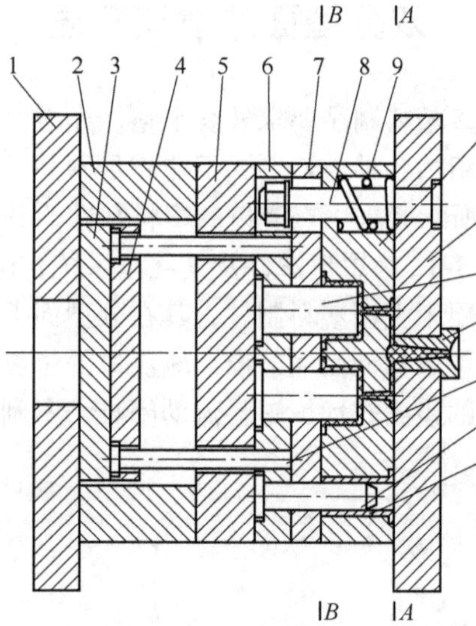

图3-2 弹簧分型拉杆定距式双分型面注射模
1—动模座板 2—垫块 3—推板 4—推杆固定板 5—支承板 6—型芯固定板 7—推件板 8—定距拉杆 9—弹簧 10—中间板 11—定模座板 12—型芯 13—浇口套 14—推杆 15—导柱 16—导套

3. 双分型面注射模的特点

与单分型面注射模相比，双分型面注射模具有如下特点：

1）采用点浇口的双分型面注射模可以在模内将塑件和浇注系统凝料分离，为此应设计浇注系统凝料的脱出机构，保证将点浇口拉断，还要可靠地将浇注系统凝料从定模板或中间板上脱离。

2）为保证两个分型面的打开顺序和打开距离，要在模具上增加必要的辅助装置（即顺序分型或定距分型机构），因此模具结构较复杂。

3.1.2　常见双分型面注射模典型结构

1. 弹簧式双分型面注射模

弹簧式双分型面注射模是利用弹簧机构控制双分型面注射模分型面的打开顺序。图3-3所示为弹簧分型拉板定距式双分型面注射模。

开模时，由于弹簧9弹力的作用，中间板（单分型面注射模中的定模板）10随动模后移，与定模座板11首先沿*A—A*分型面定距分型，主流道凝料脱出浇口套（*A—A*分型所需距离由定距拉板槽长确定，即取出这两块板之间的浇注系统凝料所需距离）；继续开模时，固定在中间板10上的限位销17与定距拉板18左端接触，使中间板停止移动，模具沿*B—B*分型面分型；因塑件包紧在型芯上，点浇口被拉断，塑件脱出型腔。之后推出机构动作，推件板将塑件从*B—B*分型面推出（*B—B*分型所需距离由塑件高度加推出余量确定）。

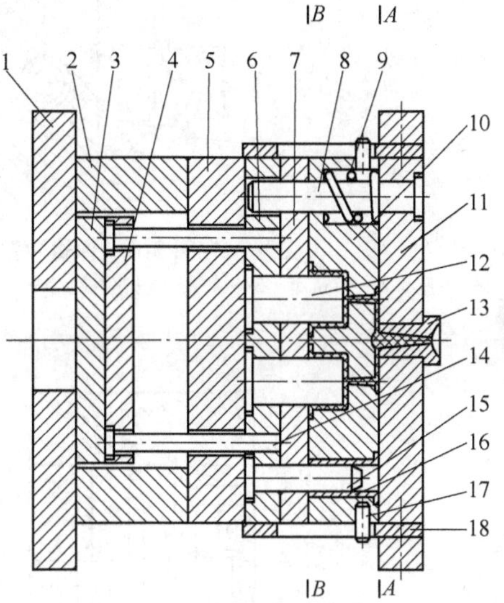

图3-3　弹簧分型拉板定距式双分型面注射模
1—动模座板　2—垫块　3—推板　4—推杆固定板
5—支承板　6—型芯固定板　7—推件板
8、15—导柱　9—弹簧　10—中间板
11—定模座板　12—型芯　13—浇口套
14—推杆　16—导套
17—限位销　18—定距拉板

图3-4所示为弹簧－滚柱式定距分型机构，拉杆5插入支座1内，弹簧3推动滚柱4将拉杆5卡住。开模时，拉杆5在弹簧3、滚柱4的作用下，使*B—B*分型面暂不分型，*A—A*分型面进行第一次分型。在定距螺钉8的作用下，*A—A*分型面分型结束。模具继续打开，在开模力的作用下，拉杆5从滚柱4中强行脱开，*B—B*分型面开始第二次分型。弹簧－滚柱式机构直接安装于模具外侧，结构简单，适用性强。

图3-5所示为弹簧－滚柱式定距分型机构的另一种形式，拉杆1固定在拉杆固定座内，并插入支座2内，弹簧8推动滚柱5将拉杆1卡住。开模时，拉杆1在弹簧8、滚柱5的作用下，使*B—B*分型面暂不分型，*A—A*分型面进行第一次分型。在定距螺钉9的作用下，*A—A*分型面分型结束。模具继续打开，在开模力的作用下，拉杆1从滚柱5中强行脱开，*B—B*分型面开始第二次分型。

图3-6所示为弹簧－摆钩式定距分型机构，该机构利用摆钩与拉杆的锁紧力增大开模力，以控制分型面的打开顺序。开模时，摆钩2在弹簧3的作用下钩住拉杆1，因此确保模具进行第一次分型。随后在模具内定距拉杆的作用下，拉杆1强行使摆钩2转动，拉杆1从摆钩2中脱出，模具进行第二次分型。弹簧3对摆钩2的压力可通过调节螺钉4控制。此种机构直接安装于模具外侧，适用性广。

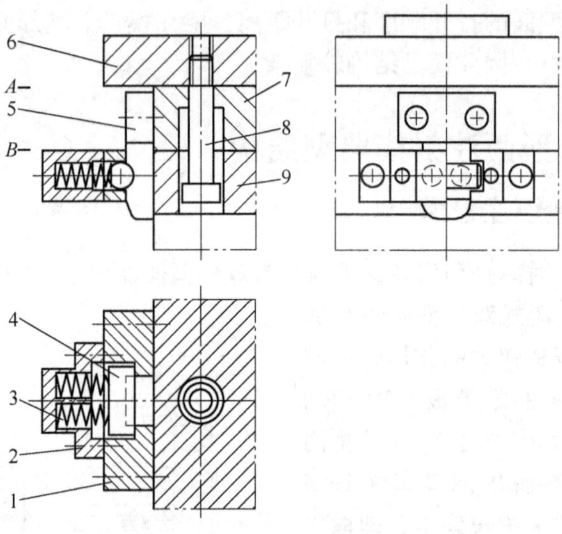

图 3-4　弹簧－滚柱式定距分型机构（一）

1—支座　2—弹簧座　3—弹簧　4—滚柱　5—拉杆　6—定模座板　7—定模板　8—定距螺钉　9—动模板

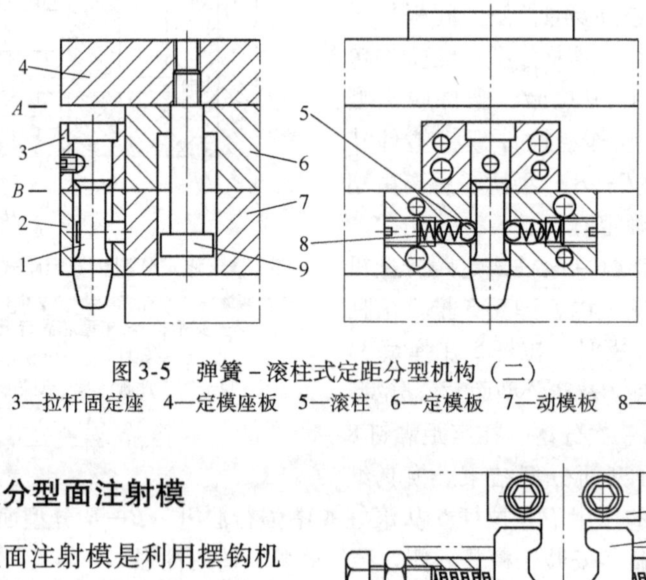

图 3-5　弹簧－滚柱式定距分型机构（二）

1—拉杆　2—支座　3—拉杆固定座　4—定模座板　5—滚柱　6—定模板　7—动模板　8—弹簧　9—定距螺钉

2. 摆钩式双分型面注射模

摆钩式双分型面注射模是利用摆钩机构控制分型面的打开顺序。图 3-7 所示为摆钩式双分型面注射模，该模具利用摆钩来控制 *A—A*、*B—B* 分型面的打开顺序，以保证点浇口浇注系统凝料和制件顺利脱出。在图 3-7 中，二次分型机构由挡块 19、摆钩 18、压块 17、转轴 16、弹簧 15 和定距螺钉 14 等组成。开模时，由于固定在中间板 9 上的摆钩 18 拉住支承板 6 上的挡块 19，模具只能从 *A—A* 分型面分型，这时浇注系统凝料脱出浇口套。开模到一

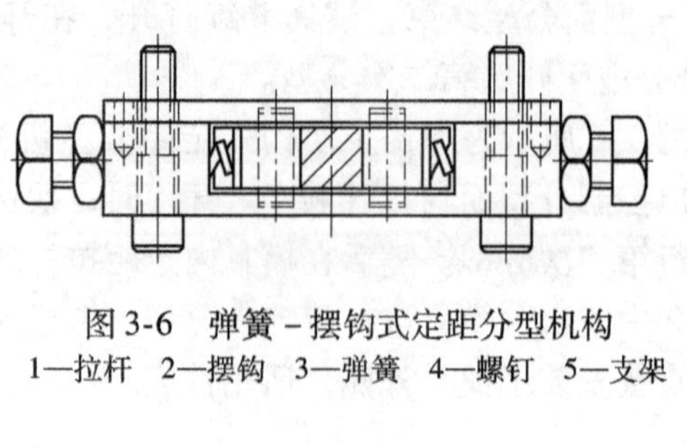

图 3-6　弹簧－摆钩式定距分型机构

1—拉杆　2—摆钩　3—弹簧　4—螺钉　5—支架

定距离后，压块17与摆钩18接触，在压块17的作用下摆钩18摆动并与挡块19脱开，中间板9在定距螺钉14的限制下停止移动，模具从B—B分型面分型。在设计模具时，注意摆钩和压块要对称布置于模具两侧；摆钩拉住挡块的角度应取1°~3°，在安装模具时，摆钩要水平放置，以保证摆钩在开模过程中的动作可靠。

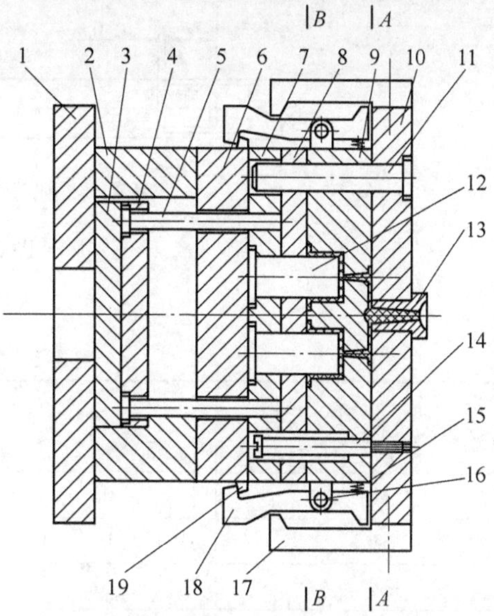

图3-7　摆钩式双分型面注射模

1—动模座板　2—垫块　3—推板　4—推杆固定板　5—推杆　6—支承板　7—型芯固定板　8—推件板　9—中间板　10—定模座板　11—导柱　12—型芯　13—浇口套　14—定距螺钉　15—弹簧　16—转轴　17—压块　18—摆钩　19—挡块

图3-8所示为一种应用较广泛的摆钩定距分型机构。此机构利用拉杆1与弹簧7的作用来实现分型面A—A、B—B的开合。开模时，由于摆钩6钩住挂钩5，A—A分型面首先分型；之后拉杆1与摆钩6底部接触，使摆钩6沿转轴3旋转，从而脱离挂钩5，B—B分型面开始分型；合模时，由于弹簧7的作用使得摆钩6复位，与挂钩5搭合、扣紧。其中，挡销4起到了限位的作用，避免摆钩6在弹簧力过大的情况下复位过头而损坏。

此机构在选用时一般配对使用，设置在模具的两侧，使得模具受力均衡。由于其制造简单，并克服了二次分型机构在多次使用之后易失效的弊病，使用范围较广。

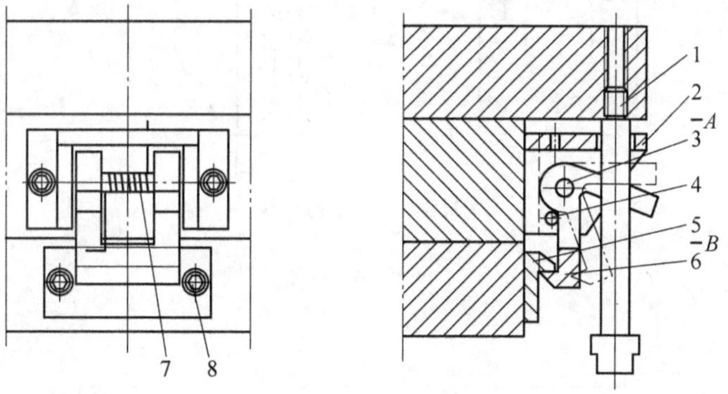

图3-8　摆钩定距分型机构

1—拉杆　2—支座　3—转轴　4—挡销　5—挂钩　6—摆钩　7—弹簧　8—螺钉

此机构中的拉杆可参照图3-9和表3-1选用，摆钩、挂钩和支座可参照图3-10~图3-12选用。

3. 滑块式双分型面注射模

滑块式双分型面注射模利用滑块的移动控制双分型面注射模分型面的打开顺序。图3-13

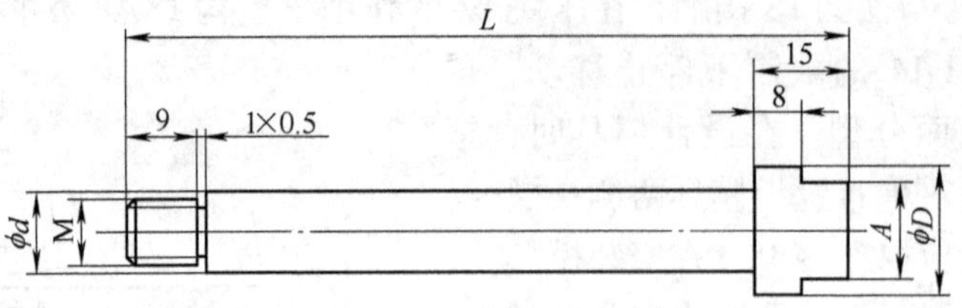

材料：45 钢；热处理：45～48HRC

图 3-9　拉杆

表 3-1　拉杆尺寸的选取　（单位：mm）

编号 名称	1	2	3	4
M	M6	M6	M8	M8
ϕD	16	16	17	17
ϕd	10	10	12	12
A	10	10	12	12
L	70	80	90	100

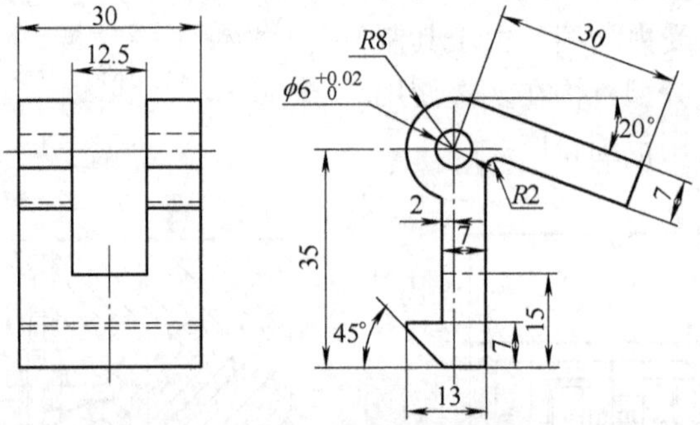

材料：45 钢；热处理：45～48HRC

图 3-10　摆钩

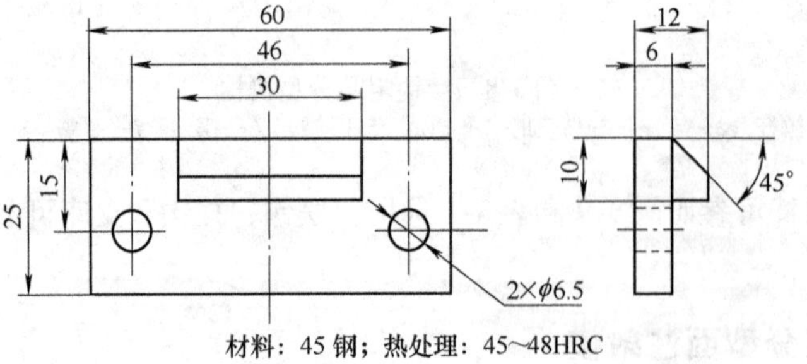

材料：45 钢；热处理：45～48HRC

图 3-11　挂钩

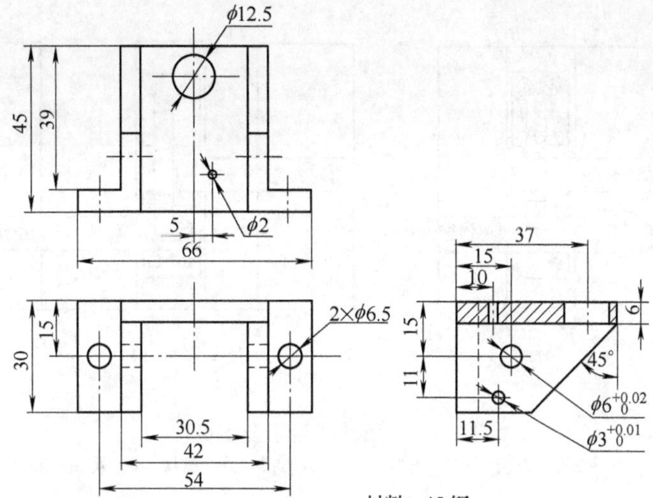

图 3-12　支座

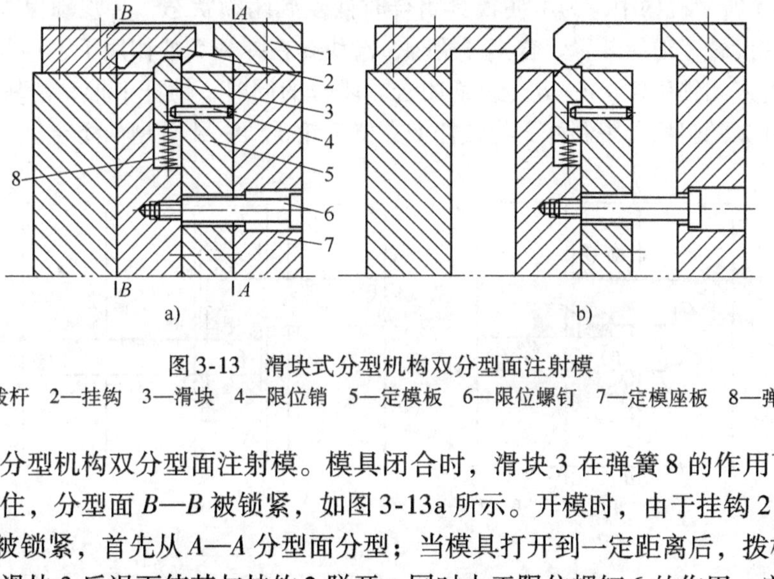

图 3-13　滑块式分型机构双分型面注射模

1—拨杆　2—挂钩　3—滑块　4—限位销　5—定模板　6—限位螺钉　7—定模座板　8—弹簧

所示为滑块式分型机构双分型面注射模。模具闭合时，滑块 3 在弹簧 8 的作用下伸出模外，并被挂钩 2 钩住，分型面 *B—B* 被锁紧，如图 3-13a 所示。开模时，由于挂钩 2 钩住滑块 3，分型面 *B—B* 被锁紧，首先从 *A—A* 分型面分型；当模具打开到一定距离后，拨杆 1 与滑块 3 接触，并压迫滑块 3 后退而使其与挂钩 2 脱开，同时由于限位螺钉 6 的作用，定模板 5 停止运动；继续开模时，*B—B* 分型面开始分型，如图 3-13b 所示。

图 3-14 所示为滑块式定距分型机构。如图 3-14a 所示，模具闭合时，在弹簧 3 的作用下，滑块 5 伸出并被挂钩 1 锁住，因此模具打开时，*A—A* 分型面被锁紧，*B—B* 分型面首先分型。当模具打开到一定距离后，拨杆 2 压迫滑块 5 移动，使滑块 5 与挂钩 1 脱开，同时在模具内定距限位装置的作用下，*A—A* 分型面被打开，如图 3-14b 所示。滑块式分型机构动作可靠，适用范围广。

4. 滚轮式双分型面注射模

滚轮式二次分型机构如图 3-15 所示。在图 3-15a 中，模具闭合，锁杆 1 与限制杆 2 使滚

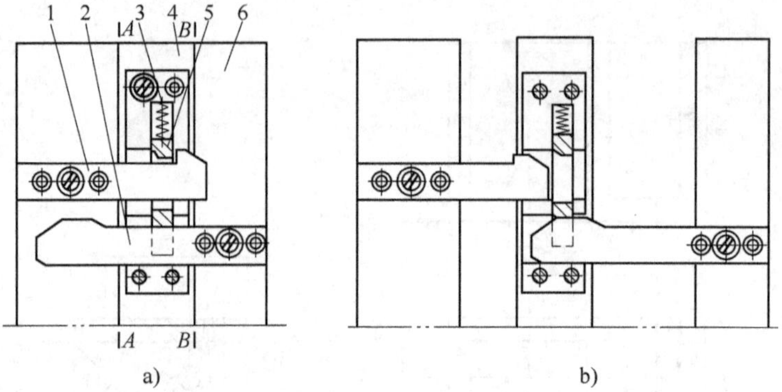

图 3-14 滑块式定距分型机构
1—挂钩 2—拨杆 3—弹簧 4—定模板 5—滑块 6—定模座板

轮 3 锁紧。开模时，由于滚轮 3 被锁杆 1 与限制杆 2 夹持，分型面 *B—B* 处于锁紧闭合状态，因此定模板 4 与定模座板 7 首先分型，即 *A—A* 分型面打开。模具打开一定距离后，限制杆 2 的斜面与滚轮 3 接触，滚轮 3 脱离锁杆 1，*B—B* 分型面打开，如图 3-15b 所示。

在图 3-15 所示机构中，为了使模具闭合时恢复到闭锁状态，必须确保 *B—B* 分型面首先闭合，因此设置了滑块装置。合模开始时，滑块 6 在弹簧 5 的作用下，挡住限制杆 2，以便于锁杆 1 进入闭锁位置，*B—B* 分型面闭合。闭合的同时，锁杆 1 推动滑块 6 移动，消除滑块对限制杆 2 的阻挡，限制杆 2 与锁杆 1 夹持滚轮 3，*A—A* 分型面闭合。

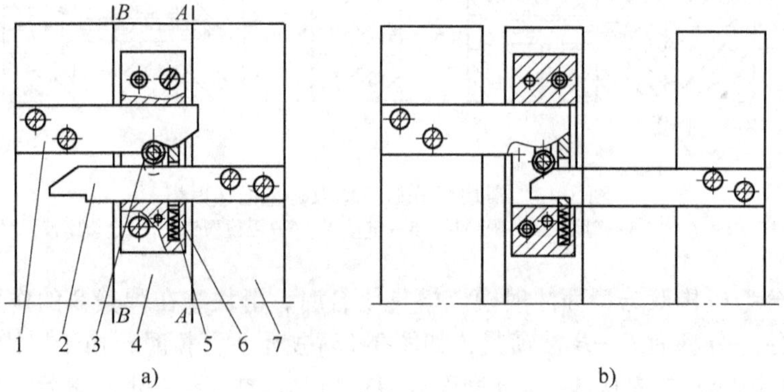

图 3-15 滚轮式二次分型机构
1—锁杆 2—限制杆 3—滚轮 4—定模板 5—弹簧 6—滑块 7—定模座板

5. 导柱定距式双分型面注射模

图 3-16 所示为导柱定距式双分型面注射模。开模时，由于弹簧顶销 16 的作用，中间板 10 与动模部分连为一体，模具在 *A—A* 分型面分型。当定距导柱 8 上的凹槽与定距螺钉 9 相碰时，中间板停止移动，强迫弹簧顶销 16 退出导柱 15 的半圆槽。接着，模具在 *B—B* 分型面分型。继续开模时，在推杆 14 的作用下，推件板 7 将塑件推出。定距导柱既起定距作用，

又是中间板的支承和导向，使模板上的杆孔大为减少。对于结构比较紧凑的小型模具来说，这种结构是比较经济合理的。

6. 胶套式双分型面注射模

利用胶套与模具孔壁间的摩擦力，控制双分型面注射模分型面的打开顺序，是一种方便实用的方法，特别适用于中、小型双分型面的注射模。

图3-17所示为胶套式二次分型机构。胶套材料可为橡胶、聚氨酯或聚酰胺。胶套2用螺钉3固定在动模板6上，螺钉3的锥面与胶套2的锥孔一致。拧紧螺钉3可使胶套2的直径向外胀大，胶套与模板孔的摩擦力增大；反之摩擦力会减小，如图3-17a所示。模具闭合时，胶套2完全进入定模板4的孔内。开模时，由于胶套与模板孔之间摩擦力的作用，*B—B*分型面被锁紧，*A—A*分型面先打开，即定模座板5与定模板4脱开，主流道凝料被拉出，如图3-17b所示。当定距拉杆1的头部与定模板4接触后，强迫定模板4与动模板6分开，*B—B*分型面打开，随后可取出塑件，如图3-17c所示。

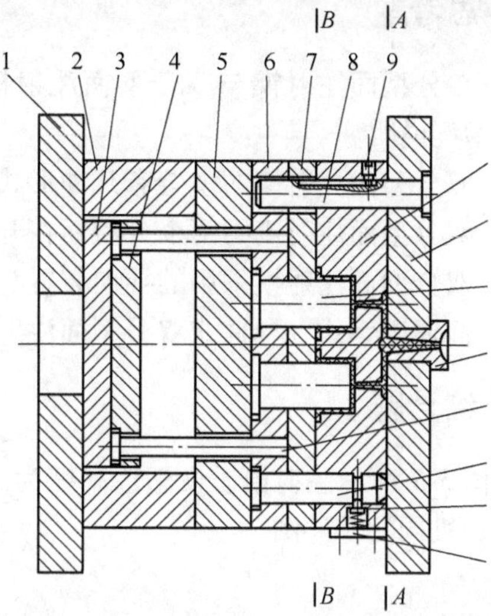

图3-16　导柱定距式双分型面注射模
1—动模座板　2—垫块　3—推板　4—推杆固定板　5—支承板　6—型芯固定板　7—推件板　8—定距导柱　9—定距螺钉　10—中间板　11—定模座板　12—型芯　13—浇口套　14—推杆　15—导柱　16—弹簧顶销　17—压块

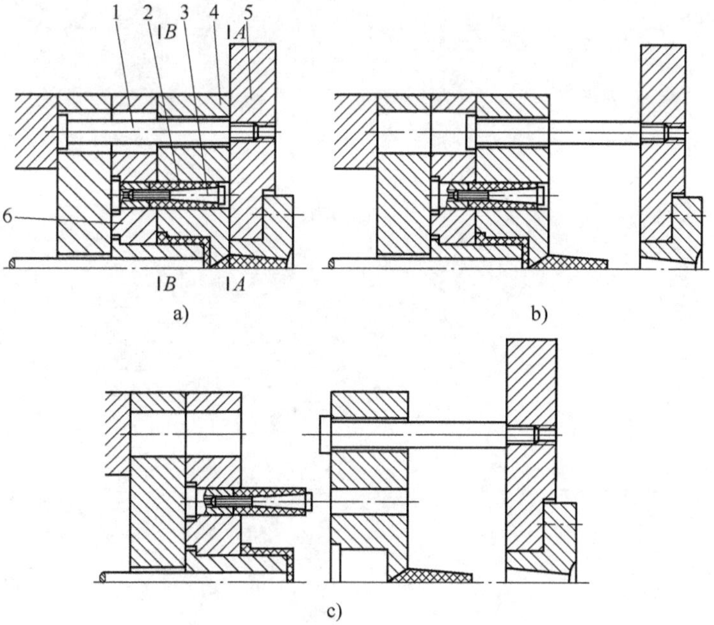

图3-17　胶套式二次分型机构
1—定距拉杆　2—胶套　3—螺钉　4—定模板　5—定模座板　6—动模板

3.1.3 单元练习

1. 思考题

1）单分型面注射模与双分型面注射模在结构组成上有哪些部分相同？哪些部分不相同？并举例说明。

2）双分型面注射模的模架有几种形式？各有何特点？

3）双分型面注射模的两个分型面在开模时的打开距离如何确定？开模时如何控制？

4）双分型面注射模采用的导向装置与单分型面注射模有何不同？

5）简述摆钩式、导柱式双分型面注射模的工作过程。

2. 综合题

如图3-7所示注射模，设塑件高度为30mm，试确定*A—A*、*B—B*分型面之间的距离并绘制摆钩机构的零件图。

单元2　双分型面注射模浇注系统的设计

【学习目标】

1. 掌握点浇口的设计要点。
2. 了解点浇口浇注系统推出机构的工作原理和结构特点。

3.2.1　点浇口浇注系统的设计

双分型面注射模具使用的浇注系统为点浇口浇注系统。点浇口称为针点浇口，是一种截面尺寸很小的浇口，因而具有许多明显的优点：

1）由于浇口尺寸小，熔体流经浇口的速度明显增加，这使得熔体的剪切速率提高，熔体表观黏度下降。同时，由于高速摩擦生热，熔体温度升高，黏度下降，熔体的流动性提高，有利于熔体充填型腔。

2）点浇口便于控制浇口凝固时间，既可保证补料，又可防止倒流，从而保证了产品质量，缩短了成型周期，提高了生产率。

3）点浇口浇注系统脱模时，浇口与塑件自动分开，便于实现塑件生产过程的自动化。

4）浇口痕迹小，容易修整，塑件的外观质量好。

但是，点浇口也有一些不足之处，如对注射压力要求高，模具结构复杂，不适合高黏度、热敏性及对剪切速率不敏感的塑料等。

1. 点浇口的形式

点浇口的形式有许多种，如图 3-18 所示。图 3-18a 为直接式点浇口，即直径为 d 的圆锥形小端直接与塑件相连。这种结构加工方便，但模具浇口处的强度差，而且在拉断浇口时容易使塑件表面损伤。图 3-18b 为圆锥过渡式点浇口，其圆锥形的小端有一段直径为 d、长度为 l 的浇口与塑件相连，这种形式的浇口直径 d 不能太小，浇口长度 l 不能太长，否则脱模时浇口凝料会断裂而堵塞浇口，影响注射的正常进行。图 3-18c 为带圆角的圆锥过渡式点浇口，其结构为圆锥形的小端带有圆角的形式，因此小端的截面面积相应增大，塑料冷却减慢，有利于塑料熔体经浇注系统充满型腔。图 3-18d 为圆锥过渡凸台式的点浇口，其特点是点浇口底部增加了一个小凸台，作用是保证脱模时浇口断裂在凸台小端处，使塑件表面不受损伤。但塑件表面留有凸台，影响表面质量，为了防止这种缺陷，可在设计时让小凸台低于塑件表面，如图 3-18e 所示。

点浇口按使用位置关系不同可分成两种：一种是与主流道直接接通，如图 3-18 中所示的点浇口，这种浇口也称为菱形浇口或橄榄形浇口，由于熔体由注射机喷嘴很快进入型腔，所以只能用于对温度不敏感的物料，如 PE 和 PS 等；另一种是经分流道的多点进料的点浇口，使用较多，如图 3-19 所示。

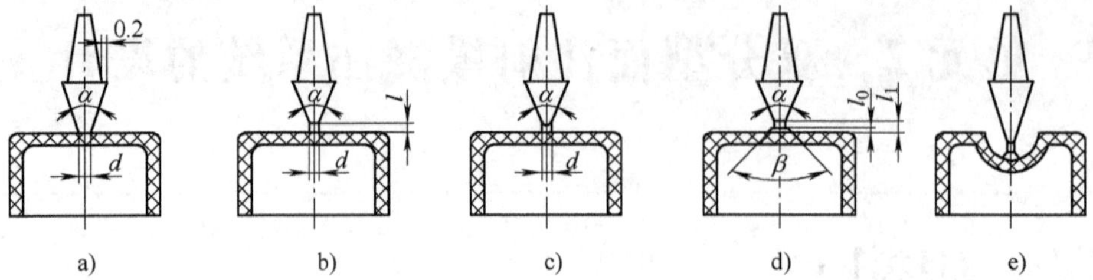

图 3-18　点浇口的形式

2. 点浇口尺寸

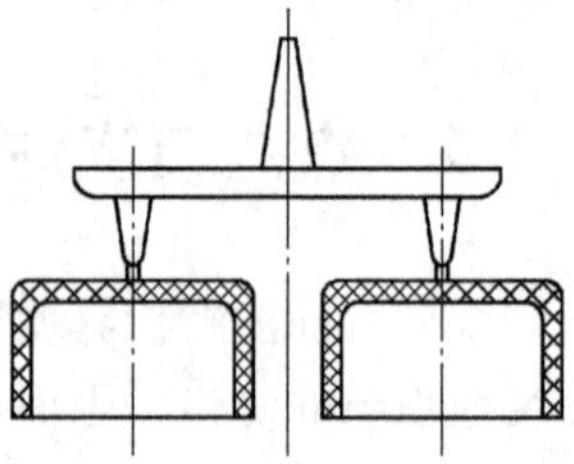

图 3-19　多点进料的点浇口形式

点浇口的尺寸如图 3-18 所示。

$d = 0.5 \sim 1.5\text{mm}$　　　最大不超过 2mm

$l = 0.5 \sim 2.0\text{mm}$　　　常取 $1.0 \sim 1.5\text{mm}$

$l_0 = 0.5 \sim 1.5\text{mm}$　　　$l_1 = 1.0 \sim 2.5\text{mm}$

$\alpha = 6° \sim 35°$　　　$\beta = 60° \sim 120°$

点浇口的直径也可以用经验公式计算，即

$$d = (0.14 \sim 0.20)\sqrt[4]{\delta^2 A} \tag{3-1}$$

式中　d——点浇口直径（mm）；

δ——塑件在浇口处的壁厚（mm）；

A——型腔表面积（mm^2）。

表 3-2 列出了几种常用塑料按塑件平均壁厚确定的点浇口直径尺寸，供设计时参考。

表 3-2　点浇口直径尺寸　（单位：mm）

壁厚 / 塑料种类	<1.5	1.5 ~ 3	>3
PS、PE	0.5 ~ 0.7	0.6 ~ 0.9	0.8 ~ 1.2
PP	0.6 ~ 0.8	0.7 ~ 1.0	0.8 ~ 1.2
PS - HI、ABS、PMMA	0.8 ~ 1.0	0.9 ~ 1.8	1.0 ~ 2.0
PC、POM、PPE	0.9 ~ 1.2	1.0 ~ 1.2	1.2 ~ 1.6
PA	0.8 ~ 1.2	1.0 ~ 1.5	1.2 ~ 1.8

3.2.2　浇注系统推出机构的设计

为了便于点浇口浇注系统凝料的取出，在双分型面注射模典型结构的基础上，又增加了浇注系统凝料自动推出机构，主要有单型腔点浇口凝料自动推出机构和多型腔点浇口凝料自动推出机构。

1. 单型腔点浇口浇注系统凝料的推出机构

（1）带有活动浇口套的挡板推出机构　在图3-20所示的单型腔点浇口浇注系统凝料自动推出机构中，浇口套7以H8/f8的间隙配合安装在定模座板5中，外侧有压缩弹簧6，如图3-20a所示。当注射机喷嘴注射完毕离开浇口套7后退一段距离时，压缩弹簧6的作用使浇口套与主流道凝料分离（松动）。开模后，挡板3先与定模座板5分型，主流道凝料从浇口套中脱出；当限位螺钉4起限位作用时，此过程分型结束，而挡板3与定模板1开始分型，直至限位螺钉2限位时，挡板3将浇注系统凝料从定模板1中拉出（图3-20b），凝料在自重作用下自动脱落。接着动、定模的主分型面开始分型。

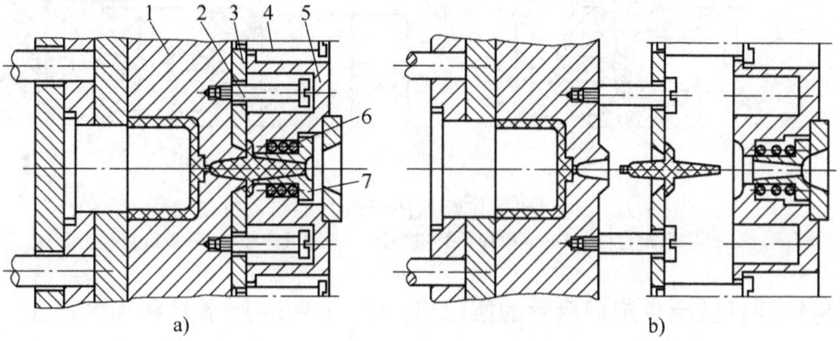

图3-20　带活动浇口套的挡板推出机构

1—定模板　2、4—限位螺钉　3—挡板　5—定模座板　6—弹簧　7—浇口套

（2）带有凹槽浇口套的挡板自动推出机构　在图3-21所示的点浇口浇注系统凝料自动推出机构中，带有凹槽的浇口套7以H7/m6的过渡配合固定在定模板2上，浇口套7与挡板4以锥面定位，如图3-21a所示。开模时，在弹簧3的作用下，定模板2与定模座板5首先分型，在此过程中，由于浇口套内开有凹槽，可将主流道凝料从定模座板中拉出。当限位螺钉6起作用时，挡板4与定模板2及浇口套7脱离，同时浇注系统凝料从浇口套中被拉出并靠自重自动落下，如图3-21b所示。定距拉杆1用来控制定模板与定模座板的分型距离。

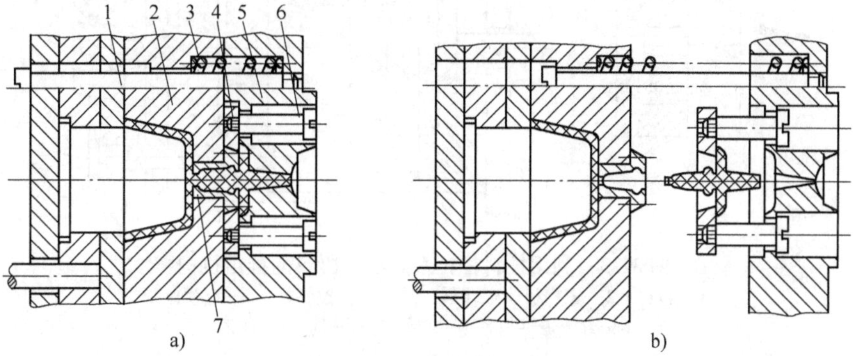

图3-21　带凹槽浇口套的挡板推出机构

1—定距拉杆　2—定模板　3—弹簧　4—挡板　5—定模座板　6—限位螺钉　7—浇口套

2. 多型腔点浇口浇注系统凝料的推出机构

(1) 利用挡板拉断点浇口凝料的自动推出机构 图 3-22 所示为利用挡板拉断多型腔点浇口浇注系统凝料的结构。图 3-22a 为模具闭合、注射状态；图 3-22b 为模具开模状态。开模时，挡板 3 与定模座板 4 首先分型，主流道凝料在定模板上反锥度穴的作用下被拉出浇口套 5，浇注系统凝料留于定模板 2 内。当定距拉杆 1 的中间台阶面接触挡板 3 以后，定模板 2 与挡板 3 分型，挡板将点浇口凝料从定模板中拉出，随后浇注系统凝料靠自重自动落下。

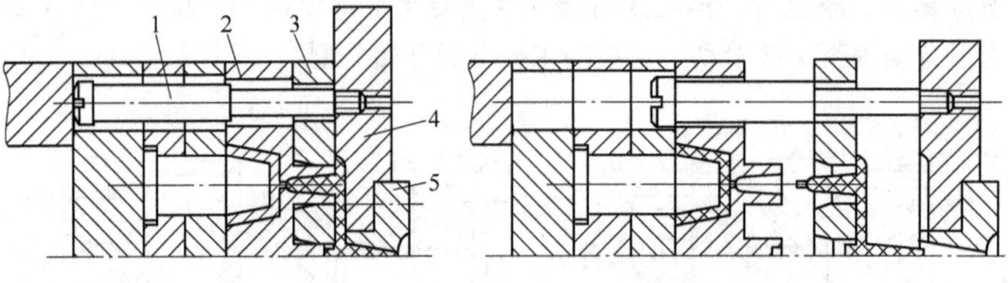

图 3-22 利用挡板拉断点浇口凝料的自动推出机构
1—定距拉杆 2—定模板 3—挡板 4—定模座板 5—浇口套

(2) 利用拉料杆拉断点浇口凝料的推出机构 图 3-23 所示是利用设置在点浇口处的拉料杆拉断点浇口凝料的结构。开模时，模具首先沿动、定模主分型面 *A*—*A* 分型，点浇口被拉料杆 4 拉断，浇注系统凝料留在定模中。动模后退一定距离后，在拉板 7 的作用下，*B*—*B* 分型面分型，分流道推板 6 与定模板 2 分开，由于主流道和分流道凝料的脱模阻力，以及在定模座板 5 上设置有拉料杆 4，点浇口凝料被滞留在分流道推板 6 上。当拉杆 1 拉动分流道推板 6 时，凝料脱出主流道和分流道拉料杆 4，并依靠自重而坠落。对于聚苯乙烯等塑料，其主流道凝料与注射机喷嘴脱离时，经常有拉丝现象，妨碍了点浇口凝料的坠落，可采用增设压缩弹簧 8 和顶销 9 的方法把细丝拉断，如图 3-23 中的 *C* 部放大图所示。

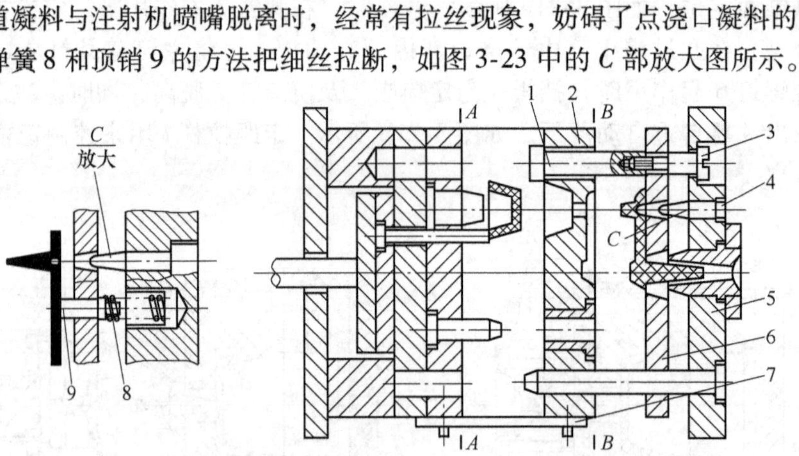

图 3-23 利用拉料杆拉断点浇口凝料的推出机构
1—拉杆 2—定模板 3—限位螺钉 4—拉料杆 5—定模座板
6—分流道推板 7—拉板 8—弹簧 9—顶销

(3) 利用分流道斜孔拉断点浇口凝料的推出机构 图 3-24 所示为利用分流道末端的斜孔将点浇口拉断，并使点浇口凝料推出的结构。模具打开时，由于塑件包紧型芯，点浇口被拉断，同时由于主流道拉料杆的作用，主流道凝料从主流道7中脱出。模具继续打开，拉料杆1的球头在定模板2的作用下从主流道凝料中脱出；由于斜孔中凝料的拉力，分流道凝料从定模板2中被拉出。浇注系统凝料靠自重坠落。图3-25所示为分流道末端斜孔的尺寸。

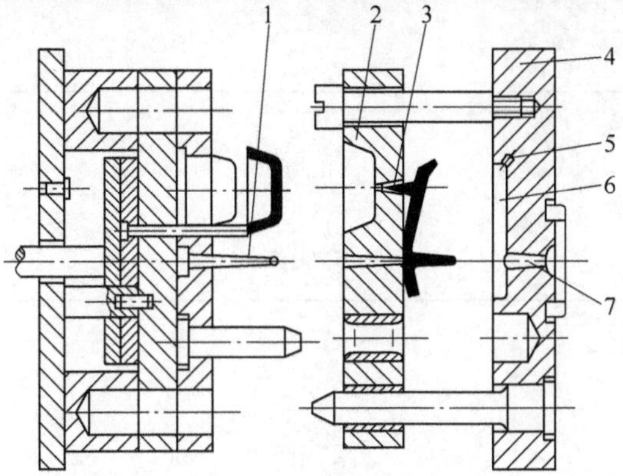

图3-24　拉料杆推出机构

1—主流道拉料杆　2—定模板　3—点浇口凝料　4—定模座板　5—分流道斜孔　6—分流道　7—主流道

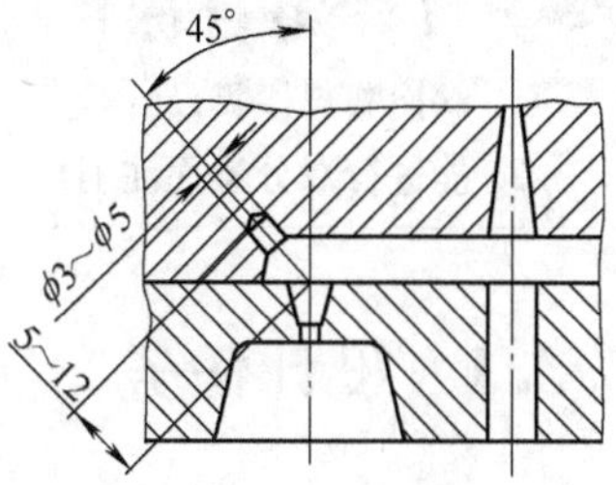

图3-25　分流道末端斜孔的尺寸

3.2.3　单元练习

1. 思考题

1）点浇口适用于哪类塑料原料的注射成型？

2）双分型面注射模点浇口浇注系统凝料的推出机构有哪些？

2. 综合题

分别写出图3-20、图3-23所示双分型面注射模的工作过程。

单元3　双分型面注射模设计实例

【学习目标】

1. 掌握塑料模具设计程序。
2. 能进行双分型面注射模具设计。

3.3.1　设计任务

设计图3-26所示塑料糖盒成型模具，技术要求如下：

1）材料：PS。

2）产量：10万件。

3）未注公差尺寸的公差等级按GB/T 14486—2008中的MT6。

4）未注圆角为 $R1$mm；除口部外，壁厚均为2mm。

5）要求塑件表面不得有气孔、熔接痕和飞边等缺陷，不得有明显的浇口痕迹。

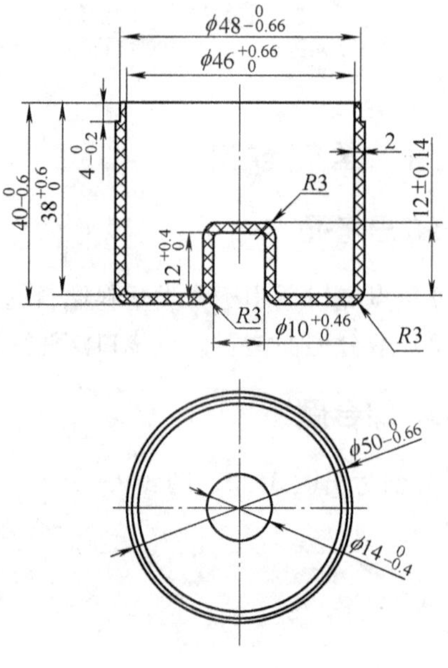

图3-26　塑料糖盒

3.3.2　塑件成型工艺分析

1. 塑件的原材料分析

聚苯乙烯（PS）无色、透明、有光泽、无毒、无味，密度为1.05g/cm^3。聚苯乙烯是目前最理想的高频绝缘材料，可以与熔融的石英相媲美。它的化学稳定性良好，能耐碱、硫酸、磷酸、质量分数为10%～30%的盐酸、稀醋酸及其他有机酸，但不耐硝酸及氧化剂的作用，对水、乙醇、汽油、植物油及各种盐溶液也有足够的耐蚀能力。它的耐热性差，只能在不高的温度下使用，质地硬而脆，制品会由于内应力而开裂。聚苯乙烯的透明性很好，透光率很高，化学性能仅次于有机玻璃。它的着色性能优良，能染成各种鲜艳的色彩。

2. 塑件的结构工艺性分析

（1）塑件的尺寸分析　塑件为圆形壳体零件，腔体深为40mm，口部有一台阶，壁厚为1mm，其余部分壁厚均为2mm，属薄壁塑件。塑件圆角为 $R1$mm、$R3$mm，可以提高模具强度，改善熔体的流动情况，便于脱模。

(2) 塑件的尺寸公差分析　塑件有10个尺寸标注公差，按标准GB/T 14486—2008公差等级为MT3，属于一般精度；其余尺寸未注公差，公差等级取MT6。

(3) 塑件的表面质量分析　塑件表面不得有气孔、熔接痕和飞边等缺陷，表面粗糙度可取 $Ra1.6\mu m$。

通过以上分析可知，塑件可采用注射成型生产。又因产量为10万件，属于大批量生产，所以采用注射成型具有较高的经济效益。

3.3.3　确定型腔数目和排列方式

1. 型腔数目的确定

该塑件精度要求一般，尺寸不大，可以采用一模多腔的形式。考虑到模具制造成本和生产率，定为一模四腔的模具形式。

2. 型腔排列方式的确定

该塑件为规则的圆柱形，型腔可采用图3-27b所示的两行两列的矩形排列方式（45°分布）。

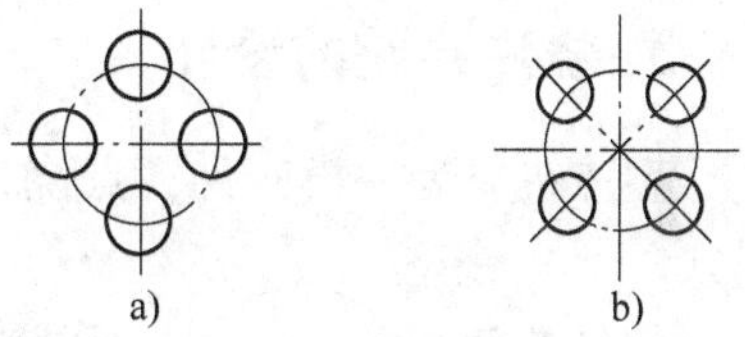

图3-27　型腔布置

3.3.4　注射机的选择

1. 计算塑件的体积和质量

经UG软件测得单个塑件的体积为 $14.25cm^3$，4个塑件的体积为 $57cm^3$，按经验公式计算浇注系统及塑件总体积为 $V=1.6\times57cm^3=91.2cm^3$。

PS的密度为 $1.05g/cm^3$，则质量 $m=1.05\times91.2g=95.76g$。

2. 锁模力的计算

经UG软件测得单个塑件在分型面上的投影面积为 $1962.5mm^2$，4个塑件的投影面积为 $7850mm^2$。按经验公式计算得总面积为 $A=1.35\times7850mm^2=10597.5mm^2$。又聚苯乙烯（PS）成型时型腔的平均压力为25MPa（查表2-3），故所需锁模力为

$$F_m=10597.5\times25N=264937.5N\approx265kN$$

3. 初选注射机的型号

根据上述计算，查附录D初步选择注射机HTF90，注射机主要技术参数略。

4. 初选注射成型工艺参数

查附录C可得PS的注射成型工艺参数如下：

(1) 温度　喷嘴温度：160～170℃；料筒温度：前段170～190℃，后段140～160℃；模具温度：20～50℃。

(2) 压力　注射压力：60～100MPa；保压压力：30～40MPa。

(3) 时间　注射时间：0～3s；保压时间：15～40s；冷却时间：15～30s；成型周期：

40 ~ 90s。

3.3.5 模具结构设计

1. 分型面的选择

首先确定模具的开模方向为塑件的高度方向，根据分型面应选择在塑件外形的最大轮廓处的原则，此塑件的分型面选在盒体的口部4mm台阶处。

2. 确定模具总体结构类型

由于点浇口的浇口痕迹小，不会在塑件表面留下明显的浇口痕迹，且点浇口可以自动拉断，利于自动化生产，因此，本设计采用点浇口浇注系统，即三板模结构，模具总体结构类型为双分型面注射模。

3. 浇注系统的设计

型腔布局为一模四件，点浇口浇注系统。浇注系统组成为主流道、分流道、浇口和冷料穴。

（1）主流道设计 根据所选注射机，主流道小端直径为

$$d = 3\text{mm} + (0.5 \sim 1)\text{mm}，取 d = 4\text{mm}$$

主流道球面半径为

$$SR = 10\text{mm} + (1 \sim 2)\text{mm}，取 SR = 11\text{mm}$$

（2）浇口套设计 将浇口套和定位圈设计成分体式，考虑到定模板和定模座板的厚度，主流道长度取60mm。主流道设计成圆锥形，锥角 $\alpha = 5°$，表面粗糙度取 $Ra0.8\mu m$。浇口套材料采用T10A，热处理淬火后表面硬度为53 ~ 57HRC。

（3）分流道设计 分流道采用平衡式布置，塑料熔体由中心向四周分散而出（沿45°方向）。采用两级分流道对称分布，考虑到浇口的位置，第一级分流道长度取45mm，第二级分流道长度取39mm。

考虑到加工、安装方便，选定第一级分流道采用半圆形截面，第二级分流道采用圆锥形截面。根据PS塑料的流动性，取 $d = 5\text{mm}$。圆锥形截面大端直径取5mm，小端直径和点浇口尺寸一致。

（4）浇口设计 采用点浇口。查表3-2，根据塑料PS、塑件壁厚2mm，点浇口直径取 $d = 1\text{mm}$；浇口长度取 $l = 1\text{mm}$，$\alpha = 11°$，如图3-28所示。

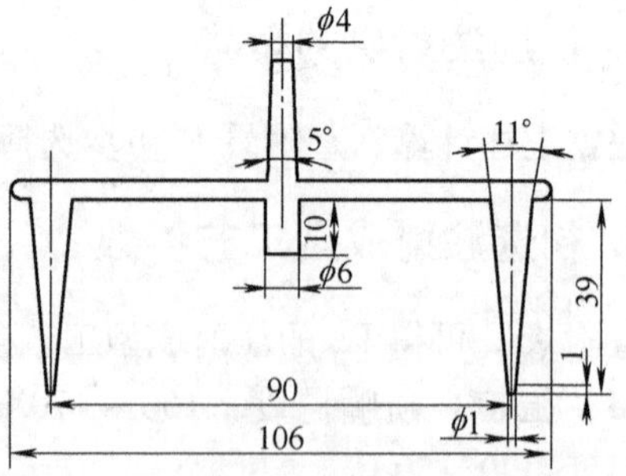

图3-28 浇注系统

（5）冷料穴和拉料杆设计 本模具有二级分流道，流程较长，在主流道末端设置冷料穴。直径大于主流道大端直径，取6mm；长度取10mm。采用球头形拉料杆，直径取6mm，固定在动模板上。

4. 排气系统设计

由于此模具属于中、小型模具，且模具结构较为简单，可利用模具分型面和模具零件间的配合间隙排气，间隙通常为0.02～0.03mm，不必设排气槽。

5. 成型零件设计

（1）成型零件结构设计　凹模和型芯的结构有两种基本形式，即整体式与组合式。考虑到塑件为大批量生产，应选用优质模具钢。为节省贵重钢材，凹模和型芯都宜采用组合式结构。此外，组合式结构还可以减少热处理变形、利于排气、便于模具的维修。

1）凹模。塑件表面光滑，无其他特殊结构。单个塑件尺寸为ϕ50mm×40mm，考虑到一模四腔及冷却系统和结构零件的设置，凹模镶件尺寸取180mm×180mm×50mm。为了安装方便，在定模板上开设相应的型腔切口，并在直角上钻直径为12mm的孔，以便装配，如图3-29所示。

2）型芯。与凹模相对应，型芯分割为四个，如图3-30所示。

图3-29　凹模镶件

图3-30　型芯

（2）型芯、型腔工作尺寸计算　对于标注公差的型芯、型腔尺寸，按相应公式进行尺寸计算，其余则按简化公式计算。查表1-1可知，PS通用型的收缩率$S_{min}=0.5\%$，$S_{max}=0.6\%$，则其平均收缩率为

$$S_{cp}=(S_{min}+S_{max})/2=(0.5\%+0.6\%)/2=0.55\%$$

根据塑件尺寸公差的要求，模具的制造公差取塑件公差的1/3。

$\phi 46^{+0.66}_{0}$mm对应型芯径向尺寸为

$$\begin{aligned} l_m &= (l_s+l_sS_{cp}+\frac{3}{4}\Delta)^{\ 0}_{-\delta_z} \\ &= (46+46\times0.55\%+0.66\times3/4)^{\ 0}_{-0.66/3}\text{mm} \\ &= 46.75^{\ 0}_{-0.22}\text{mm} \end{aligned}$$

$\phi 10^{+0.46}_{0}$mm对应型芯径向尺寸为

$$\begin{aligned} l_m &= (l_s+l_sS_{cp}+\frac{3}{4}\Delta)^{\ 0}_{-\delta_z} \\ &= (10+10\times0.55\%+0.46\times3/4)^{\ 0}_{-0.46/3}\text{mm} \\ &= 10.40^{\ 0}_{-0.15}\text{mm} \end{aligned}$$

$38^{+0.6}_{0}$mm对应型芯高度尺寸为

$$h_m = (h_s+h_sS_{cp}+\frac{2}{3}\Delta)^{\ 0}_{-\delta_z}$$

$$= (38 + 38 \times 0.55\% + 0.6 \times 2/3)_{-0.6/3}^{0}\text{mm}$$
$$= 38.61_{-0.20}^{0}\text{mm}$$

$12_{0}^{+0.4}$mm 对应型芯高度尺寸为

$$h_m = (h_s + h_s S_{cp} + \frac{2}{3}\Delta)_{-\delta_z}^{0}\text{mm}$$
$$= (12 + 12 \times 0.55\% + 0.4 \times 2/3)_{-0.4/3}^{0}\text{mm}$$
$$= 12.33_{-0.13}^{0}\text{mm}$$

$\phi 50_{-0.66}^{0}$mm 对应型腔径向尺寸为

$$L_m = (L_s + L_s S_{cp} - \frac{3}{4}\Delta)_{0}^{+\delta_z}$$
$$= (50 + 50 \times 0.55\% - 0.66 \times 3/4)_{0}^{+0.66/3}\text{mm}$$
$$= 49.78_{0}^{+0.22}\text{mm}$$

$\phi 48_{-0.66}^{0}$mm 对应型腔径向尺寸为

$$L_m = (L_s + L_s S_{cp} - \frac{3}{4}\Delta)_{0}^{+\delta_z}$$
$$= (48 + 48 \times 0.55\% - 0.66 \times 3/4)_{0}^{+0.66/3}\text{mm}$$
$$= 47.77_{0}^{+0.22}\text{mm}$$

$\phi 14_{-0.4}^{0}$mm 对应型腔径向尺寸为

$$L_m = (L_s + L_s S_{cp} - \frac{3}{4}\Delta)_{0}^{+\delta_z}$$
$$= (14 + 14 \times 0.55\% - 0.4 \times 3/4)_{0}^{+0.4/3}\text{mm}$$
$$= 13.78_{0}^{+0.13}\text{mm}$$

$40_{-0.60}^{0}$mm 对应型腔深度尺寸为

$$H_m = (H_s + H_s S_{cp} - \frac{2}{3}\Delta)_{0}^{+\delta_z}$$
$$= (40 + 40 \times 0.55\% - 0.6 \times 2/3)_{0}^{+0.6/3}\text{mm}$$
$$= 39.82_{0}^{+0.20}\text{mm}$$

$4_{-0.20}^{0}$mm 对应型腔深度尺寸为

$$H_m = (H_s + H_s S_{cp} - \frac{2}{3}\Delta)_{0}^{+\delta_z}$$
$$= (4 + 4 \times 0.55\% - 0.2 \times 2/3)_{0}^{+0.2/3}\text{mm}$$
$$= 3.89_{0}^{+0.07}\text{mm}$$

（12 ±0.14）mm 对应距离尺寸为

$$C_m = (1 + S_{cp})C_s \pm \delta_z/2$$
$$= (1 + S_{cp})C_s \pm \Delta/(2 \times 3)$$
$$= (1 + 0.55\%) \times 12\text{mm} \pm (0.28/6)\text{mm}$$
$$= (12.07 \pm 0.05)\text{mm}$$

6. 冷却系统设计

注射模的温度对塑料熔体的充模流动、固化定型、生产率、塑件的形状和尺寸精度都有重要的影响，因此应设置冷却系统。

冷却系统的设计如图 3-31 所示。凹模镶件采用直流循环式冷却装置，沿镶件四周开设冷却水道，水道直径为8mm，如图3-31a所示。型芯大而高，故采用隔板式冷却装置，在支承板上开设冷却水道，水道直径为8mm，如图3-31b所示。

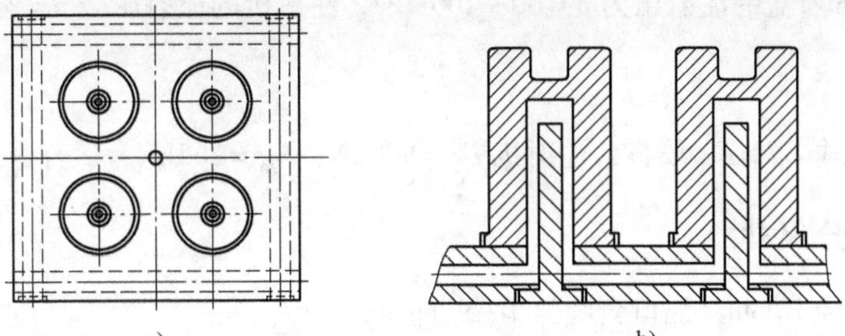

图3-31　冷却水道

7. 推出机构设计

采用推件板（见装配图3-34中件26推件板，件16推杆）推出机构。推件板同时还用于成型糖盒口部高度为4mm的台阶，脱模时，会影响塑件的自动坠落。

8. 模架的选择

设计采用GB/T 12555—2006规定的标准模架。

（1）确定模架组合形式　选择点浇口基本型中的DA型模架。

（2）计算型腔模板周界　模板周界尺寸（镶件尺寸加镶件型腔到模板边距40mm）：

$$长度\ L=(180+40+40)\text{mm}=260\text{mm}$$

$$宽度\ N=(180+40+40)\text{mm}=260\text{mm}$$

考虑到导柱、定距拉杆、联接螺钉布置等问题，确定模板周界尺寸为315mm×315mm。

（3）确定模板厚度　A板（定模板）：塑件高度为40mm，考虑模板上需开设冷却水道，则A板厚度A=型腔深度+底板厚度=（40+20）mm=60mm，选取标准尺寸A=60mm。

B板（动模板）：用来固定型芯，采用整体嵌入式，型芯高度为38mm，则型芯嵌入B板的厚度在18～36mm之间，台阶高度取5～8mm，考虑模板上需开设冷却水道，标准化后取动模板厚度B=40mm。

H_3板（支承板）：取厚度H_3=40mm。

C板（垫块）：形成推出机构的移动空间，其厚度C=推板厚度+推杆固定板厚度+塑件推出距离，保证把塑件完全推离型芯。此模架推板厚度H_6=20mm，推杆固定板厚度H_5=16mm，塑件推出距离=型芯高度+（5～10）mm≈（40+10）mm=50mm，则C=86mm。标准化后取C=90mm。

3.3.6　注射机的校核

1. 最大注射量

已知$V_s+V_j=91.2\text{cm}^3$，注射机$V_{max}=121\text{cm}^3$，K取0.8，则$V_s+V_j<KV_{max}$，注射量满足要求。

2. 注射压力

已知塑料 PS 所需的注射压力 $p=60\sim100\text{MPa}$，注射机的注射压力 $p=249\text{MPa}$，适合。

3. 锁模力

锁模力按公式 $F_P \geqslant F_m$ 校核，注射机 $F_P=900\text{kN}$，$F_m=265\text{kN}$，适合。

4. 安装部分尺寸

喷嘴圆弧半径 10mm < 浇口套圆弧半径 11mm；
喷嘴孔直径 3mm < 主流道小端直径 4mm；
定位孔直径 100mm = 定位圈外径 100mm；
拉杆空间 360mm × 360mm > 模具外形 315mm × 315mm；
最小模厚 150mm < 模具厚度 273mm < 最大模厚 380mm；
适合。

5. 开模行程

开模行程 = 100mm，注射机最大开模行程为 320mm，则开模行程 < 最大开模行程，适合。

3.3.7 装配图和零件图的绘制

糖盒的型芯零件图如图 3-32 所示，凹模镶件零件图如图 3-33 所示，注射模装配图如图 3-34所示。

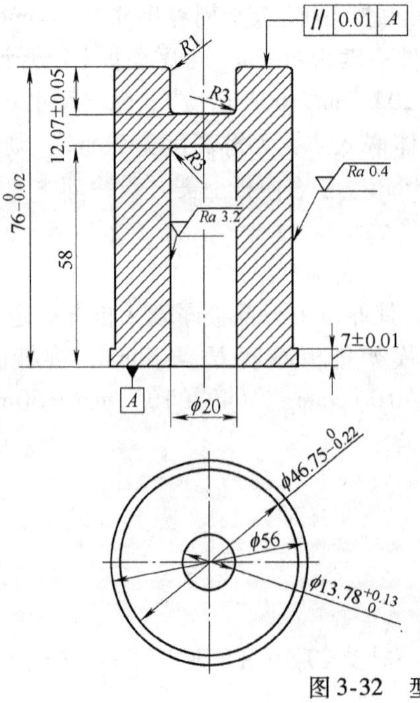

技术要求
1.除了冷却水孔，其余保证尺寸精度在 0.02 以内。
2.热处理硬度达到 45~55HRC。

图 3-32　型芯零件图

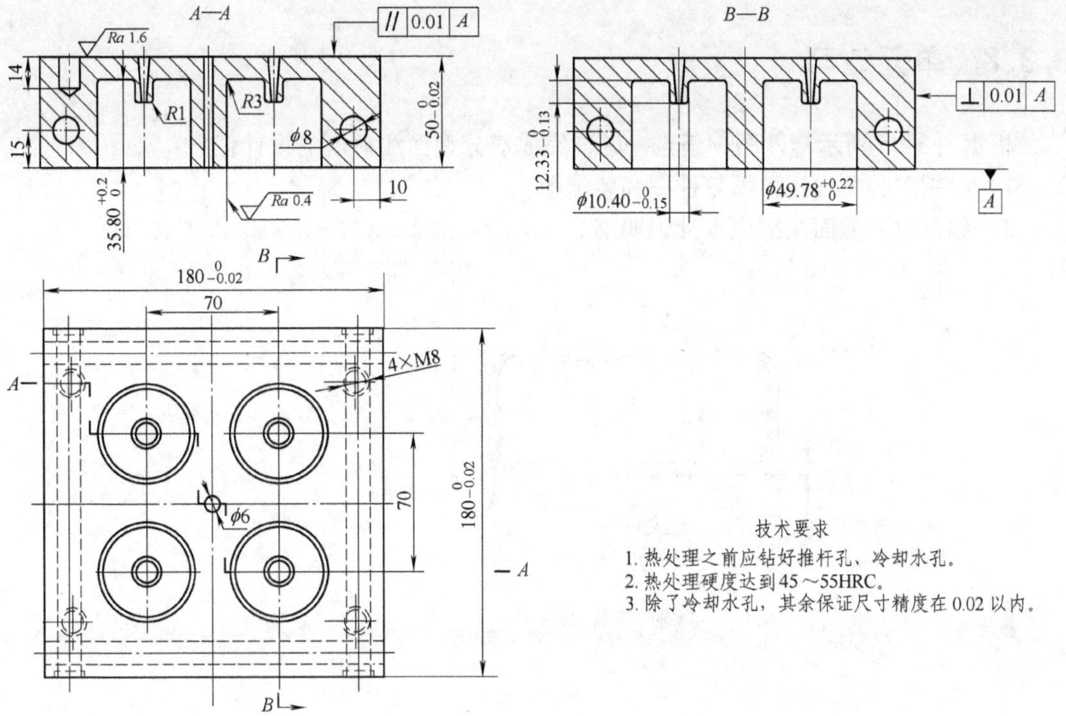

技术要求

1. 热处理之前应钻好推杆孔、冷却水孔。
2. 热处理硬度达到45～55HRC。
3. 除了冷却水孔，其余保证尺寸精度在0.02以内。

图3-33　凹模镶件零件图

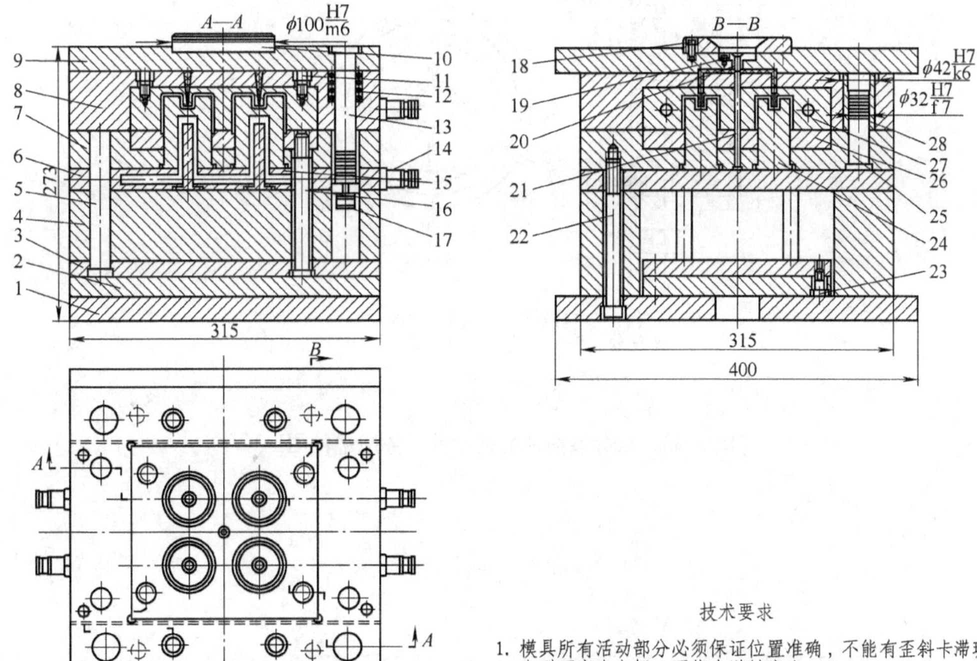

技术要求

1. 模具所有活动部分必须保证位置准确，不能有歪斜卡滞现象。
2. 分型面密合良好，不能有溢料产生。
3. 冷却系统应畅通，不能有泄漏现象。
4. 模具装配完成后进行试模，如有不妥，修模再试。

图3-34　糖盒注射模装配图

1—动模座板　2—推杆固定板　3—推板　4—垫块　5—复位杆　6—支承板　7—动模板　8—定模板　9—定模座板　10—定位圈　11、18、19、22、23—内六角圆柱头螺钉　12—弹簧　13—定距拉杆　14—水嘴　15—隔板　16—推杆　17—螺钉　20—主流道衬套　21—拉料杆　24—型芯　25—导柱　26—推件板　27—凹模镶件　28—导套

3.3.8 单元练习

根据图 3-35 所示塑件图，任选一题，完成双分型面注射模的设计任务：

1）绘制双分型面注射模零件图和装配图。

2）编写双分型面注射模设计说明书。

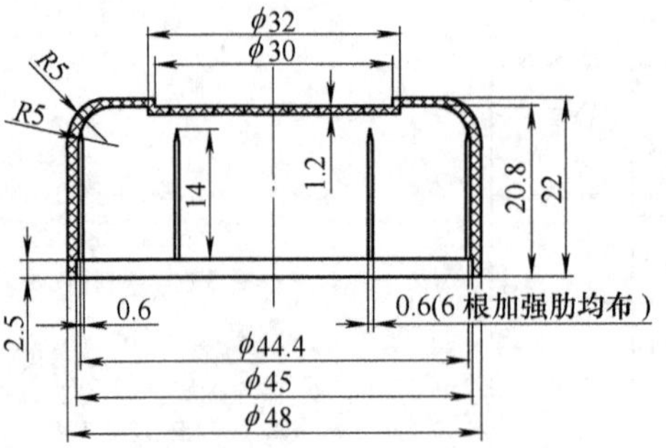

名称：底盒；材料：PE
未注公差按一般精度等级选用

a)

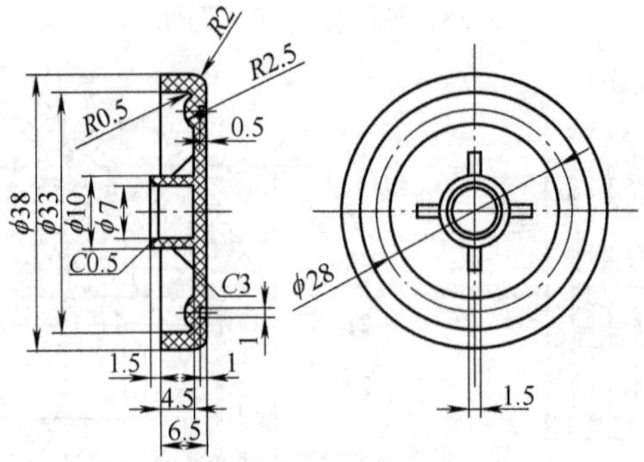

名称：长度计数器盖；材料：ABS
未注公差按一般精度等级选用

b)

图 3-35 双分型面注射模设计任务用塑件图

项目 4 侧向分型与抽芯注射模设计

单元 1 斜导柱侧抽芯机构的设计

【学习目标】

1. 了解斜导柱侧抽芯注射模的结构组成和工作过程。
2. 掌握斜导柱侧抽芯注射模各组成部分的设计要点。

4.1.1 侧向分型与抽芯机构概述

1. 侧向分型与抽芯机构的类型

当注射成型侧壁带有孔、凹坑、凸台等塑件时，模具上成型该处的零件就必须制成可侧向移动的零件，称为活动型芯。在塑件脱模前必须先将活动型芯抽出，否则无法脱模。带动活动型芯做侧向移动（抽拔与复位）的整个机构称为侧向分型与抽芯机构，简称侧抽芯机构。

根据动力来源不同，侧抽芯机构一般可分为机动、液压（液动）或气动以及手动三大类型。

（1）机动侧抽芯机构 机动侧抽芯机构利用注射机开模力作为动力，通过有关传动零件（如斜导柱）使力作用于侧向成型零件，完成侧向分型或把活动型芯从塑件中抽出，合模时又靠它使侧向成型零件复位。

这类机构虽然结构比较复杂，但分型与抽芯不用手工操作，生产率高，在生产中应用最为广泛。根据传动零件的不同，这类机构可分为斜导柱、斜弯销、斜导槽、斜滑块和齿轮齿条等不同类型的侧抽芯机构，其中斜导柱侧抽芯机构最为常用。

（2）液压或气动侧抽芯机构 液压或气动侧抽芯机构以液压力或压缩空气作为动力进行侧向分型与抽芯，同样也靠液压力或压缩空气使活动型芯复位。

液压或气动侧抽芯机构多用于抽拔力大、抽芯距比较长的场合，例如大型管子塑件的抽芯等。这类侧抽芯机构依靠液压缸或气缸的活塞来回运动实现侧抽芯，抽芯的动作比较平稳，特别是有些注射机本身就带有抽芯液压缸，所以采用液压侧向分型与抽芯更为方便，但缺点是液压或气动装置成本较高。

（3）手动侧抽芯机构 手动侧抽芯机构利用人力完成侧向分型或把侧型芯从成型塑件中抽出。这一类机构操作不方便，工人劳动强度大，生产率低，但模具的结构简单，加工制造成本低，因此常用于产品的试制、小批量生产或无法采用其他侧抽芯机构的场合。

手动侧抽芯机构的形式很多，可根据不同塑件设计不同形式的手动侧抽芯机构。手动侧抽芯可分为两类，一类是模内手动分型抽芯，另一类是模外手动分型抽芯，而模外手动分型抽芯机构实质上是带有活动镶件的模具结构。

2. 斜导柱侧抽芯注射模结构组成

(1) 斜导柱侧抽芯机构的概念 斜导柱侧抽芯机构利用斜导柱等零件把开模力传递给侧型芯或侧向成型块，使之产生侧向运动，从而完成侧向抽芯与分型的动作。

这类侧抽芯机构的特点是结构紧凑，动作安全可靠，加工制造方便，是设计和制造注射模侧抽芯时最常用的机构，但它的抽芯力和抽芯距受到模具结构的限制，一般适用于抽芯力不大及抽芯距小于80mm的场合，如图4-1所示。

(2) 斜导柱侧抽芯机构的组成 斜导柱侧抽芯机构主要由斜导柱、侧型芯滑块、导滑槽、楔紧块和侧型芯滑块定距限位装置等组成，如图4-1所示。

斜导柱10又叫斜销，它依靠开模力驱动从而产生侧向抽芯力，迫使侧型芯滑块在导滑槽内向外移动，达到侧抽芯的目的。

侧型芯滑块11是成型塑件上侧凹或侧孔的零件，滑块与侧型芯既可做成整体式，也可做成组合式。

导滑槽是维持滑块运动方向的支承件，要求滑块在导滑槽内运动平稳，无上下窜动和卡紧现象。

使型芯滑块在抽芯后保持最终位置的限位装置由限位挡块5、滑块拉杆8、螺母6和弹簧7组成，它可以保证合模时斜导柱能准确地插入滑块的斜孔，使滑块复位。

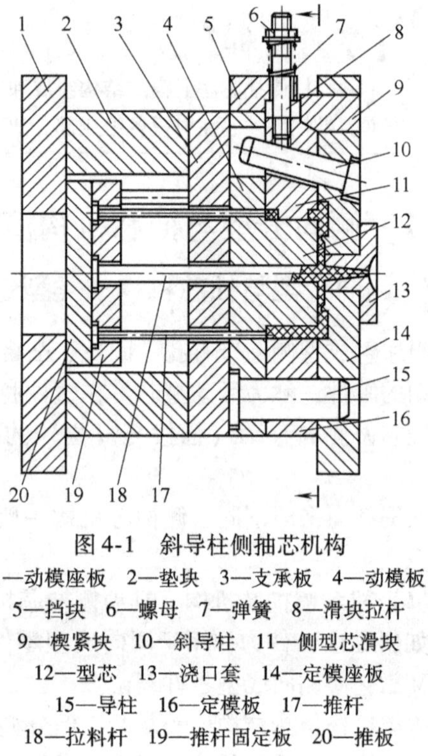

图4-1 斜导柱侧抽芯机构

1—动模座板 2—垫块 3—支承板 4—动模板 5—挡块 6—螺母 7—弹簧 8—滑块拉杆 9—楔紧块 10—斜导柱 11—侧型芯滑块 12—型芯 13—浇口套 14—定模座板 15—导柱 16—定模板 17—推杆 18—拉料杆 19—推杆固定板 20—推板

楔紧块9是合模锁紧装置，其作用是在合模时使侧型芯滑块复位锁紧，在注射成型时，承受滑块传来的侧推力，以免滑块产生位移。

(3) 斜导柱侧抽芯机构的工作过程 斜导柱侧抽芯机构注射模的工作过程如图4-1所示。图4-1中的塑件有一侧通孔，开模时，动模部分向后移动，开模力通过斜导柱10驱动侧型芯滑块11，迫使其在动模板4上的导滑槽内向外滑动，直至滑块与塑件完全脱开，完成侧向抽芯动作。这时塑件包在型芯12上随动模继续后移，直到注射机顶杆与模具推板接触，推出机构开始工作，推杆将塑件从型芯上推出。合模时，复位杆使推出机构复位，斜导柱使侧型芯滑块向内移动复位，最后由楔紧块锁紧。

4.1.2　斜导柱侧抽芯机构的设计与计算

1. 抽芯距与抽芯力的计算

（1）抽芯距的计算　侧型芯从成型位置到不妨碍塑件脱模位置所移动的距离称为抽芯距，用 s 表示。为了安全起见，抽芯距通常比塑件上的侧孔、侧凹的深度或侧向凸台的高度大2～3mm。但在某些特殊的情况下，当侧型芯或侧型腔从塑件中虽已脱出，但仍阻碍塑件脱模时，就不能简单地使用这种方法确定抽芯距。如图4-2所示为线圈骨架的侧向分型注射模，其抽芯距 $s \neq s_1 + (2 \sim 3)\text{mm}$，应是 $s = s_2 + (2 \sim 3)\text{mm}$，塑件才能脱出，即

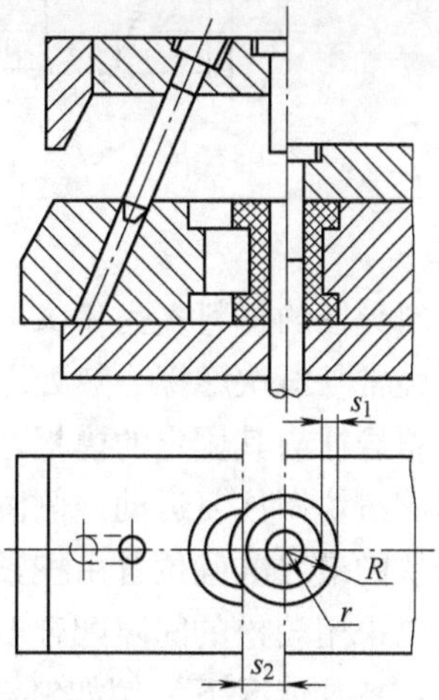

图4-2　线圈骨架的抽芯距

$$s = s_2 + (2 \sim 3)\text{mm}$$

$$s_2 = \sqrt{R^2 - r^2} \tag{4-1}$$

式中　s——抽芯距；

s_2——为取出塑件，侧型芯滑块移动的最小距离；

R——线圈骨架台肩半径；

r——线圈半径。

（2）抽芯力的计算　抽芯力的计算同脱模力计算相同。对于侧向凸起较少的塑件，抽芯力往往是比较小的，仅仅是克服塑件与侧型腔的黏附力和侧型腔滑块移动时的摩擦阻力。对于侧型芯的抽芯力，往往采用如下公式进行估算，即

$$F_c = chp(\mu\cos\alpha - \sin\alpha) \tag{4-2}$$

式中　F_c——抽芯力（N）；

c——侧型芯成型部分的截面平均周长（m）；

h——侧型芯成型部分的高度（m）；

p——塑件对侧型芯的收缩应力（包紧力），其值与塑件几何形状及塑料品种、成型工艺有关，一般情况下模内冷却的塑件，$p = (8 \sim 12) \times 10^6\text{Pa}$，模外冷却的塑件，$p = (24 \sim 39) \times 10^6\text{Pa}$；

μ——塑料在热状态时对钢的摩擦因数，一般 $\mu = 0.15 \sim 0.2$；

α——侧型芯的脱模斜度（°）。

2. 斜导柱的设计

（1）斜导柱的结构设计　斜导柱的形状如图4-3所示，其工作端的端部可以设计成锥台形或半球形。由于车制半球形较困难，所以绝大部分均设计成锥台形。设计成锥台形时必须注意斜角 θ 应大于斜导柱倾斜角度 α，一般 $\theta = \alpha + (2° \sim 3°)$，以避免端部锥台参与侧抽芯，导致滑块停留位置不符合原设计要求，如图4-3a所示。

为了减少斜导柱与滑块上斜导孔之间的摩擦，可在斜导柱工作长度部分的外圆轮廓铣出两个对称平面，如图4-3b所示。

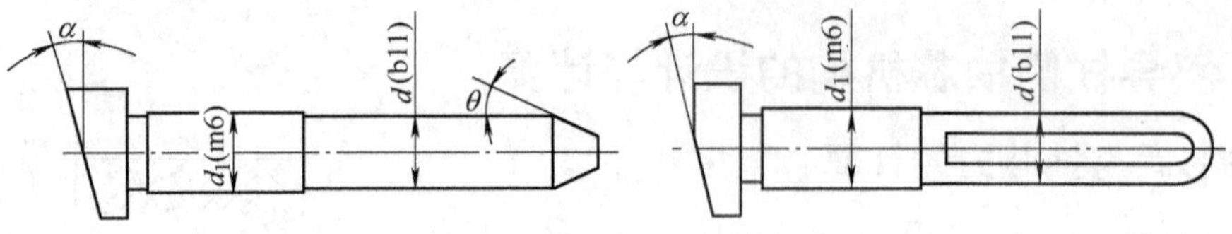

图 4-3　斜导柱的形状

斜导柱的材料多为 T8A、T10A 等优质碳素工具钢，也可以采用 20 钢渗碳处理。由于斜导柱经常与滑块摩擦，热处理要求硬度≥55HRC，表面粗糙度 $Ra \leqslant 0.8\mu m$。

斜导柱与其固定的模板之间采用过渡配合 H7/m6。由于斜导柱在工作过程中主要用来驱动侧滑块做往复运动，侧滑块运动的平稳性由导滑槽与滑块之间的配合精度保证，而合模时滑块的最终准确位置由楔紧块决定，因此，为了运动的灵活，滑块上的斜导孔与斜导柱之间可以采用较松的间隙配合 H11/b11，或在两者之间保留 0.5 ~ 1mm 的间隙。

在特殊情况下（例如斜导柱固定在动模、滑块固定在定模的结构），为了使滑块的运动滞后于开模动作，以便分型面先打开一定的缝隙，让塑件与凸模之间先松动之后再驱动滑块做侧抽芯，即抽芯动作滞后于开模动作，这时斜导柱与滑块上的斜导孔之间的间隙可放大至 2 ~ 3mm。

（2）斜导柱倾斜角的确定　斜导柱轴向与开模方向的夹角称为斜导柱的倾斜角 α，如图 4-4所示，它是决定斜导柱抽芯机构工作效果的重要参数。α 的大小对斜导柱的有效工作长度、抽芯距和受力状况等有着决定性的影响。

由图 4-4 可知

$$L = \frac{s}{\sin\alpha} \tag{4-3}$$

$$H = s\cot\alpha \tag{4-4}$$

式中　L——斜导柱的工作长度；

s——抽芯距；

α——斜导柱的倾斜角；

H——与抽芯距 s 对应的开模距。

图 4-5 所示为斜导柱抽芯时的受力图，可得出开模力为

$$F_w = \frac{F_t}{\cos\alpha} \tag{4-5}$$

$$F_k = F_t \tan\alpha \tag{4-6}$$

式中　F_w——侧抽芯时斜导柱所受的弯曲力；

F_t——侧抽芯时的脱模力，其大小等于抽芯力 F_c；

F_k——侧抽芯时所需的开模力。

由式（4-3）~式（4-6）可知：α 增大，L 和 H 减小，有利于减小模具尺寸，但 F_w 和 F_k 增大，影响斜导柱和模具的强度和刚度；反之，α 减小，斜导柱和模具受力减小，但在获得相同抽芯距的情况下，斜导柱的长度就要增长，开模距就要变大，因此模具尺寸会增大。综合两方面考虑，经过实际的计算推导，α 取 22°30′ 比较理想，一般在设计时使

$\alpha<25°$，最常用为 $12°\leqslant\alpha\leqslant22°$。

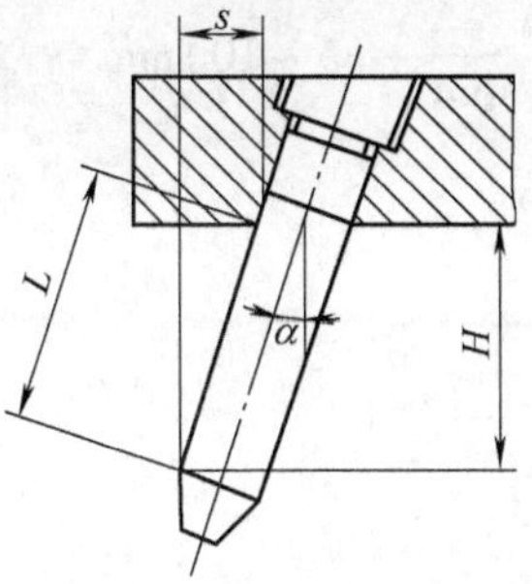

图4-4　斜导柱工作长度与抽芯距的关系

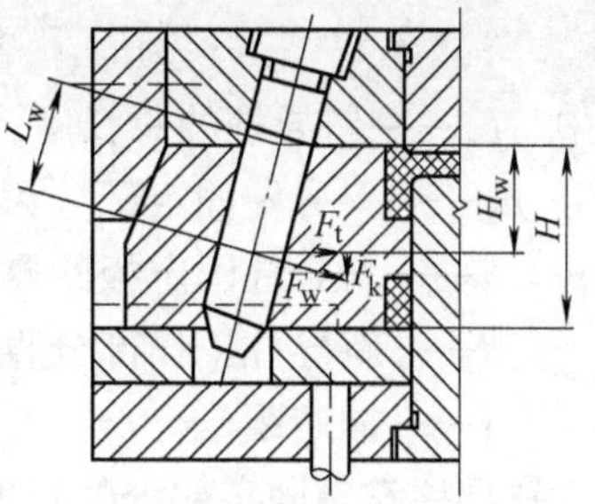

图4-5　斜导柱抽芯时的受力图

当抽芯方向与模具开模方向不垂直而成一定交角 β 时，也可以采用斜导柱抽芯机构。图4-6a所示为滑块外侧向动模一侧倾斜 β 角度的情况，影响抽芯效果的斜导柱的有效倾斜角为 $\alpha_1=\alpha+\beta$，斜导柱的倾斜角 α 值应在 $12°\leqslant\alpha+\beta\leqslant22°$ 内选取，比不倾斜时要取得小些。图4-6b所示为滑块外侧向定模一侧倾斜 β 角度的情况，影响抽芯效果的斜导柱的有效倾斜角为 $\alpha_2=\alpha-\beta$，斜导柱的倾斜角 α 值应在 $12°\leqslant\alpha-\beta\leqslant22°$ 内选取，比不倾斜时可取得大些。

在确定斜导柱倾斜角 α 时，通常抽芯距短时 α（或 α_1、α_2）可适当取小些，抽芯距长时 α 取大些；抽芯力大时，α 可取小些，抽芯力小时，α 可取大些。另外还应注意，斜导柱对称布置时，抽芯力可相互抵消，α 可取大些，而斜导柱非对称布置时，抽芯力无法抵消，α 要取小些。

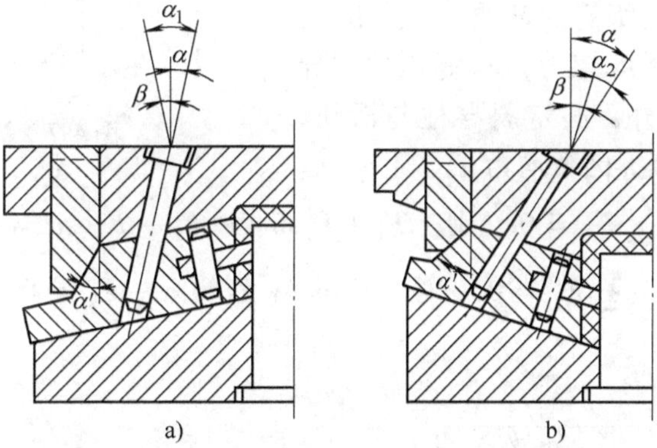

图4-6　抽芯方向与开模方向不垂直的情况

(3) 斜导柱的长度计算　斜导柱的长度如图4-7所示，其工作长度与抽芯距有关。

当侧型芯滑块抽芯方向与开合模方向垂直时，斜导柱的工作长度按式（4-3）计算。

当滑块外侧向动模一侧或向定模一侧倾斜 β 角度后，斜导柱的工作长度 L（或称有效长度）的计算公式为

$$L=s\frac{\cos\beta}{\sin\alpha} \tag{4-7}$$

斜导柱的总长度与抽芯距、斜导柱的直径和倾斜角以及斜导柱固定板的厚度等有关。斜导柱的总长为

$$
\begin{aligned}
L_z &= L_1 + L_2 + L_3 + L_4 + L_5 \\
&= \frac{d_2}{2}\tan\alpha + \frac{h}{\cos\alpha} + \frac{d}{2}\tan\alpha + \frac{s}{\sin\alpha} + (5 \sim 10)\,\text{mm}
\end{aligned} \tag{4-8}
$$

式中 L_z——斜导柱的总长度；

d_2——斜导柱固定部分大端直径；

h——斜导柱固定板的厚度；

d——斜导柱工作部分直径；

s——抽芯距。

斜导柱安装固定部分的长度为

$$
L_a = L_2 - l = \frac{h}{\cos\alpha} - \frac{d_1}{2}\tan\alpha \tag{4-9}
$$

式中 L_a——斜导柱安装固定部分的长度；

d_1——斜导柱固定部分的直径。

(4) 斜导柱的受力分析与直径计算

1) 斜导柱的受力分析。斜导柱在抽芯过程中受到弯曲力 F_w 的作用，如图 4-8 所示。为了便于分析，先分析滑块的受力情况。在图中，F_t 是抽芯力 F_c 的反作用力，与 F_c 大小相等、方向相反；F_k 是开模力，它通过导滑槽施加于滑块；F 是斜导柱通过斜导孔施加于滑块的正压力，其大小与斜导柱所受的弯曲力 F_w 相等；F_1 是斜导柱与滑块间的摩擦力，F_2 是滑块与导滑槽间的摩擦力。另外，假定斜导柱与滑块、滑块与导滑槽之间的摩擦因数均为 μ。

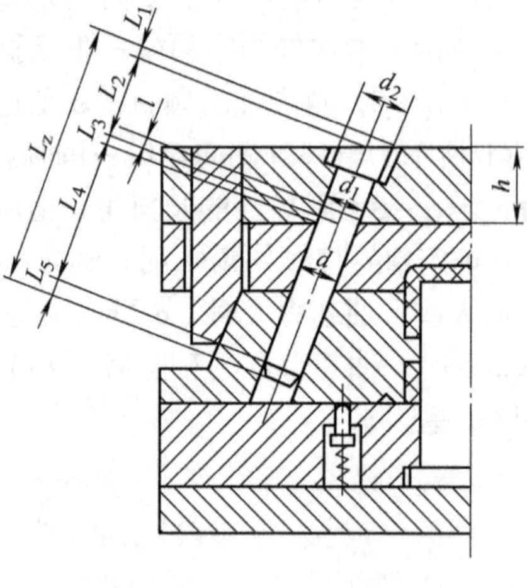

图 4-7 斜导柱的长度

$$
\sum F_x = 0 \quad 则 \quad F_t + F_1\sin\alpha + F_2 - F\cos\alpha = 0
$$

$$
\sum F_y = 0 \quad 则 \quad F\sin\alpha + F_1\cos\alpha - F_k = 0
$$

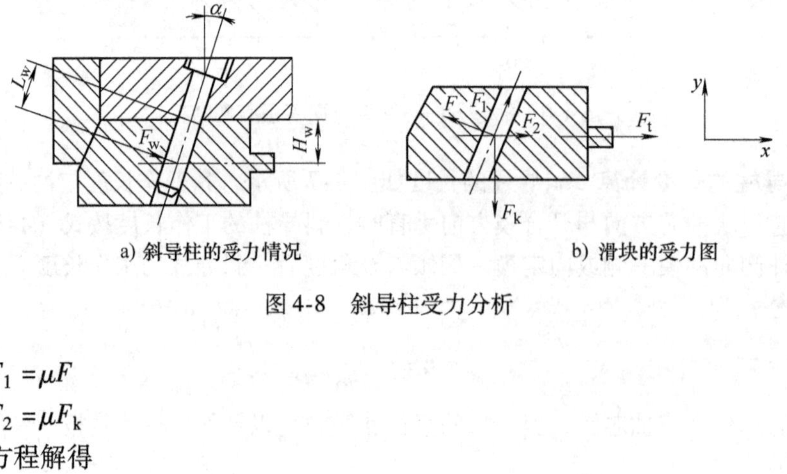

a) 斜导柱的受力情况 b) 滑块的受力图

图 4-8 斜导柱受力分析

其中 $F_1 = \mu F$

$F_2 = \mu F_k$

由以上方程解得

$$F=\frac{F_t}{\sin\alpha+\mu\cos\alpha}\cdot\frac{\tan\alpha+\mu}{1-2\mu\cot\alpha-\mu^2}$$

由于摩擦力和其他力相比较一般较小，常常可略去不计（即 $\mu=0$），计算式可化简为

$$F=\frac{F_t}{\cos\alpha}$$

即

$$F_w=\frac{F_c}{\cos\alpha} \tag{4-10}$$

2）斜导柱的直径计算。斜导柱的直径主要受弯曲力的影响，如图4-8所示，斜导柱所受的弯矩为

$$M_w=F_wL_w$$

式中　M_w——斜导柱所受弯矩；

L_w——斜导柱弯曲力臂。

由材料力学可知

$$M_w=[\sigma_w]W \tag{4-11}$$

式中　$[\sigma_w]$——斜导柱所用材料的许用弯曲应力；

W——抗弯截面系数。

斜导柱的截面一般为圆形，其抗弯截面系数为

$$W=\frac{\pi}{32}d^3\approx 0.1d^3$$

所以斜导柱的直径为

$$d=\sqrt[3]{\frac{F_wL_w}{0.1[\sigma_w]}}=\sqrt[3]{\frac{10F_cL_w}{[\sigma_w]\cos\alpha}}=\sqrt[3]{\frac{10F_cH_w}{[\sigma_w]\cos^2\alpha}} \tag{4-12}$$

式中　H_w——侧型芯滑块所受抽芯力作用线与斜导柱中心线的交点到斜导柱固定板的距离，它并不等于滑块高的一半。

由于计算比较复杂，有时为了方便，也可以用查表方法确定斜导柱的直径。方法是：先按抽芯力 F_c 和斜导柱倾斜角 α 在表4-1中查出最大弯曲力 F_w，然后根据 F_w 和 H_w 以及 α 在表4-2中查出斜导柱直径。

3. 滑块的设计

滑块是斜导柱侧抽芯机构中的一个重要零部件，滑块上安装有侧型芯或侧向成型块，注射成型时塑件尺寸的准确性和移动的可靠性都需要靠滑块的运动精度保证。滑块的结构形状可以根据具体塑件和模具结构灵活设计，可分为整体式和组合式两种。

在滑块上直接制出侧型芯或侧向成型块的结构称为整体式，这种结构仅适于形状十分简单的侧向移动零件，尤其是适用于对开式瓣合模侧向分型，如线圈骨架塑件的侧型腔滑块。在一般的设计中，把侧型芯或侧向成型块和滑块分开加工，然后再装配在一起，即为组合式结构。采用组合式结构可以节省优质模具钢，且加工容易，因此应用广泛。

图4-9所示是几种常见的滑块与侧型芯连接的方式。

图4-9a所示为小型芯在非成型端尺寸放大后镶入滑块，然后用一个圆柱销定位，如侧型芯足够大，尺寸也可不再放大。

图4-9b所示是为了提高型芯强度，适当增加了型芯镶入部分的尺寸，并用两个骑缝销钉固定。

图4-9c所示为燕尾形式连接，一般也需用圆柱销定位。

图4-9d所示为细小型芯的连接方式，即在细小型芯后部制出台肩，从滑块的后部以过渡配合镶入后用螺塞固定。

图4-9e所示为薄片型芯的连接方式，采用通槽嵌装和销钉定位。

图4-9f所示为多个型芯的连接方式，即各型芯镶入固定板后用螺钉和销钉从正面与滑块连接和定位；如正面影响塑件成型，可以从滑块的背面连接和定位。

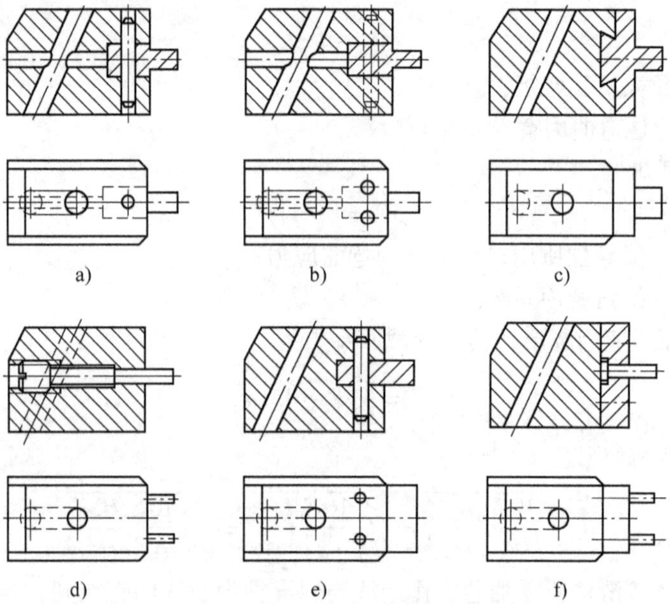

图4-9 滑块与侧型芯连接的方式

侧型芯或侧向成型块是模具的成型零件，常用T8A、T10A、45钢或CrWMn等制造，热处理要求硬度≥50HRC。滑块用45钢或T8A、T10A等制造，要求硬度≥40HRC。镶拼组合的材料表面粗糙度 $Ra \leqslant 0.8\mu m$，镶拼的配合采用H7/m6。

表4-1 最大弯曲力 F_w 与抽芯力 F_c、斜导柱倾斜角 α 的关系

最大弯曲力 F_w/kN	斜导柱倾斜角 α (°)					
	8	10	12	15	18	20
	抽芯力（脱模力 F_t） F_c/kN					
1.00	0.99	0.98	0.97	0.96	0.95	0.94
2.00	1.98	1.97	1.95	1.93	1.90	1.88
3.00	2.97	2.95	2.93	2.89	2.85	2.82
4.00	3.96	3.94	3.91	3.86	3.80	3.76
5.00	4.95	4.92	4.89	4.82	4.75	4.70
6.00	5.94	5.91	5.86	5.79	5.70	5.64

（续）

最大弯曲力 F_w/kN	斜导柱倾斜角 α（°）					
	8	10	12	15	18	20
	抽芯力（脱模力 F_t）F_c/kN					
7.00	6.93	6.89	6.84	6.75	6.65	6.58
8.00	7.92	7.88	7.82	7.72	7.60	7.52
9.00	8.91	8.86	8.80	8.68	8.55	8.46
10.00	9.90	9.85	9.78	9.65	9.50	9.40
11.00	10.89	10.83	10.75	10.61	10.45	10.34
12.00	11.88	11.82	11.73	11.58	11.40	11.28
13.00	12.87	12.80	12.71	12.54	12.35	12.22
14.00	13.86	13.79	13.69	13.51	13.30	13.16
15.00	14.85	14.77	14.67	14.47	14.25	14.10
16.00	15.84	15.76	15.64	15.44	15.20	15.04
17.00	16.83	16.74	16.62	16.40	16.15	15.93
18.00	17.82	17.73	17.60	17.37	17.10	16.80
19.00	18.81	18.71	18.58	18.33	18.05	17.80
20.00	19.80	19.70	19.56	19.30	19.00	18.80
21.00	20.79	20.68	20.53	20.26	19.95	19.74
22.00	21.78	21.67	21.51	21.23	20.90	20.68
23.00	22.77	22.65	22.49	22.19	21.85	21.62
24.00	23.76	23.64	23.47	23.16	22.80	22.56
25.00	24.75	24.62	24.45	24.12	23.75	23.50
26.00	25.74	25.61	25.42	25.09	24.70	24.44
27.00	26.73	26.59	26.40	26.05	25.65	25.38
28.00	27.72	27.58	27.38	27.02	26.60	26.32
29.00	28.71	28.56	28.36	27.98	27.55	27.26
30.00	29.70	29.54	29.34	28.95	28.50	28.20
31.00	30.69	30.53	30.31	29.91	29.45	29.14
32.00	31.68	31.52	31.29	30.88	30.40	30.08
33.00	32.67	32.50	32.27	31.84	31.35	31.02
34.00	33.66	33.49	33.25	32.81	32.30	31.96
35.00	34.65	34.47	34.23	33.77	33.25	32.90
36.00	35.64	35.46	35.20	34.74	34.20	33.84
37.00	36.63	36.44	36.18	35.70	35.15	34.78
38.00	37.62	37.43	37.16	36.67	36.10	35.72
39.00	38.61	38.41	38.14	37.63	37.05	36.66
40.00	39.60	39.40	39.12	38.60	38.00	37.60

表 4-2　斜导柱倾斜角 α、高度 H_w、最大弯曲力 F_w 与斜导柱直径的关系

斜导柱倾斜角 α（°）	H_w /mm	最大弯曲力 F_w/kN																													
		1	2	3	4	5	6	7	8	9	10	11	12	13	14	15	16	17	18	19	20	21	22	23	24	25	26	27	28	29	30
		斜导柱直径/mm																													
8	10	8	10	10	12	12	14	14	14	15	15	16	16	18	18	18	18	18	20	20	20	20	20	20	20	22	22	22	22	22	22
	15	8	10	12	14	14	15	16	16	18	18	18	20	20	20	20	20	22	22	22	22	22	24	24	24	24	24	24	25	25	25
	20	10	12	14	14	15	16	18	18	20	20	20	20	22	22	22	24	24	24	24	24	25	25	25	26	26	26	28	28	28	28
	25	10	12	14	15	18	18	18	20	20	22	22	22	24	24	24	24	25	25	26	26	26	28	28	28	28	28	30	30	30	30
	30	10	14	15	16	18	18	20	20	22	22	24	24	24	24	25	26	26	28	28	28	28	28	30	30	30	30	32	32	32	32
	35	12	14	16	18	18	20	20	20	22	24	24	25	25	26	26	28	28	28	30	30	30	30	30	32	32	32	32	34	34	34
	40	12	14	16	18	20	20	22	22	24	24	25	26	26	28	28	28	30	30	30	30	32	32	32	32	34	34	34	34	34	35
10	10	8	10	12	12	12	14	14	14	15	15	16	16	18	18	18	18	18	20	20	20	20	20	20	22	22	22	22	22	22	22
	15	8	12	12	14	14	15	16	16	18	18	18	20	20	20	20	22	22	22	22	22	22	24	24	24	24	24	24	25	25	25
	20	10	12	14	14	15	16	18	18	20	20	20	22	22	22	22	24	24	24	24	24	25	25	25	26	26	26	28	28	28	28
	25	10	12	14	15	18	18	18	20	20	22	22	22	24	24	24	24	25	25	26	26	26	28	28	28	28	30	30	30	30	30
	30	12	14	15	16	18	20	20	22	22	22	24	24	24	25	25	26	26	28	28	28	28	30	30	30	30	30	32	32	32	32
	35	12	14	16	18	20	20	20	22	22	24	24	25	25	26	26	28	28	28	30	30	30	30	32	32	32	32	32	34	34	34
	40	12	14	16	18	20	22	22	24	24	24	25	26	26	28	28	28	30	30	30	30	32	32	32	32	34	34	34	34	34	35
12	10	8	10	12	12	12	14	14	14	15	16	16	16	18	18	18	18	18	20	20	20	20	20	20	22	22	22	22	22	22	22
	15	8	12	12	14	14	15	16	16	18	18	18	20	20	20	20	22	22	22	22	22	22	24	24	24	24	24	24	25	25	25
	20	10	12	14	14	16	16	18	18	20	20	20	22	22	22	22	24	24	24	24	26	26	25	25	26	26	26	28	28	28	28
	25	10	12	15	16	18	18	20	20	20	22	22	22	24	24	24	24	25	25	26	26	26	28	28	28	28	30	30	30	30	30
	30	12	14	15	16	18	20	20	22	22	22	24	24	24	25	25	26	26	28	28	28	28	30	30	30	30	30	32	32	32	32
	35	12	14	16	18	20	20	22	22	24	24	24	25	25	26	28	28	28	28	30	30	30	30	32	32	32	32	32	34	34	34
	40	12	14	16	18	20	22	22	24	24	24	25	26	26	28	28	28	30	30	30	32	32	32	32	32	34	34	34	34	34	35

（续）

斜导柱倾斜角 α（°）	H_w /mm	最大弯曲力 F_w/kN																													
		1	2	3	4	5	6	7	8	9	10	11	12	13	14	15	16	17	18	19	20	21	22	23	24	25	26	27	28	29	30
		斜导柱直径/mm																													
15	10	8	10	12	12	12	14	14	14	15	16	16	16	18	18	18	18	18	20	20	20	20	20	20	22	22	22	22	22	22	22
	15	10	12	12	14	14	15	16	16	18	18	18	20	20	20	20	22	22	22	22	22	24	24	24	24	24	24	25	25	25	25
	20	10	12	14	14	16	16	18	18	20	20	20	22	22	22	22	24	24	24	24	24	25	25	26	26	26	28	28	28	28	28
	25	10	12	14	16	18	18	20	20	20	22	22	22	24	24	24	24	25	25	26	26	28	28	28	28	28	30	30	30	30	30
	30	12	14	15	16	18	20	20	22	22	22	24	24	24	25	25	26	26	28	28	28	28	30	30	30	30	30	32	32	32	32
	35	12	14	16	18	20	20	22	22	24	24	24	25	25	26	28	28	28	28	30	30	30	30	32	32	32	32	32	34	34	34
	40	12	15	16	18	20	22	22	24	24	24	25	26	28	28	28	30	30	30	30	32	32	32	32	34	34	34	34	34	35	35
18	10	8	10	12	12	14	14	14	14	15	16	16	18	18	18	18	18	20	20	20	20	20	20	22	22	22	22	22	22	22	22
	15	10	12	12	14	14	16	16	18	18	18	20	20	20	20	20	22	22	22	22	22	24	24	24	24	24	24	25	25	25	25
	20	10	12	14	15	16	18	18	20	20	20	20	22	22	22	22	24	24	24	24	25	25	25	26	26	26	28	28	28	28	28
	25	10	14	14	16	18	18	20	20	20	22	22	22	24	24	24	25	25	26	26	26	28	28	28	28	28	30	30	30	30	30
	30	12	14	15	18	18	20	20	22	22	22	24	24	24	25	25	26	26	28	28	28	30	30	30	30	30	32	32	32	32	32
	35	12	14	16	18	20	20	22	24	24	24	24	25	26	26	28	28	28	30	30	30	30	30	32	32	32	32	34	34	34	34
	40	12	15	18	18	20	22	22	24	24	25	25	26	28	28	28	30	30	30	30	32	32	32	32	34	34	34	34	34	34	35
20	10	8	10	12	12	14	14	14	14	15	16	16	18	18	18	18	18	20	20	20	20	20	20	22	22	22	22	22	22	22	22
	15	10	12	12	14	14	16	16	18	18	18	20	20	20	20	20	22	22	22	22	22	24	24	24	24	24	25	25	25	25	25
	20	10	12	14	15	16	18	18	18	20	20	20	22	22	22	22	24	24	24	24	25	25	25	26	26	28	28	28	28	28	28
	25	10	14	14	16	18	18	20	20	20	22	22	22	24	24	24	25	25	26	26	26	28	28	28	28	30	30	30	30	30	30
	30	12	14	15	18	18	20	20	22	22	22	24	24	24	25	25	26	28	28	28	28	30	30	30	30	30	32	32	32	32	32
	35	12	14	16	18	20	20	22	24	24	24	24	25	26	26	28	28	28	30	30	30	30	32	32	32	32	32	34	34	34	34
	40	12	15	18	18	20	22	22	24	24	25	25	26	28	28	28	30	30	30	30	32	32	32	32	34	34	34	34	34	35	35

4. 导滑槽的设计

成型滑块在侧向分型抽芯和复位过程中，要求必须沿一定的方向平稳地往复移动，这一过程是在导滑槽内完成的。根据模具上侧型芯大小、形状和要求不同，以及各工厂的具体使用情况，滑块与导滑槽的配合形式也不同，一般采用T形槽或燕尾槽导滑，常用的配合形式如图4-10所示。

图4-10a所示是T形槽导滑的整体式，结构紧凑，多用于小型模具的抽芯机构，但加工困难，精度不易保证。

图4-10b和图4-10c所示是整体盖板式，图4-10b是在盖板上制出T形台肩的导滑部分，而图4-10c的T形台肩的导滑部分是在另一块模板上加工出来的，它们克服了整体式要用T形铣刀加工出精度较高的T形槽的困难。

图4-10b和图4-10c所示结构也可以设计成局部盖板式，即图4-10d和图4-10e所示的两种结构形式，导滑部分淬硬后便于磨削加工，精度也容易保证，而且装配方便，因此它们是最常用的两种形式。

图4-10f所示为T形槽的另一种形式，其移动方向的导滑部分设在中间的镶块上，而高度方向的导滑部分还是靠T形槽。

图4-10g所示为整体燕尾槽导滑的形式，导滑的精度较高，但加工更加困难。

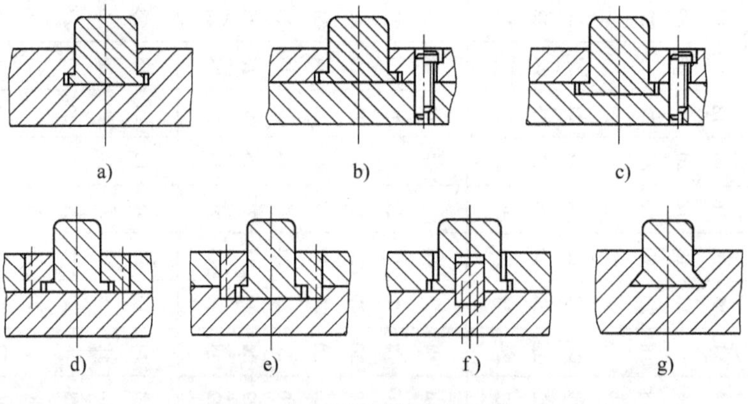

图4-10　导滑槽的结构形式

组成导滑槽的零件对硬度和耐磨性都有一定的要求。一般情况下，整体式导滑槽通常在动模板或定模板上直接加工，常用材料为45钢。为了便于加工和防止热处理变形，常常调质至28～32HRC后铣削成形。盖板的材料常用T8A、T10A或45钢，要求硬度≥50HRC。

在设计滑块与导滑槽时，要注意选用正确的配合精度。导滑槽与滑块导滑部分采用间隙配合，一般采用H8/f8。如果在配合面上成型，为了防止配合部分漏料，应适当提高精度，可采用H8/f7或H8/g7。其他各处均留有0.5mm左右的间隙。配合部分的表面要求较高，表面粗糙度 $Ra \leqslant 0.8\mu m$。

导滑槽与滑块还要保持一定的配合长度。滑块完成抽芯动作后，其滑动部分仍应全部或有部分长度留在导滑槽内，滑块的滑动配合长度通常要大于滑块宽度的1.5倍，而保留在导滑槽内的长度不应小于导滑配合长度的2/3，否则，滑块开始复位时容易偏斜，甚至损坏模具。如果模具的尺寸较小，为了保证具有一定的导滑长度，可以将导滑槽局部加长，使其伸出模外，如图4-11所示。

5. 楔紧块的设计

(1) 楔紧块的结构形式　在注射成型过程中，侧向成型零件受到塑料熔体很大的推力作用，这个力通过滑块传给斜导柱。一般的斜导柱为一细长杆件，受力后容易变形，会导致滑块后移，因此必须设置楔紧块，以便在合模后锁住滑块，承受塑料熔体对侧向成型零件的推力。

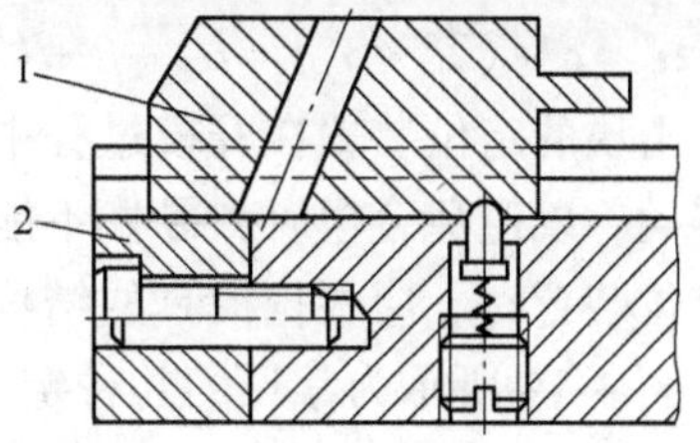

图4-11　导滑槽的局部加长
1—侧型芯滑块　2—导滑槽加长

楔紧块与模具的连接方式如图4-12所示。

图4-12a所示是与模板制成一体的整体式结构，牢固可靠，但消耗的金属材料较多，加工精度要求较高，适用于侧向力较大的场合。

图4-12b所示是采用销钉定位、螺钉（三个以上）紧固的形式，结构简单，加工方便，应用较普遍，但承受的侧向力小。

图4-12c所示为楔紧块采用H7/m6配合整体镶入模板中，承受的侧向力要比图4-12b所示的形式大。

图4-12d所示为在楔紧块的背面又设置了一个后挡块，对楔紧块起加强作用。

图4-12e所示为采用双楔紧块的形式，这种结构适用于侧向力很大的场合，但安装调试较困难。

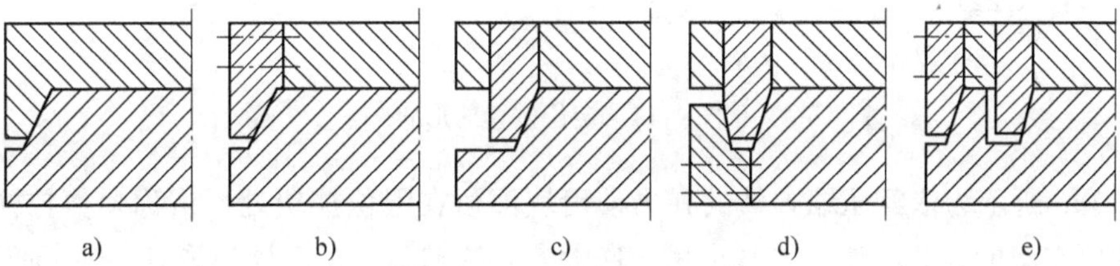

图4-12　楔紧块的结构形式

(2) 锁紧角（楔角）的选择　楔紧块的工作部分是斜面，其锁紧角α'如图4-13所示。为了保证斜面能在合模时压紧滑块，而在开模时又能迅速脱离滑块，以避免楔紧块影响斜导

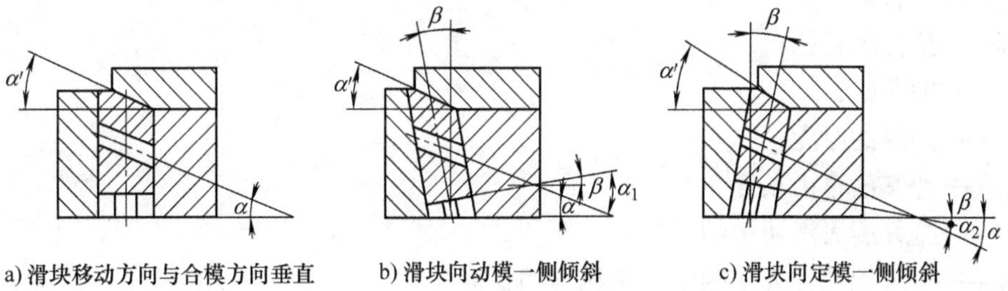

图4-13　楔紧块的锁紧角

柱对滑块的驱动，锁紧角 α' 一般都应比斜导柱倾斜角 α 大一些。在图 4-13a 中，滑块的移动方向垂直于合模方向，$\alpha' = \alpha + (2° \sim 3°)$；当滑块向动模一侧倾斜 β 角度时，如图 4-13b 所示，$\alpha' = \alpha + (2° \sim 3°) = \alpha_1 - \beta + (2° \sim 3°)$；当滑块向定模一侧倾斜 β 角度时，如图 4-13c所示，$\alpha' = \alpha + (2° \sim 3°) = \alpha_2 + \beta + (2° \sim 3°)$。

滑块的定位装置在开模过程中用来保证滑块停留在刚刚脱离斜导柱的位置，不再发生任何移动，以避免合模时斜导柱不能准确地插进滑块的斜导孔内，造成模具损坏。在设计滑块的定位装置时，应根据模具的结构和滑块所在的不同位置选用不同的形式。

图 4-14 所示为常见的几种定位装置的形式。

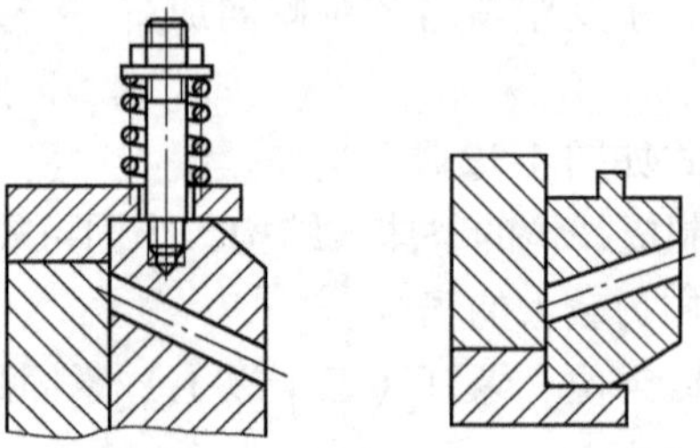
a) b)

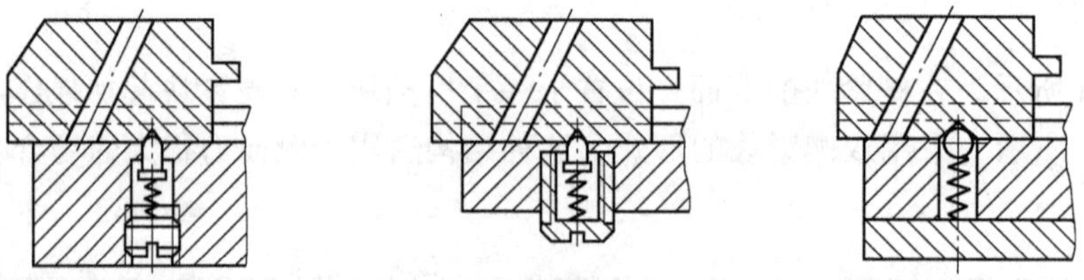
c) d) e)

图 4-14　定位装置的形式

图 4-14a 所示为依靠压缩弹簧的弹力使滑块停留在限位挡块处，俗称弹簧拉杆挡块式，适用于任何方向的抽芯动作，尤其适用于向上方向的抽芯。在设计弹簧时，为了使滑块可靠地在限位挡块上定位，压缩弹簧的弹力应是滑块重量的 2 倍左右，其压缩长度须大于抽芯距 s，一般取 $1.3s$ 较合适。拉杆用于支承弹簧，当抽芯距、弹簧的直径和长度已确定时，则拉杆的直径和长度也就能确定，拉杆的长度计算公式为

$$L_t = 2d + s + t + 0.8L_d + 4d \tag{4-13}$$

式中　L_t——拉杆的长度；

d——拉杆的直径；

s——抽芯距；

t——挡块的厚度；

L_d——弹簧的自由长度；

$2d$——拉杆旋入滑块中的长度；

$4d$——拉杆端部拧入垫圈及六角螺母的长度。

拉杆端部的垫片和螺母也可制成可调的，以便调整弹簧弹力，从而使定位机构工作切实可靠。这种定位装置的缺点是增大了模具的外形尺寸，有时甚至给模具安装带来困难。

图4-14b所示装置适用于向下抽芯的模具，它利用滑块的自重停靠在限位挡块上，结构简单。

图4-14c和图4-14d所示为弹簧顶销式定位装置，适用于侧面方向的抽芯动作，弹簧的直径可取1～1.5mm，顶销的头部制成半球状，滑块上的定位穴设计成球冠状或呈90°的锥度穴。

图4-14e所示结构及其使用场合与图4-14c和图4-14d相似，只是用钢球代替了顶销，称为弹簧钢球式，钢球的直径可取5～10mm。

4.1.3　斜导柱侧抽芯机构的应用形式

1. 斜导柱安装在定模、侧滑块安装在动模

斜导柱安装在定模、侧滑块安装在动模的结构，是斜导柱侧向分型抽芯机构在模具中应用最广泛的形式。它既可用于结构比较简单的注射模，也可用于结构比较复杂的双分型面注射模。设计具有侧抽芯结构的模具时，首先应考虑使用这种形式。图4-1所示为在单分型面模具中的应用，图4-15所示为在双分型面模具中的应用。

在图4-15中，斜导柱5固定于中间板8上，为了防止在*A*—*A*分型面分型后，侧向抽芯时斜导柱往后移动，在其固定端后部设置一块垫板10加以固定。开模时，动模部分向左移动，且*A*—*A*分型面首先分型；当可从*A*—*A*分型面中取出点浇口浇注系统凝料时，拉杆导柱11的左端螺钉与导套12接触；继续开模，*B*—*B*分型面分型，斜导柱5驱动侧型芯滑块6在动模板4的导滑槽内做侧向抽芯；斜导柱脱离滑块后继续开模，最后推出机构开始工作，推管2将塑件从型芯1和动模镶件3中推出。

这种形式在设计时必须注意，侧型芯滑块与推杆在合模复位过程中不能发生“干涉”现象。所谓干涉现象，是指滑块的复位先于推杆的复位，致使活动侧型芯与推杆相碰撞，造成活动侧型芯或推杆损坏的事故。侧型芯与推杆发生干涉的可能性出现在两者在垂直于开模方向平面上的投影发生重合的条件下，如图4-16所示。

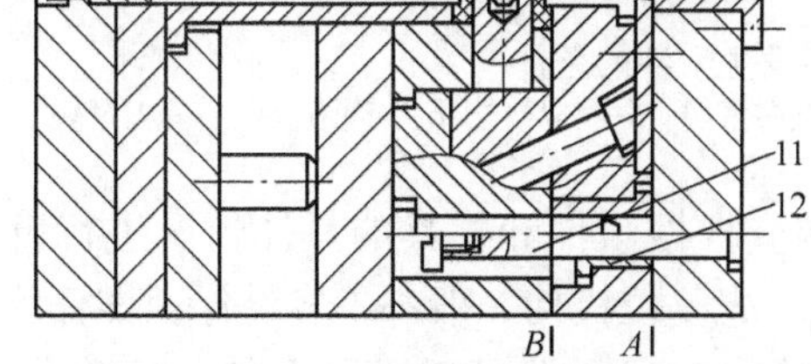

图4-15　斜导柱在定模、侧滑块在动模的双分型面注射模
1—型芯　2—推管　3—动模镶件　4—动模板　5—斜导柱
6—侧型芯滑块　7—楔紧块　8—中间板　9—定模座板
10—垫板　11—拉杆导柱　12—导套

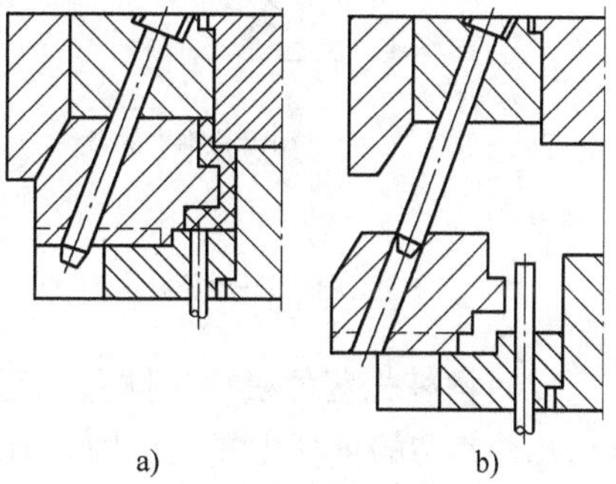

图4-16　干涉现象

在模具结构允许的情况下，应尽量避免在侧型芯的投影范围内设置推杆。如果受到模具结构的限制而在侧型芯的投影下方一定要设置推杆，应首先考虑能否使推杆在推出一定距离后仍低于侧型芯的底面；当这一条件不能满足时，就必须分析产生干涉的临界条件和采取措施使推出机构先复位，然后才允许型芯滑块复位，以避免干涉。下面分别介绍避免侧型芯与推杆干涉的条件和推杆先复位机构。

(1) 避免干涉现象的条件 图4-17a所示为开模且侧抽芯后推杆推出塑件的情况。图4-17b所示为合模复位时，复位杆使推杆复位、斜导柱使侧型芯复位，而侧型芯与推杆不发生干涉的临界状态；图4-17c为合模复位完毕的状态。从图4-17可知，在不发生干涉的临界状态下，侧型芯已复位距离 s'，还需复位的距离为 $s-s'=s_c$，而推杆需复位的距离为 h_c，如果完全复位，应满足以下关系

$$h_c = s_c \cot\alpha$$

即

$$h_c \tan\alpha = s_c \tag{4-14}$$

在完全不发生干涉的情况下，需要在临界状态时侧型芯与推杆还有一段微小的距离 Δ，因此不发生干涉的条件为

$$h_c = s_c \cot\alpha + \Delta$$

或者

$$h_c \tan\alpha > s_c \tag{4-15}$$

式中 h_c——在完全合模状态下推杆端面到侧型芯的最近距离；

s_c——在垂直于开模方向的平面上，侧型芯与推杆投影重合的长度；

Δ——在完全不干涉的情况下，推杆复位距离 h_c 时，侧型芯沿复位方向距离推杆侧面的最小距离，一般取 $\Delta = 0.5\text{mm}$。

在一般情况下，只要使 $h_c \tan\alpha - s_c > 0.5\text{mm}$ 即可避免干涉。如果实际的情况无法满足这个条件，则必须设计推杆先复位机构。

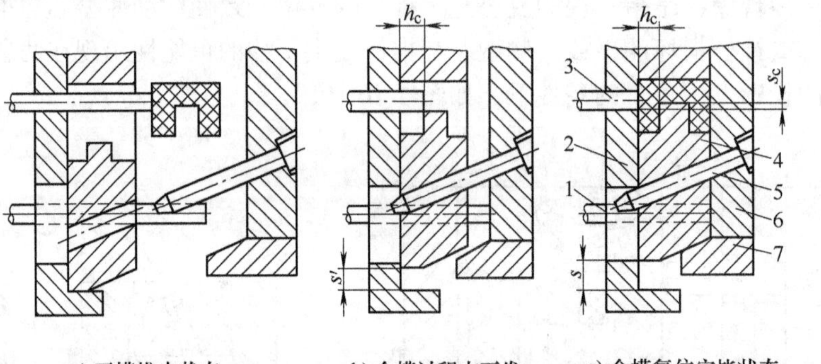

a) 开模推出状态　　b) 合模过程中不发生干涉的临界状态　　c) 合模复位完毕状态

图4-17 不发生干涉的条件

1—复位杆 2—动模板 3—推杆 4—侧型芯滑块 5—斜导柱 6—定模座板 7—楔紧块

(2) 推杆先复位机构 推杆先复位机构应根据塑件和模具的具体情况进行设计，下面介绍几种典型的推杆先复位机构。但应注意，先复位机构一般都不容易保证推杆、推管等推出零件的精确复位，故在设计先复位机构的同时，通常还需要设置能保证复位精度的复位杆。

1）弹簧式先复位机构。弹簧式先复位机构利用弹簧的弹力使推出机构在合模之前进行复位，弹簧安装在推杆固定板和支承板之间，如图4-18所示。

图4-18a所示弹簧安装在复位杆上，图4-18b所示弹簧安装在另外设置的簧柱上，图4-18c所示弹簧安装在推杆上。一般情况下设置4根弹簧，并且尽量均匀分布在推杆固定板的四周，以便让推杆固定板受到均匀的弹力而使推杆顺利复位。

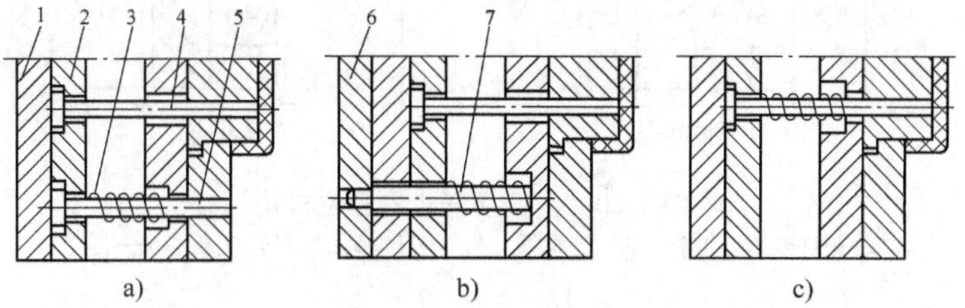

图4-18　弹簧式先复位机构
1—推板　2—推杆固定板　3—弹簧　4—推杆　5—复位杆　6—动模座板　7—簧柱

开模推出塑件时，塑件包紧在型芯上一起随动模部分后退；当推板与注射机上的顶杆接触后，动模部分继续后退，推出机构相对静止而开始脱模，弹簧被进一步压缩。一旦开始合模，注射机顶杆与模具推板脱离接触，在弹簧回复力的作用下推杆迅速复位，因此在斜导柱还未驱动侧型芯滑块复位时，推杆便复位结束，因而避免了与侧型芯的干涉。

弹簧式先复位机构具有结构简单、安装方便等优点，但弹簧的弹力较小，而且容易疲劳失效，可靠性差，一般只适用于复位力不大的场合，并需要定期更换弹簧。

2）楔杆三角滑块式先复位机构。楔杆三角滑块式先复位机构如图4-19所示。合模时，固定在定模板上的楔杆1与三角滑块4的接触先于斜导柱2与侧型芯滑块3的接触。在楔杆作用下，三角滑块在推杆固定板6的导滑槽内向下移动的同时迫使推杆固定板向左移动，使推管先于侧型芯滑块复位，从而避免两者发生干涉。

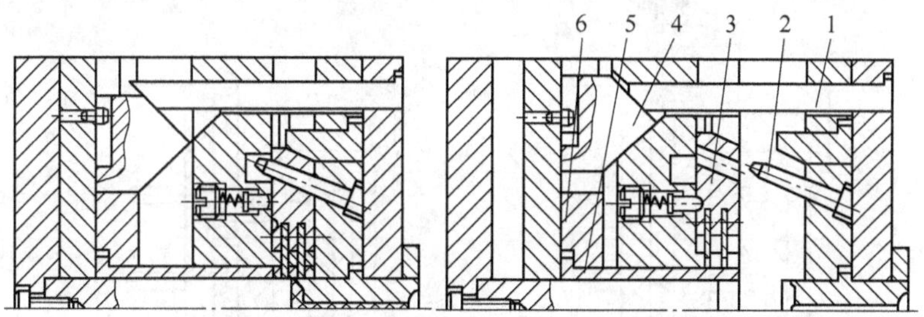

a) 合模状态　　b) 楔杆接触三角滑块时的初始状态

图4-19　楔杆三角滑块式先复位机构
1—楔杆　2—斜导柱　3—侧型芯滑块　4—三角滑块　5—推管　6—推杆固定板

3）楔杆摆杆式先复位机构。楔杆摆杆式先复位机构如图4-20所示，它与楔杆三角滑块式先复位机构相似，所不同的是摆杆代替了三角滑块。合模时，固定在定模板的楔杆1推动摆杆4上的滚轮，迫使摆杆绕着固定于支承板上的转轴做逆时针方向旋转，从而推动推杆固定板5向左移动，使推杆2先于侧型芯滑块复位，避免侧型芯与推杆发生干涉。为了防止滚轮与推板 6 的磨损，在推板 6 上常常镶有淬过火的垫板。

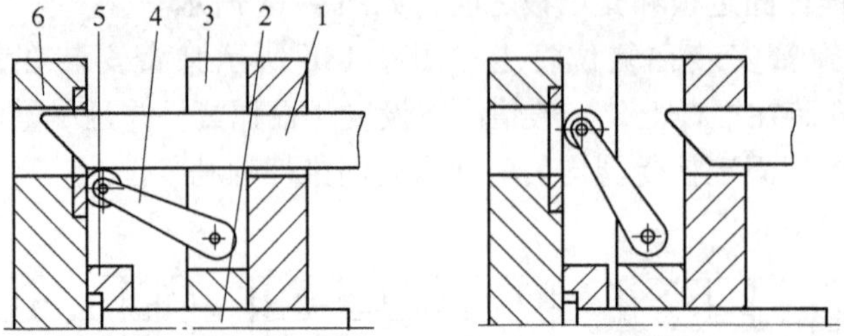

a) 合模状态　　b) 开模状态

图 4-20　楔杆摆杆式先复位机构

1—楔杆　2—推杆　3—支承板　4—摆杆　5—推杆固定板　6—推板

图 4-21 所示为楔杆双摆杆式先复位机构，其工作原理与楔杆摆杆式先复位机构相似，这里不再详述。

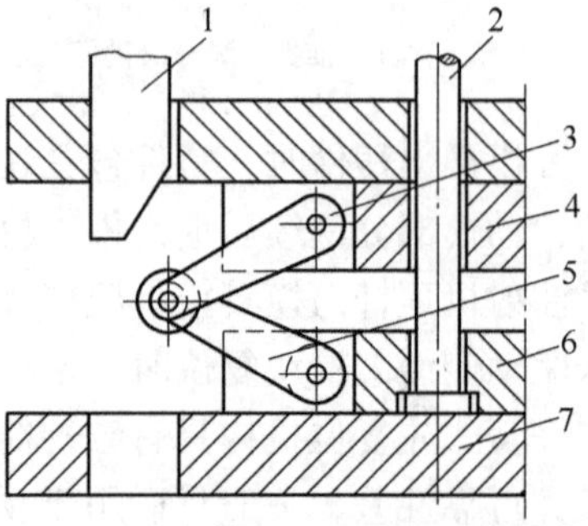

图 4-21　楔杆双摆杆式先复位机构

1—楔杆　2—推杆　3、5—摆杆

4—支承板　6—推杆固定板　7—推板

4）楔杆滑块摆杆式先复位机构。楔杆滑块摆杆式先复位机构如图 4-22 所示。

合模时，固定在定模板上的楔杆 4 的斜面推动安装在支承板 3 内的滑块 5 向下滑动，滑块的下移使滑销 6 左移，从而推动摆杆 2 绕其固定于支承板上的转轴做顺时针方向旋转，进而带动推杆固定板 1 左移，完成推杆 7 的先复位动作。开模时，楔杆脱离滑块，滑块在弹簧 8 的作用下上升，同时，摆杆在本身的重力作用下回摆，推动滑销右移，从而挡住滑块继续上升。

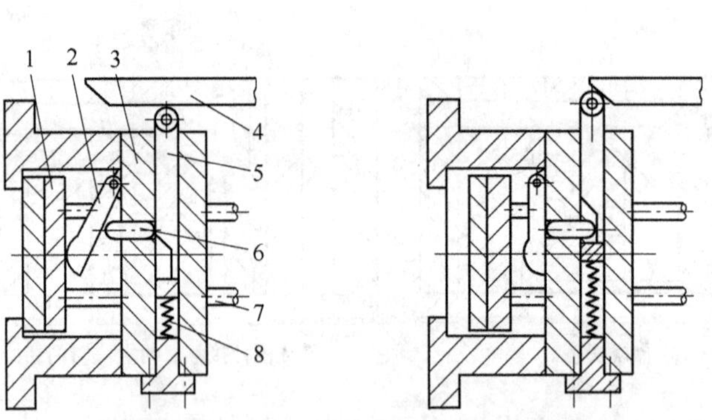

a) 合模状态　　b) 合模过程中楔杆接触滑块的初始状态

图 4-22　楔杆滑块摆杆式先复位机构

1—推杆固定板　2—摆杆　3—支承板　4—楔杆　5—滑块　6—滑销　7—推杆　8—弹簧

5）连杆式先复位机构。连杆式先复位机构如图 4-23 所示，图中连杆 4 以固定在动模板 10 上的圆柱销 5 为支点，一端用转销 6 安装在侧型芯滑块 7 上，另一端与推杆固定板 2 接触。合模时，斜导柱 8 一旦开始驱动侧型芯滑块 7 复位，则连杆 4 将绕圆柱销 5 做顺时针方向的旋转，迫使推杆固定板2带动推杆3迅速复位，从而避免侧型芯与推杆发生干涉。

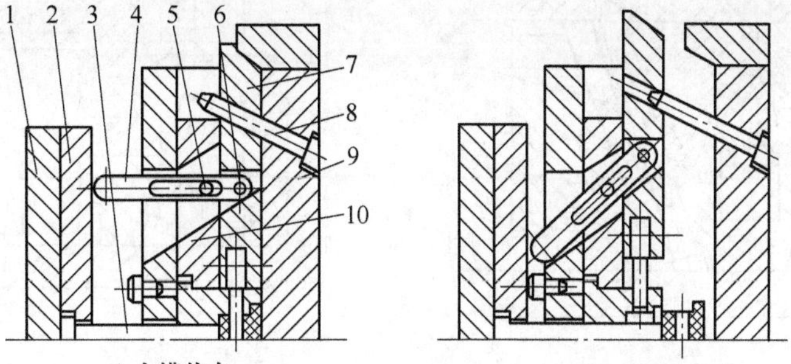

a) 合模状态　　b) 斜导柱接触滑块的初始状态

图4-23　连杆式先复位机构

1—推板　2—推杆固定板　3—推杆　4—连杆　5—圆柱销　6—转销　7—侧型芯滑块　8—斜导柱　9—定模座板　10—动模板

2. 斜导柱安装在动模、侧滑块安装在定模

对于斜导柱安装在动模、侧滑块安装在定模的结构，在开模时，塑件包紧在动模部分的型芯上而留于动模，但侧型芯安装在定模，这样就会产生以下两种情况：

1）侧抽芯与脱模同时进行，由于侧型芯在合模方向的阻碍作用，使塑件从动模部分的型芯上强制脱下而留于定模型腔，侧抽芯结束后，塑件就无法从定模型腔中取出。

2）由于塑件包紧于动模型芯的力大于侧型芯使塑件留于定模型腔的力，则可能会出现塑件被侧型芯撕破或细小侧型芯被折断的现象，导致模具损坏或无法工作。

从以上分析可知，斜导柱安装在动模、侧滑块安装在定模时，脱模与侧抽芯不能同时进行，两者之间要有一个滞后的过程。

图4-24所示为先脱模后侧抽芯的结构。该模具的特点是不设推出机构，凹模制成可侧向滑动的瓣合式模块，斜导柱5与凹模滑块3上的斜导孔之间存在较大的间隙c（$c=1.6\sim3.6$mm）。开模时，在凹模滑块侧向移动之前，动、定模将先分开一段距离h（$h=c/\sin\alpha$），同时由于凹模滑块的约束，塑件与型芯4也将脱开一段距离h；然后斜导柱与凹模滑块上的斜导孔壁接触，侧向分型抽芯动作开始。这种形式的模具结构简单，加工方便，但塑件需要人工从瓣合凹模滑块之间取出，操作不方便，生产率也较低，因此仅适合于小批量生产的简单模具。

图4-25所示为先侧抽芯后脱模的结构。为了使塑件不留在定模，该设计的特点是型芯13与动模板10之间有一段可相对运动的距离。开模时，动模部分向下移动，而被塑件包紧的型芯13不动，这时侧型芯滑块14在斜导柱12的作用下开始侧抽芯；侧抽芯结束后，型芯13的台肩与动模板10接触。继续开模，包在型芯上的塑件随动模一起向下移动并从型腔镶件2中脱出，最后在推杆9的作用下，推件板4将塑件从型芯上脱下。在这种结构中，弹簧6和顶销5的作用是在刚开始分型时把推件板4压靠在型腔镶件2的端面，防止塑件从型腔中脱出。

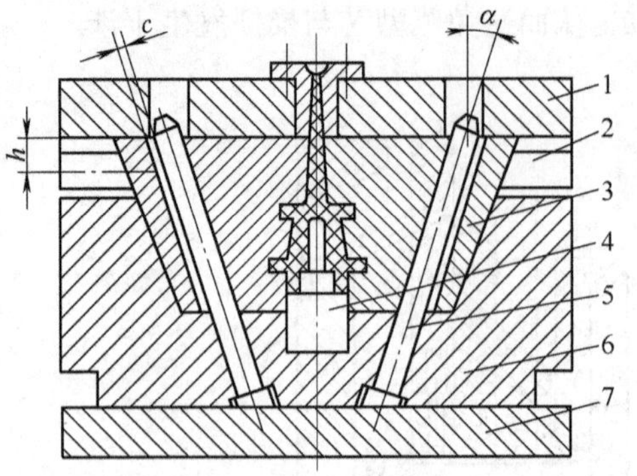

图4-24　斜导柱在动模、侧滑块在定模的结构（先脱模后侧抽芯）

1—定模座板　2—导滑槽　3—凹模滑块　4—型芯　5—斜导柱　6—动模板　7—动模座板

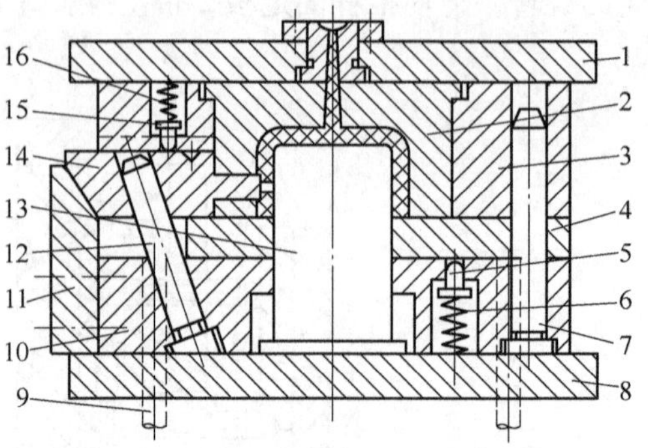

图4-25　斜导柱在动模、侧滑块在定模的结构（先侧抽芯后脱模）

1—定模座板　2—型腔镶件　3—定模板　4—推件板　5—顶销　6、16—弹簧　7—导柱　8—支承板　9—推杆　10—动模板　11—楔紧块　12—斜导柱　13—凸模　14—侧型芯滑块　15—定位顶销

3. 斜导柱与侧滑块同时安装在定模

斜导柱与侧滑块同时安装在定模时，完成侧抽芯动作的条件是两者之间必须产生相对运动。要实现两者之间的相对运动，必须在定模部分增加一个分型面，因此需要采用顺序分型机构。

图4-26所示为采用弹簧式顺序分型机构的形式。开模时，动模部分向下移动，在弹簧7的作用下，*A—A*分型面首先分型，主流道凝料从主流道衬套中脱出。分型的同时，在斜导柱2的作用下侧型芯滑块1开始侧向抽芯；侧向抽芯动作完成后，定距螺钉6的端部与定模板5接触，*A—A*分型面分型结束。动模部分继续向下移动，*B—B*分型面开始分型，塑件包在型芯3上脱离定模板，最后在推杆8的作用下，推件板4将塑件从型芯上脱下。采用这种结构形式时，必须注意弹簧7应该有足够的弹力，以满足分型侧抽芯时开模力的需要。

图4-27所示为采用摆钩式顺序分型机构的形式。合模时，在弹簧7的作用下通过转轴6固定于定模板10上的摆钩8钩住固定在动模板11上的挡块12。开模时，由于摆钩8钩住挡

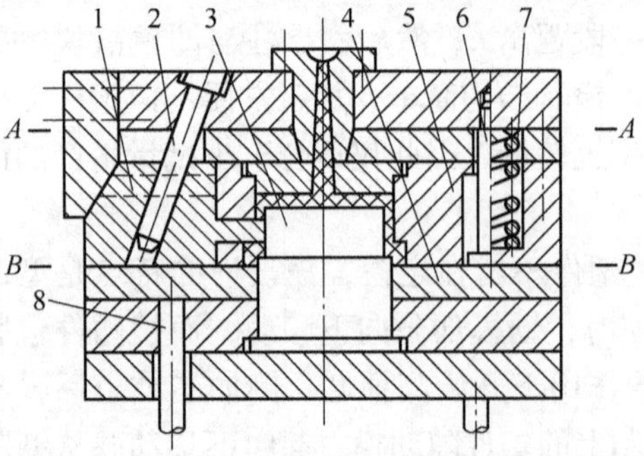

图4-26　斜导柱与侧滑块同在定模的结构（弹簧式顺序分型）

1—侧型芯滑块　2—斜导柱　3—型芯　4—推件板　5—定模板　6—定距螺钉　7—弹簧　8—推杆

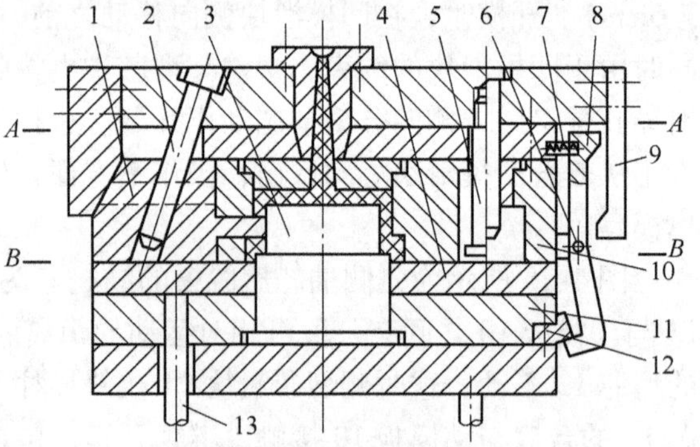

图4-27　斜导柱与侧滑块同在定模的结构（摆钩式顺序分型）

1—侧型芯滑块　2—斜导柱　3—型芯　4—推件板　5—定距螺钉　6—转轴　7—弹簧　8—摆钩　9—压块　10—定模板　11—动模板　12—挡块　13—推杆

块，模具首先从 $A—A$ 分型面分型，同时在斜导柱2的作用下，侧型芯滑块1开始侧向抽芯。侧向抽芯结束后，固定在定模座板上的压块9的斜面压迫摆钩8，使其按逆时针方向摆动而脱离挡块12，定模板10在定距螺钉5的限制下停止运动。动模部分继续向下移动，$B—B$ 分型面分型，塑件随型芯3保持在动模一侧，然后推件板4在推杆13的作用下将塑件推出。

设计上述结构时必须注意，挡块12与摆钩8钩接处应有1°~3°的斜度，同时，一般应将摆钩和挡块成对并对称布置于模具两侧。

斜导柱与滑块同时安装在定模的结构中，斜导柱的长度可适当加长，以便定模部分分型后斜导柱工作端仍留在侧型芯滑块的斜导孔内，因此不需设置滑块的定位装置。

以上介绍的两种顺序分型机构，除了应用于斜导柱与滑块同时安装在定模形式的模具外，只要 $A—A$ 分型距离足以满足点浇口浇注系统凝料的取出，就可用于点浇口浇注系统的三板式模具。

4. 斜导柱与侧滑块同时安装在动模

斜导柱与侧滑块同时安装在动模时，一般可以通过推出机构来实现斜导柱与侧型芯滑块的相对运动。如图4-28所示，侧型芯滑块2安装在推件板4的导滑槽内，合模时靠设置在定模板上的楔紧块锁紧。开模时，侧型芯滑块2和斜导柱3一起随动模部分下移并和定模分开。当推出机构开始工作时，推杆6推动推件板4使塑件脱模的同时，滑块2在斜导柱3的作用下在推件板4的导滑槽内向两侧滑动而侧抽芯。采用这种结构的模具，由于侧型芯滑块始终不脱离斜导柱，所以不需设置滑块定位装置。驱动斜导柱与滑块做相对运动的推出机构一般只是推件板推出机构，因此，这种结构形式主要适用于抽芯力和抽芯距均不太大的场合。

5. 斜导柱的内侧抽芯

斜导柱侧抽芯机构除了对塑件进行外侧抽芯与侧向分型外，还可以对塑件进行内侧抽芯，如图4-29所示。斜导柱2固定于定模板1上，侧型芯滑块3安装在动模板6上。开模时，塑件包紧在型芯4上随动模向左移动。在开模过程中，斜导柱2同时驱动侧型芯滑块3在动模板6的导滑槽内滑动而进行内侧抽芯，最后推杆5将塑件从型芯4上推出。将滑块设置在模具的上方，可利用滑块的重力定位。

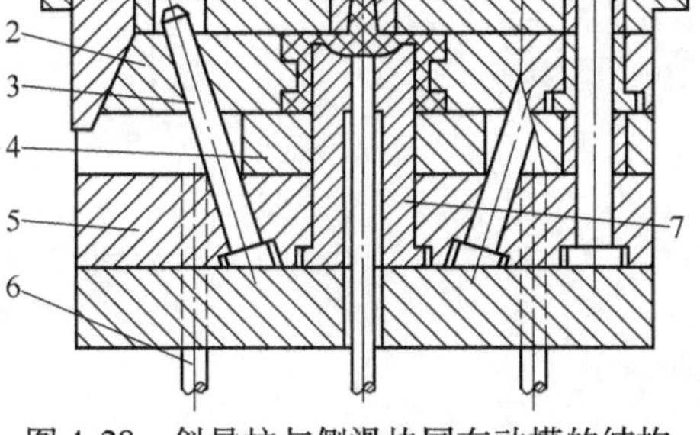

图4-28 斜导柱与侧滑块同在动模的结构
1—楔紧块 2—侧型芯滑块 3—斜导柱 4—推件板
5—动模板 6—推杆 7—型芯

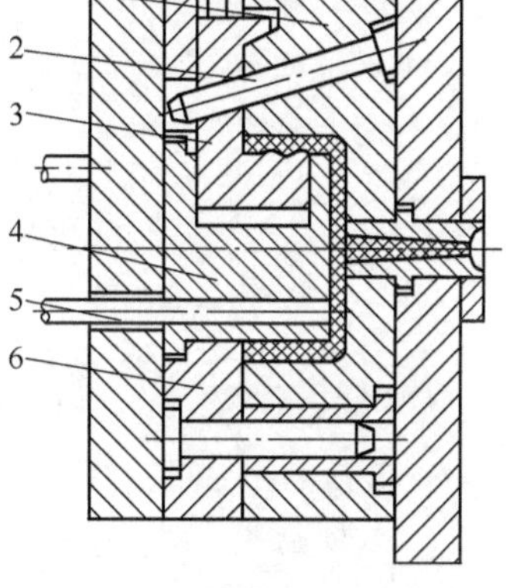

图4-29 斜导柱的内侧抽芯
1—定模板 2—斜导柱 3—侧型芯滑块
4—型芯 5—推杆 6—动模板

4.1.4 单元练习

1. 思考题

1）侧向分型与抽芯机构的类型有哪些？

2）斜导柱侧向分型与抽芯机构适用于什么场合？

3）斜导柱侧向分型与抽芯机构由哪些部分组成？

4）斜导柱侧向分型与抽芯机构的抽芯距如何确定？

5）侧型芯滑块定位装置的作用是什么？

6）楔紧块的作用是什么？

7）楔紧块上锁紧角的大小如何确定？

8）何为干涉现象？如何避免“干涉现象”的产生？

2. 综合题

1）计算图 4-30 所示侧向抽芯机构中斜导柱工作部分的直径。塑料对侧型芯单位面积上的包紧力，模外冷却塑件时取 4×10^7Pa，模内冷却塑件时取 1×10^7Pa，碳钢的 $[\sigma_w]$ 取 3×10^8Pa，塑钢之间摩擦因数 μ 取 0.3。侧型芯脱模斜度为 0.5°。

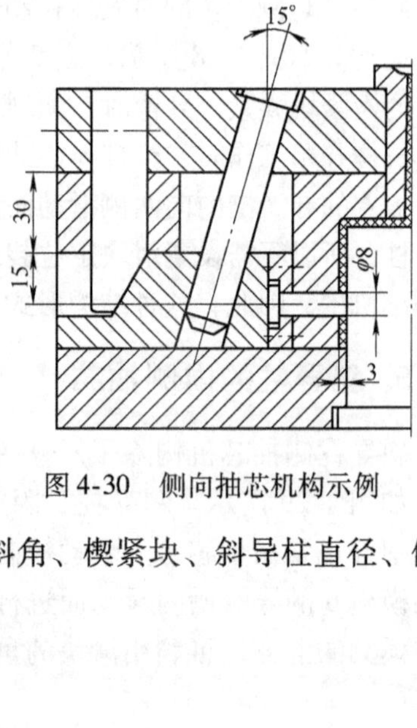

图 4-30 侧向抽芯机构示例

2）写出图 4-1 所示侧抽芯机构中的零件名称及作用；简述侧向分型与抽芯注射模的工作原理。

3）按图 4-1 所示结构，自定塑件尺寸并绘制塑件图。

4）按图 4-1 所示结构和绘制的塑件图，分别设计倾斜角、楔紧块、斜导柱直径、侧型芯滑块及导滑槽，并绘制零件图。

单元2　斜导柱侧抽芯模具设计实例

【学习目标】

1. 掌握塑料模具设计程序。
2. 能进行斜导柱侧抽芯注射模的设计。

4.2.1　设计任务

设计如图4-31所示电流线圈骨架塑件的成型模具，技术要求如下：

1）材料：增强聚丙烯PP。

2）产量：10万件。

3）未注公差尺寸的公差等级按GB/T 14486—2008中MT6。

4）倾角处允许最大半径$R0.5$mm。

5）要求塑件表面不得有飞边、毛刺等缺陷，内部不得有导电杂质。

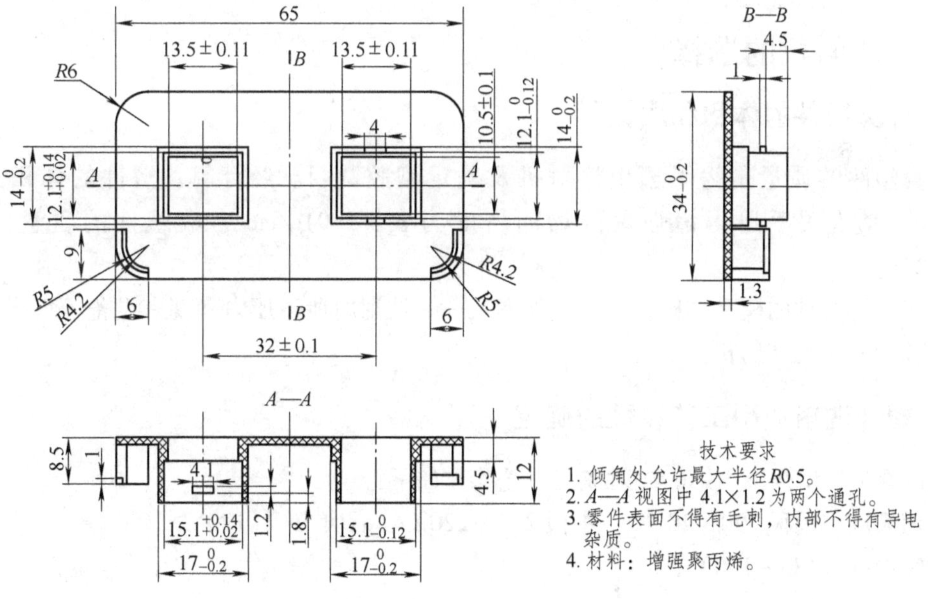

图4-31　电流线圈骨架零件图

4.2.2　塑件成型工艺分析

（1）塑件的原材料分析　塑件的材料采用增强聚丙烯，属热塑性塑料。从使用性能上看，该塑料刚度好，耐水，耐热性强，其介电性能与温度和频率无关，是理想的绝缘材料；从成型性能上看，该塑料吸水性小，熔料的流动性好，成型容易，但收缩率大。另外，该塑料成型时易产生缩孔、凹痕、变形等缺陷，成型温度低时，方向性明显，凝固速度较快，易产生内应力。因此，在成型时应注意控制成型温度，浇注系统应较缓慢散热，冷却速度不宜过快。

(2) 塑件的结构分析 从零件图分析，该零件总体为长方形，在宽度方向的一侧有两个高为8.5mm、半径为$R5$mm的凸耳，在两个高度为12mm、长×宽为17mm×14mm的凸台上，一个带有4.1mm×1.2mm的凹槽（对称分布），另一个带有4mm×1mm的凸台（对称分布），因此，模具设计时必须设置侧向分型与抽芯机构。该零件属于中等复杂结构。

(3) 塑件的尺寸精度分析 该零件的重要尺寸如$12.1_{-0.12}^{\ 0}$mm、$12.1_{+0.02}^{+0.14}$mm、$15.1_{+0.02}^{+0.14}$mm、$15.1_{-0.12}^{\ 0}$mm等的公差等级为MT1～MT2，次重要尺寸如（13.5±0.11）mm、（10.5±0.1）mm、$17_{-0.2}^{\ 0}$mm、$14_{-0.2}^{\ 0}$mm等的公差等级为MT3～MT4。

(4) 塑件的壁厚分析 塑件的壁厚最大处为1.3mm，最小处为0.95mm，壁厚差为0.35mm，较均匀，有利于零件的成型。

(5) 塑件的表面质量分析 该零件的表面除要求没有缺陷、毛刺，内部不得有导电杂质外，没有特别的表面质量要求，故比较容易实现。

由以上分析可知，该零件的尺寸精度中等偏上，对应的模具零件的尺寸加工容易保证。注射时在工艺参数控制得较好的情况下，零件的成型要求可以得到保证。

4.2.3 注射机的选择

1. 计算塑件的体积和质量

计算塑件的质量是为了选用注射机及确定型腔数目。经计算，塑件的体积为$V=4087\text{mm}^3$；查有关手册得增强聚丙烯的密度为$\rho=1.04\text{g/cm}^3$，故塑件的质量为$m=\rho V=4.25\text{g}$。

采用一模两件的模具结构，考虑其外形尺寸、注射时所需压力和现有设备等情况，初步选用HTF60－Ⅰ型注射机。

2. 塑件注射成型工艺参数的确定

查附录C，增强聚丙烯的注射成型工艺参数如下：

料筒温度：前段190～200℃，中段210～220℃，后段160～170℃；

喷嘴温度：180～190℃；

模具温度：70～90℃；

注射压力：90～130MPa；

保压压力：40～50MPa；

注射时间：2～5s，保压时间15～40s，冷却时间15～40s；

成型周期：40～100s。

上述工艺参数在试模时可做适当调整（注射成型工艺卡略）。

4.2.4 模具结构设计

1. 注射模分型面的选择

模具设计中，分型面的选择很关键，它决定了模具的结构。应根据分型面选择的原则和塑件的成型要求来选择分型面。该塑件为机内骨架，表面质量无特殊要求，高度为12mm，且垂直于轴线的截面形状比较简单和规范，故选择图4-32所示的水平分型方式，既可降低模具的复杂程度，减少模具加工难度，又便于成型后塑件脱模。

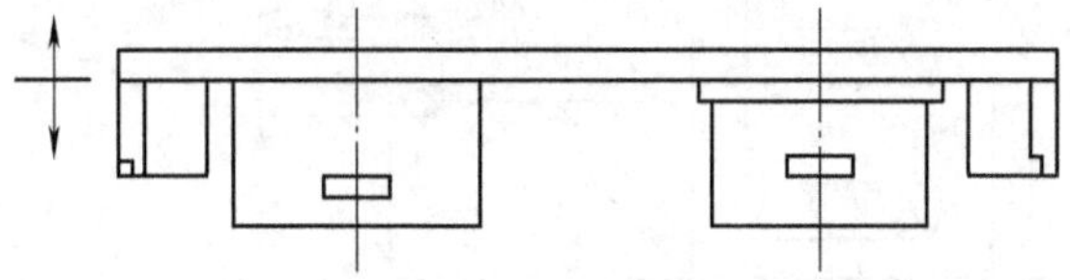

图4-32 分型面选择

2. 注射模型腔排列方式的确定

本塑件在注射时采用一模两件，即模具需要两个型腔，型腔布置如图4-33所示。采用图4-33a所示方式布置，熔体进入型腔流程较短，但不便于侧向分型与抽芯机构的设置。综合考虑浇注系统、模具结构的复杂程度等因素，拟采取图4-33b所示的排列方式，它的最大优点是便于设置侧向分型与抽芯机构，其缺点是熔料进入型腔后到另一端熔体流程较长，但因该塑件较小，故对成型没有太大影响。

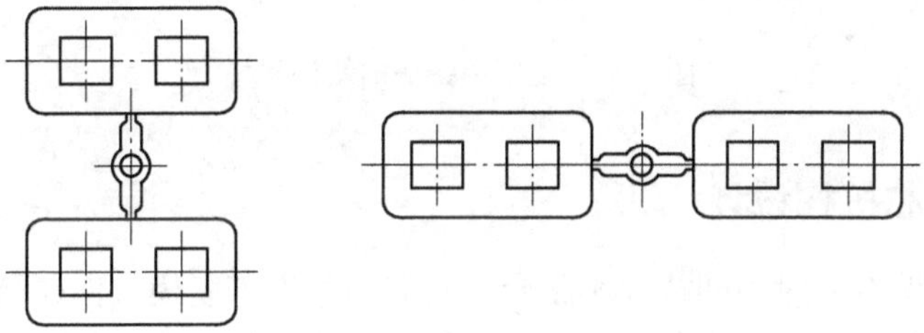

a)　　b)

图4-33 型腔排列方式

3. 注射模浇注系统设计

（1）主流道设计 查附录D得HTF60－Ⅰ型注射机喷嘴的有关尺寸为：喷嘴孔直径 $d=2\text{mm}$，喷嘴球面半径 $r=10\text{mm}$。根据模具主流道球面半径 $R=r+(1\sim2)\text{mm}$ 及小端直径 $D=d+(0.5\sim1)\text{mm}$，取主流道球面半径 $R=11\text{mm}$，小端直径 $D=2.5\text{mm}$。

为了便于将凝料从主流道中拔出，将主流道设计成圆锥形，其斜度为1°～3°，经计算，得主流道大端直径 $D_1=6.5\text{mm}$。为了使熔体顺利进入分流道，可在主流道出料端设计半径 $R_1=2\text{mm}$ 的圆弧过渡。

（2）分流道的设计 分流道的形状及尺寸，应根据塑件的体积、壁厚、形状的复杂程度、注射速率、分流道长度等因素来确定。本塑件的形状不算太复杂，熔体充填型腔比较容易。根据型腔的排列方式可知分流道长度较短，为了便于加工，选用截面形状为半圆形的分流道，取 $R_2=3\text{mm}$。

(3) 浇口设计 根据塑件的成型要求及型腔的排列方式，选用侧浇口较为理想。设计时考虑选择从壁厚为1.3mm处进料，熔体由厚处往薄处流动，而且模具结构采用镶拼式型芯，有利于充填、排气，故采用截面为矩形的侧浇口，初选尺寸为1mm×0.8mm×0.6mm ($b\times l\times t$)，试模时修正。其结构可参见图4-34。

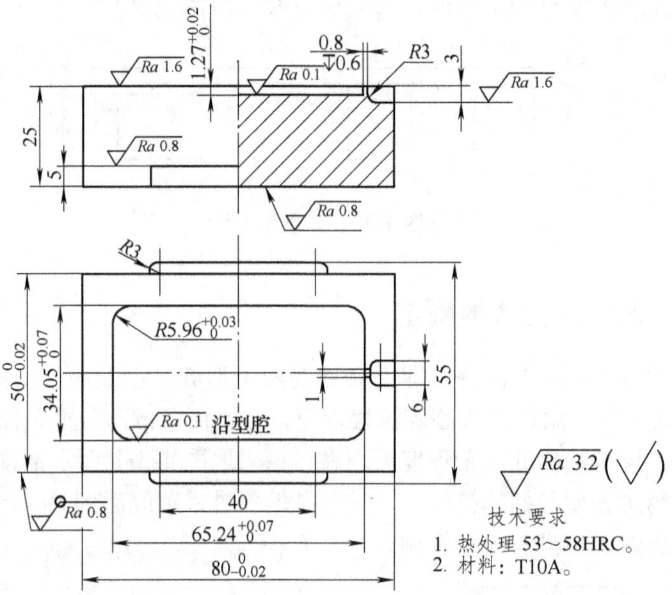

图4-34 上凹模镶块的结构尺寸

4. 注射模抽芯机构设计

本例的塑件侧壁有一对小凹槽和小凸台，它们均垂直于脱模方向，阻碍成型后塑件从模具中脱出。因此成型小凹槽、小凸台的零件必须做成活动的型芯（腔），即需设置侧抽芯机构。本模具采用斜导柱侧抽芯机构。

(1) 确定抽芯距 抽芯距一般应大于成型孔（或凸台）的深度，本例中塑件小孔壁厚、小凸台高度相等，均为 $(14-12.1)\text{mm}/2=0.95\text{mm}$。

另加3～5mm的抽芯安全距离，可取抽芯距 $s=5\text{mm}$。

(2) 确定斜导柱倾斜角 斜导柱的倾斜角是斜导柱侧抽芯机构的主要技术参数之一，它与抽拔力以及抽芯距有直接关系，一般取 $\alpha=12°\sim22°$，本例中选取 $\alpha=20°$。

(3) 确定斜导柱的尺寸 斜导柱的直径取决于抽拔力及其倾斜角度，可按设计资料的有关公式进行计算。本例采用经验估值，取斜导柱的直径 $d=12\text{mm}$。斜导柱的长度根据抽芯距、固定端模板的厚度、倾斜角大小等来确定［参见斜导柱长度计算公式（4-8）］。

(4) 滑块与导滑槽设计 包括以下三个方面：

1）滑块与侧型芯（腔）的连接方式。本例中侧抽芯机构主要用于成型零件的侧向孔和侧向凸台，由于侧向孔和侧向凸台的尺寸较小，考虑到型芯强度和装配问题，采用组合式结构。滑块与侧型芯的连接采用镶嵌方式，其结构可参见图4-35。

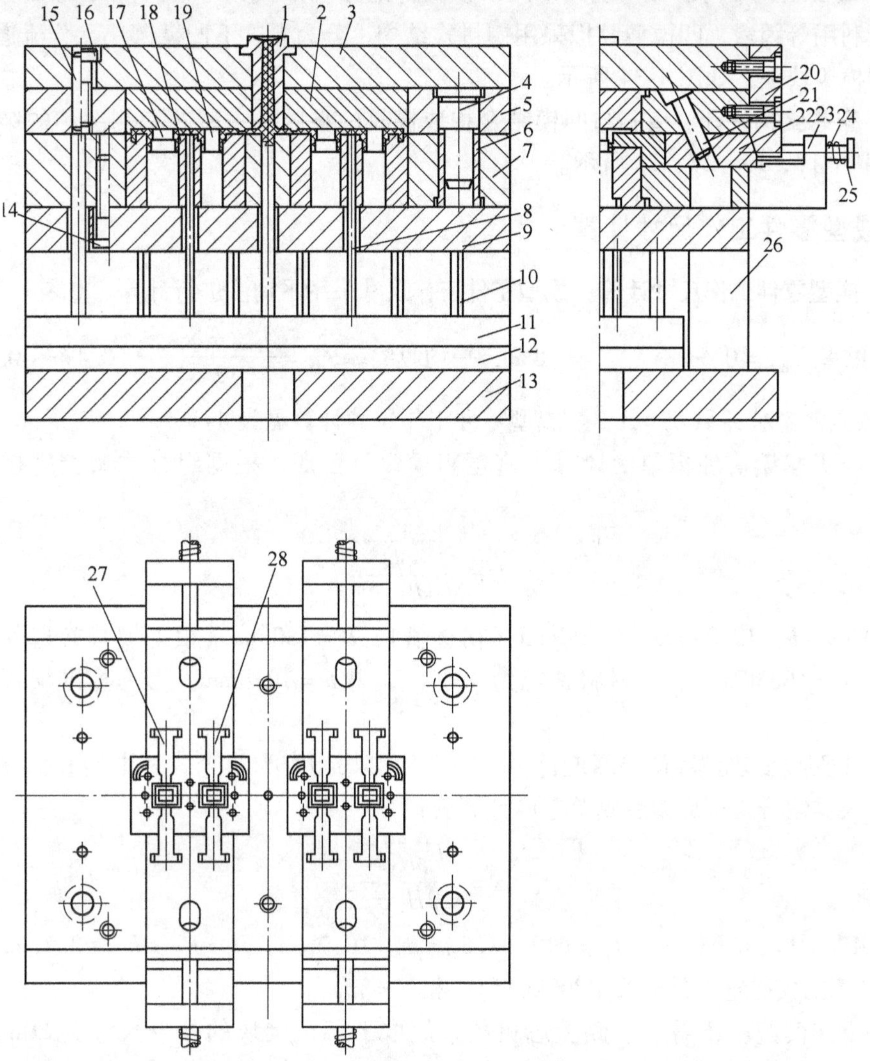

图4-35　电流线圈骨架注射模

1—浇口套　2—上凹模镶块　3—定模座板　4—导柱　5—定模板　6—导套　7—动模板　8—推杆　9—支承板　10—复位杆　11—推杆固定板　12—推板　13—动模座板　14、16、25—螺钉　15—销钉　17、19—型芯　18—下凹模镶块　20—楔紧块　21—斜导柱　22—侧抽芯滑块　23—限位挡块　24—弹簧　26—垫块　27、28—侧型芯

2）滑块的导滑方式。为使模具结构紧凑，降低模具装配复杂程度，拟采用整体式滑块和整体导滑槽的形式，其结构如图4-35所示。为提高滑块的导向精度，装配时可对导滑槽或滑块采用配磨、配研的装配方法。

3）滑块的导滑长度和定位装置设计。本例中由于侧抽芯距较短，故导滑长度只要符合滑块的定位要求即可。滑块的定位装置采用弹簧拉杆挡块式结构。

5. 注射模成型零件结构设计

(1) 凹模型腔结构设计 模具采用一模两件的结构形式，考虑到加工的难易程度和材料的价值利用等因素，凹模型腔拟采用镶拼式结构，分为上、下凹模镶块。分流道和浇口均设在上凹模镶块上，如图 4-34 所示。

(2) 型芯结构设计 型芯与凹模结合构成模具的型腔。主型芯和侧型芯的结构形式如图 4-35 中件 17、19、27、28 所示。

6. 成型零件工作尺寸计算

(1) 成型零件工作尺寸计算 成型零件工作尺寸采用平均法进行计算。查表 1-1 得增强聚丙烯的收缩率 $S_{min}=0.4\%$，$S_{max}=0.8\%$，平均收缩率$S_{cp}=\dfrac{S_{max}+S_{min}}{2}=(0.4\%+0.8\%)/2=0.6\%$，模具制造公差取 $\delta_z=\Delta/3$。成型零件工作尺寸计算见表 4-3。

(2) 下凹模镶块底板厚度计算 查塑料模设计手册，根据组合式型腔底板厚度计算公式

$$h=\sqrt{\frac{3pbl^2}{4B[\sigma]}}$$

取 $p=40\text{MPa}$，$b=13.93\text{mm}$，$l=90\text{mm}$（初选值），$B=180\text{mm}$（根据模具初选外形尺寸确定），$[\sigma]=160\text{MPa}$（底板材料选定为 45 钢），得 $h=10.8\text{mm}$。考虑标准模板厚度，取 $h=32\text{mm}$。

(3) 下凹模镶块型腔侧壁厚度计算 下凹模镶块型腔为组合式矩形型腔，查塑料模设计手册，根据组合式矩形型腔侧壁厚度计算公式

$$S=\sqrt{\frac{pH_1l^2}{2H[\sigma]}}$$

取 $p=40\text{MPa}$，$l=16.95\text{mm}$，$H_1=(12-1.3)\text{mm}=10.7\text{mm}$，$H=H_1+h=42.7\text{mm}$，$[\sigma]=160\text{MPa}$（下凹模固定板材料选定为 45 钢），得 $S=3\text{mm}$。

考虑下凹模镶块还需安放侧型芯机构，故取下凹模镶块的外形尺寸为 80mm × 50mm（侧壁厚度分别为左右 7.5mm，上下 6.5mm）。

(4) 上凹模镶块侧壁厚度的确定 上凹模镶块型腔为矩形整体式型腔，查塑料模设计手册，根据整体式矩形型腔侧壁厚度计算公式进行计算。由于型腔高度 $a=1.27\text{mm}$，很小，因而所需的 h 值也较小，故在此不做计算，而是参考下凹模镶块的外形尺寸来确定。

上凹模镶块的结构及尺寸如图 4-34 所示。

7. 模具加热和冷却系统的计算

本塑件在注射成型时不要求有太高的模温，因而在模具上可不设加热系统。是否需要冷却系统可做如下计算。设定模具平均工作温度为 40℃，用常温 20℃的水作为模具冷却介质，其出口温度为 30℃，单位时间注射质量 $m=0.26\text{kg/h}$。

查塑料模设计手册，得聚丙烯单位时间放出热量 $Q=5.9\times10^5\text{J/kg}$。

表4-3　成型零件工作尺寸计算　　　　（单位：mm）

类别	序号	模具零件名称	塑件尺寸	计算公式	型腔或型芯的工作尺寸
型腔的计算	1	下凹模镶块	$17_{-0.20}^{0}$	$L_m=\left(L_s+L_sS_{cp}-\frac{3}{4}\Delta\right)_{0}^{+\delta_z}$	$16.95_{0}^{+0.07}$
			$15.1_{-0.12}^{0}$		$15.10_{0}^{+0.04}$
			$14_{-0.20}^{0}$		$13.93_{0}^{+0.07}$
			$12.1_{-0.12}^{0}$		$12.08_{0}^{+0.04}$
			$4.5_{-0.10}^{0}$	$H_m=\left(H_s+H_sS_{cp}-\frac{2}{3}\Delta\right)_{0}^{+\delta_z}$	$4.46_{0}^{+0.03}$
	2	凸耳对应的型腔	$R5_{-0.10}^{0}$	$L_m=\left(L_s+L_sS_{cp}-\frac{3}{4}\Delta\right)_{0}^{+\delta_z}$	$4.96_{0}^{+0.03}$
			$R4.2_{-0.10}^{0}$		$4.15_{0}^{+0.03}$
			$7.2_{-0.10}^{0}$	$H_m=\left(H_s+H_sS_{cp}-\frac{2}{3}\Delta\right)_{0}^{+\delta_z}$	$7.18_{0}^{+0.03}$
			$1_{-0.10}^{0}$		$0.94_{0}^{+0.03}$
	3	上凹模镶块	$65_{-0.20}^{0}$	$L_m=\left(L_s+L_sS_{cp}-\frac{3}{4}\Delta\right)_{0}^{+\delta_z}$	$65.24_{0}^{+0.07}$
			$34_{-0.20}^{0}$		$34.05_{0}^{+0.07}$
			$R6_{-0.10}^{0}$		$5.96_{0}^{+0.03}$
			$1.3_{-0.06}^{0}$	$H_m=\left(H_s+H_sS_{cp}-\frac{2}{3}\Delta\right)_{0}^{+\delta_z}$	$1.27_{0}^{+0.02}$
型芯的计算	1	右型芯	10.5 ± 0.10	$l_m=\left(l_s+l_sS_{cp}+\frac{3}{4}\Delta\right)_{-\delta_z}^{0}$	$10.61_{-0.07}^{0}$
			13.5 ± 0.11		$13.64_{-0.07}^{0}$
			$12_{0}^{+0.16}$	$h_m=\left(h_s+h_sS_{cp}+\frac{2}{3}\Delta\right)_{-\delta_z}^{0}$	$12.18_{-0.05}^{0}$
	2	左型芯	$15.1_{+0.02}^{+0.14}$	$l_m=\left(l_s+l_sS_{cp}+\frac{3}{4}\Delta\right)_{-\delta_z}^{0}$	$15.30_{-0.04}^{0}$
			$12.1_{+0.02}^{+0.14}$		$12.28_{-0.04}^{0}$
			$4.5_{0}^{+0.10}$	$h_m=\left(h_s+h_sS_{cp}+\frac{2}{3}\Delta\right)_{-\delta_z}^{0}$	$4.59_{-0.03}^{0}$
孔距	型孔之间的中心距		32 ± 0.10	$C_m=(C_s+C_sS_{cp})\pm\frac{\delta_z}{2}$	32.19 ± 0.03

根据塑料模设计手册中计算冷却水的体积流量公式

$$q_V=\frac{mQ}{60c\rho(\theta_1-\theta_2)}=\frac{0.26\times5.9\times10^5}{60\times4.187\times10^3\times10^3\times(30-20)}\text{m}^3/\text{min}=0.61\times10^{-4}\text{m}^3/\text{min}$$

式中　c——冷却介质的比热容［kJ/（kg·℃）］，纯净水为4.187×10^3kJ/（kg·℃）；

ρ——冷却介质的密度（kg/m^3），纯净水在常温下为1×10^3kg/m^3；

θ_1——冷却介质从模具流出时的温度（℃）；

θ_2——冷却介质进入模具时的温度（℃）。

由上述计算可知，模具每分钟所需的冷却水体积流量较小，故可不设冷却系统，依靠空冷的方式冷却模具即可。

8. 确定排气形式

因塑件尺寸较小，且采用镶拼式结构，可利用间隙排气。

9. 模架尺寸和类型的确定

根据塑件尺寸、型腔布置、侧型芯滑块结构及导柱分布等要求，确定模架周界尺寸；根据定、动模采用两块模板，有支承板，塑件采用推杆推出、单分型面的侧向分型与抽芯机构等确定模架类型。经设计计算，选用周界尺寸为 180mm×250mm 的直浇口基本型 A 型标准模架。模架标记为：模架　A1825－25×40×50 GB/T 12555—2006。

10. 模具闭合高度的确定

根据所选用的标准模架规格，选择标准板厚，定模座板厚度 $H_4=20\text{mm}$，支承板厚度 $H_2=30\text{mm}$，动模座板厚度 $H_1=20\text{mm}$；根据上、下凹模镶块确定定模板厚度 $A=25\text{mm}$，动模板厚度 $B=40\text{mm}$；根据推出行程和推出机构的结构尺寸确定垫块厚度 $C=60\text{mm}$，因而模具的闭合高度为

$$H=(20+30+20+25+40+60)\text{mm}=195\text{mm}$$

模具的外形尺寸为 180mm×250mm×195mm。

11. 绘制模具结构（草）图

模具结构形式如图 4-35 所示。

4.2.5　注射机的校核

本实例初选 HTF60－Ⅰ型注射机，查附录 D，其主要技术参数如下：

最大注射容量为 38cm^3；注射压力为 266MPa；锁模力为 600kN；拉杆内距为 310mm×310mm；最大模具厚度为 330mm，最小模具厚度为 120mm；模板行程为 270mm；喷嘴球面半径为 $SR10\text{mm}$；喷嘴孔直径为 2mm；中心顶杆直径为 $\phi40\text{mm}$。

根据上述所选注射机进行参数校核。

1. 锁模力校核

锁模力按 $F_p \geqslant npA+pA_1$ 进行校核。

通常熔体对型腔的压力取注射压力的 80%。查附录 C 得：$p=90\times80\%\text{MPa}=72\text{MPa}$。

经计算（可利用软件的分析功能进行计算），得到单个塑件在分型面的投影面积为 2068mm^2，浇注系统凝料在分型面的投影面积约为 90mm^2。

则　$$npA+pA_1=72\times10^6\times(2068\times2+90)\times10^{-6}\text{N}=304\ 272\text{N}\approx304\text{kN}$$

$$F_p=600\text{kN}>304\text{kN}$$

所以，注射机的锁模力足够，满足锁模要求。

2. 注射量校核

经计算，单个塑件的体积为 $4.1cm^3$，浇注系统的体积约为 $2cm^3$，因此，模具中塑件和浇注系统的体积 $=2\times4.1cm^3+2cm^3=10.2cm^3$。

注射机的最大注射量为 $38cm^3$，按校核公式（2-1），$38\times0.8cm^3=30.4cm^3>10.2cm^3$，满足注射量的要求。

3. 合模机构尺寸的校核

（1）模具厚度校核　注射机允许安装的模具最大厚度为330mm，注射机允许安装的模具最小厚度为120mm。模具实际厚度 $H=195mm$，故模具厚度满足要求。

（2）开模行程校核　开模行程需要考虑两个问题，即方便取出塑件和保证侧抽芯机构动作完成。

1）按开模取件的最小开距进行校核。该模具的浇注系统为侧浇口形式，为单分型面注射模，则开距

$$s\geqslant H_1+H_2+(5\sim10)mm$$

其中，注射机最大开模行程 s 为270mm，制件的推出距离 H_1 为18mm，制件的总高度（含主流道凝料）$H_2=12mm$（塑件）$+25mm$（定模板）$+32mm$（定模座板及浇口上部）$=69mm$。

$$H_1+H_2+(5\sim10)mm\leqslant(18+69+10)mm=97mm$$

显然，注射机最大开模行程 $s>97mm$，模具的开模行程足够。

2）开模行程要保证侧抽芯机构动作完成。本例中侧抽芯距离很小，注射机的开模行程足以保证侧抽芯动作完成。

4. 推出机构的校核

由于制品高度尺寸很小，塑件只需要推出18mm，推出机构所需的推出力也很小，因此，可以略去推出机构的校核。

经验证，HTF60－Ⅰ型注射机能够满足使用要求。

4.2.6　装配图和零件图的绘制

模具尺寸及有关参数经校核确定后，开始绘制正式的模具总装图和非标准零件工作图。模具总装图在模具结构（草）图上做局部修改即可，非标准零件工作图按照先成型零件后结构零件的顺序绘制。在本例中模具的总装图如图4-35所示，上凹模镶块工作图如图4-34所示，其他非标准零件工作图略。

本模具的工作原理：如图4-35所示，斜导柱21固定在定模部分，侧抽芯滑块22安装在动模部分的导滑槽内。开模时，塑件包紧在型芯17、19上随动模部分一起向下移动，主流道凝料在拉料杆作用下从浇口套中脱出；与此同时，在斜导柱21的作用下，侧型芯滑块22在动模板的导滑槽内做侧向移动而脱离塑件，直至斜导柱与它们脱离，侧抽芯结束。动模继续后退，推出机构工作，推杆8将塑件推出。为了合模时斜导柱能准确地插入滑块的斜孔中，在斜导柱脱离滑块时，设置了滑块的限位装置，限位装置由挡块23、弹簧24和螺钉25组成。合模时，侧

滑块由斜导柱插入后开始复位，同时由楔紧块20锁紧；推出机构在复位杆的作用下复位。

4.2.7 单元练习

如图4-36防护罩所示，材料为ABS，大批量生产，颜色为红色。要求塑件表面光滑、美观，下端外缘不允许有浇口痕迹，塑件允许的最大脱模斜度为0.5°。采用斜导柱侧抽芯机构设计注射成型模具。

1）绘制斜导柱侧抽芯注射模零件图和装配图。

2）编写斜导柱侧抽芯注射模设计说明书。

3）编制塑料注射成型工艺。

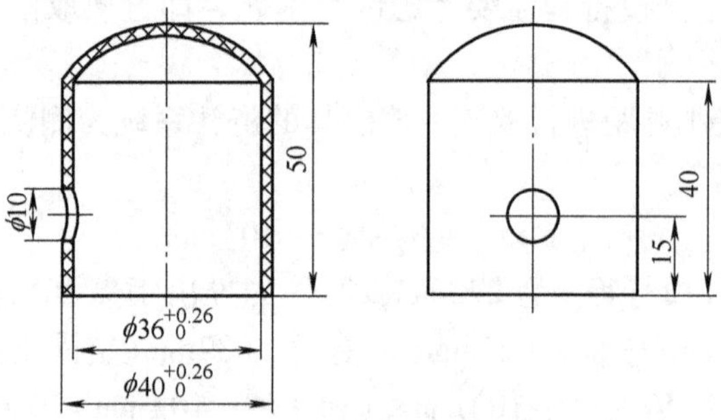

图4-36　防护罩

单元3　其他侧抽芯机构与二次推出机构的设计

【学习目标】

1. 了解其他侧抽芯注射模的结构组成和工作过程。
2. 掌握斜滑块侧抽芯注射模的设计要点。
3. 掌握二次推出机构的设计要点。
4. 能进行斜滑块侧抽芯注射模设计。

4.3.1　斜滑块侧抽芯机构

1. 斜滑块侧抽芯机构的工作原理

当塑件的侧凹较浅，所需的抽芯距不大，但侧凹的成型面积较大，因而需较大的抽芯力时，可采用斜滑块机构进行侧向分型与抽芯。

斜滑块侧向分型与抽芯机构（简称斜滑块侧抽芯机构）的工作原理是利用推出机构的推力驱动斜滑块斜向运动，在塑件被推出脱模的同时，由斜滑块完成侧向分型与抽芯动作。通常，斜滑块侧抽芯机构要比斜导柱侧抽芯机构简单得多，一般可分为外侧抽芯和内侧抽芯两种。

（1）斜滑块外侧抽芯机构　图4-37所示为斜滑块外侧分型机构，塑件为线圈骨架，外侧常有深度浅但面积大的侧凹，斜滑块设计成对开式（瓣合式）凹模镶块，即凹模由两个斜滑块组成。开模后，塑件包在动模型芯7上和斜滑块一起随动模部分向左移动，在推杆5的作用下，斜滑块10相对向右运动的同时向两侧分型，分型的动作靠斜滑块在模套16的导

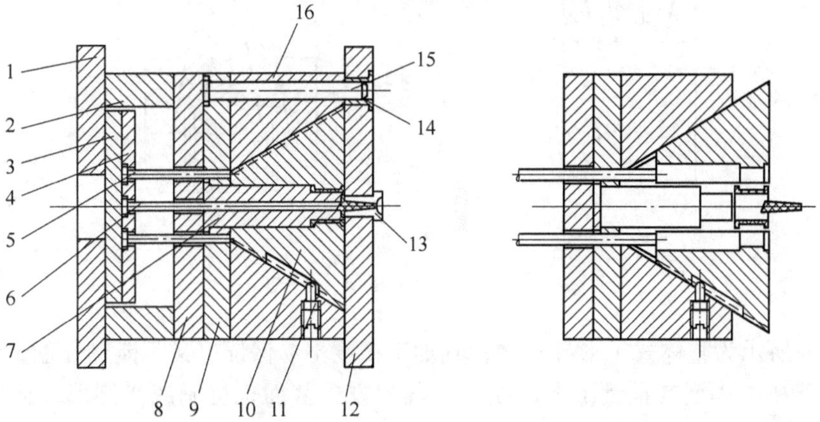

a）合模状态　　　　b）分型后推出状态

图4-37　斜滑块外侧分型机构

1—动模座板　2—垫块　3—推板　4—推杆固定板　5—推杆　6—拉料杆　7—型芯　8—支承板　9—型芯固定板　10—斜滑块　11—限位钉　12—定模座板　13—浇口套　14—导套　15—导柱　16—模套

滑槽内进行斜向运动来实现，导滑槽的方向与斜滑块的斜面平行。斜滑块侧向分型的同时，塑件从动模型芯 7 上脱出。限位钉 11 是为防止斜滑块从模套中脱出而设置的。

（2）斜滑块内侧抽芯机构 图 4-38 所示为斜滑块内侧抽芯机构。滑块型芯 2 的上端为侧型芯，它安装在型芯固定板 3 的斜孔中。开模后，推杆 4 推动滑块型芯 2 向上运动。由于型芯固定板 3 上的斜孔作用，斜滑块同时还向内侧移动，从而在推杆推出塑件的同时，滑块型芯完成内侧抽芯的动作。

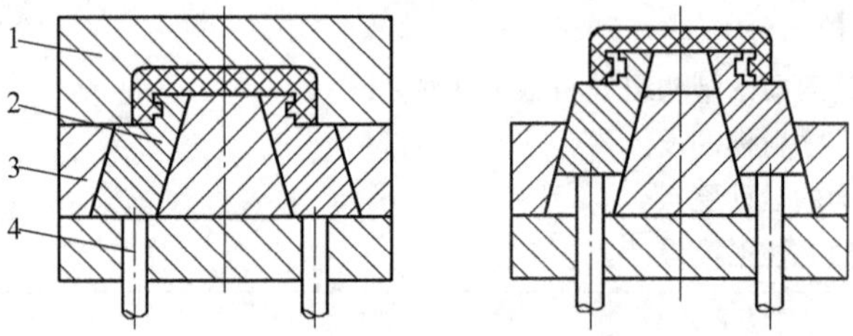

a) 合模状态　　b) 抽芯后推出状态

图 4-38　斜滑块内侧抽芯机构

1—凹模　2—滑块型芯　3—型芯固定板　4—推杆

2. 斜滑块的导滑形式

斜滑块的导滑形式如图 4-39 所示，图 4-39a ~ d 所示四种形式中斜滑块均没有镶入。

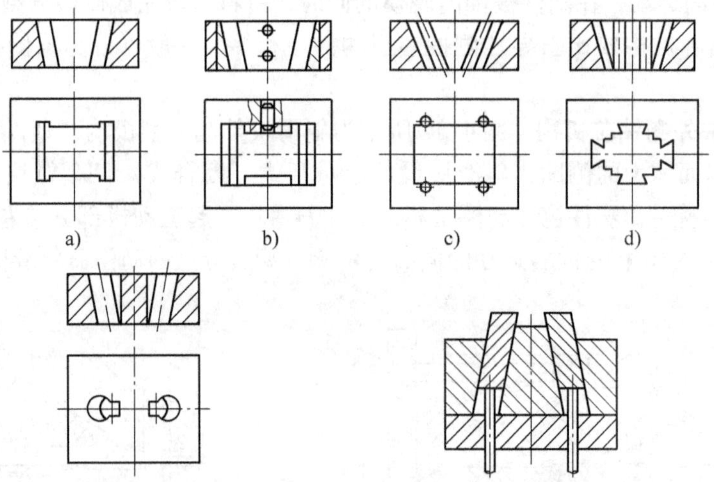

图 4-39　斜滑块的导滑形式

图 4-39a 所示为整体式 T 形导滑槽，其加工精度不易保证，又不能热处理，但结构较紧凑，故适用于中、小型或批量不大的模具。其中方形截面也可制成半圆形，成为半圆形导滑槽。

图 4-39b 所示为镶拼式导滑结构，导滑部分（锁紧楔）和分模楔均单独制造后镶入模套，因此可以进行热处理和磨削加工，从而提高了精度和耐磨性。分模楔要有良好的定位，

所以用圆柱销联接，锁紧楔用螺钉紧固。

图4-39c所示为用斜向镶入的导柱作为导滑导轨，也称圆柱销导滑，制造方便，精度容易保证，但应注意导柱孔的斜角要小于模套的斜角。

图4-39d所示为燕尾式导滑槽，适用于小型模具多滑块的情况，模具结构紧凑，但加工较困难。

图4-39e所示为以圆柱孔作为斜滑块导轨，制造方便，精度容易保证，仅用于局部抽芯的情况。

图4-39f所示为用型芯镶块作为斜滑块的导向，常用于斜滑块的内侧抽芯。

3. 斜滑块侧抽芯机构设计要点

（1）正确选择主型芯位置 主型芯位置选择恰当与否，直接关系到塑件能否顺利脱模。例如，图4-40a中将主型芯设置在定模一侧，开模时，主型芯先从塑件中抽出，然后斜滑块才分型，所以塑件很容易黏附于斜滑块上某处收缩值较大的部位，因此不能顺利从斜滑块中脱出，如图4-40b所示。如果将主型芯位置设于动模（图4-40c），则在脱模过程中，塑件虽与主型芯松动，但侧向分型时主型芯对塑件仍有限制侧向移动的作用，所以塑件不会黏附在斜滑块上，因此脱模比较顺利，如图4-40d所示。

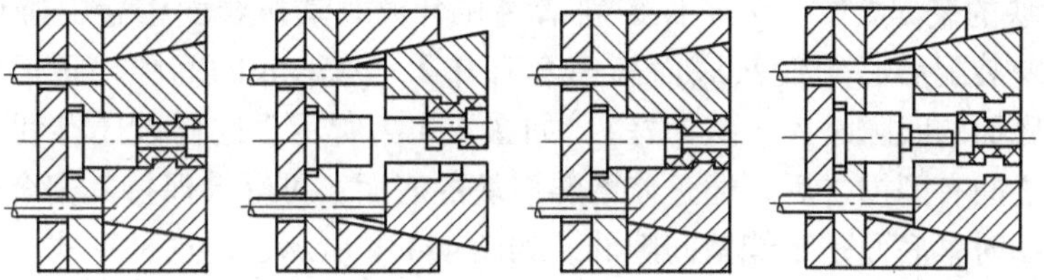

图4-40 主型芯位置的选择

（2）开模时斜滑块的止动 斜滑块通常设置在动模部分，并要求塑件对动模部分的包紧力大于对定模部分的包紧力。但有时因为塑件的结构特殊，定模部分的包紧力大于动模部分或者不相上下，此时，如果没有止动装置，则斜滑块在开模动作刚刚开始之时便有可能与动模产生相对运动，导致塑件损坏或滞留在定模而无法取出。为了避免这种现象发生，可设置弹簧顶销止动装置，如图4-41所示。开模后，弹簧顶销6紧压斜滑块4，防止其与动模分离，使定模型芯5先从塑件中抽出；继续开模时，塑件留在动模上，然后由推杆1推动斜滑块侧向分型并推出塑件。

斜滑块的止动还可采用图4-42所示的导销止动装置，即固定于定模板4上的导销3与斜滑块2在开模方向有一段配合（H8/f8）。开模时，在导销的约束下，斜滑块不能进行侧向运动，所以开模动作也就无法使斜滑块与动模之间产生相对运动。继续开模，导销与斜滑块脱离接触；最后，动模的推出机构推动斜滑块侧向分型并推出塑件。

（3）斜滑块的倾斜角和推出行程 由于斜滑块的强度较高，斜滑块的倾斜角可比斜导柱的倾斜角大一些，最大可达40°，一般在≤30°范围内选取。在同一副模具中，如果塑件各处的侧凹深浅不同，所需的斜滑块推出行程也不相同。为了解决这一问题，使斜滑块运动保持一致，可将各处的斜滑块设计成不同的倾斜角。斜滑块推出模套的行程，对于立式模具，应不大于斜滑块高度的1/2；对于卧式模具，则应不大于斜滑块高度的1/3。如果要获得更大的推出距离，可采用加长斜滑块导向的方法。

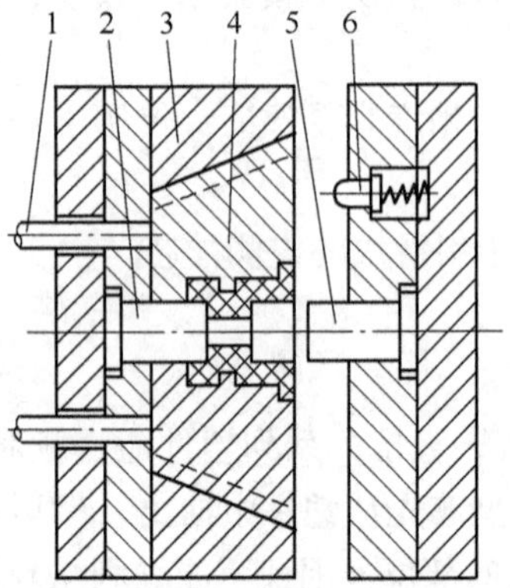

图4-41　弹簧顶销止动装置

1—推杆　2—动模型芯　3—模套　4—斜滑块　5—定模型芯　6—弹簧顶销

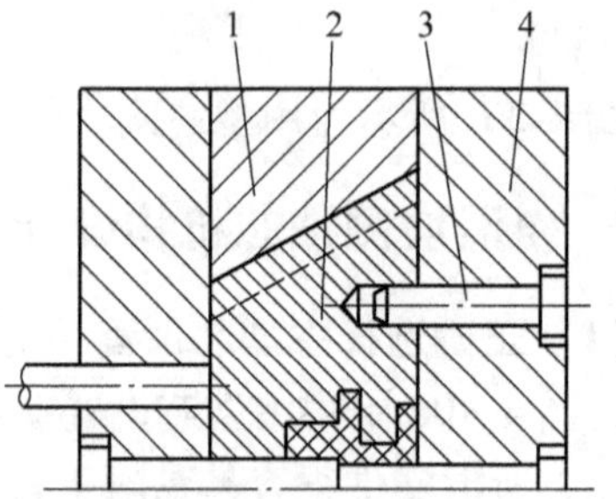

图4-42　导销止动装置

1—模套　2—斜滑块　3—导销　4—定模板

(4) 斜滑块的装配要求　为了保证斜滑块在合模时其拼合面密合，避免注射成型时产生飞边，斜滑块装配后必须使其底面离模套有0.2～0.5mm的间隙，顶面高出模套0.4～0.6mm（应比底面的间隙略大一些为好），如图4-43a所示。这样做还有利于修模，即当斜滑块与导滑槽之间有磨损之后，通过修磨斜滑块的底面，可继续保持其密合性。当斜滑块的底面作为分型面时，底面是不能留间隙的，如图4-43b所示，但这种形式一般很少采用，因为滑块磨损后很难修整；采用图4-43c所示的形式较为合理。

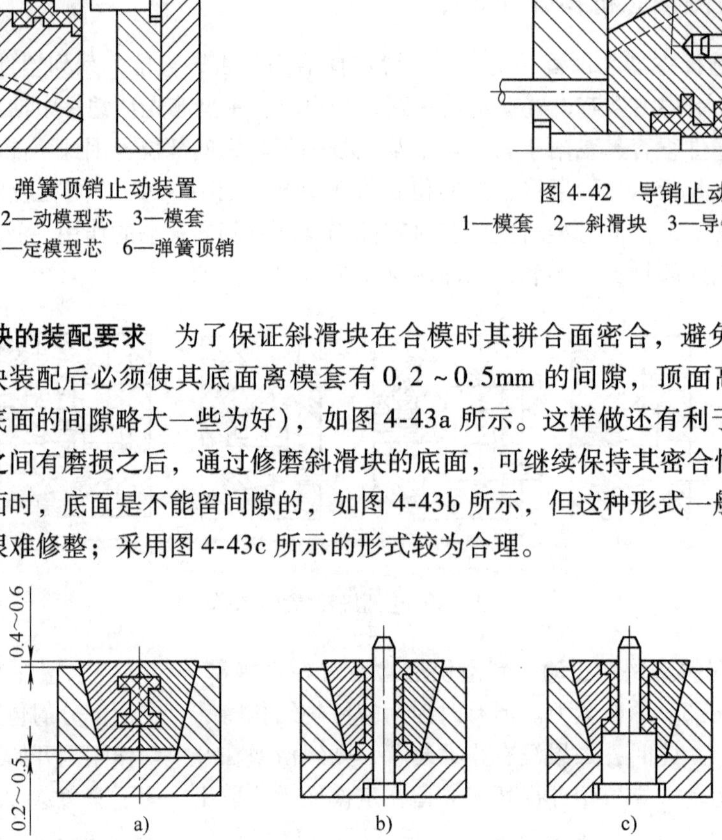

图4-43　斜滑块的装配要求

4.3.2　弯销侧抽芯机构

1. 弯销侧抽芯机构的工作原理

弯销侧抽芯机构的工作原理和斜导柱侧抽芯机构相似，所不同的是在结构上以矩形截面的弯销代替了斜导柱，因此，弯销侧抽芯机构仍然离不开滑块的导滑、注射时侧型芯的锁紧和侧抽芯结束时滑块的定位这三大设计要素。

图4-44所示为弯销侧抽芯机构，合模时，弯销4带动侧型芯滑块5复位，由楔紧块3

锁紧。侧抽芯时，侧型芯滑块5在弯销4的驱动下在动模板6的导滑槽内向左移动进行侧抽芯。抽芯结束，侧型芯滑块由弹簧拉杆挡块式装置定位。

2. 弯销侧抽芯机构的结构特点

通常，弯销及其导滑孔的制造较困难，但弯销侧抽芯也有斜导柱所不及的优点，现介绍弯销侧抽芯机构的结构特点。

（1）强度高，可采用较大的倾斜角　弯销一般采用矩形截面，抗弯截面系数比斜导柱大，因此抗弯强度较高，可以采用较大的倾斜角 α，所以在开模距相同的情况下，使用弯销可比斜导柱获得较大的抽芯距。由于弯销的抗弯强度较高，所以当熔体对侧型芯总压力不大时，可在其前端设置一个支承块，弯销本身即可对侧型芯滑块起锁紧作用，这样有利于简化模具结构；但当熔体对侧型芯总压力比较大时，仍应考虑设置楔紧块，用于锁紧弯销或直接锁紧滑块。

（2）可以延时抽芯　由于塑件特殊或模具结构的需要，弯销还可以延时侧抽芯。如图4-45所示，弯销1的工作面与侧型芯滑块2的斜面可设计成离开一段较长的距离 l，根据需要，在开模分型时，弯销可暂不工作，直至接触滑块，才开始侧抽芯。

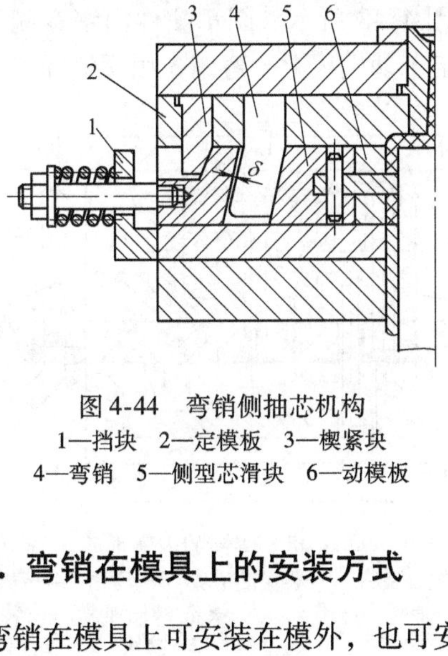

图4-44　弯销侧抽芯机构
1—挡块　2—定模板　3—楔紧块
4—弯销　5—侧型芯滑块　6—动模板

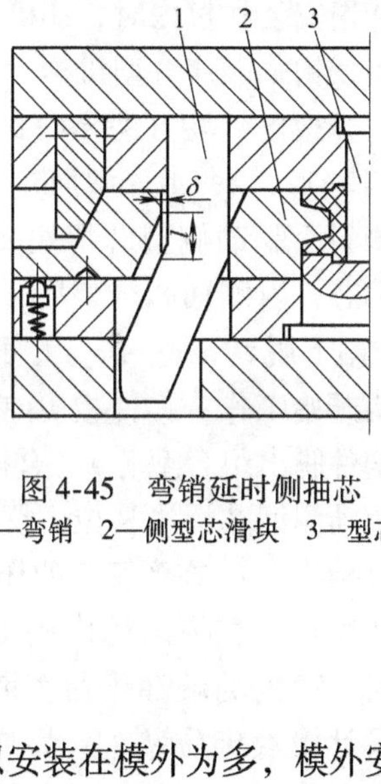

图4-45　弯销延时侧抽芯
1—弯销　2—侧型芯滑块　3—型芯

3. 弯销在模具上的安装方式

弯销在模具上可安装在模外，也可安装在模内，但一般以安装在模外为多，模外安装配制更方便。

（1）模外安装　图4-46所示为弯销安装在模外的结构。塑件的外侧面由侧型芯滑块9成型，滑块抽芯结束时的定位由固定在动模板5上的挡块6完成；固定在定模座板10上的止动销8在合模状态时对侧型芯滑块起锁紧作用，止动销的斜角（锥度的一半）应大于弯销倾斜角1°~2°。弯销安装在模外的优点是，在安装配合时看得清楚，便于安装时操作。

（2）模内安装　弯销安装在模内的结构如图4-47所示。弯销4和楔紧块7采用过渡配合固定于定模板8上，并用螺钉与定模座板9联接。开模时，由于弯销4尚未与侧型芯滑块5上的斜方孔侧面接触，因而滑块保持静止；与此同时，型芯1与塑件分离。开模至一定距离后，弯销与滑块接触，驱动滑块在动模板6的导滑槽内进行侧抽芯。由于此时型芯的延伸部分尚未从塑件中抽出，因而塑件不会随滑块产生侧向移动。当弯销脱离滑块完成侧抽芯动作时，滑块被定位（图中定位装置未画出），此时，型芯 1 与塑件完全脱离，塑件自由落下，模具不需设置推出机构。合模时，型芯 1 插入动模镶块 2 中，弯销带动滑块复位，楔紧块 7 将滑块锁紧。

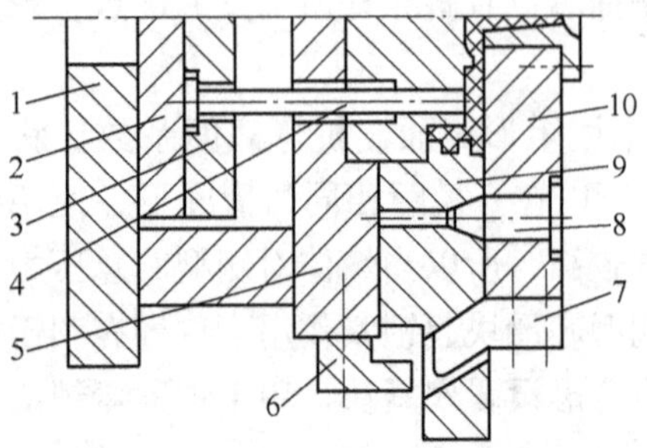

图 4-46　弯销安装在模外的结构
1—动模座板　2—推板　3—推杆固定板　4—推杆　5—动模板　6—挡块　7—弯销　8—止动销　9—侧型芯滑块　10—定模座板

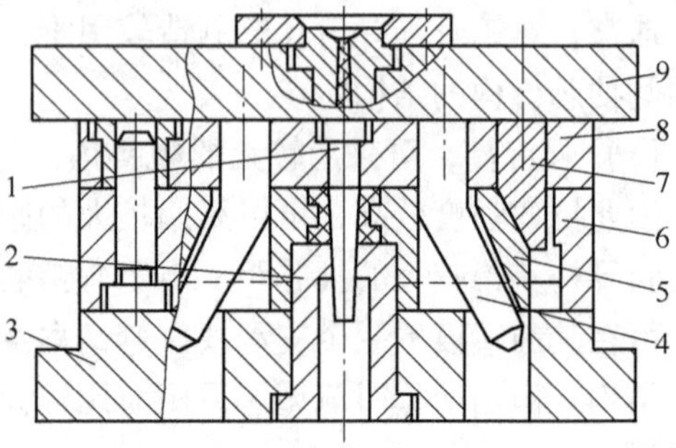

图 4-47　弯销安装在模内的结构
1—型芯　2—动模镶块　3—动模座板　4—弯销　5—侧型芯滑块　6—动模板　7—楔紧块　8—定模板　9—定模座板

弯销安装在模内时，还可以进行内侧抽芯，如图 4-48 所示。图示塑件内壁有侧凹，模具采用摆钩式顺序分型机构。组合型芯 1 用螺钉固定于动模板上，弯销 3 用螺钉固定于支承板上。开模时，由于摆钩 11 钩住定模板 13 上的挡块 12，*A—A* 分型面首先分型，弯销 3 的右侧斜面驱动侧型芯滑块 2 向右移动进行内侧抽芯；内侧抽芯结束后，摆钩 11 在滚轮 7 的作用下脱钩，*B—B* 分型面分型；最后推出机构开始工作，推件板 10 在推杆 5 的推动下将塑件脱出组合型芯 1。合模时，弯销 3 的左侧驱动侧型芯滑块复位，摆钩 11 的头部斜面越过挡块 12，在弹簧 8 的作用下将其钩住。

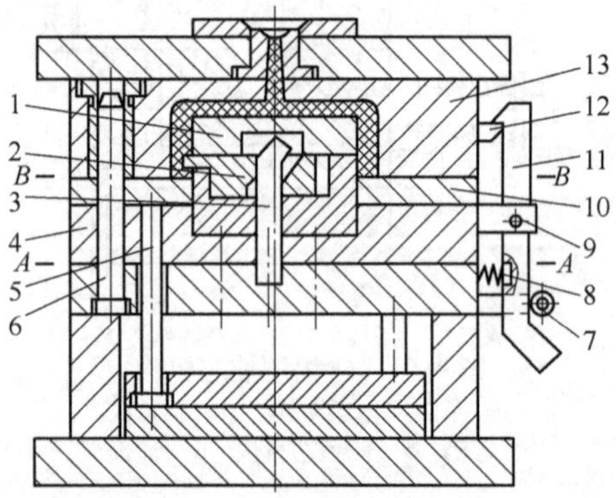

图 4-48　弯销的内侧抽芯
1—组合型芯　2—侧型芯滑块　3—弯销　4—动模板　5—推杆　6—导柱　7—滚轮　8—弹簧　9—转轴　10—推件板　11—摆钩　12—挡块　13—定模板

弯销安装在模内的内侧抽芯，由于抽芯结束时，弯销的端部仍留在滑块中，所以不需要设计滑块定位装置。另外，由于不便于设置锁紧装置，而是依靠弯销本身的抗弯强度来克服注射时熔体对侧型芯的侧向压力，所以只适用于侧型芯截面面积比较小的场合，同时，还应适当增大弯销的截面面积。

4.3.3　斜导槽侧抽芯机构

斜导槽侧抽芯机构是由固定于模外的斜导槽板与固定于侧型芯滑块上的圆柱滑销构成的，如图 4-49 所示。斜导槽板用四个螺钉和两个销钉安装在定模外侧。开模时，侧型芯滑块的侧向移动受固定在它上面的圆柱滑销在斜导槽内的运动轨迹限制。当槽与开模方向没有斜度时，滑块无侧抽芯动作；当槽与开模方向成一角度时，滑块可以侧抽芯；且槽与开模方向角度越大，侧抽芯的速度越大，槽越长，侧抽芯的抽芯距也就越大。由此可以看出，斜导槽侧抽芯机构设计时比较灵活。

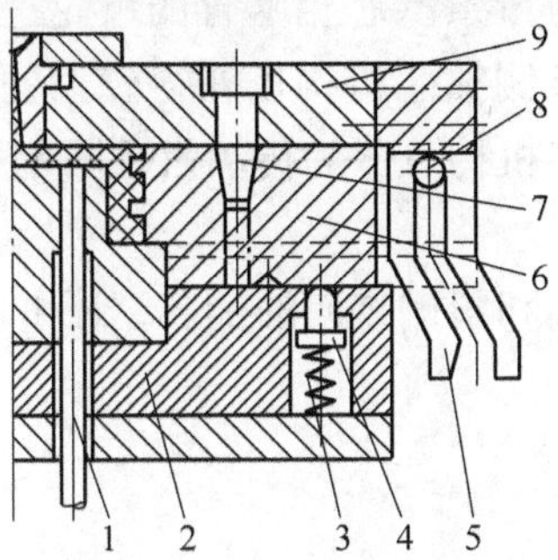

a）合模状态

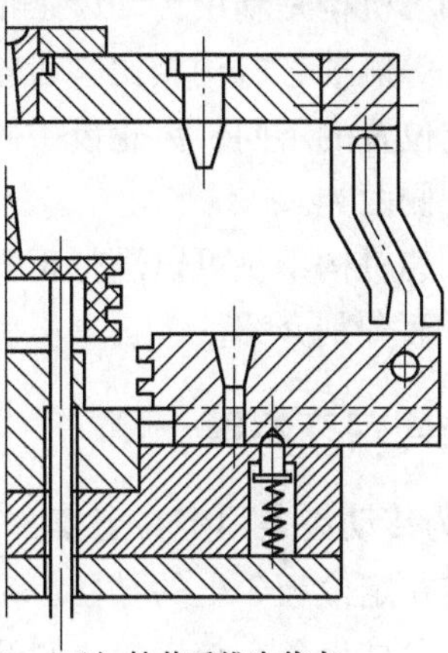

b）抽芯后推出状态

图4-49　斜导槽侧抽芯机构

1—推杆　2—动模板　3—弹簧　4—顶销　5—斜导槽板
6—侧型芯滑块　7—止动销　8—滑销　9—定模板

斜导槽侧抽芯机构抽芯动作的整个过程，实际是受斜导槽的形状所控制的。图4-50所示为斜导槽的三种形式。

图4-50a所示的形式，开模一开始便开始侧抽芯，这时斜导槽倾斜角 α 应小于25°。

图4-50b所示的形式，开模后滑销先在直槽内运动，因此有一段延时侧抽芯动作，直至滑销进入斜槽部分，侧抽芯才开始。

图4-50c所示的形式，先在倾斜角 α_1 较小的斜导槽内侧抽芯，然后进入倾斜角 α_2 较大的斜导槽内侧抽芯，这种形式适用于抽芯距较大的场合。由于起始抽芯力较大，第一段的倾斜角一般在 $12° < \alpha_1 < 25°$ 内选取，一旦侧型芯与塑件松动，以后的抽芯力就比较小，因此第二段的倾斜角可适当增大，但仍应满足 $\alpha_2 < 25°$。图4-50c所示形式中，第一段抽芯距为 s_1，第二段抽芯距为 s_2，总的抽芯距为 s，斜导槽的宽度一般比圆柱滑销大0.2mm。

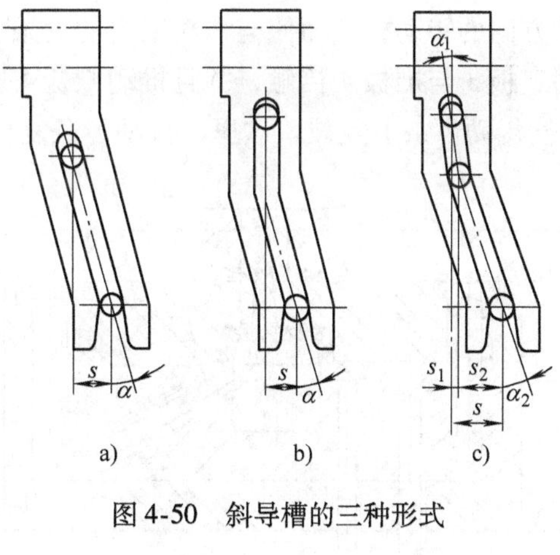

a)　　b)　　c)

图4-50　斜导槽的三种形式

斜导槽侧抽芯机构同样具有滑块驱动时的导滑、注射时的锁紧和侧抽芯结束时的定位功用，在设计时应充分注意。

斜导槽板与滑销通常用T8A、T10A等材料制造，热处理要求与斜导柱相同，一般硬度≥55HRC，表面粗糙度 $Ra \leq 0.8\mu m$。

4.3.4 齿轮齿条侧抽芯机构

齿轮齿条侧抽芯机构是利用传动齿条带动与齿条型芯相啮合的齿轮进行侧抽芯的机构。与斜导柱、斜滑块等侧抽芯机构相比，齿轮齿条侧抽芯机构可获得较大的抽芯力和抽芯距。根据传动齿条固定位置的不同，齿轮齿条侧抽芯机构可分为传动齿条固定于定模一侧及传动齿条固定于动模一侧两类。

齿轮齿条侧抽芯机构不仅可以进行正侧方向和斜侧方向的抽芯，还可以进行圆弧方向抽芯和螺纹抽芯，下面分别介绍。

1. 传动齿条固定在定模一侧

图4-51所示为传动齿条固定在定模一侧的侧抽芯机构。塑件上的斜孔由齿条型芯2成型。开模时，固定在定模板3上的导柱齿条5通过齿轮4带动齿条型芯2实现抽芯动作。开模至最终位置时，导柱齿条5与齿轮4脱开。为了保证齿条型芯的准确复位，齿条型芯的最终脱离位置必须定位。弹簧销8使齿轮4始终保持在与导柱齿条5最后脱离的位置上。

2. 传动齿条固定在动模一侧

传动齿条固定在动模一侧的结构如图4-52所示。传动齿条1固定在专门设计的固定板3上。开模时，动模部分向左移动，塑件包在齿条型芯7上从型腔中脱出后随动模部分一起向左移动，主流道凝料在拉料杆的作用下与塑件连在一起向左移动。当传动齿条推板2与注射机的顶杆接触时，传动齿条1静止不动，动模部分继续后退，传动齿条1带动齿轮6做逆时针方向的转动，从而使与齿轮啮合的齿条型芯7做斜侧方向抽芯。当抽芯完毕时，传动齿条固定板3与推板4接触，并且推动推板4驱动推杆5将塑件推出。合模时，传动齿条复位杆8使传动齿条1复位。这里，传动齿条复位杆8在注射时还起到楔紧块的作用。

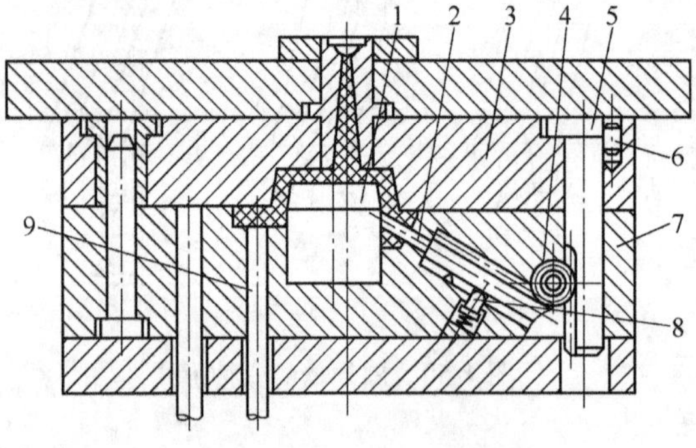

图4-51 传动齿条固定在定模一侧的侧抽芯机构
1—型芯 2—齿条型芯 3—定模板
4—齿轮 5—导柱齿条 6—定位销
7—动模板 8—弹簧销 9—推杆

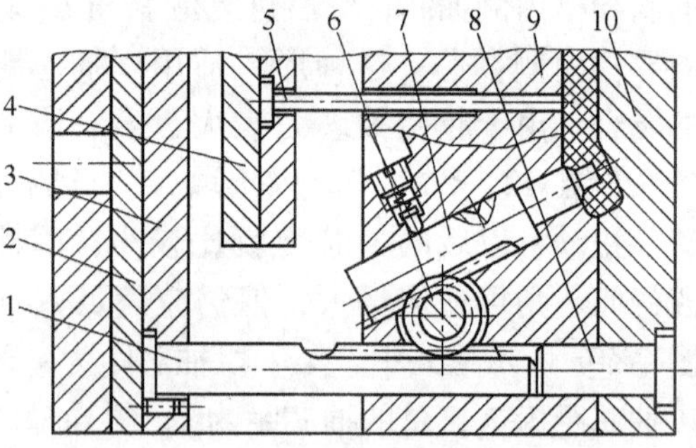

图4-52 传动齿条固定在动模一侧的结构
1—传动齿条 2—传动齿条推板 3—固定板
4—推板 5—推杆 6—齿轮 7—齿条型芯
8—复位杆 9—动模板 10—定模板

采用图4-52所示结构形式的模具，在工作过程中传动齿条与齿轮始终保持着啮合关系，因此可以不设置齿轮或齿条型芯的定位机构。

4.3.5　液压或气动侧抽芯机构

液压或气动侧抽芯机构通过液压缸或气缸活塞及控制系统实现侧抽芯。当塑件侧向有很深的孔，例如三通管子塑件，侧抽芯力和抽芯距很大，用斜导柱、斜滑块等侧抽芯机构无法实现时，往往优先考虑采用液压或气动侧抽芯机构（在有液压或气动源时）。

图4-53所示为液压缸（或气缸）固定于定模且省去楔紧块的侧抽芯机构，它能完成定模部分的侧抽芯工作。液压缸（或气缸）在控制系统的控制下在开模前必须将侧型芯抽出，然后再开模；而合模结束后，液压缸（或气缸）才能驱动侧型芯复位。

图4-54所示为液压缸（或气缸）固定于动模、具有楔紧块的侧抽芯机构，它能完成动模部分的侧抽芯工作。开模后，当楔紧块脱离侧型芯后首先由液压缸（或气缸）抽出侧型芯，然后推出机构才能将塑件推出。合模时，侧型芯由液压缸（或气缸）先复位，然后推出机构复位，最后楔紧块锁紧。侧型芯的复位必须在推出机构复位、楔紧块锁紧之前进行。

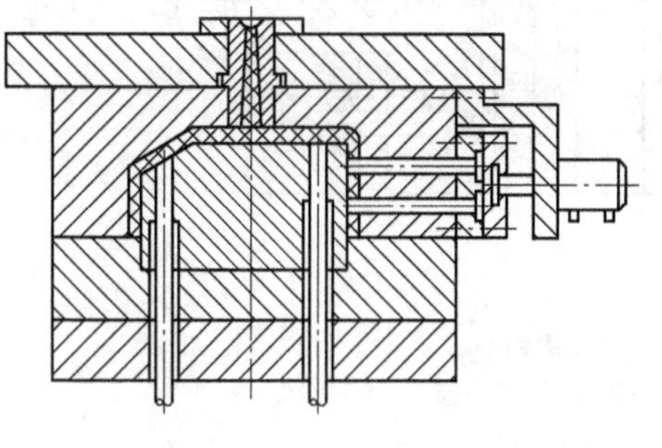

图4-53　液压缸（或气缸）固定于定模且省去楔紧块的侧抽芯机构

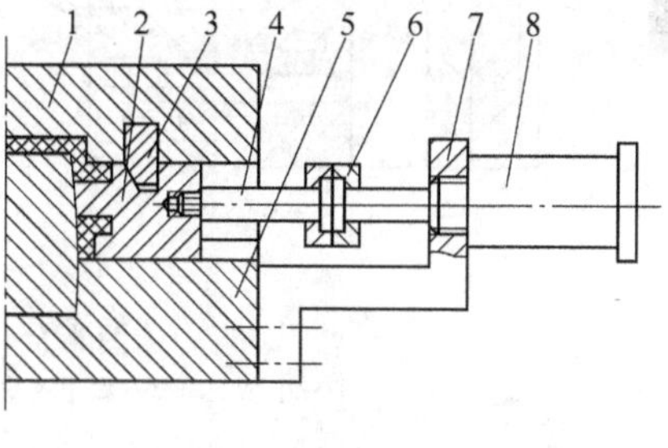

图4-54　液压缸（或气缸）固定于动模、具有楔紧块的侧抽芯机构

1—定模板　2—侧型芯　3—楔紧块　4—拉杆
5—动模板　6—连接器　7—支架　8—液压缸

4.3.6　二次推出机构

有些塑件因形状特殊或生产自动化的需要，在一次推出后塑件难以保证从型腔中脱出或不能自动坠落，这时必须增加一次推出动作，称为二次推出。为实现二次推出而设置的机构称为二次推出机构。有时为避免塑件受推出力过大而产生变形或破裂，也采用二次推出分散推出力，以保证塑件质量。二次推出机构可分为单推板二次推出机构和双推板二次推出机构。

1. 单推板二次推出机构

单推板二次推出机构是指在推出机构中设置了一组推板和推杆固定板，而另一次推出靠一些特殊零件的运动来实现。常见的形式有以下几种。

(1) 弹簧式二次推出机构　弹簧式二次推出机构通常是利用压缩弹簧的弹力进行第一次推出，然后再由推板推动推杆进行第二次推出。

图4-55中所示的塑件，其边缘有一个倒锥形的侧凹，如果直接采用推杆推出，塑件将

无法推出，采用如图所示的弹簧式二次推出机构，就能够顺利地推出塑件。模具闭合时，如图4-55a所示，模具注射成型后打开，压缩弹簧5弹起，使动模板4推出，将塑件脱离型芯2的约束，使塑件边缘倒锥部分脱离型芯2，如图4-55b所示，完成第一次推出。模具完全打开后，推板6推动推杆3进行第二次推出，将塑件从动模板4上推落，如图4-55c所示。

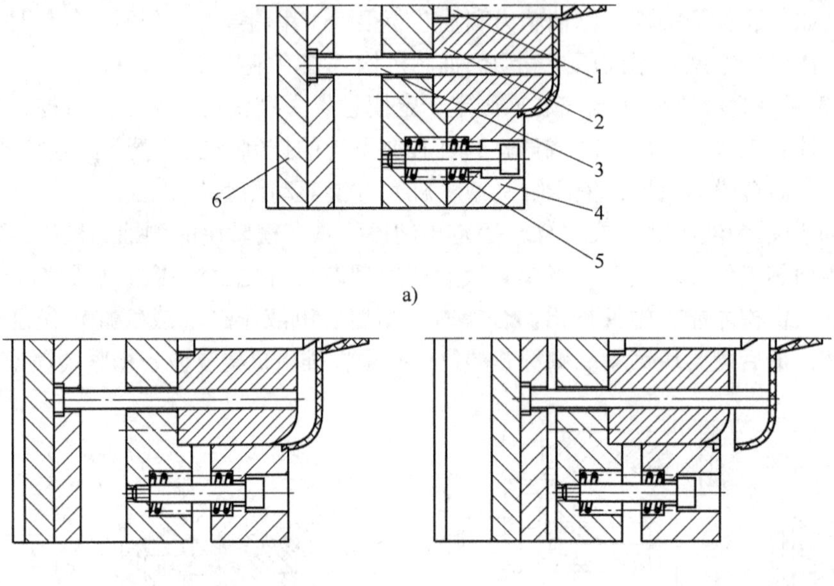

图4-55　弹簧式二次推出机构

1—小型芯　2—型芯　3—推杆　4—动模板　5—弹簧　6—推板

(2) 摆块式二次推出机构　摆块式二次推出机构利用摆块的摆动完成二次推出动作。

图4-56所示为摆块式二次推出机构。摆块6放入推板7中，如图4-56a所示。塑件包紧在型芯3上，如果直接用推杆2推塑件的边缘，则塑件会变形或损坏。采用二次推出机构后，当推出机构开始动作时，推杆2、4推动动模板1移动一段距离，使塑件脱离型芯3，完成第一次推出，如图4-56b所示。此时压杆5与支承板8接触，继续推出时，推杆4推动动模板1继续移动，同时，由于压杆5迫使摆块6摆动，推杆2做超前于动模板1的移动，将塑件从型腔中推出，如图4-56c所示。

(3) 斜楔滑块式二次推出机构　斜楔滑块式二次推出机构利用模具上的斜楔迫使滑块做水平运动，完成二次推出动作。

如图4-57a所示，在推板2上装有滑块4，弹簧3推动滑块至外极限位置，斜楔6固定在支承板12上。开模后，注射机顶杆推动推板2，在推杆8的作用下推动凹模型腔板7移动，将塑件从型芯9上推出，但塑件仍留在凹模型腔板7内，如图4-57b所示。推板2继续推出，斜楔6与滑块4接触，压迫滑块4内移。当滑块4上的孔与推杆8对正时，推杆8的尾端落入滑块的孔内，推杆8停止推出，凹模型腔板7也停止移动。推板2再继续推出时，中心推杆10将塑件从凹模型腔板7中推出，完成二次推出，如图4-57c所示。

(4) 滚珠式二次推出机构　滚珠式二次推出机构利用滚珠所处的位置控制二次推出动作。

图4-58所示为滚珠式二次推出机构，它采用复位杆与滚珠配合完成二次推出过程。如

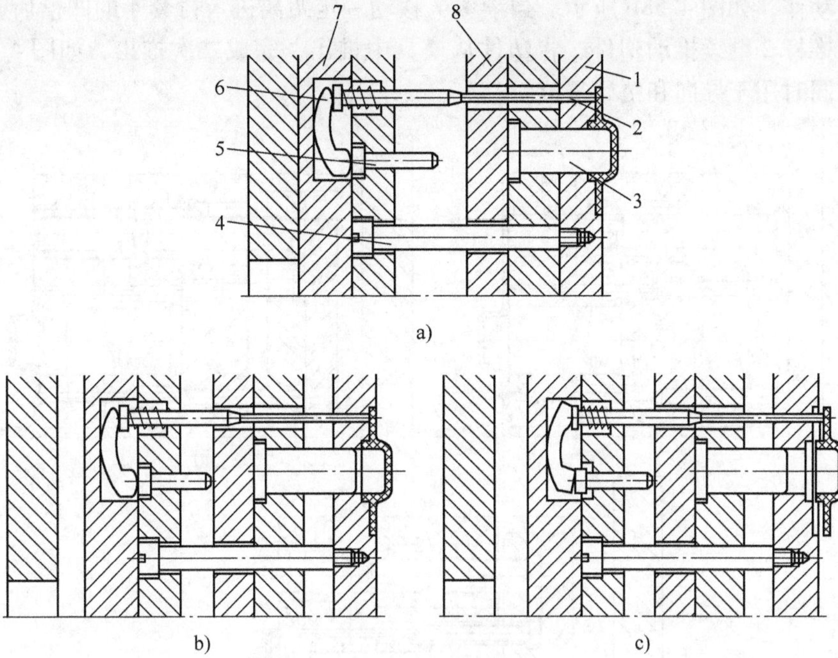

图4-56　摆块式二次推出机构

1—动模板　2、4—推杆　3—型芯　5—压杆　6—摆块　7—推板　8—支承板

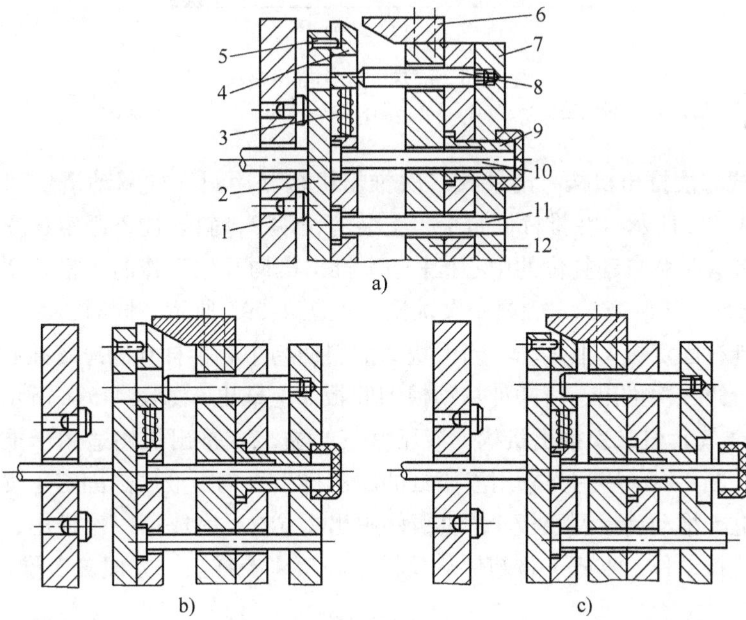

图4-57　斜楔滑块式二次推出机构

1—动模座板　2—推板　3—弹簧　4—滑块　5—销钉　6—斜楔　7—凹模型腔板

8—推杆　9—型芯　10—中心推杆　11—复位杆　12—支承板

图4-58a所示，模具闭合时，滚珠7将复位杆1和活动衬套5卡住。推出时，由于装在活动衬套5内孔中的滚珠7的作用，推杆2及动模板8同时推动塑件，使塑件脱离型芯9，完成

第一次推出动作，如图4-58b所示。当滚珠7移动一定距离进入衬套4的凹槽后，动模板8停止移动，推杆2继续推动塑件，将塑件从模具中推出，完成二次推出，如图4-58c所示。复位杆1可同时用于导向和精确复位。

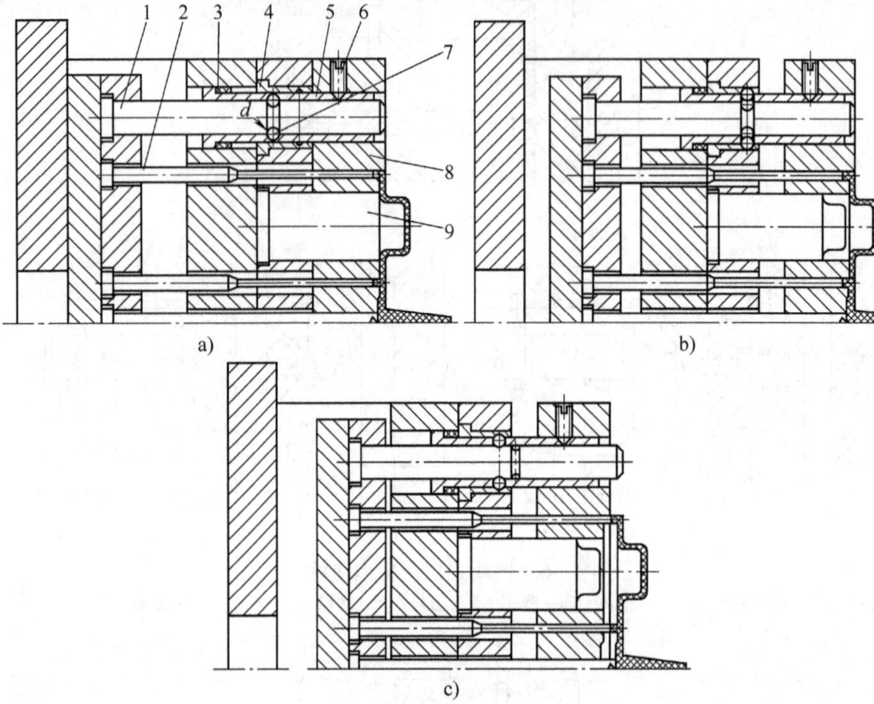

图4-58　滚珠式二次推出机构

1—复位杆　2—推杆　3—橡胶垫　4—衬套　5—活动衬套　6—止动螺钉　7—滚珠　8—动模板　9—型芯

（5）滑块式二次推出机构　滑块式二次推出机构利用斜导柱驱动滑块移动完成二次推出动作。如图4-59a所示，在推杆固定板1上装有滑块2，斜导柱3固定在支承板4内，型芯7上设置了带有弹簧自动复位的中心推杆6。推出机构开始动作时，推杆9推动动模型腔板8，使塑件与型芯7脱离，完成第一次推出，如图4-59b所示。同时，由于斜导柱3的作用，滑块2在推杆固定板1上运动。当滑块2的斜面与中心推杆6的尾端接触后，压迫中心推杆向前，进行第二次推出，将塑件从动模型腔板8上推出，如图4-59c所示。

（6）液压（气）缸二次推出机构　液压（气）缸二次推出机构适用于推出力比较大的大、中型塑件。图4-60a所示为采用液压缸的二次推出机构，液压缸固定于支承板上。推出时，先由液压缸5推动动模型腔板4，使塑件脱出型芯2，完成第一次推出，如图4-60b所示。然后推出机构动作，推杆1将塑件从动模型腔板4上推出，完成二次推出，如图4-60c所示。

2. 双推板二次推出机构

双推板二次推出机构是在注射模中设置两组推板，它们分别带动一组推出零件实现塑件的二次推出。

（1）弹顶式二次推出机构　如图4-61a所示，由于塑件包紧在一组小型芯上，一次推出

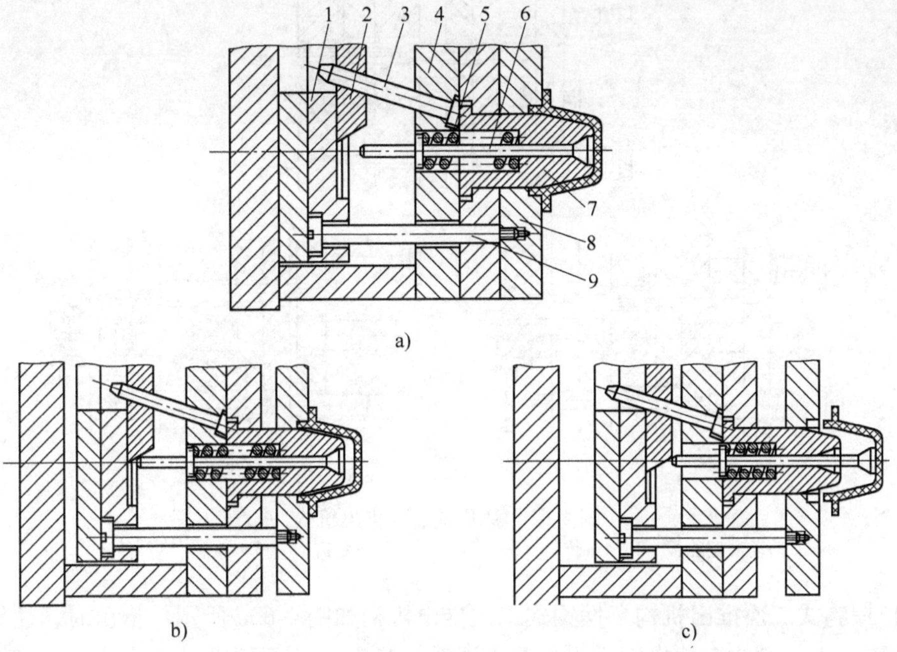

图 4-59　滑块式二次推出机构

1—推杆固定板　2—滑块　3—斜导柱　4—支承板　5—弹簧　6—中心推杆　7—型芯　8—动模型腔板　9—推杆

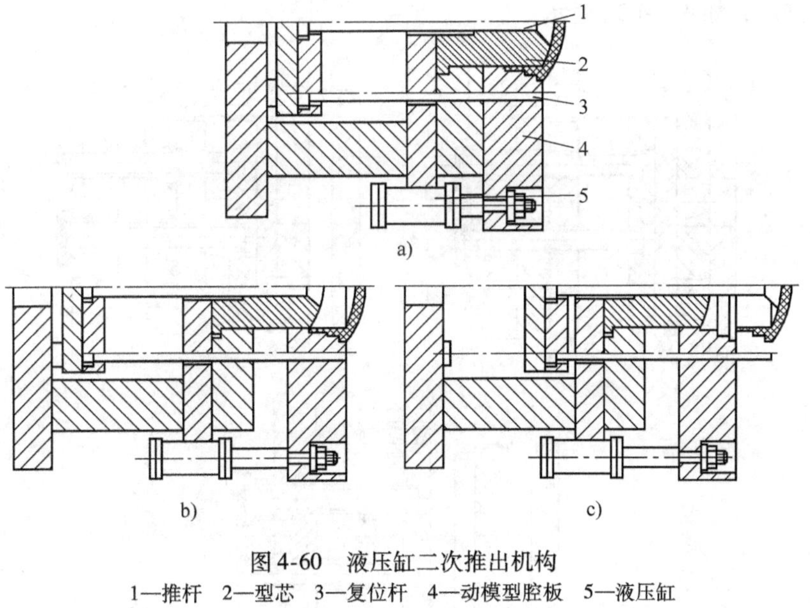

图 4-60　液压缸二次推出机构

1—推杆　2—型芯　3—复位杆　4—动模型腔板　5—液压缸

其推出力过大，所以采用二次推出机构。推出时，注射机顶杆推动推板 7，带动推杆 4 使动模型腔板 1 移动，将塑件从型芯 3 上脱出，完成一次推出，如图 4-61b 所示。同时，推板 7 带动限位螺钉 5，使弹簧 8 被压缩，并促使推板 6 及推杆 2 同时移动。当弹簧 8 被压缩到一定程度时，其弹力推动推板 6 及推杆 2，将塑件从动模型腔板 1 上推出，完成二次推出，如图 4-61c 所示。

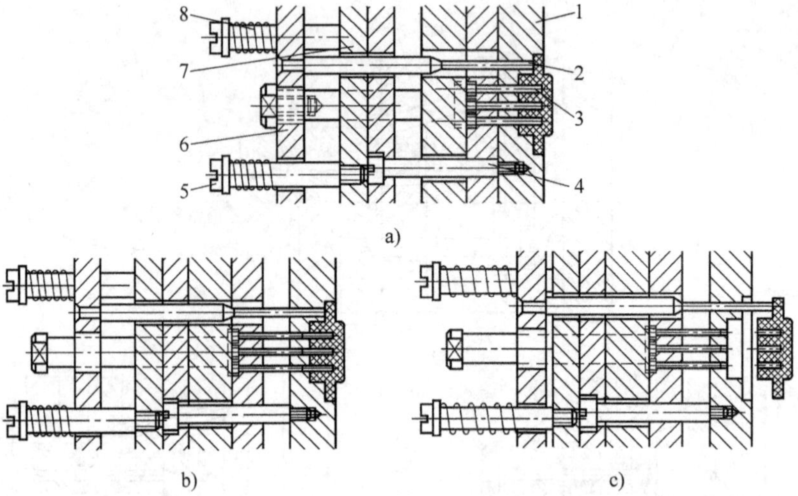

图 4-61　弹顶式二次推出机构

1—动模型腔板　2、4—推杆　3—型芯　5—限位螺钉　6、7—推板　8—弹簧

（2）摆钩式二次推出机构　摆钩式二次推出机构如图 4-62a 所示。推出时，注射机顶杆推动推板 7，由于摆钩 5 的作用，推板 6 也同时被带动，从而驱动推杆 8 推动动模型腔板 3 与推杆 2 同时移动，使塑件脱离型芯 1，完成第一次推出，如图 4-62b 所示。此时，摆钩 5 被打开，推板 6 停止移动，而推板 7 继续移动，推动推杆 2 将塑件从动模型腔板 3 上推出，完成第二次推出，如图 4-62c 所示。

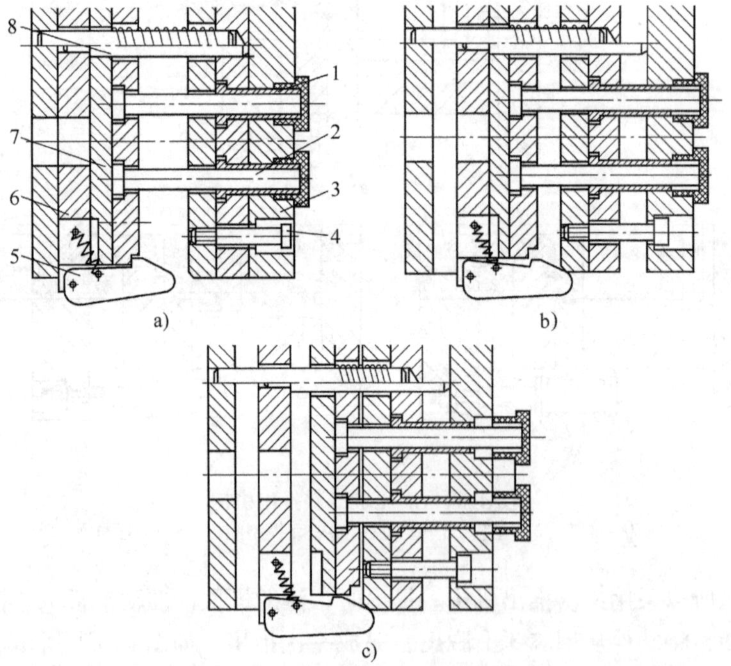

图 4-62　摆钩式二次推出机构一

1—型芯　2、8—推杆　3—动模型腔板　4—限位螺钉　5—摆钩　6、7—推板

图 4-63 所示为另一种摆钩式二次推出机构，摆钩 8 将推板 6 和推板 7 锁在一起。推出时，由于摆钩 8 的锁紧作用，使推板 6 和推板 7 同时动作，推件板 1 在推杆 2 的推动下，与推杆 4 同时推动塑件脱离型芯 3，完成第一次推出，如图 4-63b 所示。继续推出时，在支承板 9 的斜面作用下，摆钩 8 与推板 7 脱开，推板 6、推杆 2 及推件板 1 停止运动，而推杆 4 则继续推动塑件，使其从推件板 1 中脱出，完成第二次推出，如图 4-63c 所示。

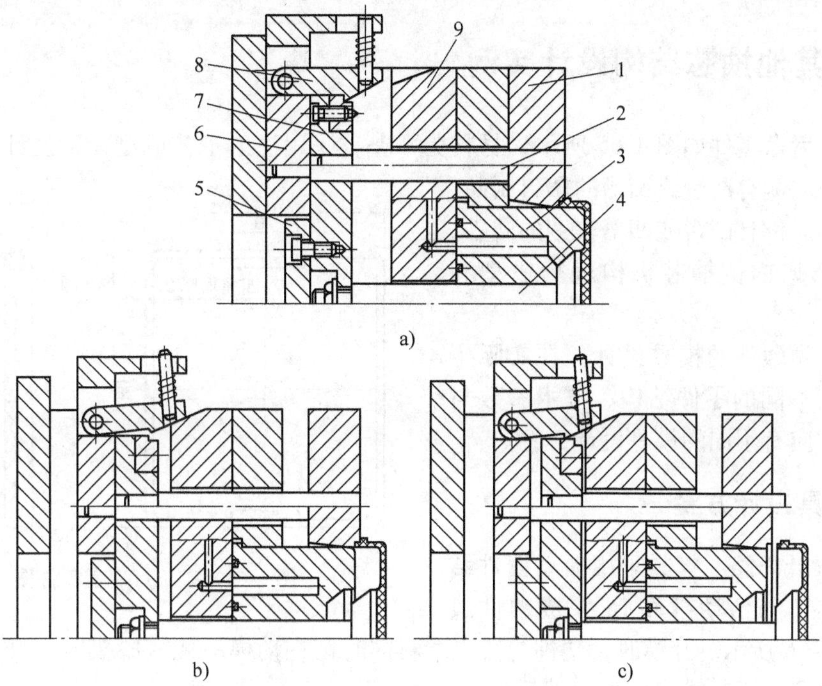

图 4-63　摆钩式二次推出机构二

1—推件板　2、4—推杆　3—型芯　5—顶板　6、7—推板　8—摆钩　9—支承板

(3) 摆杆式二次推出机构　摆杆式二次推出机构如图 4-64 所示，摆杆 6 利用转轴固定

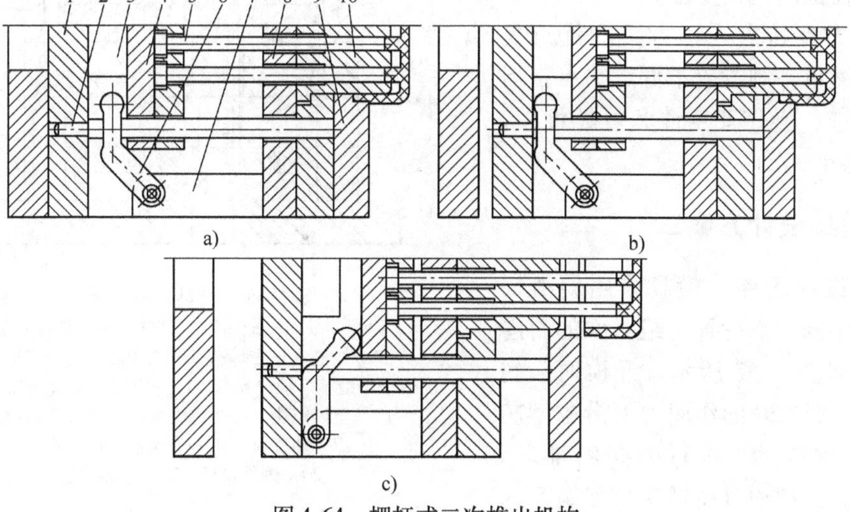

图 4-64　摆杆式二次推出机构

1、4—推板　2、5—推杆　3—定距块　6—摆杆　7—支块　8—支承板　9—动模型腔板　10—型芯

在和支承板固定在一起的支块7上。图4-64a所示为刚开模的状态。推出时，注射机顶杆推动推板1，由于定距块3的作用，使推杆5和推杆2一起动作，将塑件从型芯10上推出，直到摆杆6与推板1相接触为止，完成第一次推出，如图4-64b所示。继续推出时，推杆2继续推动动模型腔板9，而摆杆6在推板1的作用下转动，并推动推板4快速运动，进而带动推杆5将塑件从动模型腔板9中脱出，完成第二次推出，如图4-64c所示。

4.3.7 其他抽芯结构设计实例

矿工灯后盖零件如图4-65所示，材料为ABS，采用注射工艺成型，试设计成型模具的结构。对于内侧有凸台或凹槽的塑料制品，特别是两侧对称且凸台或凹槽较宽的塑件，多采用斜滑块内侧抽芯机构进行成型和分型。

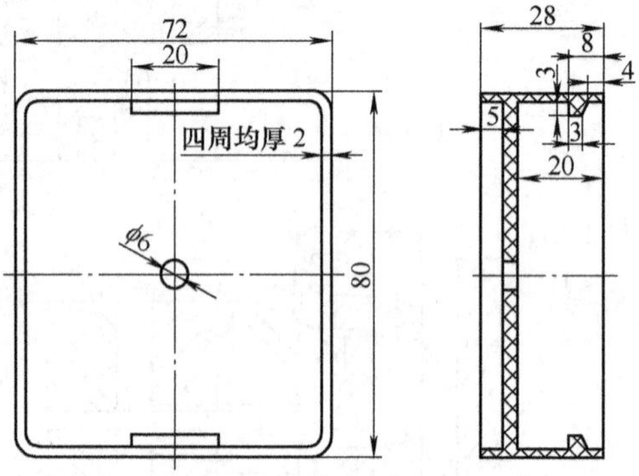

图4-65 矿工灯后盖零件图

对于此类塑件的模具设计，在实际生产中，根据不同的零件结构、技术参数与生产类型，应有不同的模具设计方案。

1. 模具设计方案一

(1) 设计思路 模具采用活动镶件结构，由型芯7与活动镶件16完成塑件成型，如图4-66所示。开模时，塑件与流道凝料同时留在动模一侧。脱模时，推出机构将活动镶件随同塑件一起推出模外，然后通过手工或其他装置将塑件与镶件分离。再次注射时，需将活动镶件重新装入动模内。合模后，在弹簧5、支承板18的作用下，使推出机构复位。

(2) 方案特点 该方案的优点是模具结构简单，制造成本低。缺点是需要人工取件，操作安全性和可靠性差，生产率低。

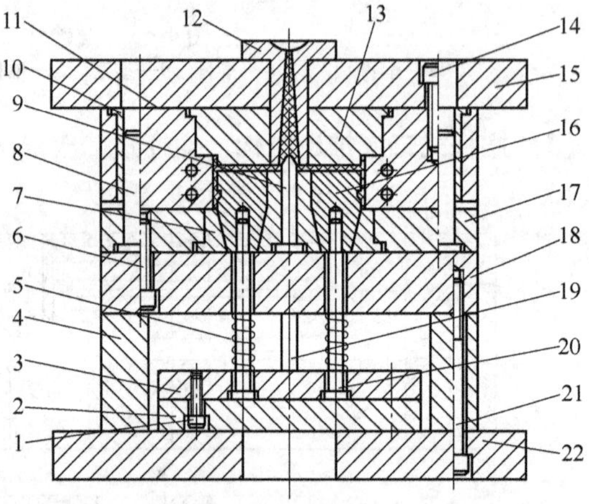

图4-66 模具设计方案一

1、6、14、21—螺钉 2—推板 3—推杆固定板 4—垫块 5—弹簧 7—主型芯 8—导柱 9—小型芯 10—导套 11—定模板 12—浇口套 13—定模镶块 15—定模座板 16—活动镶件 17—动模板 18—支承板 19—推杆 20—镶件推杆 22—动模座板

2. 模具设计方案二

(1) 设计思路 模具采用斜滑块内侧抽芯结构，需设置一组对称的斜滑块型芯，如图4-67所示。开模时，斜滑块17在顶杆20的作用力下沿主型芯13的燕尾槽滑动，进行内向斜抽芯。合模时，斜滑块通过拉杆3与弹簧5的弹力复位，推出机构则通过复位杆22复位。为避免塑件翘曲，采用两根推杆19与斜滑块

17同时推出塑件。

（2）方案特点　该方案的优点是模具脱模时，由于拉杆3与弹簧5的作用，斜滑块型芯没有与模具分离，操作简单，安全性较好。缺点是增加了拉杆3与弹簧5后，模具结构稍复杂；受拉杆3结构的影响，推出距离较长，增大了模具尺寸；弹簧5增大了顶杆20的推出力；塑件在推出的过程中不能自动脱落，因此生产率较低。

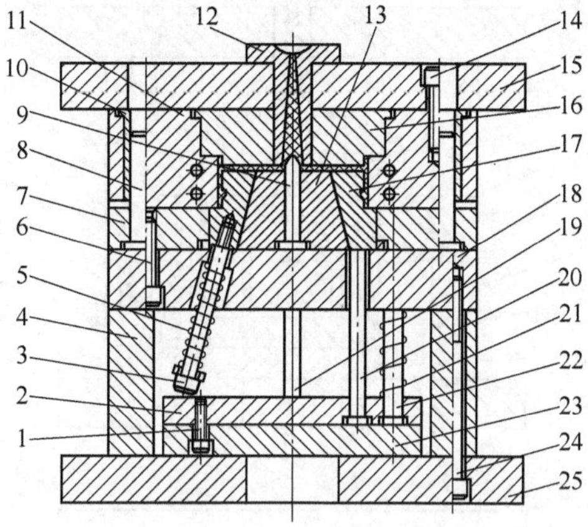

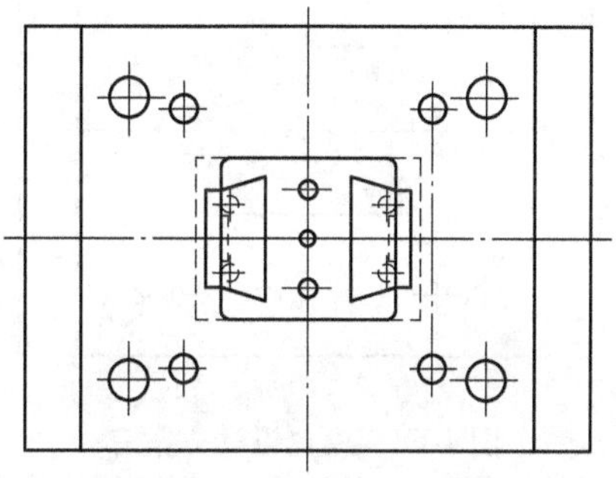

图4-67　模具设计方案二

1、6、14、24—螺钉　2—推杆固定板　3—拉杆　4—垫块　5、21—弹簧　7—动模板　8—导柱　9—小型芯　10—导套　11—定模板　12—浇口套　13—主型芯　15—定模座板　16—定模镶块　17—斜滑块　18—支承板　19—推杆　20—顶杆　22—复位杆　23—推板　25—动模座板

3. 模具设计方案三

（1）设计思路　模具采用斜滑块型芯和单推板结构，脱模时采用二次推出机构，如图4-68所示。脱模时，滑块推杆5和推杆19同时推出塑件。滑块推杆5推动斜滑块8完成内侧抽芯后，与斜滑块8底面脱离，并落入斜滑块凹槽中，斜滑块停止移动。推杆19继续完成推出动作，使塑件从型芯上自动脱落。从斜滑块8的受力情况和斜滑块与主型芯7斜面的接触长度考虑，斜滑块8和主型芯7的斜角取25°～30°为宜。

（2）方案特点　该方案的优点是模具采用二次推出机构后，脱模过程操作更简便、可靠，可实现注射生产的自动化，有效提高生产率，适合大批量生产。与设计方案一、二相比，模具结构并不复杂，在实际生产中可取得满意的效果。缺点是斜滑块8的精度要求较高，制造有一定的难度。

三种模具设计方案，能分别满足用户的不同生产批量要求，但从模具的可靠性、安全性出发，设计方案二、三较为合理。设计方案三采用二次推出机构后，有效地提高了生产率，满足了注射生产自动化的要求。

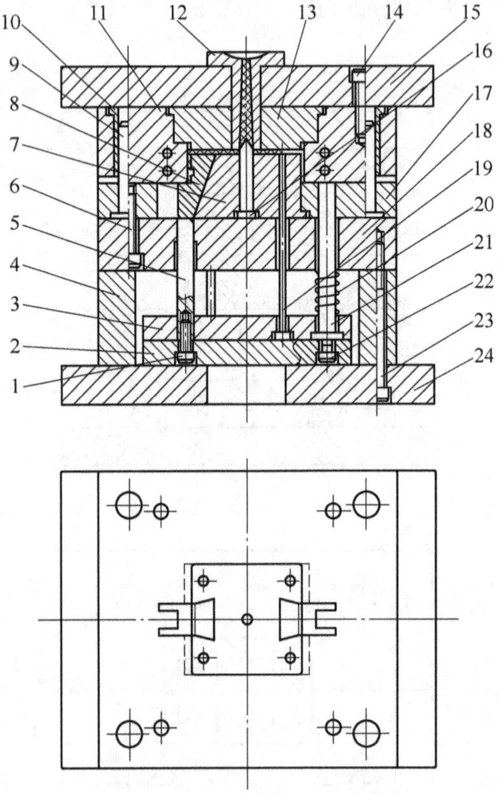

图 4-68　模具设计方案三

1、6、14、22、23—螺钉　2—推板　3—推杆固定板　4—垫块　5—滑块推杆　7—主型芯　8—斜滑块　9—导柱　10—导套　11—定模板　12—浇口套　13—定模镶块　15—定模座板　16—小型芯　17—动模板　18—支承板　19—推杆　20—弹簧　21—复位杆　24—动模座板

4. 斜滑块结构设计要点分析

针对斜滑块成型，无论是采用方案二还是方案三，斜滑块的结构设计要点如下：

(1) 斜滑块斜面的夹角选择　以垂直分型面为基准，斜面的夹角以 25°～30°为宜。斜滑块与主型芯斜面相互接触的状况如图 4-69 所示。

斜面接触长度比 $=(L-L_{斜})/L=1-L_{斜}/L=1-L_{抽}/(L\sin\alpha)$

取斜面夹角 $\alpha=30°$，$L_{抽}=8\text{mm}$，主型芯高度一定（结构设计为 42mm），则 $L=42\text{mm}/\cos30°=48.5\text{mm}$，斜面接触长度比 $=1-L_{抽}/(L\sin\alpha)=1-8/(48.5\times\sin30°)=2/3$。

取斜面夹角 $\alpha=25°$，则 $L=42\text{mm}/\cos25°=46.4\text{mm}$，斜面接触长度比 $=1-L_{抽}/(L\sin\alpha)=1-8/(46.4\times\sin25°)=3/5$。

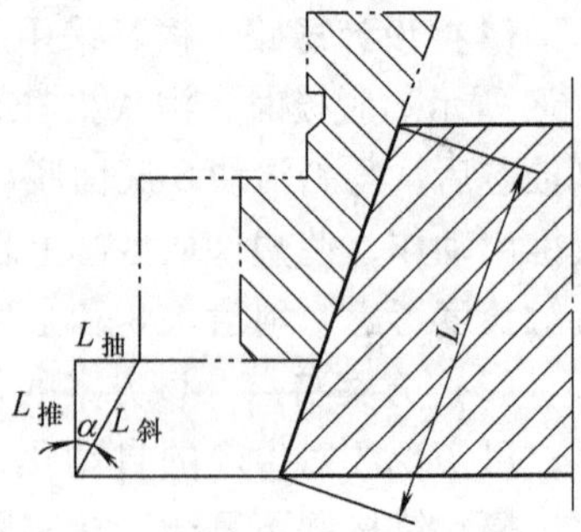

图 4-69　斜滑块与主型芯接触长度

滑块推杆与斜滑块在推出过程中的推力分析如图4-70所示。

取斜面夹角 $\alpha=25°$，推杆垂直推力与滑块斜面推力的关系为 $T_{垂}=0.94T_{斜}$。

取斜面夹角 $\alpha=30°$，推杆垂直推力与滑块斜面推力的关系为 $T_{垂}=0.866T_{斜}$。

综合接触长度和推力分析，斜面夹角取25°～30°为宜。这样既保证斜滑块内侧抽芯后，斜滑块斜面与主型芯斜面仍有较长的接触长度，还能使斜滑块获得良好的推力。

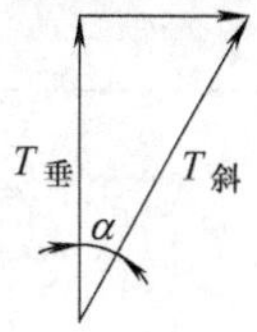

图4-70　推力分析

（2）斜滑块底面与滑块推杆的接触长度　斜滑块底面与滑块推杆的接触长度应满足内侧抽芯距离的要求，即 $L_{抽}=L_{接}$。

（3）斜滑块复位　斜滑块与定模板接触部位设计成台阶形状。台阶长度应满足合模时，定模板与斜滑块台阶面保持接触，使斜滑块可靠复位。

（4）斜滑块翻转　斜滑块导滑槽采用燕尾结构，以确保滑块推杆与斜滑块底面脱离时，斜滑块不会翻转。

4.3.8　单元练习

1. 思考题

1）斜滑块侧抽芯机构的设计要点有哪些？

2）弯销侧抽芯机构的特点是什么？

3）简述传动齿条固定在定模一侧与动模一侧两种形式的齿轮齿条侧抽芯机构的工作原理，并说明设计要点。

4）为什么要设置二次推出机构？二次推出机构有哪些形式？

2. 综合题

图4-71所示为某塑料厂生产的塑料线圈骨架，材质为ABS，塑件尺寸公差等级为MT4，生产批量为10万件。试设计线圈骨架的注射模结构。

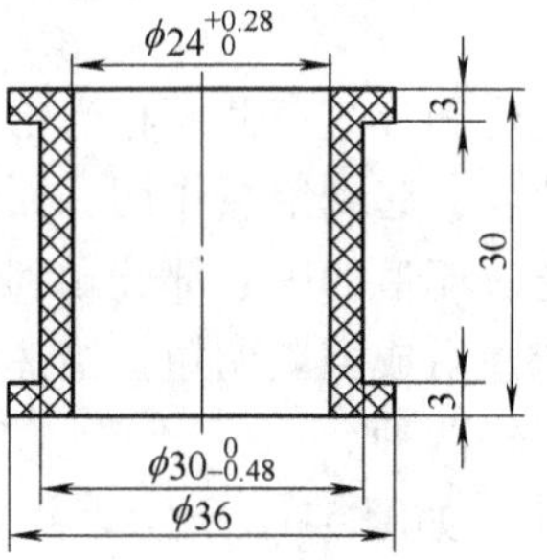

图4-71　线圈骨架

项目 5 热流道注射模设计

单元 1 热流道注射模概述

【学习目标】

1. 了解热流道注射模的分类。
2. 熟悉热流道注射模的典型结构。

5.1.1 热流道注射模分类

热流道注射成型是利用绝热或加热的方法，使从注射机喷嘴起到型腔入口处为止的流道中的塑料一直保持熔融状态，从而在开模时，只需取出制品，无须取出流道凝料。具有这种浇注系统的模具也称为无流道凝料模具。这类模具以加热流道为主。

当前在一些发达国家无流道凝料模具已经标准化，且在注射模中占有较大比例。我国正在推广使用阶段，有些部件也已经标准化。

热流道注射模分为绝热流道注射模和加热流道注射模。

1. 绝热流道注射模

绝热流道注射模的特点是主流道和分流道截面相当粗大，在注射过程中，靠近流道内壁的塑料容易散热，冷凝成一个固化层，起到绝热作用，而流道中心部位的塑料在连续注射时仍然保持熔融状态，熔融的塑料通过流道的中心部分顺利充填型腔。由于不对流道进行辅助加热，其中的熔料容易固化，要求注射成型周期短。绝热流道注射模又可分为井式喷嘴绝热流道注射模和多型腔绝热流道注射模两种。

（1）井式喷嘴绝热流道注射模 如图 5-1a 所示为井式喷嘴绝热主流道，它是一种结构最简单的适用于单型腔的绝热流道。这种形式的绝热流道在注射机喷嘴与模具入口之间装有一个浇口杯，杯外采用空气隙绝热，杯内有截面较大的储料井，其容积约为塑件体积的1/3～1/2。在注射过程中，与井壁接触的熔体很快固化而形成一个绝热层，使位于中心部位的熔体保持良好的流动状态；在注射压力的作用下，熔体通过点浇口充填型腔。采用井式喷嘴注射成型时，一般注射成型周期不大于20s。主流道杯的主要尺寸如图 5-1b 所示，其具体尺寸可查表 5-1。

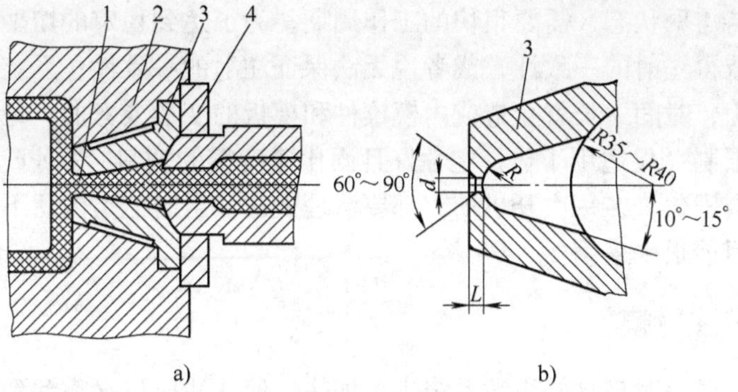

图5-1 井式喷嘴
1—点浇口 2—定模板 3—主流道杯 4—定位圈

表5-1 主流道杯的推荐尺寸

塑件质量/g	成型周期/s	d/mm	R/mm	L/mm
3～6	6～7.5	0.8～1.0	3.5	0.5
6～15	9～10	1.0～1.2	4.0	0.6
15～40	12～15	1.2～1.6	4.5	0.7
40～150	20～30	1.5～2.5	5.5	0.8

（2）多型腔绝热流道注射模 多型腔绝热流道注射模按浇口类型的不同可分为主流道型绝热流道模和点浇口型绝热流道模，如图5-2所示为多型腔主流道型绝热流道注射模。这种模具的绝热原理与井式喷嘴注射模相同，其主流道和分流道的截面尺寸也很粗大，截面形状常为圆形。分流道的直径根据成型周期和塑件质量而定，常为19～32mm，成型周期长时取大值，反之取小值。为减小料流阻力，流道内所有转角处都应圆滑过渡。

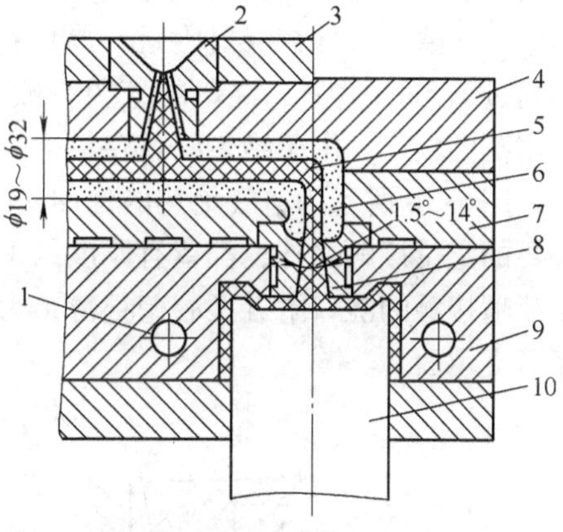

图5-2 多型腔主流道型绝热流道注射模
1—冷却水路 2—浇口套 3—定位圈 4—定模座板
5—熔体 6—塑料冷凝层 7—分流道板
8—浇口衬套 9—定模型腔板 10—型芯

另外，由于停机后流道内的熔体会全部凝固，因此在分流道的轴线上应设置能快速启闭的分型面，以便下次开机前彻底清除全部凝料。

图5-2中，浇口的始端凸起伸入分流道中心，这样可使浇口附近的塑料受分流道绝热层的保护，从而避免此处熔料冷凝。为了便于加工流道和清理流道凝料，模具中加设了一个分流道板7，分流道板的温度较高（80℃左右），为了减少其热量的散失，在分流道板底面开设有凹槽，以减小分流道板的热传导面积。同样在浇口衬套8周围也开设有环形凹槽，起保温和减少热量散失的作用。

主流道型绝热流道模具只适用于成型周期较短的情况，并且塑件脱模后其浇口部位会带有一小段浇口凝料，必须通过后续加工方法去除。

绝热流道注射模的优点是结构简单，设计不那么复杂，制造成本低。缺点是有时浇口会有凝料；为了维持熔融状态，需要很快的工作周期；为了达到稳定的熔融温度，需要很长的准备时间；很难取得注射的一致性，或者说无法保证注射的一致性；系统内无加热，因此需要较高的注射压力，时间一长就会造成内模镶件和模板的变形或弯曲；绝热流道使用的塑料品种受到一定的限制（仅适用于热稳定性好且固化速度慢的塑料，如PE及PP），在终止成型时，流道部分会固化，在每次开机前，都要清理上次注射时流道内留下的流道凝料。因此绝热流道注射模目前很少采用。

2. 加热流道注射模

加热流道注射模是对模具的浇注系统进行加热，使从注射机喷嘴起到型腔入口为止的这一段流道中的塑料，在生产期间始终保持熔融的状态，从而开模时只需取出塑件，不必取出流道凝料，或者只有少部分流道凝料。加热流道模具停机后，下次开机采用加热方法，将流道凝料熔融，即可开始生产。它相当于将注射机的喷嘴一直延长到模具型腔。加热流道注射模又可分为单点式加热流道注射模和多点式加热流道注射模两种。

延伸式喷嘴是一种最简单的单点式加热流道，用于单型腔模具注射成型。它是将普通注射机喷嘴加长后与模具上的浇口直接接触的一种喷嘴，喷嘴自身装有加热器，型腔采用点浇口进料。为了避免喷嘴的热量过多地向低温的型腔模板传递，使温度难以控制，必须采取有效的绝热措施，常用的方法有塑料层绝热和空气绝热。图5-3a所示为塑料层绝热的延伸式喷嘴。喷嘴的球面与模具留有不大的间隙，在第一次注射时该间隙就被塑料所充满而起绝热作用。间隙最薄处在浇口附近，厚度约为0.5mm，若太厚则容易凝固。浇口以外的间隙以不超过1.5mm为宜，浇口的直径一般为0.75～1.2mm。与井式喷嘴相比，浇口不易堵塞，应用范围较广。由于绝热间隙存料，故不宜用于热稳定性差、容易分解的塑料。

图5-3b所示为空气绝热的延伸式喷嘴。喷嘴与模具之间、浇口套与型腔板之间，除了必要的定位接触之外，都留有厚度约1mm的间隙，此间隙被空气充满，起绝热作用。由于与喷嘴接触的浇口附近型腔壁很薄，为了防止被喷嘴顶坏或变形，喷嘴与浇口套之间应设置环形支承面。

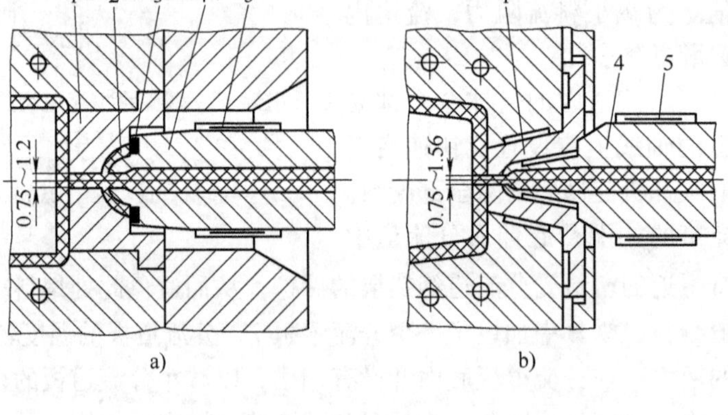

图5-3　延伸式喷嘴

1—浇口套　2—塑料绝热层　3—聚四氟乙烯垫片　4—延伸式喷嘴　5—加热圈

热流道系统的加热方式有两种：一种是外加热式，即加热元件在热流道之外；另一种是内加热式，即加热元件在热流道之内。

热流道系统常用的加热元件有电加热圈、电加热棒及热管等。

目前所说的热流道注射模，主要就是指加热流道注射模，它也是本项目探讨的重点。为叙述方便，以下将加热流道注射模简称为热流道注射模。

5.1.2　热流道注射模典型结构

热流道注射模主要由热流道浇注系统和模架组成。热流道浇注系统由热喷嘴、热流道板和温控电箱等组成。热流道模架的结构与二板式模具大体相同，但型腔进料的方式又和三板式模具相同，同时兼具两者的优点。

常见的热流道系统有单点式热流道和多点式热流道两种形式。它们分别用于单点式热流道注射模和多点式热流道注射模。

1. 单点式热流道注射模

单点式热流道注射模采用单一热喷嘴（又称热射嘴），直接把熔融塑料射入型腔，其基本结构如图5-4所示，主要由定位圈1、隔热板2、热喷嘴3、定模板4、凹模5、型芯7和动模板8等组成。

单点式热流道注射模中没有热流道板，用于单型腔模具注射成型。

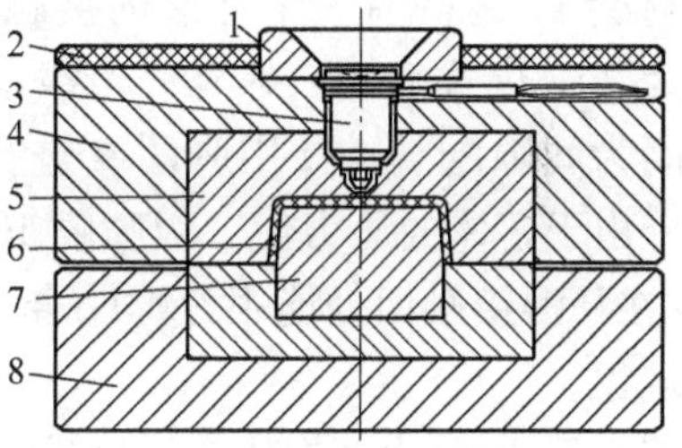

图5-4　单点式热流道注射模的基本结构
1—定位圈　2—隔热板　3—热喷嘴
4—定模板　5—凹模　6—制品
7—型芯　8—动模板

2. 多点式热流道注射模

多点式热流道注射模的主要特点是在模具内设有一个热流道板，主流道、分流道及加热装置均设置在这块板上。注射时，注射机喷嘴将熔融塑料射入一级热喷嘴，通过热流道板把熔融塑料分流到各二级热喷嘴中，再进入到型腔。它适用于单型腔多点式进料或多型腔注射模，其基本结构如图5-5所示。

根据对流道加热方法的不同，多点式热流道注射模可分为外加热式和内加热式两种。

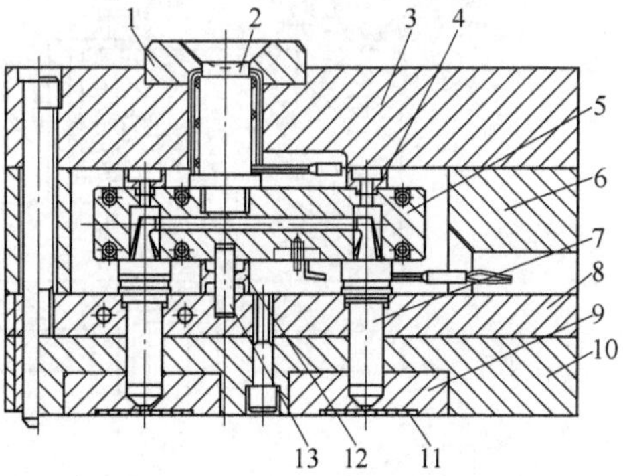

图5-5　多点式热流道注射模的基本结构
1—定位圈　2—一级热喷嘴　3—定模座板
4—隔热垫片　5—热流道板　6—支承板
7—二级热喷嘴　8—垫板　9—凹模　10—定模板
11—制品　12—中心隔热垫片　13—中心定位销

(1) 外加热式多点式热流道注射模　这种模具在热流道板中设有加热孔，孔内放入管式加热器（如电热棒等）对流道内的塑料加热，使塑料始终保持熔融状态。热流道板要利用绝热材料（如石棉、水泥板等）或空气间隙与模具其余部分隔热，以减少热量传递。此外，还应考虑到热流道板因温度的变化而引起的热膨胀，因此要留出必要的膨胀间隙。主流道和分流道的截面多为圆形，直径为5～12mm。浇口形式也有主流道型浇口和点浇口两种，比较常用的是点浇口。

外加热式多点式热流道注射模流道内的塑料加热均匀，熔体流动阻力小，容易更换塑料和换色。但热损失较大，热流道板的温度较高，需考虑热流道板的热膨胀问题。

为了防止浇口冷凝，必须对浇口喷嘴进行绝热保护。根据绝热情况不同，又可分为半绝热式喷嘴和全绝热式喷嘴两种。

图5-6所示为外加热半绝热式喷嘴多点式热流道注射模。热流道板8内的加热器孔7中放入加热器，二级喷嘴10用导热性优良、强度较高的铍青铜合金制造，有利于热量传至喷嘴前端。二级喷嘴前端设有塑料绝热层，绝热层最薄处厚度为0.3～1.2mm。由于二级喷嘴10与浇口衬套11之间有一个环形的接触面未绝热，故称为半绝热式喷嘴。另外，二级喷嘴与热流道板间为间隙配合，并用胀圈9进行密封。注射时，由于熔体的压力使二级喷嘴10与浇口衬套11在环形接触面处能很好地贴合，不会产生溢料现象。

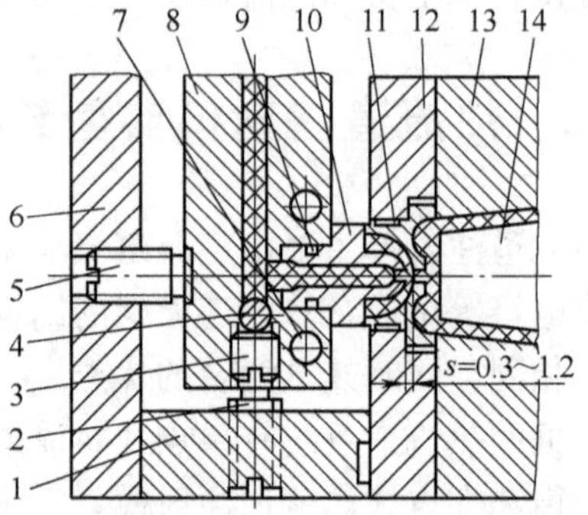

图5-6　外加热半绝热式喷嘴多点式热流道注射模

1—支架　2—定距螺钉　3—螺塞　4—密封钢球　5—支承螺钉　6—定模座板　7—加热器孔　8—热流道板　9—胀圈　10—二级喷嘴　11—浇口衬套　12—定模板　13—型腔板　14—型芯

图5-7a所示为外加热全绝热式喷嘴多点式热流道注射模。模具中的二级喷嘴11不与浇口衬套13直接接触，两者通过滑动压环12隔离，故称为全绝热式喷嘴。图5-7b所示为流道及二级喷嘴局部放大图，浇口直径为0.7mm，适用于成型小型塑件。

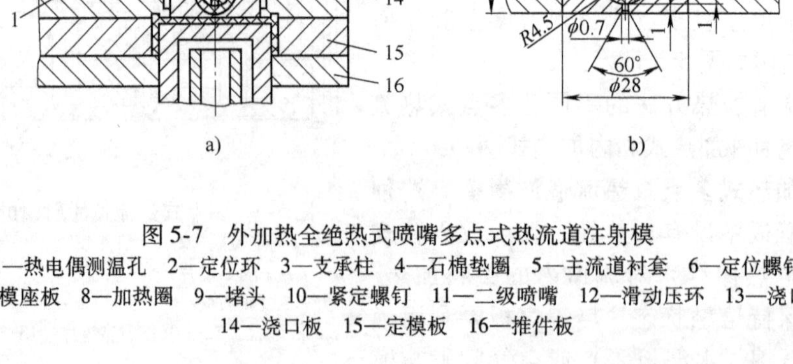

a)　　b)

图5-7　外加热全绝热式喷嘴多点式热流道注射模

1—热电偶测温孔　2—定位环　3—支承柱　4—石棉垫圈　5—主流道衬套　6—定位螺钉　7—定模座板　8—加热圈　9—堵头　10—紧定螺钉　11—二级喷嘴　12—滑动压环　13—浇口衬套　14—浇口板　15—定模板　16—推件板

(2) 内加热式多点式热流道注射模　这种模具是在整个流道内部和喷嘴内部设置管式加热器（由加热芯棒和加热套管组成），塑料在加热器外围空间流动，依靠流道壁处形成的塑料冷凝层进行绝热，如图5-8所示。为了使流道中互相垂直的管式加热器不发生干涉，应采用交错穿通的办法设置流道。

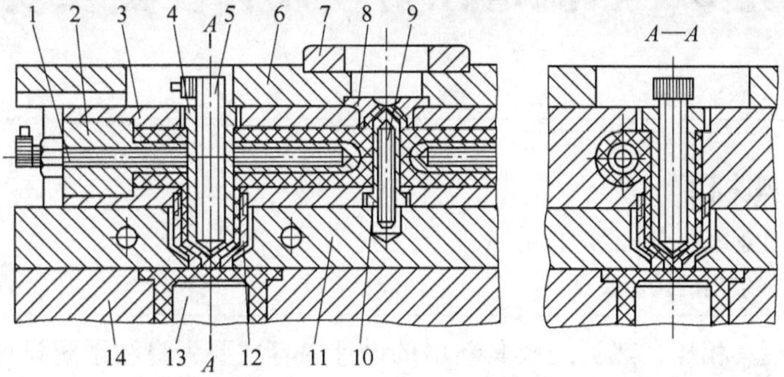

图5-8　内加热式多点式热流道注射模

1、5、9—加热芯棒　2—分流道加热套管　3—热流道板　4—喷嘴加热套管　6—定模座板　7—定位圈　8—浇口套　10—主流道加热套管　11—定模板　12—喷嘴套　13—型芯 14—型腔板

内加热式多点式热流道注射模的热损失小，浇口附近的温度容易控制；热流道板的温度低，因此一般不需要考虑其热膨胀问题。但由于加热元件位于流道内部，塑料的流动阻力较大；流道内表面和加热器外表面的温差较大，容易产生局部过热，流道内表面容易产生固化层，且更换塑料及换色较困难。

5.1.3　单元练习

1）与普通流道相比，热流道有哪些优点？

2）与三板模（普通流道的点浇口系统）相比，热流道注射模有哪些明显优点？

3）采用热流道模具生产，对所用塑料有何要求？

4）热流道系统的加热方式有哪些？热流道系统常用的加热元件有哪些？

单元 2　热流道注射模设计要点及实例

【学习目标】

1. 了解热流道注射模典型元件的作用。
2. 掌握热流道注射模的设计要点。

与普通流道模具相比，热流道模具新增的设计内容主要为浇注系统设计，内容包括隔热结构设计、热喷嘴的选用、热喷嘴的装配和热流道板的设计。

5.2.1　隔热结构设计

热喷嘴、热流道板应与定模座板、定模板等其他部分之间进行隔热，隔热方式可视情况选用空气隔热或绝热材料隔热，也可两者兼用。

1. 单点式热流道注射模隔热结构

隔热介质可采用陶瓷、石棉板和空气等。除定位、支承、型腔密封等需要接触的部位外，热喷嘴的隔热空气间隙厚度 *D* 通常为 3mm 左右。当热喷嘴具有隔热保护层时，隔热间隙厚度 *D* 无须加大，依热喷嘴上的定位台阶大小而定。图 5-9 所示为单点式热流道注射模隔热结构。

2. 多点式热流道注射模隔热结构

多点式热流道注射模隔热结构如图 5-10 所示。热流道板与定模座板、定模板（A 板）之间的支承采用具有隔热性质的隔热垫块，隔热垫块采用热导率较低的材料制作。

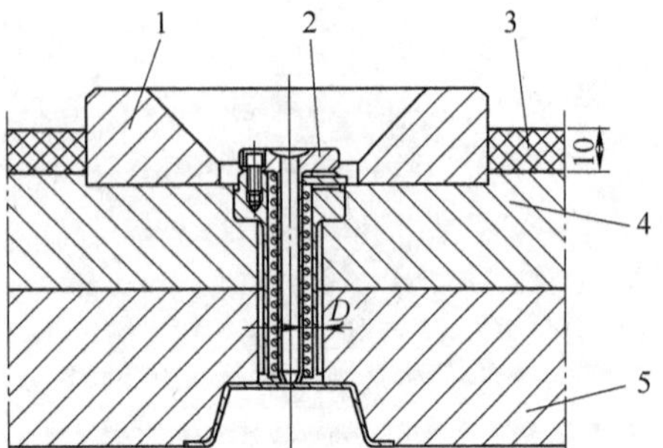

图 5-9　单点式热流道注射模隔热结构
1—定位圈　2—热喷嘴　3—隔热板
4—定模座板　5—定模板

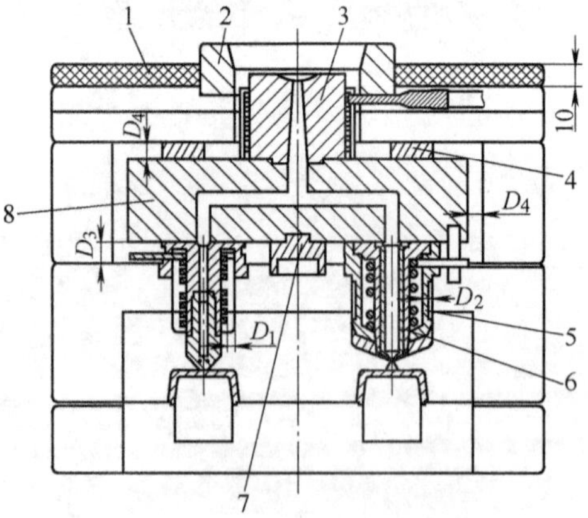

图 5-10　多点式热流道注射模隔热结构
1—隔热板　2—定位圈　3—热喷嘴　4—隔热垫块
5—隔热保护套　6—二级热喷嘴　7—中心隔热垫块　8—热流道板

热喷嘴、热流道板及模具的面板上一般应垫石棉板或电木板用来隔热。隔热板的厚度一般取10mm。热流道板的隔热空气间隙厚度 D_4 应不小于8mm。

图5-10中，为了保证良好的隔热效果，应满足下列要求：$D_1 \geqslant 3$mm；D_2 依热喷嘴台阶的尺寸而定；$D_3 \geqslant 8$mm，并依中心隔热垫块的厚度而定；$D_4 \geqslant 8$mm。

热流道板与模具其他部分之间的隔热垫块不仅起隔热作用，而且对热流道板起支承作用，支承点要尽量少，且受力平衡，以防止热流道板变形。为此，隔热垫块应尽量减少与模具其他部分的接触面积。隔热垫块常用的有隔热钢和隔热陶瓷两种。隔热钢常用不锈钢、高铬钢等，形状如图5-11a所示。隔热陶瓷的形状如图5-11b所示，可承受温度达1400℃。图5-11c所示结构是专用于模具中心的隔热垫块，它还具有中心定位的作用。

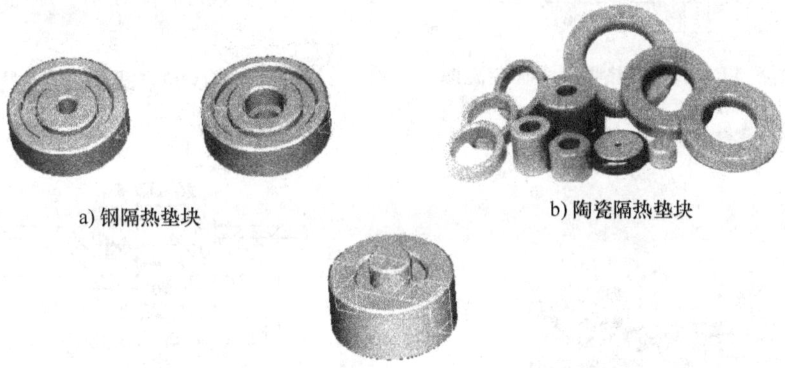

a) 钢隔热垫块

b) 陶瓷隔热垫块

c) 中心隔热垫块

图5-11　隔热垫块

5.2.2　热喷嘴的设计

1. 热喷嘴的装配

图5-12所示为单点式热喷嘴平面装配图，图5-13所示为单点式热喷嘴实物装配图。热喷嘴3装配时，径向尺寸 D_1 和定模板上的凹模镶件5配合，配合公差为H7/h6；D_3 与定模座板4上的孔配合，配合公差为H7/f8，其他地方不接触，以减少热量的传递。图中尺寸 H 因热喷嘴型号不同而不同，可查阅有关说明书。

图5-14所示为多点式热喷嘴实物装配图，图5-15所示为多点式热喷嘴平面装配图，它比单点式热喷嘴多一块热流道板。热喷嘴的装配方法与单点式热流道相同。热流道板5的上、下要加隔热垫块2和7，以及定位销12；同时增加支承板6，以便于装拆。

2. 热喷嘴的选用

热流道模具中的一级热喷嘴、二级热喷嘴，虽然结构形式略有不同，但其作用及选用方法相同。为了叙述方便，将一级热喷嘴、二级热喷嘴统称为热喷嘴。

由于热喷嘴的结构及制造较为复杂，模具设计、制作时通常选用专业供应商提供的不同规格的系列产品，如图5-16所示。各个供应商采用不同的系列标准，因此热喷嘴的结构、规格标识均不相同。在选用热喷嘴时一定要明确供应商的规格标识，然后根据以下三个方面确定合适的规格。

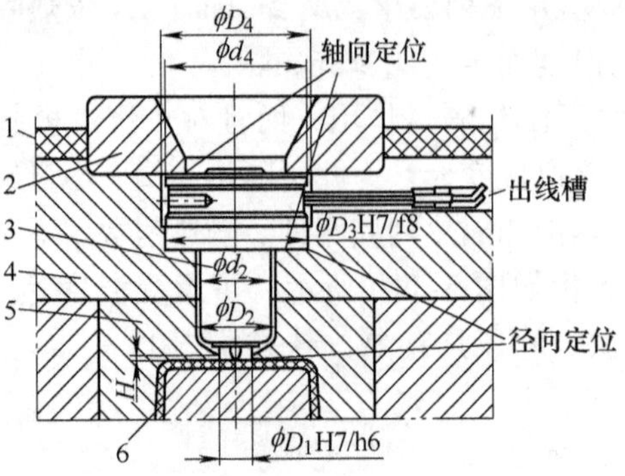

图 5-12　单点式热喷嘴平面装配图

1—隔热板　2—定位圈　3—热喷嘴

4—定模座板　5—凹模镶件　6—制件

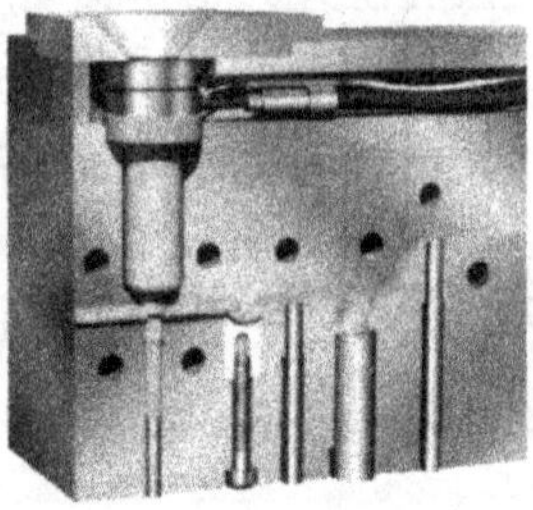

图 5-13　单点式热喷嘴实物装配图

图 5-14　多点式热喷嘴实物装配图

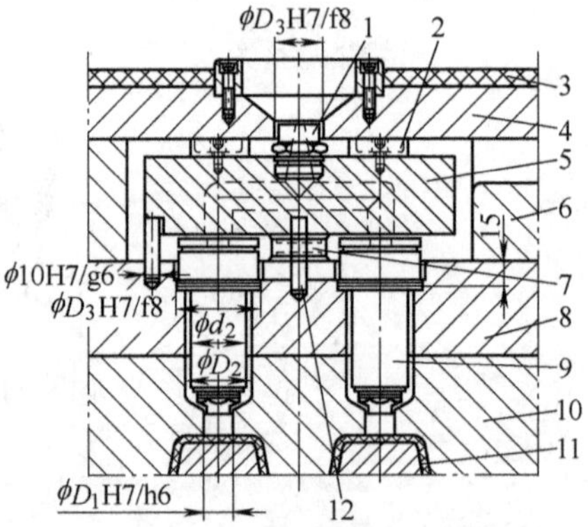

图 5-15　多点式热喷嘴平面装配图

1—一级热喷嘴　2—隔热垫块　3—隔热板

4—定模座板　5—热流道板　6—支承板　7—中心隔热垫块

8—垫板　9—二级热喷嘴　10—定模板

11—制品　12—中心定位销

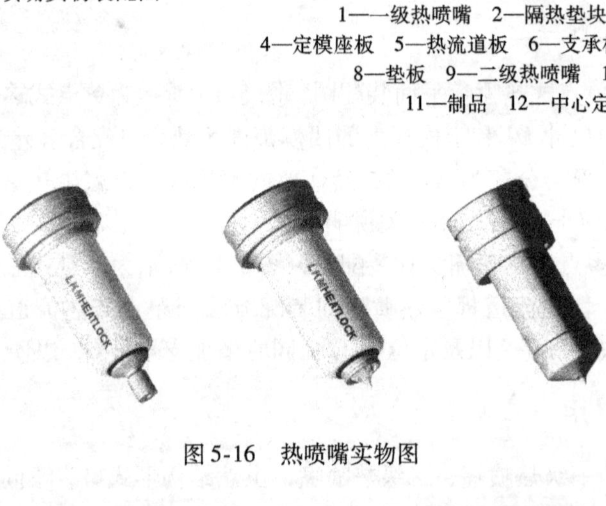

图 5-16　热喷嘴实物图

（1）热喷嘴的注射量　不同规格的热喷嘴具有不同的最大注射量，这就要求模具设计者根据所要成型制品的大小、所需流道大小、塑料种类选择合适的规格，并取一定的保险系数。保险系数一般取 0.8 左右。

（2）制品允许的流道形式　制品是否允许热喷嘴顶端参与成型、热喷嘴顶端结构形状等都会影响热喷嘴的规格，流道形式将影响热喷嘴的长度。

（3）流道与热喷嘴轴向固定位的距离　热喷嘴轴向固定位是指模具上安装、限制热喷嘴轴向移动的平面。此平面的位置直接影响热喷嘴的长度尺寸。

5.2.3　热流道板的设计

1. 热流道板的分类

热流道板按其形状不同可分为Ⅰ型热流道板、H型热流道板、X型热流道板和X-X型热流道板，如图5-17所示。模具设计时应根据型腔数量和排位情况选用热流道板的形状。

2. 热流道板的装配

热流道板的平面装配图如图5-15所示，热流道板装在支承板6中，与定模座板、定模板之间的支承采用具有隔热性质的隔热垫块。图5-18所示为热流道板装配图的分解图。

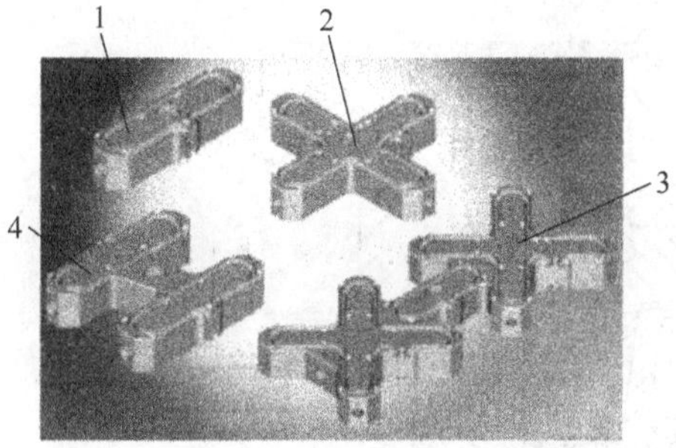

图5-17　热流道板的形状
1—Ⅰ型热流道板　2—X型热流道板
3—X-X型热流道板　4—H型热流道板

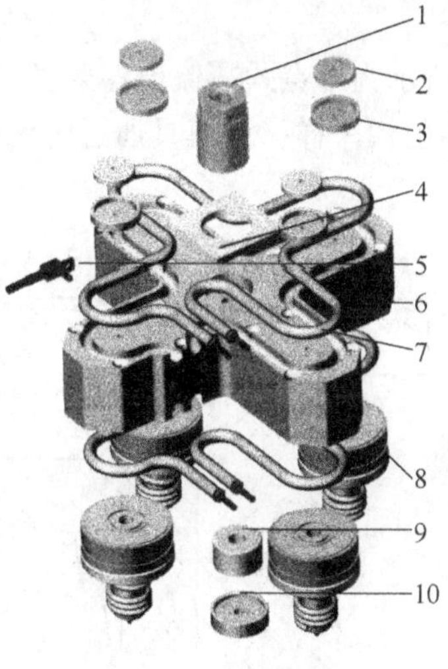

图5-18　热流道板装配图的分解图
1—一级热喷嘴　2—陶瓷隔热垫块　3—钢隔热垫块
4—挡板　5—热电偶　6—热流道板　7—管式加热线
8—二级热喷嘴　9—陶瓷中心隔热垫块　10—中心定位钢圈

热流道板设计要点如下：

1）热流道板必须定位。为防止热流道板转动及整体偏移，满足热流道板的受热膨胀要求，通常采用中心定位和槽形定位的联合方式对热流道板进行定位。具体结构如图5-19所示。

为避免受热膨胀的影响，起定位作用的长形槽的中心线必须通过热流道板的中心，如图5-19b所示。

2）热流道板和热流道套要选用热稳定性好、线胀系数小的材料。

3）合理选用加热组件，热流道板的加热功率要足够。

4）在需要的部位配备温度控制系统，以便根据工艺要求监测与调节工作状况，保证热流道板工作在理想状态。

5）装拆方便。热流道模具除了热流道板外，还有热喷嘴、加热组件和温控装置，结构复杂，发生故障的概率也相应较多，设计时要考虑装拆、检修方便。图 5-15 所示结构中将支承板 6 和垫板 8 做成两件，就是为了防止装拆时损坏加热线圈。

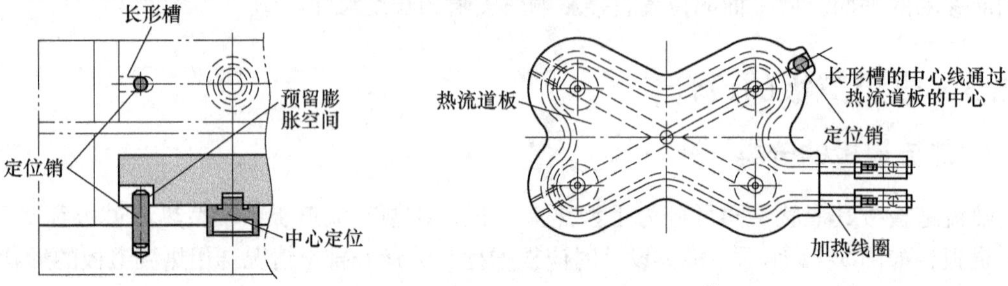

a)　　　　b)

图 5-19　热流道板的定位

5.2.4　热流道注射模设计实例

图 5-20 所示为单点式热流道注射模，模具采用的热喷嘴是美国 DME 标准大型热喷嘴。与普通流道注射模一样，该模具通过定位圈 6、隔热板 1 和定模座板 2 安装在注射机上，注

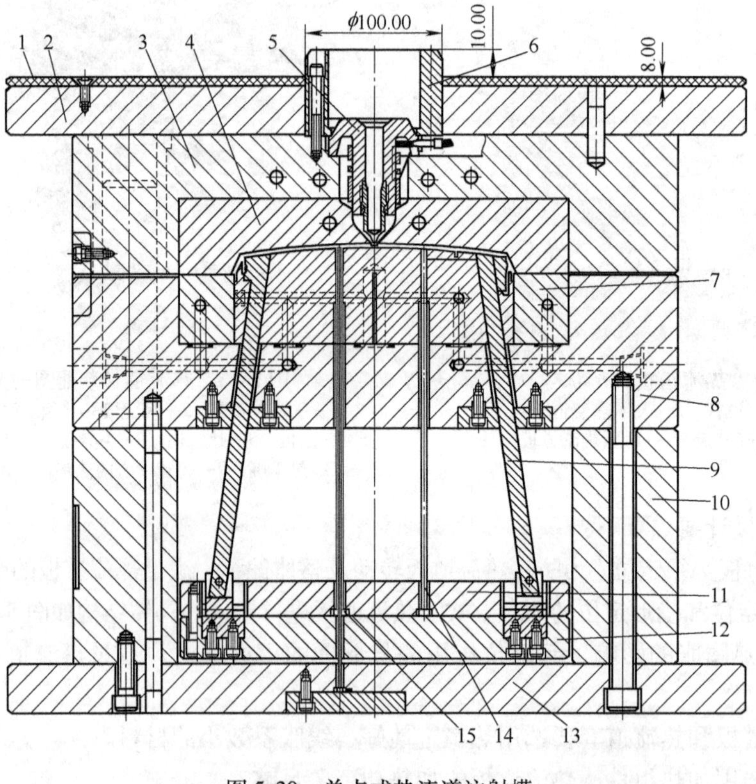

图 5-20　单点式热流道注射模

1—隔热板　2—定模座板（面板）　3—定模板（A 板）　4—定模镶件　5—热喷嘴
6—定位圈　7—动模镶件　8—动模板（B 板）　9—斜推杆　10—垫块　11—推杆固定板
12—推板　13—动模座板（底板）　14—推杆　15—推管

射机喷嘴与模具的热喷嘴相配合（相当于普通流道注射模中的浇口套）进行注射成型。定模和动模成型部分采用镶件结构，凹模开设在定模镶件4上，型芯（图中未标出）镶嵌在动模镶件7上，采用斜推杆9成型塑件的内凸台并进行内侧抽芯。开模时，动模后移，塑件包紧在型芯上，热喷嘴前端与塑件分离（相当于双分型面模具中的点浇口被拉断），塑件脱出型腔；之后推出机构动作，斜推杆9与推杆14、推管15一起推出塑件。

该模具的模架结构与二板式模具大体相同，模架采用直浇口基本型C型。但型腔进料的方式又和三板式模具的点浇口相同，即采用热流道模具简化了模具结构，节约了原料。但热流道模具中采用的热喷嘴以及与热喷嘴安装相对应的模板位置的加工等又增加了模具的成本。单点式热流道注射模热喷嘴一般安装在定模板上，定模板上相应的加工尺寸按所选用的热喷嘴要求的尺寸加工。多点式热流道注射模热喷嘴一般安装在定模板中的热流道板上，热流道板上相应的加工尺寸按型腔分布和所选用的热喷嘴要求的尺寸加工。

5.2.5 单元练习

1）热流道模难以解决的技术问题之一是热辐射问题。请问热流道模是如何减少热喷嘴和热流道板向其他零件进行热传递的？

2）热喷嘴有哪些形式？它在模具装配中是如何定位的？

3）什么情况下需采用热流道板？热流道板的形式有哪些？热流道板在模具装配中是如何定位的？

4）热流道注射模为何要进行隔热？热喷嘴和热流道板各采用哪些隔热方式？

项目 6
压缩模与压注模设计

单元 1　压缩模设计

【学习目标】

1. 了解压缩成型原理及压缩模的典型结构。
2. 掌握按结构特征分类的压缩模的结构特点及应用。
3. 掌握压缩模的设计要点。
4. 能进行压缩模设计。

6.1.1　压缩成型原理及工艺

压缩成型又称压制成型、压塑成型和模压成型等。在注射成型技术发展之前，压缩成型是塑料成型的主要方法。目前压缩成型主要用于热固性塑料及一些熔体黏度很高的热塑性塑料（如氟塑料等）的成型。

1. 压缩成型原理

压缩成型原理如图 6-1 所示，它的基本工作过程是将固体原料（一般为粒状或粉状）加入模具型腔中，通过安装在模具外部或是安装在工作台上的加热器对物料进行加热，同时通过凸模对物料进行加压，物料边熔融塑化边流动并充填型腔，最终固化冷却，脱模后得到塑件。

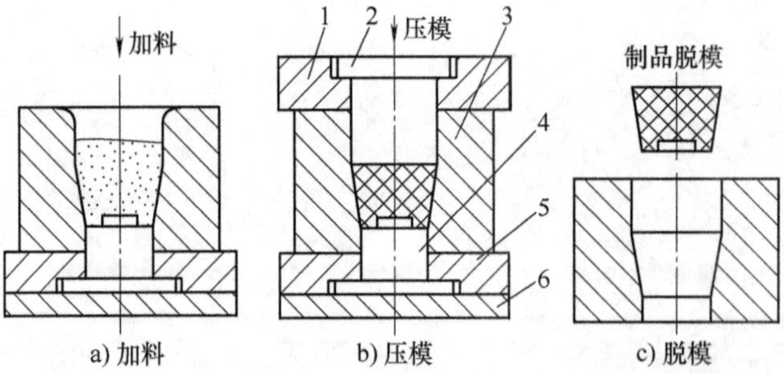

图 6-1　压缩成型原理

1、5—凸模固定板　2—上凸模　3—凹模　4—下凸模　6—垫板与注射成型相比，压缩成型模具结构简单，没有浇注系统，制品组织致密度高，取向性小，性能均匀，收缩率小，可用普通压力机生产；但其生产周期长，效率低，劳动强度大，模具寿命短，故压缩成型的应用受到一定限制。现用于压缩成型的塑料有酚醛塑料、氨基塑料、环氧树脂、不饱和聚酯塑料、聚酰亚胺等热固性塑料。

2. 压缩成型工艺

压缩成型的工艺过程包括压缩成型前的准备、压缩成型过程和压后处理三个阶段，其主要过程如图6-2所示。

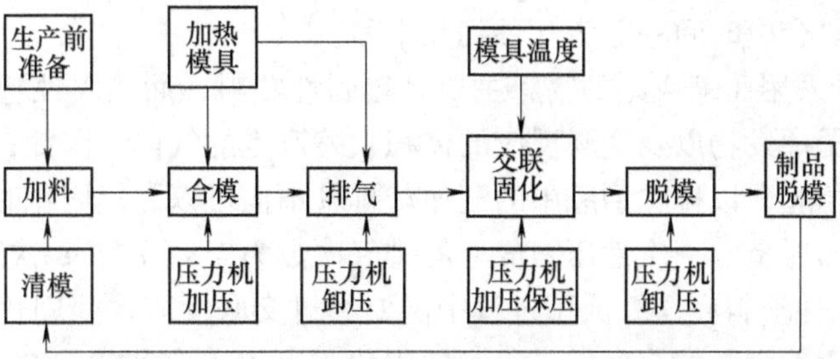

图6-2　压缩成型工艺过程

（1）压缩成型前的准备　压缩成型常用于热固性塑料成型，由于热固性塑料比较容易吸湿，储存时容易受潮，所以塑料在使用前应进行预热和干燥处理。热固性塑料的比体积比较大，为了使成型过程顺利进行，有时要对塑料进行预压处理。

1）预热与干燥。在塑件成型前，先将热固性塑料置于烘箱或红外线加热炉中加热，其目的有两个：一是对塑料进行预热，以便为压缩模提供一定的热料，使塑料在模内受热均匀，缩短模压成型周期；二是对塑料进行干燥，防止塑料中有过多的水分和低分子挥发物，确保塑件的成型质量。表6-1列出了几种常用热固性塑料的预热温度和预热时间。

表6-1　几种常用热固性塑料的预热温度和预热时间

塑　料	预热温度/℃	预热时间/min
酚醛塑料	100～160	4～8
脲－甲醛塑料	70～110	1～2
三聚氰胺－甲醛塑料	70～110	2～3
聚邻苯二甲酸二烯丙酯	80～120	1～2
环氧树脂	70～100	1～2
不饱和聚酯塑料	60～70	—

注：不饱和聚酯只有在带有增强填料时，才进行预热。

2）预压。预压是指塑件成型前，将松散的粉状、粒状、碎屑状、片状或长纤维状的成型物料在室温条件下压实成重量一定、形状一致的塑料型坯，密度达到塑件密度的80%，使其比较容易放入压缩模加料腔，而且所需的压缩模也可以做得小一些。

（2）压缩成型过程　首先将模具装上压力机并进行预热。若塑料制品带有嵌件，在加料前应将其放入模具型腔内一起加热。热固性塑料的压缩成型过程一般可分为加料、合模、排气、固化和脱模等几个阶段。

1）加料。将一定量的预热物料加入模具型腔中，这一环节的关键是要控制好所加物料的量，它直接影响塑件的密度和尺寸精度。常用的加料方法有质量法、容积法和计数法三种。质量法需要用容器称量物料的质量，计量准确但不方便。容积法是使用具有一定容积或带有容积标度的容器向模内加料，方法简便但计量不够准确。计数法只适用于预压毛坯。

2）合模。加料完成后将模具闭合，即通过压力机的压力将模具闭合，以形成与塑件形状一致的型腔。在凸模未接触物料前，应尽量加快合模速度，避免物料过早固化和过多降解，并缩短压塑成型周期。当凸模与物料接触后，可放慢合模速度，以避免模具之间相互碰撞，也有利于排气。合模时间一般为几秒到几十秒。

3）排气。由于采用压缩成型的物料主要是热固性塑料，而热固性塑料在成型过程中会放出水蒸气、低分子挥发物以及交联反应的体积收缩产生的气体，因此，在模压过程中需要卸压，让凸模适当抬起，以排除型腔中的气体。排气不但可以缩短固化时间，而且有利于提高塑件的性能和表面质量。一次性压缩成型的排气次数为1~3次，每次时间为3~20s。

4）固化。热固性塑料在压缩成型过程中需要经过交联反应才能固化成型，这个过程称为固化或硬化。热固性塑料的交联反应程度即固化程度不一定非常完全，它与塑料的品种、模具的温度以及成型压力有关。另外，固化的程度主要取决于时间的长短。对于固化率不高的塑料，可以在脱模后用热烘的方法让其进一步固化。通常压缩酚醛塑料制品的热烘温度为90~150℃，时间为几小时到几十小时。模内固化的时间一般是针对不同的物料品种由试验或试模决定的，过长或过短对制品的性能都不利。

5）脱模。当塑件固化完成后，压力机便可卸压回程。打开模具，通过推出机构将塑件推出模具外，有侧型芯的应先抽侧型芯再脱模。

（3）压后处理 为了消除塑件中的应力，提高塑件尺寸的稳定性，减少塑件的变形和开裂，使塑件进一步交联固化，提高其力学性能和电性能，塑件脱模后需要进行退火处理。退火处理的温度及时间应根据塑件的材料、形状和嵌件等情况确定。处理温度一般比成型温度高10~50℃，对于壁厚和壁厚差较大的塑件，采用低温和较长时间为宜；对于形状复杂、薄壁、面积大的塑件，为防其变形，退火时可用夹具固定。常用的热固性塑件退火处理的温度及时间见表6-2。

表6-2 常用的热固性塑件退火处理的温度及时间

塑件类型	退火温度/℃	保温时间/h
酚醛塑料制件	80~130	4~24
酚醛纤维塑料制件	130~160	4~24
氨基塑料制件	70~80	10~12

3. 压缩成型工艺参数

压缩成型的工艺参数主要有压缩成型压力、压缩成型温度和压缩成型时间。

（1）压缩成型压力 压力机通过凸模施加在塑件分型面单位投影面积上的压力即压缩成型压力，简称成型压力，其计算公式为

$$p=\frac{p_b \pi D^2}{4A}$$

式中　p ——成型压力（MPa），一般为 15～30MPa；

p_b——压力机工作液压缸压力表显示压力（MPa）；

D ——压力机主缸活塞直径（mm）；

A ——塑件与凸模接触部分在分型面上的投影面积（mm^2）。

成型压力能够使物料流动充模，提高塑件的密度和内在质量；克服塑料树脂在成型过程中的胀模力，使模具闭合；保证塑件有稳定的形状尺寸，减少飞边，防止变形，但成型压力过大会降低模具的寿命。

成型压力的大小与塑料的种类、塑件结构及模具温度等因素有关。塑料的流动性越小，塑件越厚以及形状越复杂，塑料固化速度和压缩比越大，所需的成型压力也越大。常用热固性塑料的压缩成型压力见表6-3。

表6-3　常用热固性塑料的压缩成型压力和成型温度

塑 料 类 型	压缩成型压力/MPa	压缩成型温度/℃
酚醛塑料（PF）	7～42	145～180
三聚氰胺－甲醛塑料（MF）	14～56	140～180
脲－甲醛塑料（UF）	14～56	135～155
不饱和聚酯塑料（UP）	0.35～3.5	85～150
聚邻苯二甲酸二烯丙酯（PDAP）	3.5～14	120～160
环氧树脂（EP）	0.7～14	145～200
有机硅塑料（SI）	7～56	150～190

（2）压缩成型温度　压缩成型温度是指压缩成型时所需的模具温度。它是使热固性塑料流动、充模，并最后固化成型的主要工艺参数，决定了成型过程中塑料交联反应的速度，从而影响塑件的最终性能。

确定模具温度时需要考虑多方面的因素，既不能过高，也不能过低。如果模具温度过高，将会促使交联反应过早发生且反应速度加快，这样虽有利于缩短塑件固化所需的时间，降低成型压力，但物料在模内的充模时间也相应变短，易导致充模困难。另外，过高的模具温度还会导致塑件表面暗淡、无光泽，甚至使塑件产生肿胀、变形和开裂等缺陷。如果模具温度过低，则会导致固化时间长，固化速度慢，以及需要较大成型压力等问题。

（3）压缩成型时间　压缩成型时间是指模具从闭合到开启的这一段时间，也就是塑料充满型腔到固化成为塑件，在型腔内停留的时间。成型时间与塑料的种类、塑件的形状、压缩成型工艺（温度、压力）以及操作步骤（是否预热、预压、排气）等有关。经过预热、预压的塑料的成型时间比不经过预热、预压的塑料的成型时间要短；成型压力大则成型时间短；成型温度越高，塑料固化速度越快，成型时间也就越短，反之亦然。

尽管如此，却不能一味地用升高模具温度的方法来提高生产率。实践证明，成型温度过高或过低，成型时间过长或过短，塑件质量都不高。只有在保证质量的前提下，尽可能缩短成型时间。一般酚醛塑料的成型时间为 1～2min，有机硅塑料为 2～7min。

6.1.2 压缩模的组成及分类

1. 压缩模的结构特点

典型的压缩模结构分为上模和下模两大部分。上模装在压力机的上工作台面或滑块端面上，下模固定在压力机的下工作台面上。上、下模闭合形成型腔。上、下模分离，利用推出装置将塑件推出模外。如图 6-3 所示，该模具可分为固定于压力机动压板的上模和固定于工作台上的下模两大部分。这两部分靠导柱、导套导向。开模时，上模部分上移，凸模 3 脱离下模一段距离，以手工将侧型芯 19 抽出，压力机顶杆 17 推动推杆 12 将塑料制品推出。加料前，先将侧型芯 19 复位。加料、合模后，热固性塑料在加料腔和型腔中受热受压，成为熔融状态而充满型腔；固化后开模，取出制品，依此循环，进行压缩模塑成型。

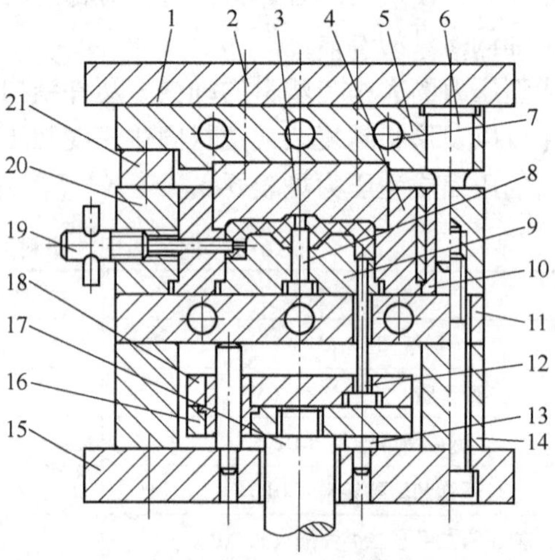

图 6-3 压缩模的典型结构

1—上模座板 2—螺钉 3、9—凸模 4—凹模 5—上加热板 6—导柱 7—加热孔 8—型芯 10—导套 11—下加热板 12—推杆 13—限位钉 14—垫块 15—下模座板 16—推板 17—压力机顶杆 18—推杆固定板 19—侧型芯 20—模套 21—限位块

压缩模分为以下几大部分：

（1）成型零件 成型零件是直接成型塑料制品的零件，加料时与加料腔一起装料，模具闭合时形成所要求的型腔。图 6-3 中，型腔由凹模 4、凸模 9 和 3、型芯 8 及侧型芯 19 构成。

（2）加料腔 加料腔是指型腔开口端用来装料的延续部分。图 6-3 所示模具中，加料腔为凹模 4 的上半部分。因为塑料原料与塑件的体积之比悬殊，成型前单靠型腔容积无法容纳全部原料，所以在型腔上设有加料腔。

对于多型腔压缩模，其加料腔有两种结构形式，如图 6-4 所示。一种是每个型腔都有自己的加料腔，而且彼此分开（见图 6-4a 和图 6-4b）。其优点是凸模对凹模的定位较方便，如果个别型腔损坏，可以修理、更换或停止对其型腔的加料，因而不影响压缩模的继续使用。但这种模具要求每个加料腔加料准确，因而费时；另外，模具外形尺寸较大，装配要求较高。另一种结构形式是多个型腔共用一个加料腔，如图 6-4c 所示。其优点是加料方便迅

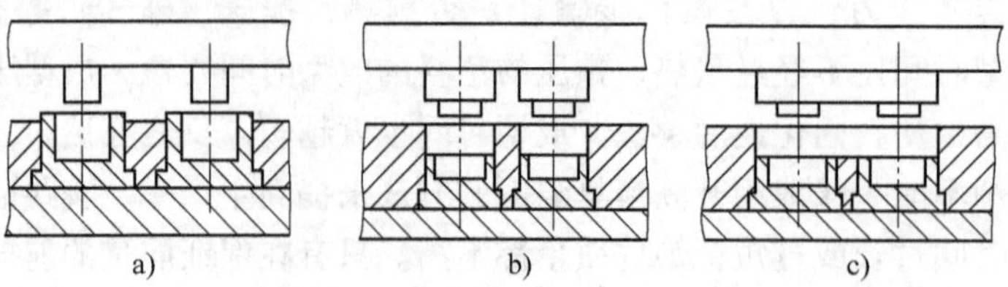

图 6-4 多型腔模及加料腔

速，飞边把各个制品连成一体，可以一次推出，模具轮廓尺寸较小；但个别型腔损坏时，会影响整副模具的使用。当统一加料时，边角上的制品往往缺料。

（3）导向机构　如图6-3所示，导向机构由导柱6、导套10组成。它的作用是保证合模时上、下模对中。为了保证推出机构运动平稳，在模具的下模座板处也设有推板导柱等导向装置。

（4）侧向分型抽芯机构　与注射模一样，压制带有侧孔和侧凹的塑件时，应设置侧向分型抽芯机构，如图6-3所示的侧型芯19。

（5）脱模机构　图6-3所示的脱模机构由推板16、推杆固定板18和推杆12等构成。

（6）加热系统　常见的加热方式有电加热和气体加热等。如图6-3所示的上加热板5对凸模3加热，下加热板11对凸模9和凹模4加热。

压缩模与热固性塑料注射模和压注模相比有以下不同点：

1）压缩模没有浇注系统，而是直接向型腔内加入未塑化的塑料，所以模具结构简单。

2）因为压缩模受到高温高压的作用，所以模具对材料要求高，模具的寿命较短。

3）不宜采用细长型芯和细薄嵌件。

2. 压缩模的分类

压缩模的分类方法很多，可按模具在压力机上的固定方式分类，也可按压缩模的上、下模配合结构特征分类，还可以按型腔数目、分型面特征、制品推出方式等分类。

（1）按模具在压力机上的固定方式分类

1）移动式压缩模。如图6-5所示，这种压缩模的特点是模具不固定在压力机上，成型后移出压力机，用开模工具（如卸模架）开模，取出制品。因此结构简单，制造周期短。但由于加料、开模、取件等均为手工操作，模具易磨损，劳动强度大，所以模具质量不宜超过20kg。它适用于压制批量不大的小型塑料制品以及形状复杂、嵌件较多、加料困难、带螺纹的塑料制品。

2）半固定式压缩模。如图6-6所示，这种压缩模的特点是开、合模在压力机内进行，一般将上模固定在压力机上。

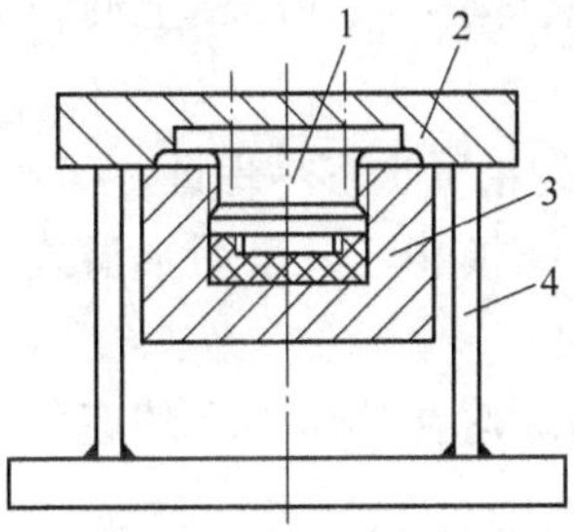

图6-5　移动式压缩模

1—凸模　2—凸模固定板　3—凹模

4—U形支架

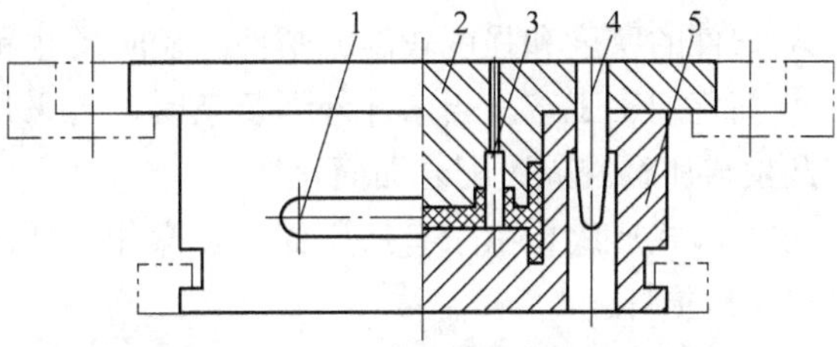

图6-6　半固定式压缩模

1—手柄　2—上模（凸模）　3—型芯

4—导柱　5—凹模（加料腔）

3）固定式压缩模。如图6-3所示，上、下模都固定在压力机上，开模、合模、脱模等工序均在压力机内进行，生产率高，操作简单，劳动强度小，开模振动小，模具寿命长；但其结构复杂，成本高，且安放嵌件不方便。它适用于成型批量较大或形状较大的塑件。

（2）按模具加料腔的形式分类

1）溢式压缩模（敞开式压缩模）。如图 6-7 所示，这种模具无单独的加料腔，型腔即为加料腔，型腔的高度 h 等于塑件的高度，并且模具的凸模与凹模无配合，完全靠导柱定位，仅在最后闭合后凸模与凹模才完全密合而形成水平方向的环形挤压面，即挤压环。压缩成型时，多余的塑料极易沿着挤压面溢出，使塑件形成径向飞边。故设计时挤压环的宽度 B 应较窄，以减薄塑件飞边。

溢式压缩模在成型时压力机的压力不能全部传递给塑料，因此，塑件的密度较低，强度等力学性能也不高，特别是模具闭合较快，会造成溢料量增加，浪费较大。溢式压缩模结构简单，造价低廉、耐用（凸凹模间无摩擦），塑件易取出；对加料量的精度要求也不高，加料量一般仅大于塑件质量的 5% 左右，常用预压型坯进行压缩成型；适用于压缩成型精度不高、尺寸小且形状简单的浅型腔塑件。

2）半溢式压缩模。如图 6-8 所示，这种模具在型腔上方设有加料腔，但其截面尺寸大于型腔尺寸。凸模与加料腔呈间隙配合，加料腔与型腔的分界处有一环形挤压面，其宽度约为 4 ~ 5mm。挤压面可限制凸模的下压行程，并保证塑件的径向飞边很薄。

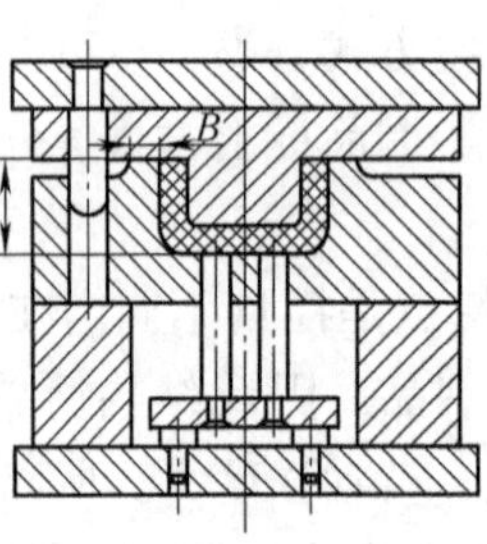

图 6-7　溢式压缩模

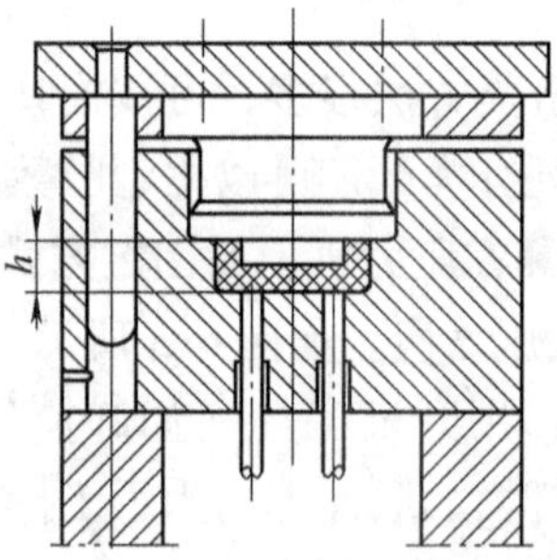

图 6-8　半溢式压缩模

半溢式压缩模的特点：

① 模具使用寿命较长。因加料腔的截面尺寸比型腔大，故在推出时塑件表面不受损伤。

② 塑料的加料量不必严格控制。因为多余塑料可通过配合间隙或在凸模上开设的溢料槽排出。

③ 塑件的密度和强度较高，塑件的径向尺寸和高度尺寸的精度也容易保证。

④ 简化加工工艺。当塑件外形复杂时，与采用不溢式压缩模相比，采用半溢式压缩模可将凸模与加料腔周边配合面简化。

⑤ 半溢式压缩模由于有挤压面，在操作时要随时注意清除落在挤压面上的废料，以免模具过早地损坏。

由于半溢式压缩模兼有溢式压缩模和不溢式压缩模的特点，因此被广泛用来成型流动性较好的塑料及形状比较复杂、带有小型嵌件的塑件，而不适于成型以布片或长纤维作为填料的塑件。

3）不溢式压缩模（封闭式压缩模）。如图 6-9 所示，这种模具的加料腔是型腔上部的延续，其截面形状和尺寸与型腔完全相同，没有挤压面。但凸模与凹模有配合高度不大的间隙配合，配合段单面间隙约为0.025～0.075 mm，成型时多余的塑料沿着配合间隙溢出，使塑件形成轴向飞边。模具闭合后，凸模与凹模形成完全密闭的型腔，成型时压力机的压力几乎能完全传递给塑件。

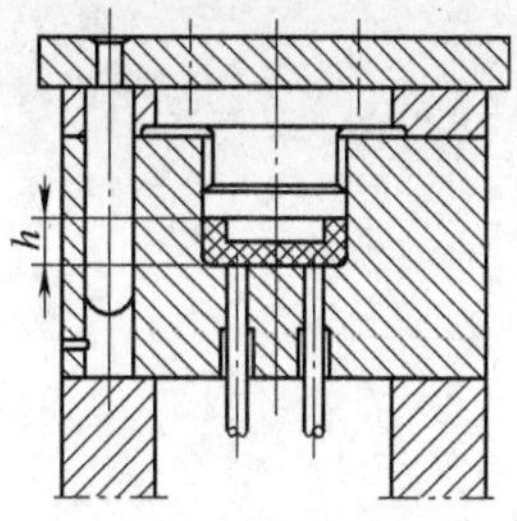

图6-9　不溢式压缩模

不溢式压缩模的特点：

① 塑件承受压力大，故密实性好，强度高。

② 不溢式压缩模由于塑料的溢出量极少，因此加料量直接影响塑件的高度尺寸，每模加料都必须准确称量，否则塑件高度尺寸不易保证。因此流动性好、容易按体积计量的塑料一般采用不溢式压缩模。

③ 凸模与加料腔内壁有摩擦，不可避免地会擦伤加料腔内壁。由于加料腔的截面形状和尺寸与型腔相同，在推出塑件时，带有伤痕的加料腔会损伤塑件外表面。

④ 不溢式压缩模必须设置推出机构，否则很难取出塑件。

⑤ 不溢式压缩模一般不应设计成多腔模，因为加料不均衡会造成各型腔压力不等，从而引起一些制件欠压。

不溢式压缩模适用于成型形状复杂、精度高、壁薄、长流程、深型腔塑件，也适用于成型流动性差、比体积大的塑料。

6.1.3　压缩模结构设计

1. 塑料制品在模具内加压方向的确定

所谓加压方向，即凸模作用方向。加压方向对塑件的质量、模具的结构和脱模的难易都有较大的影响，所以在确定加压方向时，应考虑下述因素：

（1）便于加料　图6-10所示为同一塑件的两种加压方法。图6-10a所示加料腔直径小而深，不便加料；图6-10b所示加料腔直径大而浅，方便加料。

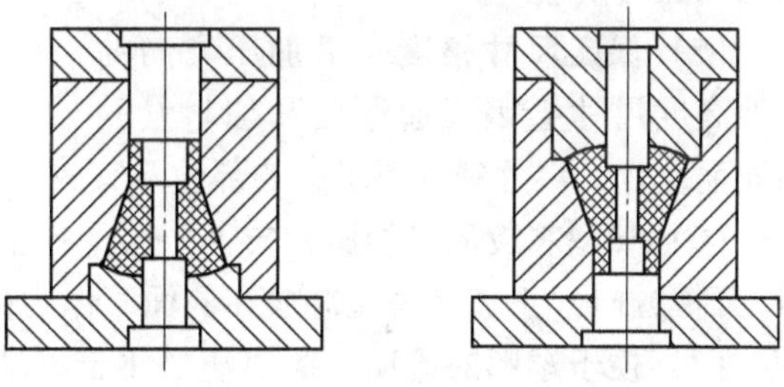

图6-10　加料的加压方法

（2）有利于压力传递　圆筒太长，则成型压力不易均匀地作用在全长范围内；若从上端加压，则塑料制品下部压力小，易产生制品下部疏松或角落填充不足的现象。在这种情况下，可采用不溢式压缩模增大型腔压力，或采用上、下凸模同时加压，以增加制品底部的密度。但当制品仍由于长度过长而在中段出现疏松时，可将制品横放，采用横向加压克服上述缺陷；但在制品外圆上将产生飞边，影响外观。在加压过程中，若力的传递距离太长，会造成塑件局部组织疏松，如图6-11a所示。若将塑件横放，如图6-11b所示，横向加压可避免上述缺陷；但若型芯过于细长，易发生弯曲。

（3）有利于固定嵌件　塑件上有嵌件时，应尽量将嵌件安放在下模处，这样可以利用嵌件推出塑件，如图6-12a所示。嵌件若安放在上模，如图6-12b所示，既不便于操作，又易使嵌件下落而损坏模具。

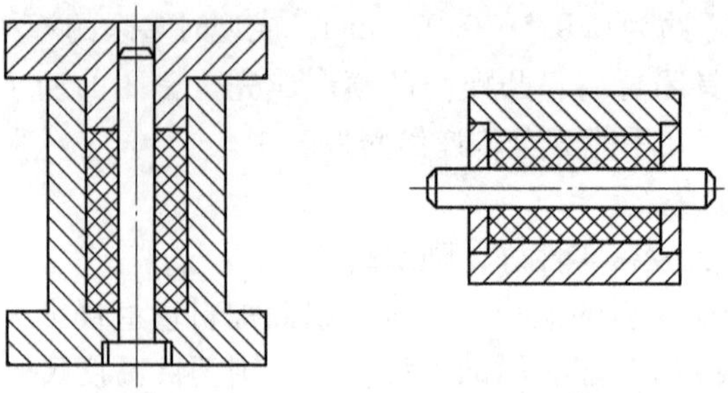

a) b)

图 6-11 传递压力的加压方向

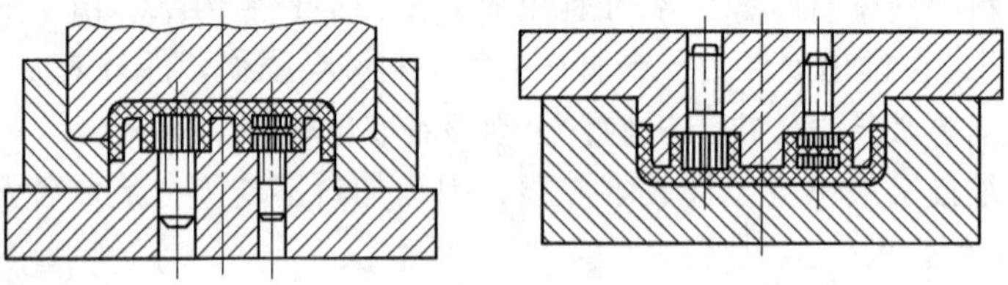

a) b)

图 6-12 嵌件安放方向

(4) 保证凸模强度 因为加压时上凸模受力大，所以对于从正反面都可以加压成型的塑件，选择加压方向时应使凸模形状尽量简单，上凸模的形状越简单越好。图 6-13b 所示结构比图 6-13a 所示结构的凸模强度高。

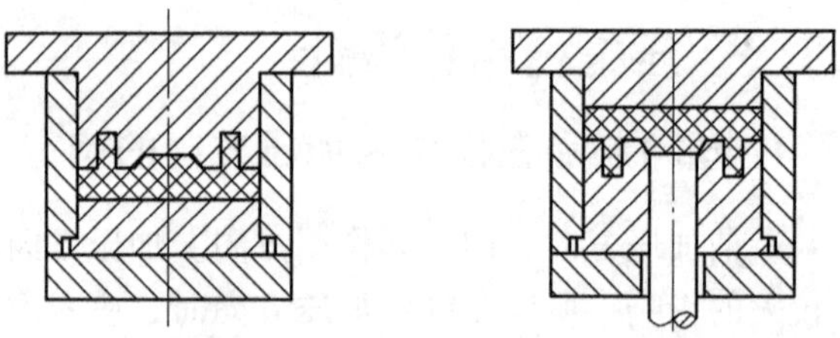

a) b)

图 6-13 加强凸模强度的加压方向

(5) 保证尺寸精度 沿加压方向的塑件高度尺寸会因飞边厚度和加料量的不同而变化，尺寸精度要求高的部位不宜放在加压方向上。

(6) 长型芯应放在加压方向上 若塑件需设长、短型芯时，应将长型芯放在加压方向（即开模方向）上，将短型芯放在侧面，作为侧型芯。

(7) 便于塑料的流动 要使塑料便于流动，应使料流方向与加压方向一致。如图 6-14 所示，图 6-14b 所示型腔设在下模，加压方向与料流方向一致，能有效利用压力。图 6-14a 所示型腔设在上模，加压时塑料逆着加压方向流动，同时由于在分型面上产生了飞边，需要增大压力。

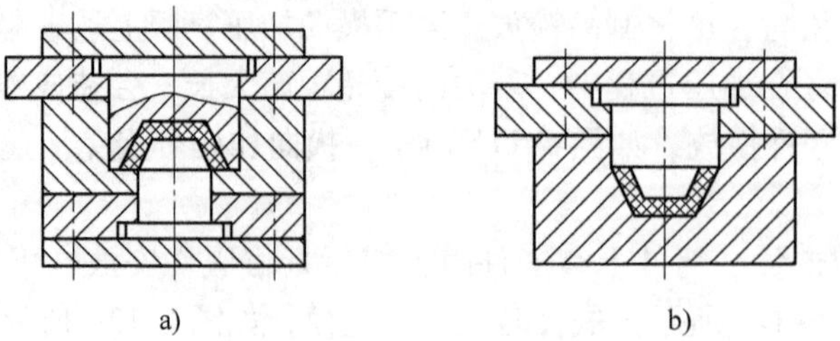

a) b)

图 6-14 便于塑料的流动方向

2. 压缩模凸、凹模的配合形式

（1）溢式压缩模凸、凹模的配合形式　为了减薄飞边的厚度，凸模和凹模的水平接触面（溢料面或挤压面）应光滑平整，面积不宜太大，它围绕塑件周边形成环形，其宽度为3～5mm，如图6-15a所示。为了防止挤压面过早地变形和磨损，可在型腔周边距边缘3～5mm处开溢料槽，槽外为增加的承压面，如图6-15b所示。

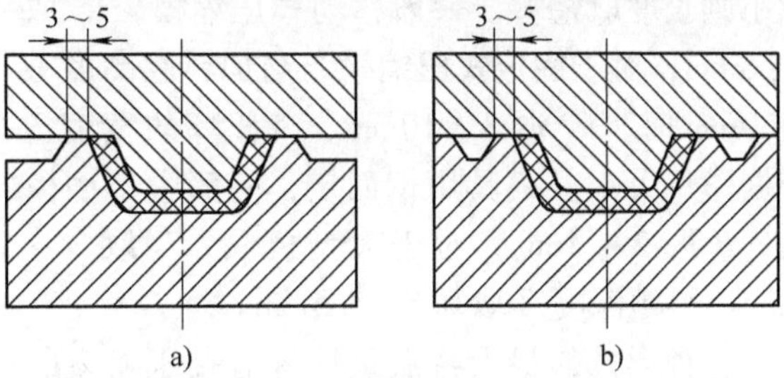

图6-15　溢式压缩模凸、凹模的配合形式

（2）不溢式压缩模凸、凹模的配合形式　一般不溢式压缩模的加料腔与型腔是同一截面，凸模和凹模之间没有挤压面，其配合部分的单边间隙最好为0.025～0.075mm，这样既可顺利排气，溢料又很少。间隙的大小应由塑料的流动性和塑件尺寸决定，流动性好时取小值，塑件尺寸大时取大值。

凸模和凹模的配合高度不宜过长，当加料腔较深时，应将凹模入口附近深10mm的一段制成带斜度的导向面，如图6-16所示。其斜度为15′～20′，入口处制成半径为1.5mm的圆角。型腔下面的推杆与凹模孔的配合采用H8/f8；配合段不宜太长，有效配合长度h一般取8～10mm。

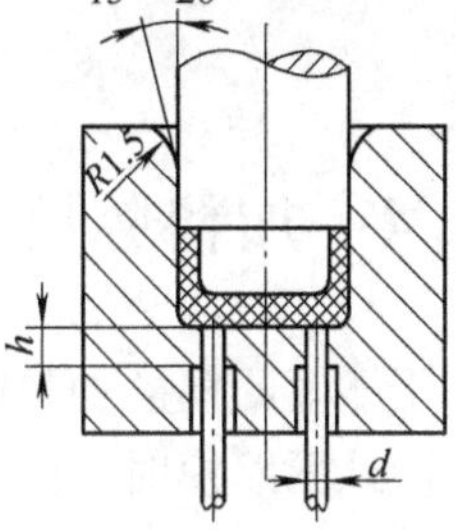

图6-16　不溢式压缩模凸、凹模的配合形式

不溢式压缩模凸、凹模配合形式的缺点是：凸模与加料腔内壁由于摩擦易使壁部擦伤，脱模较困难，且擦伤的内壁会造成塑件表面伤痕。克服这些缺点的办法主要有以下两种：

① 将凹模型腔的成型部分垂直向上延长0.8mm后，再往外扩大0.3～0.5mm，如图6-17a所示，以减小摩擦，同时在凸模和加料腔之间形成储料槽。

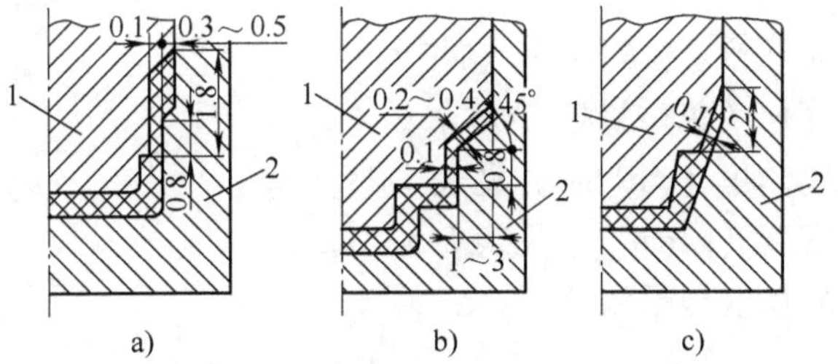

图6-17　改进后不溢式压缩模凸、凹模的配合形式
1—凸模　2—凹模

② 当压缩成型带斜边的塑件时，将凹模型腔上端的加料腔按塑件的斜度适当增大，其垂直高度约为2mm，如图6-17c所示，这样塑件脱模时就不会与加料腔的内壁摩擦。

（3）半溢式压缩模凸、凹模的配合形式　半溢式压缩模的凸、凹模配合形式如图6-18所示，对于移动式压缩模，α取20′～1°30′；对于固定式压缩模，α取20′～1°；有上、下凸模时，为了加工方便，α 取 4°～5°。圆角 R 通常取 1～2mm。引导环长度 L_1 取 5～10mm；当加料腔高度 $H \geqslant 30$mm 时，L_1 取 10～20mm。配合环长度 L_2 应根据凸、凹模的间隙而定，间隙小则长度取短些。一般移动式压缩模，L_2 取 4～6mm；对于固定式压缩模，当加料腔高度 $H \geqslant 30$mm 时，L_2 取 8～10mm。挤压环的宽度 B 依据塑件大小及模具用钢而定，一般中小型模具，B 取 2～4mm，对于大型模具，B 取 3～5mm。料槽深度 Z 取 0.5～1.5mm。

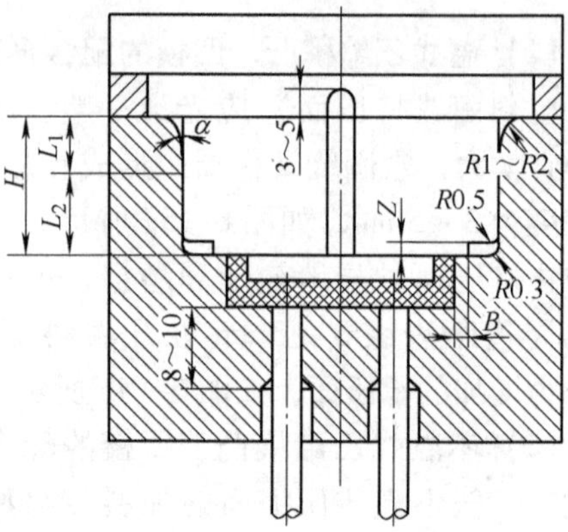

图 6-18　半溢式压缩模的凸、凹模配合形式

这种形式的最大特点是具有溢式压缩模的水平挤压环，同时还具有不溢式压缩模凸模与加料腔之间的配合环和引导环，其中配合环的配合采用 H8/f7 或单边留 0.025～0.075mm 的间隙，同时在凸模上设有溢料槽进行排气、溢料。

压缩模的成型零件包括凹模、凸模和型芯等。它们的结构与注射模大同小异，这里不再赘述。

6.1.4　加料腔尺寸计算

压缩模凹模的加料腔用于盛装塑料原料。其容积要足够大，以防止在压制时原料溢出模外。设计压缩模时，应根据塑件的几何形状、塑料的品种以及加料腔的形式来确定加料腔的尺寸。

1. 塑料体积的计算

塑料的体积可按下式计算，即

$$V_{料} = mv = V_{件}\rho v$$

式中　$V_{料}$——塑件所需塑料原料的体积（cm^3）；

$V_{件}$——塑件的体积（包括溢料，cm^3）；

v——塑件的比体积（cm^3/g），见表 6-4；

ρ——塑料的密度（g/cm^3），见表 6-5；

m——塑件的质量（包括溢料，g）。

表 6-4　各种压制用塑料的比体积

塑料种类	比体积 $v/(cm^3/g)$
酚醛塑料（粉料）	1.8～2.8
氨基塑料（粉料）	2.5～3.0
碎布塑料（片状料）	3.0～6.0

表 6-5 常用热固性塑料的密度和压缩比

塑　料		密度 $\rho/(g/cm^3)$	压缩比 $K_{压}$
酚醛塑料	木粉填充	1.34～1.45	2.5～3.5
	石棉填充	1.45～2.00	2.5～3.5
	云母填充	1.65～1.92	2～3
	碎布填充	1.36～1.43	5～7
脲醛塑料纸浆填充		1.47～1.52	3.5～4.5
三聚氰胺－甲醛	纸浆填充	1.45～1.52	3.5～4.5
	石棉填充	1.70～2.00	3.5～4.5
	碎布填充	1.50	6～10
	棉短线填充	1.50～1.55	4～7

塑料体积的计算也可按塑料原料在成型时的体积压缩比来计算，即

$$V_{塑}=V_{件}K_{压}$$

式中 $V_{塑}$——塑料原料的体积（cm^3）；

$V_{件}$——塑件的体积（包括溢料，cm^3）；

$K_{压}$——塑料压缩比，见表6-5。

溢式压缩模的塑料原料全部堆放在型腔中，不溢式、半溢式压缩模在型腔上部有一段加料腔，其体积应等于塑料原料体积减去型腔体积。

加料腔的断面尺寸（水平投影面）可根据模具类型确定。典型的不溢式压缩模的加料腔断面尺寸与型腔断面尺寸相等或稍大于型腔断面尺寸。半溢式压缩模由于有挤压面，因此加料腔断面尺寸等于型腔断面尺寸加上挤压面尺寸，挤压面的宽度为2～5mm。当算出加料腔的容积和断面面积后，即可确定加料腔的高度。

2. 加料腔高度的计算

表6-6列出了各种典型塑件成型的情况，其加料腔的高度 H 可分别按表中公式计算。

表 6-6 各种典型塑件成型情况的加料腔高度计算

结构形式	简　图	公　式	符号说明
不溢式压缩模加料腔	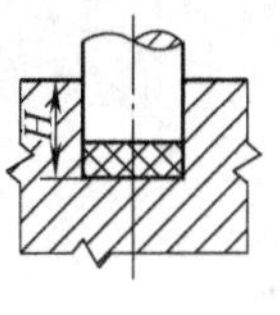	$H=\frac{V}{A}+(0.5\sim1.0)cm$	V——塑料粉体积（cm^3）； A——加料腔的断面面积（cm^2）； $(0.5\sim1.0)cm$——修正量
成型杯形塑件的不溢式压缩模加料腔	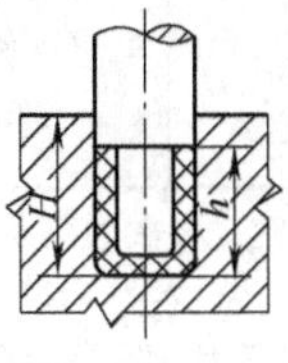	压制薄壁、深度大的杯形塑件时，加料腔高度 H 的取值可采用塑件高度加1～2cm，即 $H=h+(1\sim2)cm$	h——塑件高度（cm）

（续）

结构形式	简　图	公　式	符号说明
不溢式压缩模加料腔（下凸模有凸起）	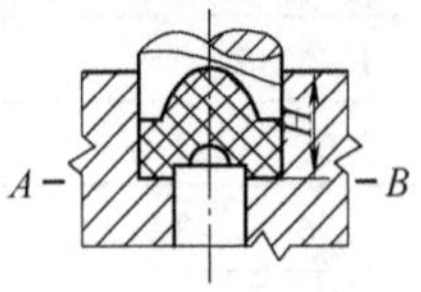	$H=\frac{V+V_1}{A}+(0.5\sim1.0)\text{cm}$	V——塑料粉体积（cm^3）； V_1——下凸模凸出 AB 线部分的体积（cm^3）； A——加料腔的断面面积（cm^2）
半溢式压缩模加料腔	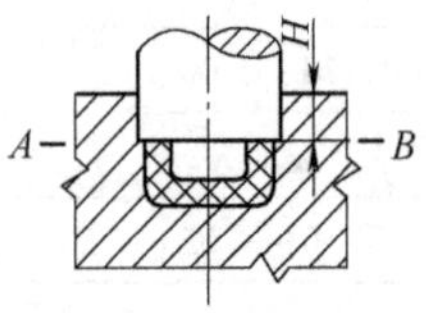	$H=\frac{V-V_0}{A}+(0.5\sim1.0)\text{cm}$	V——塑料粉体积（cm^3）； V_0——AB 线以下型腔体积（cm^3）； A——AB 线以上加料腔的断面面积（cm^2）
上、下模同时成型塑件的半溢式压缩模加料腔	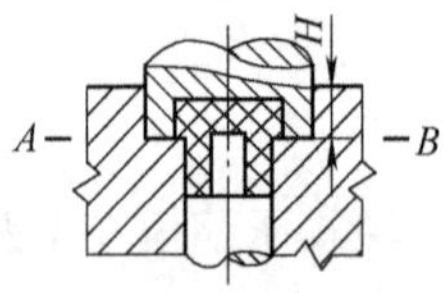	$H=\frac{V-(V_a+V_b)}{A}+(0.5\sim1.0)\text{cm}$	V——塑料粉体积（cm^3）； V_a——塑件 AB 线以下部分的体积（cm^3）； V_b——塑件在 AB 线以上部分的体积（cm^3），此值使合模前 H 值的修正量变小，不便操作，故实际使用可不减 V_b 值； A——AB 线以上加料腔的断面面积（cm^2）
带中心导柱的半溢式压缩模加料腔	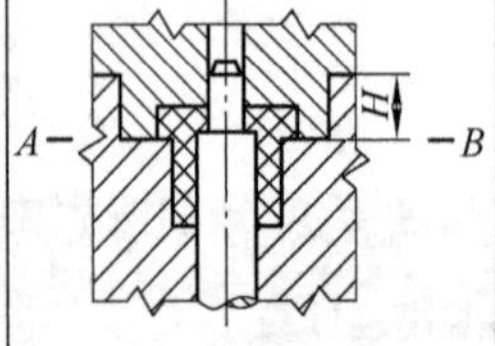	$H=\frac{V-(V_a+V_b)+V_c}{A}+(0.5\sim1.0)\text{cm}$	V——塑料粉体积（cm^3）； V_a——塑件在 AB 线以下部分的体积（cm^3）； V_b——塑件在 AB 线以上部分的体积（cm^3），实际使用可不减 V_b 值； V_c——型芯在 AB 线上的体积（cm^3），直径小时可忽略
半溢式压缩模多腔压制的加料腔	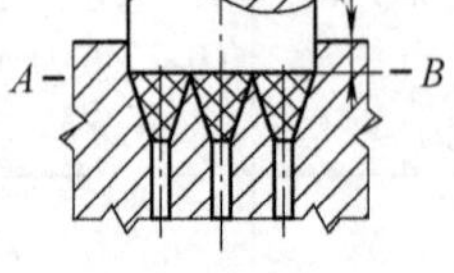	$H=\frac{(V-V_b)\ n}{A}+(0.5\sim1.0)\text{cm}$	V——单个所用塑料粉的体积（cm^3）； V_b——AB 线以下单个塑件体积（cm^3）； n——在总加料腔内成型的塑件数量； A——AB 线以上加料腔的断面面积（cm^2）

注：1. 上述计算适用于粉状塑料；对片状塑料，H 值可减小 1/2；若用于压锭、多次加料及预成型方法，则 H 值可大大减小。

2. 为防止加压时塑料溢出，H 值宜加 0.5～1.0cm 的修正量；当凸模有凸起的成型部分时，宜取 1.0cm。

6.1.5　压缩模设计实例

产品设计任务书如下：

零件名称：座板（图6-19）；

生产批量：10 000 件/年；

材料：酚醛塑料（D141）；

未注公差等级取 MT5。

座板塑件的材质为酚醛塑料，生产批量较大，故采用固定式、半溢式压缩模生产较理想。固定式压缩模生产率高，劳动强度低；半溢式压缩模能获得较致密的塑料制品，而且操作方便，加料时只需按体积计量；塑料制品的高度尺寸由型腔高度决定，可得到高度基本一致的制品。另外，由于半溢式压缩模加料腔的截面尺寸比塑料制品大，凸模与模具型腔壁无摩擦，推出时也不会损伤塑料制品外表面。下面是座板塑件压缩模的设计过程。

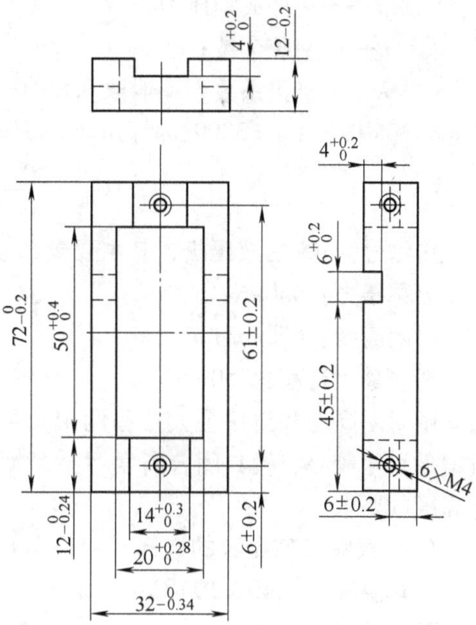

图6-19　座板零件图

1. 塑件成型工艺的分析

（1）塑件的工艺性分析　从座板的结构分析，该塑件上、下表面各有一槽，并在塑件两侧面和上凹槽处有 M4 螺孔。塑件的最小壁厚为6mm，满足该塑料的最小壁厚要求，成型螺孔的螺母嵌件的周围塑料厚度也均满足最小厚度要求。塑件的精度为 MT5，要求不高，表面质量也无特殊要求。从整体上分析，塑件结构相对比较简单，因此容易压制成型。

（2）塑料成型工艺分析　塑件采用酚醛塑料制造。酚醛塑料属于热固性塑料，具有优良的可塑性，压塑成型性良好，制品表面光亮度较高且电绝缘性良好。该塑料的压缩比 $K=2.5\sim3.5$，密度 $\rho=1.4\text{g/cm}^3$，收缩率 $S_{cp}=0.5\%\sim0.9\%$。该塑料的成型性较好，但收缩及收缩的方向性较大，硬化速度较慢，故压制时应引起注意。

（3）塑件模塑方法及工艺流程　座板塑件的材质为酚醛塑料。酚醛塑料属于热固性塑料，压塑性能优良，故座板塑件采用压缩模成型。同时，由于座板塑件的年产量不是很大，采用压缩模生产也比较经济。压缩成型的工艺流程是：塑料准备—模具预热—加料压缩—排气—交联固化—脱模。

2. 模塑设备的选择

（1）模塑设备型号与主要参数的确定　根据座板塑件的特点，为保证其尺寸，成型模具宜采用单型腔半溢式压缩模结构，压制设备采用液压机。

经计算得塑件水平投影的面积 $A_{型}=13.04\text{cm}^2$，根据塑件尺寸和加料腔的结构要求初步选定加料腔的水平投影面积为 $A_{型}=32\text{cm}^2$。

液压机公称压力计算公式为

$$F_{机}=\frac{pA_{型}n}{k}$$

式中 $F_{机}$——液压机公称压力；

p——塑件成型压力；

n——型腔个数；

k——修正系数，一般取0.8~0.9。

将 $p=30\text{MPa}$，$A_{型}=3200\text{mm}^2$，$n=1$，$k=0.85$ 代入上式得

$$F_{机}=\frac{30\times3200\times1}{0.85}\text{N}=113\text{kN}$$

选型号为45的液压机，其主要参数如下：

公称压力：450kN；

封闭高度：650mm；

滑块最大行程：250mm。

由封闭高度和滑块最大行程两个参数可知，压缩模的最小闭合高度为400mm。由于座板塑件尺寸较小，模具闭合高度不会太大，实际操作时可通过加垫块的形式来达到液压机闭合高度的要求。

（2）模塑工艺参数的选择 由表6-1和表6-3可查得酚醛模塑成型工艺参数如下：

预热温度：(140±10)℃；

预热时间：4~8min；

成型压力：30MPa；

成型温度：(165±5)℃。

3. 模具结构设计

（1）座板压缩模结构方案

1）确定塑件分型面。根据压缩模压力方向和分型面选择的原则，和便于安放嵌件，采用图6-20所示的压力方向和分型面。

2）凸模与凹模配合的形式。为便于排气、溢料，在凹模上设置一段引导环，其长度为 l_1，斜角取 $\alpha=30'$，取圆角半径 $R=0.3\text{mm}$。为使凸、凹模定位准确和控制溢料量，在凸、凹模之间设置一段配合环，取其长度 $l_2=5\text{mm}$，配合采用H8/f7。此外，在凸模与凹模的水平接触面处设有挤压环，其宽度 $B=3\text{mm}$。综上所述，凸模与凹模配合的结构形式如图6-21所示。

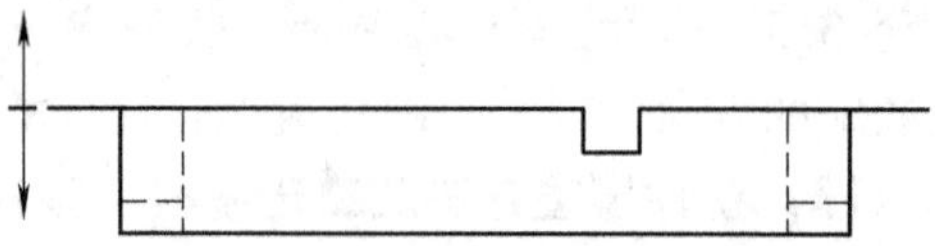

图6-20 压力方向和分型面

为了降低模具制造难度，模具采用组合式型腔结构，其基本结构如图6-22所示。

此外，由于塑件上需嵌入螺母，根据型腔结构，需在凹模2、型芯拼块3上设置嵌件。型芯拼块的结构如图6-23所示。

（2）模具尺寸的有关计算

1）型腔、型芯工作尺寸的计算。

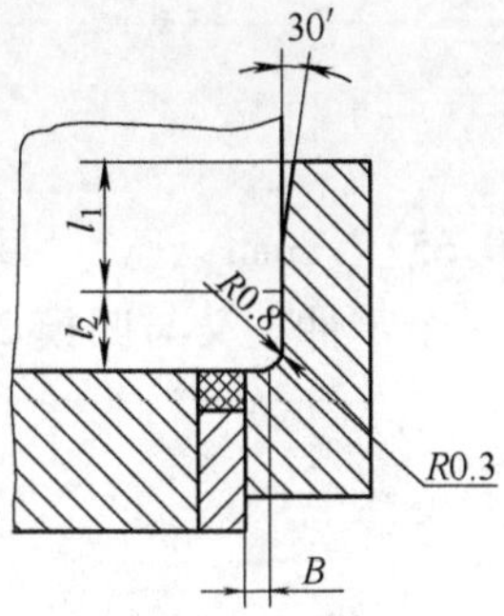

图6-21　凸模与凹模配合的结构形式

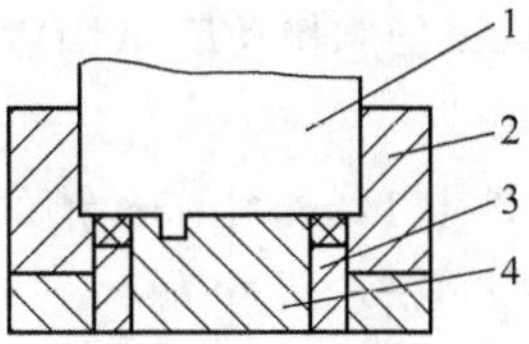

图6-22　模具型腔结构
1、4—凸模　2—凹模　3—型芯拼块

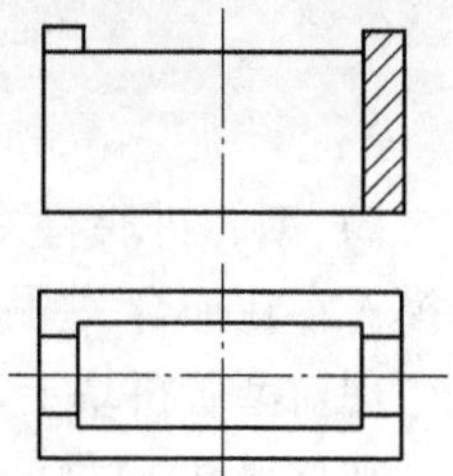

图6-23　型芯拼块的结构

① 凹模工作尺寸的计算。型腔径向尺寸计算公式为

$$L_m = \left[(1+S_{cp})L_s - \frac{3}{4}\Delta\right]_0^{+\delta_z}$$

酚醛塑料平均收缩率 $S_{cp} = (0.5\% + 0.9\%)/2 = 0.7\%$

塑件尺寸 $72_{-0.2}^{0}$mm 对应的凹模尺寸为

$$L_m = \left[(1+S_{cp})\ L_s - \frac{3}{4}\Delta\right]_0^{+\delta_z}$$

$$= [(1+0.007)\times 72 - 0.75\times 0.2]_0^{+0.2/3}\text{mm} = 72.35_0^{+0.07}\text{mm}$$

塑件尺寸 $32_{-0.34}^{0}$mm 对应的凹模尺寸为

$$L_m = \left[(1+S_{cp})\ L_s - \frac{3}{4}\Delta\right]_0^{+\delta_z}$$

$$= [(1+0.007)\times 32 - 0.75\times 0.34]_0^{+0.34/3}\text{mm} = 31.97_0^{+0.11}\text{mm}$$

型腔深度尺寸计算公式为

$$H_m = \left[(1+S_{cp})H_s - \frac{2}{3}\Delta\right]_0^{+\delta_z}$$

塑件尺寸 $12_{-0.2}^{0}$mm 对应的凹模尺寸为

$$H_m = \left[(1+S_{cp})\ H_s - \frac{2}{3}\Delta\right]_0^{+\delta_z}$$

$$= [(1+0.007)\times 12 - 0.2\times 2/3]_0^{+0.2/3}\text{mm} = 11.95_0^{+0.07}\text{mm}$$

由于型腔深度是经型芯拼块装入凹模后间接得到的，因此模具装配时应注意保证获得尺寸。

② 凸模工作尺寸的计算。型芯径向尺寸计算公式为

$$L_m = \left[(1+S_{cp})L_s + \frac{3}{4}\Delta\right]_{-\delta_z}^{0}$$

塑件尺寸 $20_0^{+0.28}$ mm 对应的凸模尺寸为

$$L_m = \left[(1+S_{cp})\ L_s + \frac{3}{4}\Delta\right]_{-\delta_z}^{0}$$

$$= [(1+0.007)\times 20 + 0.28\times 3/4]_{-0.28/3}^{0}\text{mm} = 20.35_{-0.09}^{0}\text{mm}$$

塑件尺寸 $50^{+0.4}_{0}$ mm 对应的凸模尺寸为

$$L_m = \left[(1+S_{cp})\ L_s + \frac{3}{4}\Delta\right]^{0}_{-\delta_z}$$

$$= [(1+0.007)\times 50+0.4\times 3/4]^{0}_{-0.4/3}\text{mm} = 50.65^{0}_{-0.13}\text{mm}$$

2）型芯拼块有关尺寸的计算。型芯拼块既是构成组合型腔的一个零件，又与凹模 2 和凸模 4 存在配合关系。

现对型芯拼块上用于成型塑件上 14mm ×4mm 槽的尺寸进行计算。

塑件尺寸 $14^{+0.3}_{0}$ mm 对应的型芯拼块尺寸为

$$L_m = \left[(1+S_{cp})L_s + \frac{3}{4}\Delta\right]^{0}_{-\delta_z}$$

$$= [(1+0.007)\times 14+0.3\times 3/4]^{0}_{-0.3/3}\text{mm} = 14.32^{0}_{-0.10}\text{mm}$$

塑件尺寸 $4^{+0.2}_{0}$mm 对应的型芯拼块尺寸为

$$h_m = \left[(1+S_{cp})h_s + \frac{2}{3}\Delta\right]^{0}_{-\delta_z}$$

$$= [(1+0.007)\times 4+0.2\times 2/3]^{0}_{-0.2/3}\text{mm} = 4.16^{0}_{-0.07}\text{mm}$$

型芯拼块其余的外形与内腔尺寸应根据凹模与下凸模的有关实际尺寸进行配合加工，并保证型芯拼块与凹模之间的间隙为 0.02mm，与下凸模采用过渡配合 H7/m6。

3）凹模加料腔尺寸的计算。

① 塑件体积的计算。根据计算，塑件的体积为 14.13cm^3。考虑压塑过程中会有少量溢料（约 5%），则考虑溢料情况的体积为 14.84cm^3。

② 塑料体积的计算。根据体积计算公式可求得

$$V_{料} = V_{件}\rho v = 14.84\times 1.4\times 3\text{cm}^3 = 62.33\text{cm}^3$$

③ 加料腔高度的计算。根据凸模与凹模配合形式中所确定的挤压环宽度 $B=3$mm，加料腔底面与加料腔侧壁采用 $R=0.3$mm 的圆角过渡，可算得加料腔的断面面积为 30.33cm^2。再根据半溢式压缩模加料腔计算公式，可计算出加料腔的高度尺寸为

$$H = \frac{V_{料} - V_0}{A} + (0.5 \sim 1.0)\text{cm}$$

$$= \left[\frac{62.33-14.13}{30.33} + (0.5 \sim 1.0)\right]\text{cm}$$

$$= [1.6 + (0.5 \sim 1.0)]\text{cm}$$

取 $H=2.3\text{cm}=23\text{mm}$。

4）上凸模工作尺寸的计算。上凸模的工作尺寸主要用于成型塑件上 6mm ×4mm 的凹槽。另外，上凸模与凹模加料腔的配合尺寸应根据凹模加料腔的实际尺寸确定，并保证两者之间的单边间隙为 0.03mm 左右。

塑件尺寸 $6^{+0.2}_{0}$mm 对应的上凸模尺寸为

$$L_m = \left[(1+S_{cp})\ L_s + \frac{3}{4}\Delta\right]^{0}_{-\delta_z}$$

$$= [(1+0.007)\times 6+0.2\times 3/4]^{0}_{-0.2/3}\text{mm} = 6.19^{0}_{-0.07}\text{mm}$$

塑件尺寸 $4^{+0.2}_{0}$mm 对应的上凸模尺寸为

$$h_m = \left[(1+S_{cp})\ h_s + \frac{2}{3}\Delta\right]_{-\delta_z}^{0}$$

$$= [(1+0.007)\times 4+0.2\times 2/3]_{-0.2/3}^{0}\text{mm} = 4.16_{-0.07}^{0}\text{mm}$$

5）型腔壁厚的计算。型腔壁厚的计算公式为

$$h = \sqrt[3]{\frac{paL_1^4}{32EA[\delta]}} = \sqrt[3]{\frac{35\times 12\times 72^4}{32\times 2.1\times 10^5\times 50\times 0.03}}\text{mm} = 10\ \text{mm}$$

其中，$p=35\text{MPa}$，$a=12\text{mm}$，$L_1=72\text{mm}$，$E=2.1\times 10^5\text{MPa}$，$A=50\text{mm}$，$[\delta]=0.03\ \text{mm}$。

（3）模具加热与冷却系统设计　因为压制的是热固性塑料，故必须对模具进行加热和冷却。采用专用电加热棒对模具进行加热。

1）加热所需电功率计算，公式为

$$P=qn$$

其中，$q=35\text{W/kg}$，$n=10\text{kg}$，故

$$P=35\times 10\text{W}=350\text{W}$$

2）选择电加热棒的数量。根据初步估计本模具的外形尺寸，上、下加热板各用三根加热棒对模具进行加热。

3）电加热棒的规格。选用直径 $d=13\text{mm}$，长度 $L=60\text{mm}$ 的电加热棒。

4）冷却系统设计。由于模具属于小型压缩模，发热量不大，散热条件比较好，故不需设计专用冷却水道。

4. 非标准件零件图和模具总装图绘制

模具尺寸及有关参数经校核确定后，开始绘制模具总装图和非标准件的零件图。

（1）成型零件结构图　成型零件结构图如图6-24～图6-27所示。

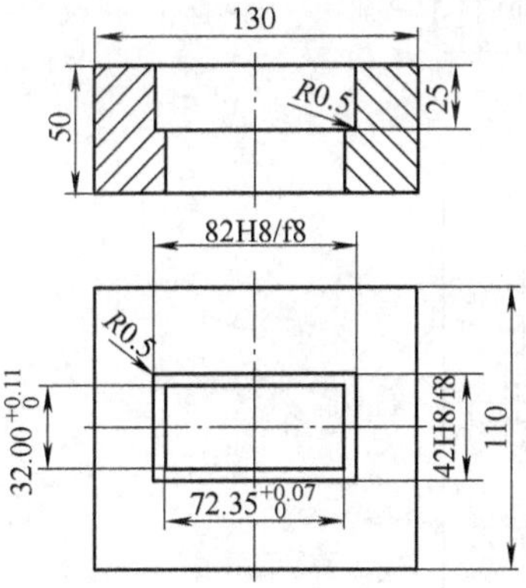

图6-24　凹模

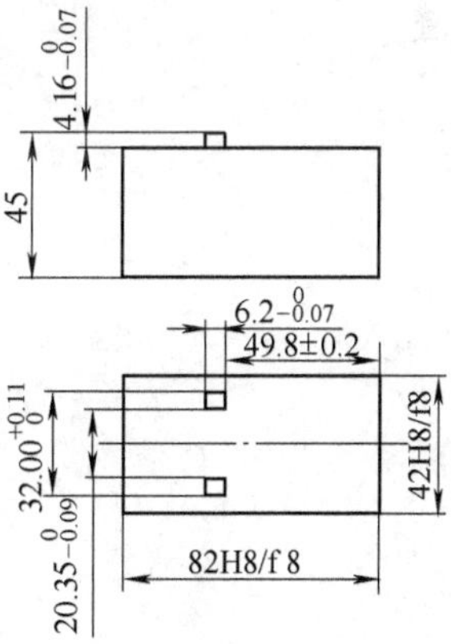

图6-25　上凸模

（2）模具总装图　本模具的总装图如图6-28所示。

本模具工作原理：模具打开，将称量过的酚醛塑料原料加入型腔，然后闭模，将闭合模具移入液压机工作台面的垫板上（加入垫板是为了符合液压机闭合高度的要求）。对模具进行加压加热，待塑件固化成型后，将模具移出，在专用卸模架上脱模（卸模架对上、下模同时脱模）。

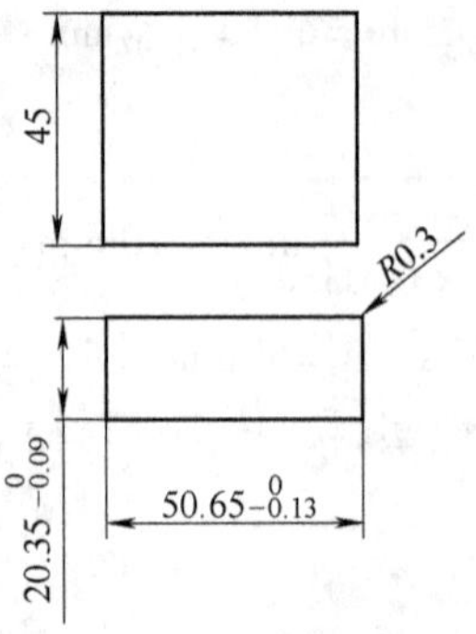

图 6-26　下凸模

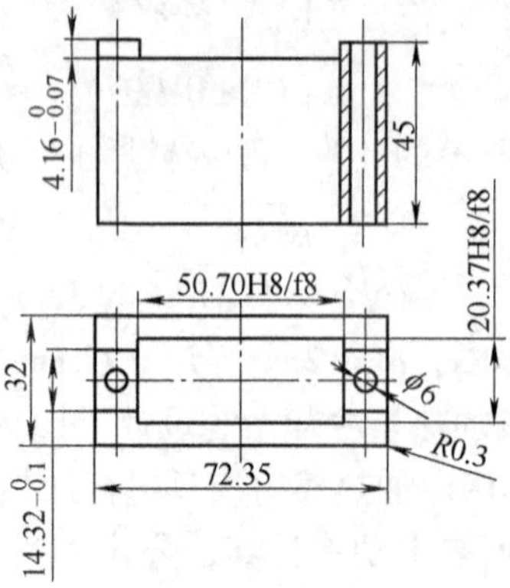

图 6-27　型芯拼块

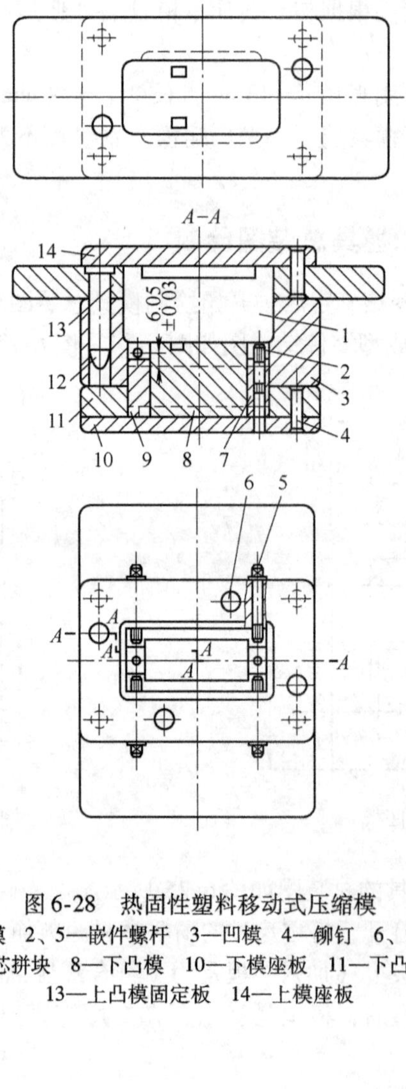

图 6-28　热固性塑料移动式压缩模

1—上凸模　2、5—嵌件螺杆　3—凹模　4—铆钉　6、12—导柱
7、9—型芯拼块　8—下凸模　10—下模座板　11—下凸模固定板
13—上凸模固定板　14—上模座板

6.1.6　单元练习

1. 思考题

1）溢式、不溢式、半溢式压缩模在模具的结构、压缩产品的性能及塑料的适应性方面各有什么特点与要求?

2）压缩成型塑件在模内施压方向的选择要注意哪几点?（用简图说明）

3）绘出溢式、不溢式、半溢式压缩模的凸模与凹模的配合结构简图，并标出典型的结构尺寸与配合精度。

4）压缩模加料腔的高度是如何计算的?

2. 综合题

在模具拆装室，拆、装一副压缩模并绘制模具结构图。

单元2　压注模设计

【学习目标】

1. 了解压注成型原理及压注模的典型结构。
2. 熟悉压注模的分类。
3. 掌握压注模的设计要点。
4. 能进行压注模设计。

6.2.1　压注成型原理及其特点

1. 压注成型原理

压注成型又称为传递成型，它是在压缩成型的基础上发展起来的一种热固性塑料的成型方法。压注成型原理如图6-29所示。压注成型时，将塑料原料装入闭合模具的加料腔内，使其在加料腔内受热塑化。和压缩成型时一样，塑料原料为粉料或预压成锭的坯料。在压力的作用下，熔融的塑料通过加料腔底部的浇注系统，进入闭合的型腔。塑料熔体在型腔内继续受热、受压，产生交联反应而固化成型，然后打开模具取出塑件。

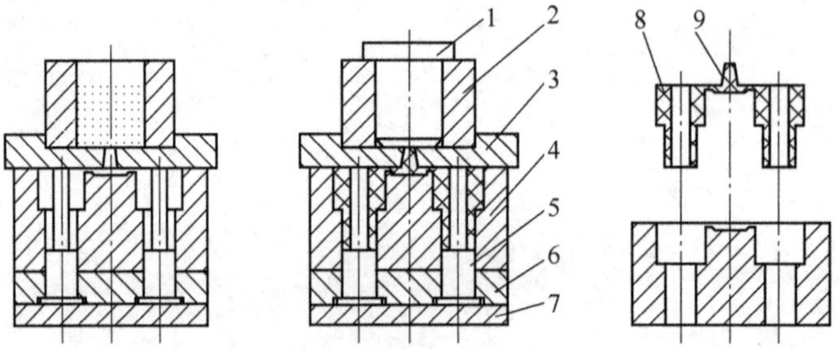

a) 加料　　b) 压注　　c) 塑件脱模

图6-29　压注成型原理

1—压注柱塞　2—加料腔　3—上模座板　4—凹模　5—型芯　6—型芯固定板　7—下模座板　8—塑件　9—浇注系统凝料

2. 压注成型的特点

压注成型和注射成型的相同之处是熔体均是通过浇注系统进入型腔，不同之处在于压注成型时塑料是在模具加料腔内塑化，而注射成型时塑料是在注射机的料筒内塑化。压注成型是在克服压缩成型的缺点、吸收注射成型的优点的基础上发展起来的。它的主要优点有：

1）压注成型前模具已经闭合，塑料在加料腔内加热和熔融，在压力作用下，熔体经过狭窄的分流道和浇口进入型腔时，由于摩擦作用，塑料能很快均匀地熔融和硬化。因此，塑件组织密实且性能均匀，质量好。

2）压注成型时的溢料较压缩成型时少，而且飞边厚度薄，容易去除。因此，塑件的尺寸精度较高，特别是塑件的高度尺寸精度较压缩成型塑件高得多。

3）由于成型物料在进入型腔前已经塑化，对型芯或嵌件所产生的挤压力小，因此，能成型深腔薄壁塑件或带有深孔的塑件，也可成型形状较复杂以及带有精细或易碎嵌件的塑件，还可成型压缩成型方法难以成型的塑件。

4）由于成型物料在加料腔内已经受热熔融，因此，进入模具型腔时料温及吸热量均匀，所需的交联反应固化时间较短，从而成型周期较短，生产率较高。

压注成型虽然具有上述诸多优点，但也存在以下缺点：成型压力比压缩成型高；工艺条件比压缩成型要求更严格，操作比压缩成型难度大；压注模比压缩模结构复杂；成型后加料腔内余料和浇注系统凝料不能回收，增加了生产中原材料的消耗；存在取向问题，容易使塑件产生取向应力和各向异性，特别是成型纤维增强塑料时，塑料大分子的取向与纤维的取向结合在一起，更容易加剧塑件的各向异性程度。

3. 压注成型工艺过程

压注成型的工艺过程和压缩成型基本相似，它们的主要区别是：压缩成型是先加料后闭模，而压注成型则一般要求先闭模后加料（或先闭模后成型）。

6.2.2　压注成型工艺参数

压注成型的主要工艺参数包括成型压力、成型温度和成型时间等，它们均与塑料品种、模具结构、塑件结构等多种因素有关。

1. 成型压力

成型压力是指压力机通过压注柱塞对加料腔内塑料熔体施加的压力。由于熔体通过浇注系统时有压力损失，故压注时的成型压力一般为压缩成型的2～3倍。例如，酚醛塑料粉和氨基塑料粉需要的成型压力通常为50～80MPa，高者可达100～200MPa；有纤维填料的塑料为80～160MPa。

2. 模具温度

压注成型模具温度通常要比压缩成型时的温度低一些，一般约为130～190℃，因为塑料通过浇注系统时能从摩擦中获取一部分摩擦热。加料腔和下模的温度要低一些，而中部的温度要高一些，这样可保证塑料进入通畅而不会出现溢料现象，同时也可以避免塑料出现缺料、起泡、熔接痕等缺陷。

3. 成型时间

压注成型时间包括加料时间、充模时间、交联固化时间、脱模取塑件时间和清理模具时间等。压注成型时的充模时间通常为5～50s，而固化时间取决于塑料品种，塑件的大小、形状、壁厚，预热条件和模具结构等，通常为30～180s。

酚醛塑料压注成型的主要工艺参数见表6-7，其他热固性塑料压注成型的主要工艺参数可查相关资料。

表6-7 酚醛塑料压注成型的主要工艺参数

工艺参数 \ 物料状态 \ 模具类型	罐式		柱塞式
	未预热	高频预热	高频预热
预热温度/℃	—	100～110	100～110
成型压力/MPa	160	80～100	80～100
充模时间/min	4～5	1～1.5	0.25～0.33
固化时间/min	8	3	3
成型周期/min	12～13	4～4.5	3.5

6.2.3 压注模的典型结构及组成

1. 压注模的典型结构

图6-30所示为典型的固定式压注模，主要由压柱、上模和下模三部分组成。打开上分型面*A*—*A*，可取出主流道凝料并清理加料腔；打开下分型面*B*—*B*，取出塑件和分流道凝料。

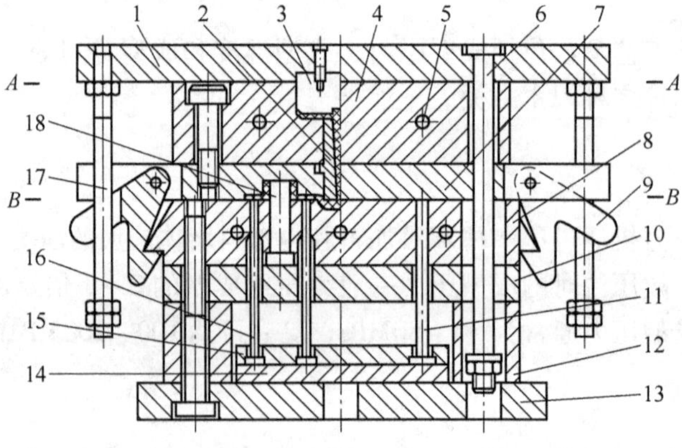

图6-30 典型的固定式压注模

1—上模座板 2—浇口套 3—压柱 4—加料腔 5—加热器安装孔 6—定距导柱 7—上（凹）模板 8—下模板（型芯固定板） 9—拉钩 10—支承板 11—复位杆 12—垫块 13—下模座板 14—推板 15—推杆固定板 16—推杆 17—拉杆 18—型芯

2. 压注模的组成

压注模由以下几部分组成：

（1）成型零件 成型零件是直接成型塑件的零件，模具闭合时形成所要求的型腔。图6-30中的成型零件由凹模板7、型芯18等组成。分型面的形式及选择原则与注射模、压缩模相似。

（2）加料装置 由加料腔4和压柱3组成。移动式压注模的加料腔和模具本体是可分离的，开模前先取下加料腔，然后开模取出塑件。固定式压注模的加料腔固定在上模部分，加料时可以与压柱定距分型。

（3）浇注系统 多型腔压注模的浇注系统与注射模相似，同样分为主流道、分流道和浇口；单型腔压注模一般只有主流道，与注射模不同的是加料腔底部可开设几个流道同时进入型腔。

（4）导向机构 导向机构一般由导柱和导向孔（或导套）组成。在柱塞和加料腔之间、型腔分型面之间，都应设导向机构。

（5）侧向分型与抽芯机构 压注模的侧向分型与抽芯机构与压缩模和注射模基本相同。

（6）推出机构 推出机构由推杆16、推杆固定板15、推板14、复位杆11等组成，由拉钩9、定距导柱6、可调拉杆17等组成的二次分型机构是为了加料腔分型面和塑件分型面先后打开而设计的，也包括在推出机构之内。

（7）加热系统 固定式压注模由压柱、上模和下模三部分组成，应分别对这三部分加热，如图6-30所示。在加料腔和型腔周围分别钻有加热孔，以插入电加热元件。移动式压注模是利用装于压力机上的上、下加热板加热，压注前柱塞、加料腔和压注模都应放在加热板上进行加热。

（8）支承零部件 压注模中的固定板、支承板（加热板）以及上、下模座等均为支承零部件，如图6-30中的上模座板1、上（凹）模板7、下模板（型芯固定板）8、支承板10、垫块12和下模座板13等。它们的作用是固定和支承模具中的各种零部件。

3. 压注模的工作原理

图6-30所示为固定式罐式压注模。模具上设有加热装置。压柱3随上模座板1固定于压力机的上工作台，下模固定于压力机的下工作台。开模时，压力机上工作台带动上模座板1上升，压柱3离开加料腔4，*A—A*分型面分型，以便在该处取出主流道凝料。当上模座板上升到一定高度时，拉杆17上的螺母迫使拉钩9转动，使之与下模部分脱开，接着定距导柱6起作用，使*B—B*分型面分型，以便推出机构将塑件从该分型面处推出。合模时，复位杆11使推出机构复位，拉钩9靠自重将下模部分锁住。

6.2.4 压注模的分类

压注模按其固定方式不同可分为移动式压注模和固定式压注模，移动式压注模在小型塑件生产中有着广泛的应用。压注模按其加料腔的特征不同可分为罐式压注模和柱塞式压注模，罐式压注模用普通压力机即可成型，而柱塞式压注模需用专用液压机成型。压注模按型腔数目不同又可分为单型腔压注模和多型腔压注模。

1. 罐式压注模

（1）移动式罐式压注模 如图6-31所示，移动式罐式压注模的加料腔与模具本体是可以分离的。模具闭合后放上加料腔2，并将定量的塑料加入加料腔内；利用压力机的压力，通过压柱1将塑化的物料高速挤入型腔；硬化定型后，开模时先从模具上取下加料腔2，再用手工或专用工具进行清理和脱出塑件。

(2) 固定式罐式压注模 如图6-30所示为固定式罐式压注模。

2. 柱塞式压注模

柱塞式压注模没有主流道，主流道已扩大成为圆柱形的加料腔，这时柱塞将物料压入型腔的力对模具不起锁紧的作用，因此柱塞式压注模应安装在专用的液压机上。专用液压机有主液压缸（锁模）和辅助液压缸（成型）两个液压缸，主缸起锁模作用，辅助缸起压注成型作用。这类模具既可以是单型腔的，也可以是多型腔的。

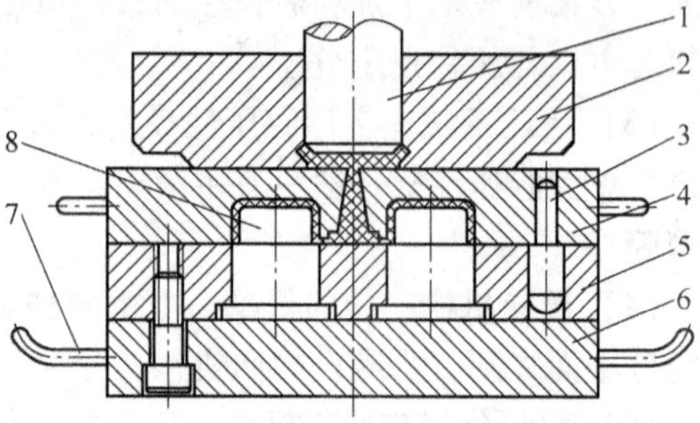

图6-31　移动式罐式压注模
1—压柱　2—加料腔　3—导柱
4—凹模　5—型芯固定板
6—下模板　7—手柄　8—型芯

由于没有主流道的加热作用，因此最好采用经过预热的原料进行压注。这时没有主流道的流动阻力，同时原料经预热后压注的压力也可大大降低，特别是单型腔的压注模更是如此。柱塞式压注模分为上加料腔柱塞式压注模和下加料腔柱塞式压注模。

(1) 上加料腔柱塞式压注模 上加料腔柱塞式压注模所用液压机的合模液压缸（主液压缸）在液压机的下方，自下而上合模；成型用液压缸（辅助液压缸）在液压机的上方，自上而下将物料挤入模具型腔。如图6-32所示，合模加料后，当加入加料腔内的塑料受热呈熔融状态时，液压机辅助液压缸工作，柱塞将熔融塑料挤入型腔，固化成型后，辅助液压缸带动柱塞上移，主液压缸带动工作台将模具下模部分向下移动开模，塑件与浇注系统留在下模。推出机构工作时，推杆将塑件从型腔中推出。

(2) 下加料腔柱塞式压注模 如图6-33所示，这种模具所用液压机的合模液压缸（主液压缸）在液压机的上方，自上而下合模；成型用液压缸（辅助液压缸）在液压机的下方，

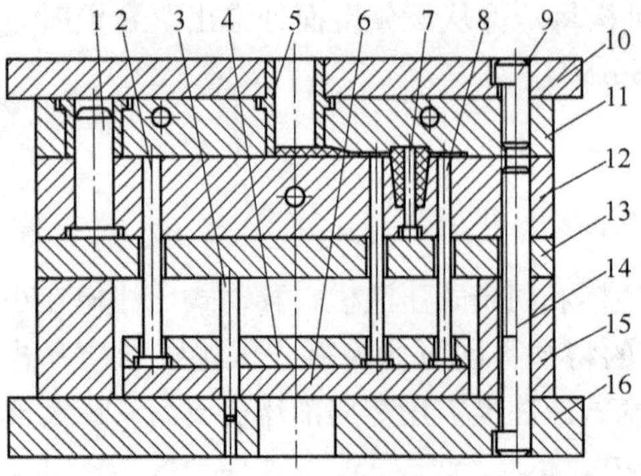

图6-32　上加料腔柱塞式压注模
1—导柱导套　2—复位杆　3—推板导柱　4—推杆固定板
5—加料腔　6—推板　7—型芯　8—推杆
9、14—螺钉及销钉　10—上模座板　11—上模板
12—下模板　13—支承板　15—垫块　16—下模座板

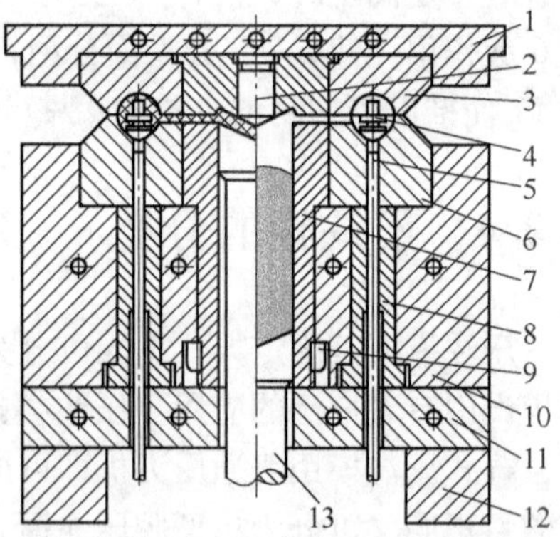

图6-33　下加料腔柱塞式压注模
1—上模座板　2—分流锥　3—上凹模
4—嵌件　5—推杆　6—下凹模　7—加料腔
8—镶件　9—锁紧螺母　10—下模板
11—支承板　12—垫块　13—柱塞

自下而上将物料挤入模具型腔。它与上加料腔柱塞式压注模的主要区别在于：它是先加料，后合模，最后压注；而上加料腔柱塞式压注模是先合模，后加料，最后压注。

6.2.5　压注模结构设计要点

压注模的结构设计在很多方面与注射模、压缩模相似，例如型腔总体设计、分型面位置选择、合模导向机构、推出机构、侧向分型抽芯机构及加热系统等，均可参照注射模或压缩模的设计原则。下面仅讨论压注模区别于其他模具的特殊结构设计要点。

1. 加料腔的结构

压注模与注射模的不同之处在于它有加料腔。压注成型之前塑料必须加入到加料腔内，进行预热、加压，从而压注成型。由于压注模的结构不同，所以加料腔的形式也不相同。

（1）普通压力机用移动式压注模的加料腔　移动式压注模的加料腔是活动的，能从模具上单独取下，如图6-34所示。图6-34a所示为用于有一个流道的压注模加料腔，加料腔与上模座板以凸台定位，这种结构可减少溢料的可能性，应用较广泛；图6-34b所示与模板之间没有定位关系，用于有两个以上主流道的压注模加料腔，其截面为长圆形；图6-34c所示结构采用3个挡销使加料腔定位，圆柱挡销与加料腔的配合间隙较大，加工及使用比较方便；图6-34d所示加料腔采用导柱定位，导柱可固定在上模（图示），也可固定在下模，为间隙配合，一端应采用较大间隙。采用导柱定位结构，拆卸和清理不太方便。

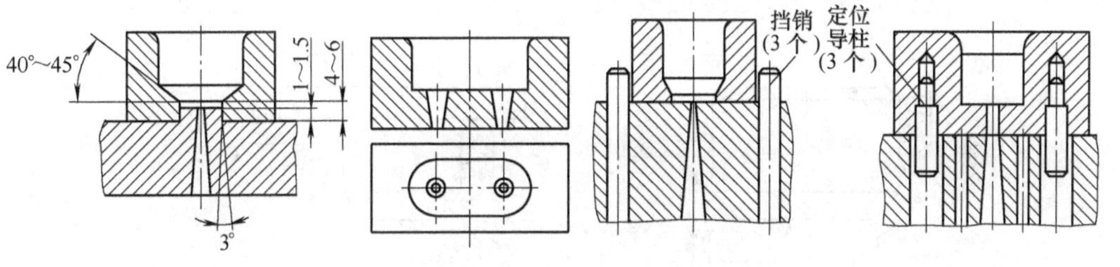

图6-34　移动式压注模加料腔

（2）普通压力机用固定式压注模的加料腔　固定式压注模的加料腔与上模板连接为一体，在加料腔底部开设一个或几个流道与型腔相通。由于加料腔与上模板是两个零件，所以应增设浇口套，如图6-35所示。

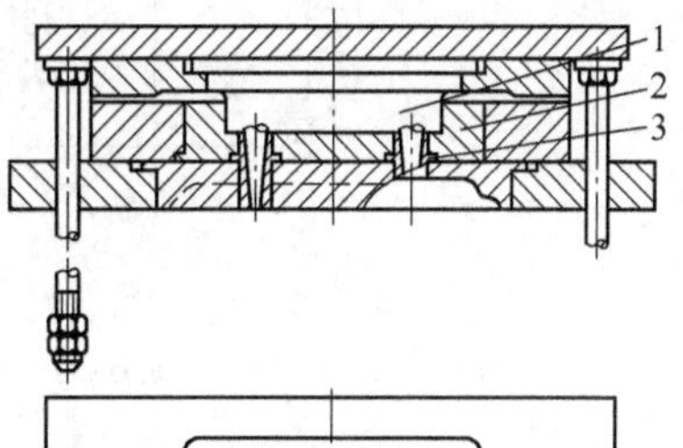

图6-35　固定式压注模的加料腔
1—压柱　2—加料腔　3—浇口套

（3）专用液压机用柱塞式压注模的加料腔　柱塞式压注模加料腔的截面为圆形，截面尺寸与锁模力无关，故其直径较小，高度较大。加料腔在模具上的固定方式如图6-36所示，图6-36a所示为采用螺母锁紧的方式；图6-36b所示为采用轴肩固定的方式；图6-36c所示为采用对剖的两个半环锁紧的方式。

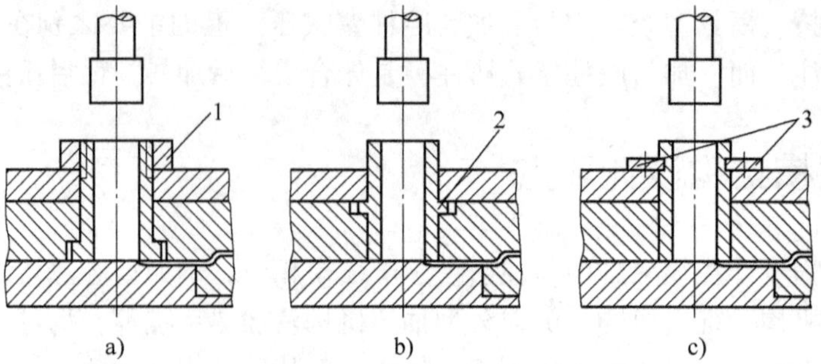

图 6-36　柱塞式压注模加料腔的固定方式
1—螺母　2—轴肩　3—对剖半环

加料腔的材料一般选用 40Cr、T10A、CrWMn、Cr12 等，热处理硬度为 52 ~ 56HRC，加料腔内腔应镀铬抛光，表面粗糙度为 *Ra*0.4μm。

2. 压柱的结构

压注模的压料柱塞简称压柱，其作用是将加料腔内的塑料从浇注系统挤入模具型腔中。

(1) 普通压力机用压注模压柱　普通压力机用压注模压柱的结构如图 6-37 所示。图 6-37a所示结构为顶部与底部带倒角的圆柱形压柱，结构简单，常用于移动式压注模；图 6-37b 所示为带凸缘结构的压柱，承压面积大，压注时平稳，既可用于移动式压注模，又可用于固定式压注模；图 6-37c 和图 6-37d 所示为带底板的压柱，适用于固定式压注模。

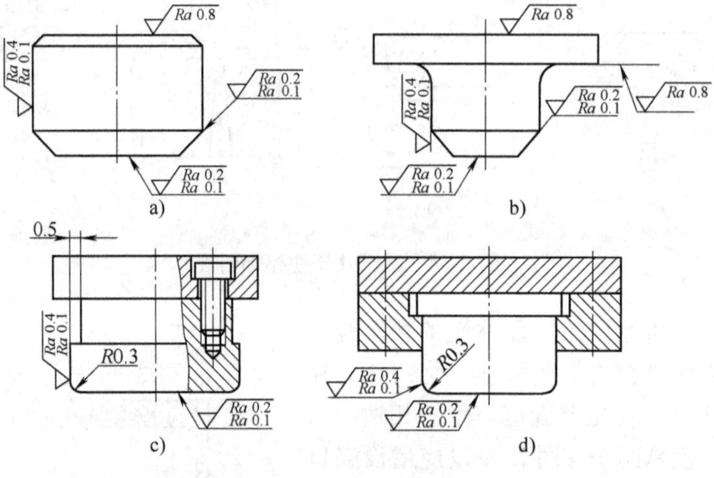

图 6-37　普通压力机用压注模压柱的结构

为了利用开模拉出主流道凝料，可在固定式压柱下面开设拉料沟槽，如图 6-38 所示。其中，图 6-38a 所示结构用于直径较小的压柱；图 6-38b 所示结构用于直径大于 75 mm 的压柱。

加料腔与压柱的配合通常为 H8/f9，它们之间的配合关系如图 6-39 所示，其中压柱高度 *H′*，应比加料腔的高度 *H* 小 0.5 ~ 1mm，底部转角处应留 0.3 ~ 0.5mm 的储料间隙。

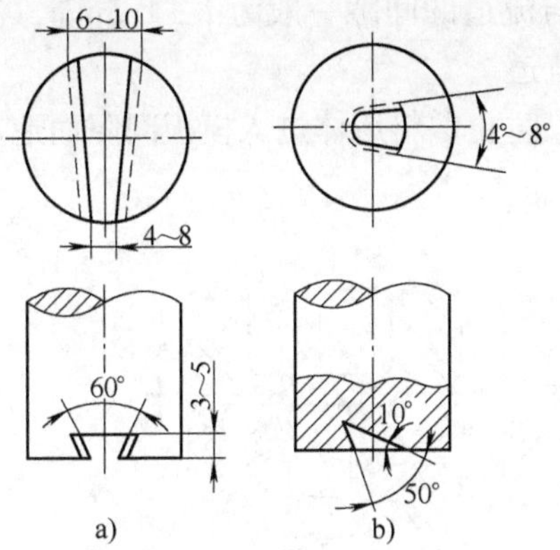

图6-38　拉料沟槽的结构

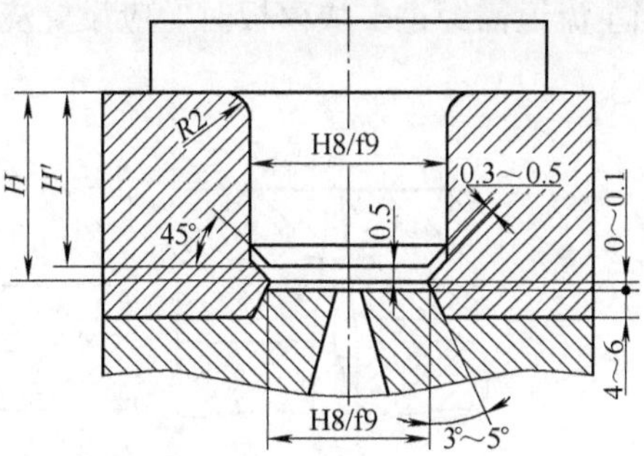

图6-39　加料腔与压柱的配合

（2）专用液压机用压注模压柱　专用液压机用压注模压柱的结构如图6-40a所示，压柱（柱塞）的一端带有螺纹，可以拧在液压机辅助液压缸的活塞杆上。当直径较小时，压柱与加料腔的径向单边配合间隙为0.05～0.08mm；当直径较大时，径向单边配合间隙为0.10～0.13mm。间隙过大时，塑料溢料；过小时，摩擦磨损严重。图6-40b所示柱塞的柱面有环形槽，可防止塑料从侧面溢出，头部的球形凹面使料流集中。

压柱或柱塞是承受压力的主要零件，压柱材料的选择和热处理要求与加料腔相同。

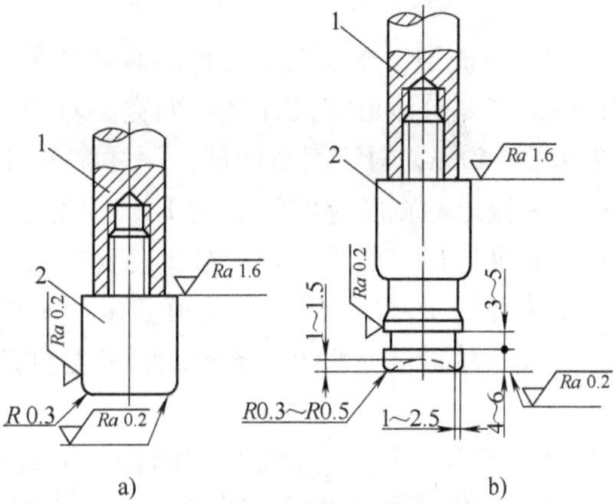

图6-40　专用液压机用压注模的压柱结构
1—活塞杆　2—压柱

3. 浇注系统的设计

压注模浇注系统与注射模浇注系统相似，也由主流道、分流道及浇口等组成；不同之处是，在注射模成型过程中，熔体与流道的热交换越少越好，压力损失要少，但在压注模成型过程中，为了使塑料在型腔中的硬化速度加快，塑料与流道要有一定的热交换，使塑料熔体的温度升高，进一步塑化，以理想的状态进入型腔。

（1）主流道　压注模常见的主流道有正圆锥形、倒圆锥形和带分流锥三种形式，如图6-41所示。图6-41a所示为正圆锥形主流道，主要用于多型腔压注模。流道凝料由拉料杆拉出，脱模时与分流道及塑件一同脱出。主流道小端直径为3.5～5mm，锥角为6°～10°，主流道应尽可能短些，以减少物料消耗。主流道与分流道过渡处应有$R3$～$R5$mm的圆角。图6-41b所示为倒锥形主流道，常用于单型腔或同一塑件设几个主流道的压注模。开模时，主流道与塑件在浇口处折断分离，并借助压柱端面的拉料槽将主流道凝料拉出。由于这种流道阻力小，尤其适用于以碎布、长纤维为填料的塑料成型。图6-41c所示为采用分流锥的结构，适用于塑件尺寸较大、型腔分布远离模具中心或分流道较长的压注模。分流锥的形状和尺寸依据塑件尺寸和型腔分布而定，当型腔呈圆周分布时，分流锥可采用圆锥形；当型腔呈两排并列时，分流锥可采用矩形截面锥形。分流锥与流道的间隙一般为 1 ~ 1.5mm，流道可以分布在分流锥表面，也可以在分流锥上开槽形成流道。

当主流道需穿过多块模板时，应设置浇口套，以防止塑料熔体进入模板间隙而造成脱料困难。

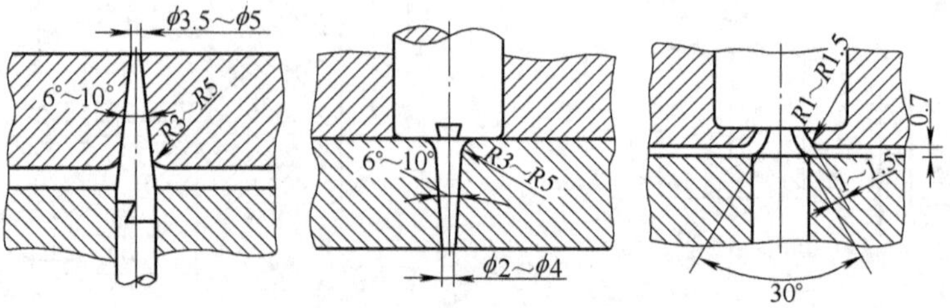

图 6-41　主流道的形式

(2) 分流道　压注模分流道的截面常采用梯形，为达到较好的传热效果，分流道宜设计得浅而宽。对于一般小型件，分流道深度取 2 ~ 4mm；对于大型塑件，深度取 4 ~ 6mm，最浅应不小于 2mm。分流道的宽度应取深度的 1.5 ~ 2 倍，如图 6-42 所示。分流道的长度应尽可能短，且应减少急剧的弯折，其长度约为主流道大端直径的 1 ~ 2.5 倍。分流道多采用平衡式布置，流道应光滑、平直，尽量避免弯折。流道凝料和塑件应留在下模一侧，以便于推出。

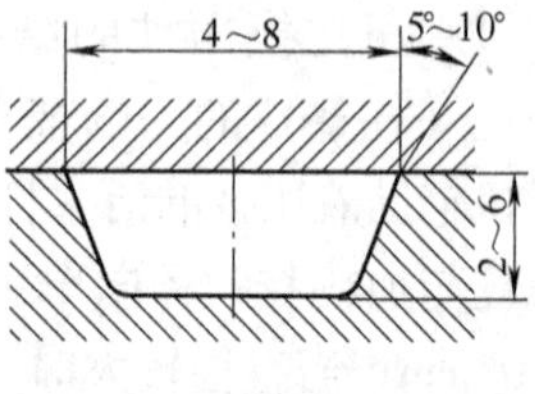

图 6-42　梯形分流道截面

(3) 浇口　压注模最常采用的浇口是直浇口和侧浇口。对于直浇口，其截面一般为圆形，如图 6-43 所示为倒锥形直浇口。图 6-43a 所示浇口用于以木粉为填料的塑件，型腔与浇口连接处设计成圆弧过渡，半径为 0.5 ~ 1mm，连接部分最小直径为 2 ~ 4mm，长度为 2 ~ 3mm，流道凝料将在细颈处折断，避免去除流道凝料时损伤塑件表面。图 6-43b 和图 6-43c 所示浇口多用于以长纤维为填料的塑件，由于塑料的流动阻力大，浇口尺寸相应也较大。为了克服易拉伤塑件表面的缺点，在浇口附近增设一凸台，成型后再将其去除。

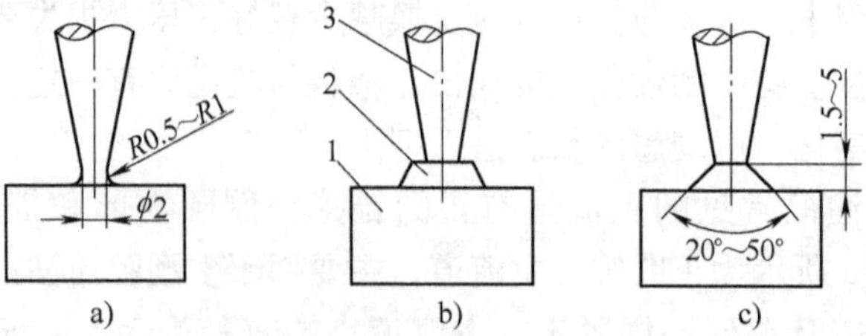

图 6-43　倒锥形直浇口
1—塑件　2—附加凸块　3—主流道

一模多腔的压注模，最常用的是侧浇口，这种形式的浇口结构简单，调节修整方便。对于不含纤维状填料的中小型塑件，浇口深度取 0.4 ~ 1.6mm，宽度取 1.6 ~ 3.2mm；对于含有纤维状填料的中小型塑件，浇口深度取 1.6 ~ 6.4mm，宽度取 3.2 ~ 12.7mm，对于大型塑件，可适当加大浇口的宽度，浇口的深度与塑件厚度的比例应为 0.3 ~ 0.5。浇口长度一般为2～3mm。

浇口位置的选择是由塑件的形状决定的，选择浇口位置时应遵循以下基本原则：

1）由于热固性塑料流动性较差，为减小流动阻力，有助于补缩，浇口应开设在塑件壁厚最大处。

2）热固性塑料在型腔内最大的流动距离应限制在100mm以内，对于大型塑件，应多开几个浇口来减少流动距离。浇口间距不应大于140mm，否则会影响熔接痕强度。

3）热固性塑料在流动中会产生填料取向组织，造成塑件变形、翘曲甚至开裂，特别是有长纤维填料的塑件，取向程度更为严重，应特别注意浇口位置的选择。

4）浇口应开设在塑件的非重要表面，避免影响塑件的使用及美观。

（4）排气槽的设计 压注成型时，不仅需要有效排出型腔内原有的空气，还应排出热固性塑料在型腔内交联固化释放出的低分子挥发物，比热塑性塑料成型时需要排出更多的气体。一般来说，可利用模具零件间的配合间隙及分型面之间的间隙进行排气，如果不能满足要求，则必须开设排气槽。排气槽的截面形状一般为矩形或梯形，截面尺寸与塑件体积和排气槽数量有关。对于中小型塑件，分型面上排气槽的尺寸为深0.04～0.13mm，宽3.2～6.4mm。

排气槽截面面积的经验计算公式为

$$A=0.05V/n$$

式中 A——排气槽截面面积（mm^2）；

V——包括浇注系统的型腔体积（mm^3）；

n——型腔中需开设的排气槽数量。

根据排气槽的截面面积，由表6-8可查出推荐的排气槽的槽宽和槽深。

表6-8 排气槽的槽宽和槽深的推荐值

排气槽截面面积 A/mm^2	槽宽×槽深/mm×mm
≤0.2	5×0.04
>0.2～0.4	5×0.08
>0.4～0.6	6×0.10
>0.6～0.8	8×0.10
>0.8～1.0	10×0.10
>1.0～1.5	10×0.15
>1.5～2.0	10×0.20

6.2.6 压注模设计实例

产品设计任务书如下：

零件名称：圆形盖（图6-44）；

生产批量：10000件/年；

材料：酚醛塑料（木粉填料）；

未注公差等级取 MT5。

1. 选择塑件成型方式

酚醛塑料（PF）属于热固性塑料，制品需要中批量生产。酚醛塑料注射成型技术已经成熟，生产周期短，效率高，容易实现自动化生产，但对设备、成型工艺有特殊要求，而且注射成型模具结构较为复杂，成本较高，一般用于大批量生产。而压缩成型、压注成型主要用于生产热固性塑料塑件，且压注成型生产的塑件性能较好，塑件尺寸精度高，表面质量好，成型周期短，生产率高。

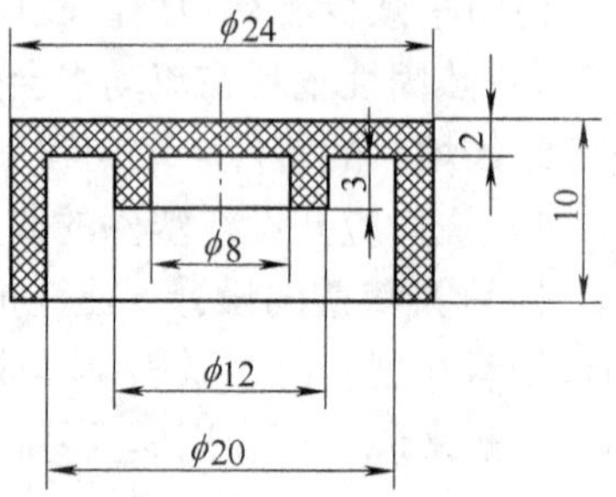

图 6-44　圆形盖零件图

综上分析，根据塑件要求，图 6-44 所示圆形盖既可以选择压缩成型，也可以选择压注成型，本实例选择压注成型。

2. 塑件成型工艺过程

压注成型工艺过程和压缩成型工艺过程基本相同，它们的主要区别在于：压缩成型过程是先加料后闭模，而压注成型一般要求先闭模后加料。

3. 分析塑件结构工艺性

该工件外形简单，为扁圆形结构，平均厚度为 2mm，所有尺寸均为无公差要求的自由尺寸，材料为酚醛塑料，便于进行压注成型（详细分析略）。

4. 选用压注模用压力机

计算方法与压缩成型基本相同（略）。

5. 设计导向机构

导向机构采用导柱和导向孔。两个直径相同的导柱通过过盈配合安装在下模座板上，型芯固定板和模套上加工出导向孔，使上、下模准确合模、导向和承受侧压力。导柱尺寸可按标准（GB/T 4169. 4—2006）选取。

6. 确定设计方案

由于制件批量不大，并且形状简单，要求不高，可采用移动式压注模。移动式压注模结构简单，可节省模具制作材料，降低生产费用，且对设备无特殊要求，可以采用普通压力机进行生产。

塑件结构较小，可采用多型腔模具，此处采用一模两腔方式。采用罐式压注模，把加料腔设计成形状简单、易于加工的圆形结构。分型面采用水平分型面。浇注系统中，主流道采用正圆锥结构，分流道采用梯形截面，浇口采用矩形截面。成型后，把模具移出机外，去除加料腔，人工分型后取出塑件及浇注系统凝料。

7. 绘制模具图

在模具总体结构及相应零部件结构形式确定后，便可以绘制模具的总装图和零件图。首先绘制模具的总装图，要清楚地表达各零件之间的装配关系以及固定连接方式，然后根据总装图拆绘零件图，绘制出所有非标准件的零件图。模具总装图如图6-45所示。

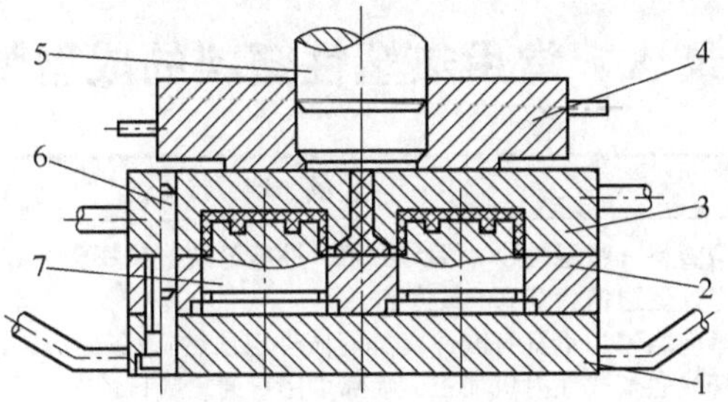

图6-45　圆形盖压注模

1—下模座板　2—型芯固定板　3—模套　4—加料腔　5—压柱　6—导柱　7—型芯

6.2.7　单元练习

1. 思考题

1）压注模与压缩模有何区别?

2）压注模按加料腔的结构不同可分成哪几类?

3）压注模浇注系统与注射模浇注系统有何异同?

4）柱塞式压注模和罐式压注模有何区别?

2. 综合题

在模具拆装室，拆、装一副压注模并绘制模具结构图。

附　　录

附录 A　常用热塑性塑料的成型特性

塑料名称	成　型　特　性
聚苯乙烯（PS）	1. 非结晶型塑料，吸湿性小，不易分解，性脆易裂，热膨胀系数大，易产生应力开裂。 2. 流动性好，溢边值为0.03mm左右。 3. 塑件壁厚应均匀，不宜有嵌件（如有嵌件应预热），各面应圆滑连接。 4. 可用螺杆或柱塞式注射机加工，喷嘴可用直通式或自锁式。 5. 宜采用高料温、高模温、低注射压力；延长注射时间有利于降低内应力，防止缩孔、变形（尤其是厚壁塑件）；但料温高易出现银丝，料温低或脱模剂多则透明度差。 6. 可采用各种形式进料口，进料口与塑件应圆弧连接，防止除去浇口时损坏塑件；脱模斜度宜取2°以上。推出均匀，以防止脱模不良发生开裂、变形，可采用热流道浇注系统
聚乙烯（PE）	1. 结晶型塑料，吸湿性小。 2. 流动性极好，溢边值为0.02mm左右，流动性对压力变化敏感。 3. 可能发生熔体破裂，与有机溶剂接触可发生开裂。 4. 加热时间过长则发生分解、烧焦。 5. 冷却速度慢，因此必须充分冷却，宜设冷料穴，模具应有冷却系统。 6. 收缩率范围大，收缩值大，取向性明显，易变形，产生翘曲；结晶度及模具冷却条件对收缩率影响大，应控制模温，保持冷却均匀、稳定。 7. 宜高压低温注射，料温均匀，填充速度快，保压充分。 8. 不宜用直浇口，易增大内应力或产生收缩不均匀，取向性明显，变形增大。应注意选择浇口位置与数量，防止产生缩孔、翘曲变形。 9. 质软易脱模，塑件有浅的侧凹槽时可强行脱模
聚氯乙烯（PVC）	1. 非结晶型塑料，吸湿性小，但为了提高流动性、防止发生气泡，则宜先干燥。 2. 流动性差，极易分解，特别在高温下与钢、铜合金接触更易分解，分解温度为200℃，分解时有腐蚀及刺激性气体产生。 3. 成型温度范围小，必须严格控制料温。 4. 用螺杆式注射机及直通喷嘴，孔径宜大，以防止死角滞料，滞料必须及时清除。 5. 模具浇注系统应粗短，浇口截面宜大，不得有死角滞料；模具应冷却，其表面应镀铬
聚丙烯（PP）	1. 结晶型塑料，吸湿性小，可能发生熔体破裂，长期与热金属接触易分解。 2. 流动性极好，溢边值为0.03mm左右。 3. 冷却速度快，浇注系统及冷却系统散热应适度。 4. 成型收缩范围大，收缩率大，易产生缩孔、凹痕、变形，取向性强。 5. 注意控制成型温度。料温低，取向性明显，尤其低温高压时更明显，模具温度低于50℃以下塑件无光泽，易产生熔接痕、流痕，90℃以上时易发生翘曲、变形。 6. 塑件应壁厚均匀，避免缺口、尖角，以防止应力集中
改性聚甲基丙烯酸甲酯（PMMA）	1. 非结晶型塑料，吸湿性大，不易分解。 2. 质脆，表面硬度低。 3. 流动性中等，溢边值为0.03mm左右，易产生填充不良、缩孔、凹痕、熔接痕。 4. 宜高压注射，在不出现缺陷的条件下宜取高料温、模温，可增加流动性，降低内应力、取向性，改善透明度及强度。 5. 模具浇注系统应对料流阻力小，脱模斜度应大，推出均匀，表面粗糙度值小，排气良好。 6. 防止出现气泡、银丝、熔接痕及滞料分解，混入杂质

（续）

塑料名称	成 型 特 性
聚酰胺（PA）	1. 结晶型塑料，熔点较高，熔融温度范围较窄，熔融状态热稳定性差，料温超过300℃、滞留时间超过30min极易分解。 2. 较易吸湿，成型前应预热干燥，并应防止再吸湿，含水量不得超过其质量的0.3%。吸湿后流动性下降，易出现气泡、银丝等缺陷。高精度塑件应经调湿处理，但处理后尺寸会胀大。 3. 流动性极好，溢边值一般为0.02mm，易溢料和发生“流延现象”。用螺杆式注射机注射时，喷嘴宜用自锁式结构，并应加热，螺杆应带止回环。 4. 成型收缩率范围大，收缩率大，取向性明显，易产生缩孔、凹痕和变形等缺陷，成型条件应稳定。 5. 熔料冷却速度对结晶度影响较大，对塑件结构及性能有明显影响，故应正确控制模温（一般为60~90℃），模温低易产生缩孔、结晶度低等现象。对于要求伸长率高、透明度高、柔软性较好的薄壁塑件，宜取低模温；对于要求硬度高、耐磨性好以及在使用时变形小的厚壁塑件，宜取高模温。 6. 成型条件对塑件成型收缩、缩孔、凹痕影响较大。料筒温度依据聚酰胺品种、塑件形状及注射机类型而异；柱塞式注射机宜取高温，但一般料温不宜超过300℃，受热时间不得超过30min。料温高则收缩大，易出飞边。注射压力根据注射机类型、料温、塑件的形状和尺寸、模具浇注系统而定。注射压力高易出飞边，收缩小，取向性强；注射压力低易产生凹痕、波纹。成型周期根据塑件壁厚而定，厚则取长，薄则取短。注射时间及保压时间对塑件收缩率、凹痕、变形、缩孔影响较大，为了减少收缩及凹痕、缩孔，一般宜取低模温、低料温、高注射压力的成型条件，并采用白油作为脱模剂。 7. 模具浇注系统的形式及尺寸与加工聚苯乙烯时相似，但增大流道及浇口截面尺寸可改善缩孔及凹痕现象；收缩率一般根据壁厚而定，厚壁取大值，薄壁取小值；模温分布应均匀，应注意防止出飞边，设置排气措施。 8. 塑件壁厚不宜取大值，并应均匀，脱模斜度不宜取小值，尤其对厚壁及深高塑件更应取大值
聚碳酸酯（PC）	1. 非结晶型塑料，热稳定性好，成型温度范围宽，超过330℃才呈现严重分解，分解时产生无毒、无腐蚀性气体。 2. 吸湿性极小，但水敏性强，含水量不得超过其质量的0.2%，加工前必须干燥处理，否则会出现银丝、气泡及强度显著下降的现象。 3. 流动性差，溢边值为0.06mm左右，流动性对温度变化敏感，冷却速度快。 4. 成型收缩率小，如成型条件适当，塑件尺寸可控制在一定公差范围内，塑件精度高。 5. 可能发生应力开裂，易产生应力集中（即内应力），应严格控制成型条件，塑件宜退火处理以消除内应力。 6. 熔融温度高，黏度高，对大于200g的塑件，应用螺杆式注射机成型，并宜采用敞开式延伸喷嘴。 7. 黏度高，但对剪切作用敏感。浇注系统宜设冷料穴。浇口附近有残余应力，必要时可采用调节式浇口。模具宜加热，模温一般取70~120℃为宜。应注意推出均匀，模具应采用耐磨钢制造，并淬火。 8. 塑件壁厚不宜取大值，应均匀，避免有尖角、缺口及金属嵌件造成应力集中，脱模斜度宜取2°。若有金属嵌件，应预热，预热温度一般为110~130℃。 9. 料筒温度对控制塑件质量有很大影响，料温低时会造成缺料，表面无光泽；温度高时易溢料，出现银丝暗条，塑件变色有气泡。注射压力宜高不宜低。 10. 模温对塑件质量影响很大，薄壁塑件宜取80~100℃，厚壁塑件宜取80~120℃。模温低则收缩率、伸长率、抗冲击强度大，抗弯、抗压、抗张强度低；模温超过120℃则塑件冷却慢，易变形粘模，脱模困难，成型周期长
聚甲醛（POM）	1. 结晶型塑料，熔融范围很窄，熔融或凝固速度快，结晶速度快。料温稍低于熔融温度即发生结晶，流动性下降。 2. 热敏性强，极易分解（但比聚氯乙烯弱，共聚比均聚稍弱），分解温度为240℃，但200℃时滞留30min以上也可分解，分解时产生有刺激性、腐蚀性的气体。 3. 流动性中等，溢边值为0.04mm左右；流动性对温度变化不敏感，但对注射压力变化敏感。 4. 结晶度高，结晶时体积变化大，成型收缩范围大，收缩率大。 5. 吸湿性小，水分对成型影响极小，一般可不干燥处理，但为了防止树脂表面吸附水分，加工前须进行干燥并起预热作用，特别是对于大面积薄壁塑件，为了改善塑件表面光泽度，一般用烘箱加热，温度为90~100℃，时间为4h，料层厚度为3cm。

（续）

塑料名称	成 型 特 性
聚甲醛（POM）	6. 摩擦因数低，弹性高，浅侧凹槽可强迫脱模，塑件表面可带有皱纹花样，但易产生表面缺陷，如毛斑、折皱、熔接痕、缩孔、凹痕等。 7. 宜用螺杆式注射机成型，余料不宜过多和滞留太长；一般塑件质量（包括主流道、分流道）不应超过注射机注射量的75%，或取注射容量与料筒容量的比值为1∶6～1∶10。料筒、喷嘴等务必防止有死角、间隙而滞料，预塑时螺杆转速宜取低值，并且用单线、全螺纹、等距、压缩突变型螺杆。 8. 喷嘴孔径应取大值，并采用直通式喷嘴。为防止流延现象，喷嘴孔可呈喇叭形，并设置单独控制的加热装置，以适当地控制喷嘴温度。 9. 模具浇注系统对料流阻力要小，浇口宜小，要尽量避免死角积料。模具应加热，模温高时应防止滑动配合部件卡住。模具应选用耐磨、耐蚀材料，并淬硬、镀铬。要注意排气。 10. 必须严格控制成型条件，嵌件应预热（一般为100～150℃），料温稍高于熔点（一般为170～190℃）即可，不宜轻易提高温度。模温对塑件质量影响较大，提高模温可改善表面凹痕，有助于熔料流动。塑件内外应均匀冷却，防止缺料、缩孔、折皱。模温对结晶度及收缩率也有很大影响，必须正确控制，一般取75～120℃；壁厚大于4mm的取90～120℃，小于4mm的取75～90℃。宜用高压、高速注射，塑件可在较高温度时脱模。冷却时间可短，但为防止收缩变形、应力不均匀，脱模后宜将塑件放在90℃左右热水中缓冷或用整形夹具冷却。 11. 在料温偏高、喷嘴温度偏低、高压对空注射时，易发生爆炸性伤人事故，分解刺激性易燃气体，应远离明火
氯化聚醚（CPT）	1. 结晶型塑料，内应力小，即使有较小的内应力，在室温下也会自行消失，成型收缩率小，尺寸稳定性好，宜成型高精度、形状复杂、多嵌件的中、小型塑件。 2. 吸湿性极小，成型前不必预热，如物料表面有水分，则可在80～100℃的烘箱中干燥1～2h即可。 3. 流动性中等，对温度变化敏感，树脂相对分子质量小的熔体黏度低，选低料温即可，反之亦然。成型温度为180～220℃，分解温度约为270℃左右，分解时产生有腐蚀性气体。 4. 可采用柱塞和螺杆式注射机成型，宜采用直通式喷嘴，孔径可呈喇叭形，宜加热。 5. 树脂相对分子质量大，塑件壁厚、成型周期短时，一般料筒温度应取大值，并宜高压注射。模温对塑件的性能影响显著，模温高，结晶度增加，抗拉、抗弯、抗压强度均有一定程度的提高，坚硬而不透明，但冲击强度及伸长率下降。反之，模温低则性柔韧而半透明，故模温应按要求选用，常用90～100℃，最低为50～60℃。成型周期对塑件性能无明显影响。 6. 成型时产生微量氯化氢等腐蚀性气体。熔体对金属黏附力强，模具应淬硬，表面镀铬抛光。浇注系统应首先考虑料流方向、阻力和压力损耗，宜取粗、短的浇注系统，尤其是厚壁塑件更应注意
丙烯腈－丁二烯－苯乙烯共聚物（ABS）	1. 非结晶型塑料，其品种牌号很多，各品种的机电性能及成型特性也各有差异，应按品种确定成型方法及成型条件。 2. 吸湿性大，含水量应小于0.3%（质量分数），必须充分干燥，要求表面光泽的塑件应要求长时间预热干燥。 3. 流动性中等，溢边值为0.04mm左右（流动性比聚苯乙烯、AS差，但比聚碳酸酯、聚氯乙烯好）。 4. 比聚苯乙烯加工困难，宜取高料温、高模温（对于耐热、高抗冲击和中抗冲击型树脂，料温应更高）。料温对物料性能影响较大，料温过高易分解（分解温度为250℃左右，比聚苯乙烯易分解）。要求精度较高的塑件，模温宜取50～60℃；要求光泽及耐热型的塑件，模温宜取60～80℃。注射压力应比加工聚苯乙烯时稍高。一般用柱塞式注射机时，料温为180～230℃，注射压力为100～140MPa。螺杆式注射机则取160～220℃、70～100MPa为宜。 5. 模具设计时要注意浇注系统的浇口位置和形式，顶出力过大或机械加工时，塑件表面呈现“白色”痕迹（但在热水中加热可消失），脱模斜度宜取2°以上
苯乙烯－丙烯腈共聚物（AS树脂）	1. 非结晶型塑料，吸湿性大，热稳定性好，不易分解。 2. 流动性比ABS好，不易出飞边。 3. 易产生裂纹，塑件应避免尖角、缺口。推出均匀，脱模斜度宜取大值。 4. 浇口处易产生裂纹

（续）

塑料名称	成 型 特 性
聚砜（PSU）	1. 非结晶型塑料，易吸湿，含水量超过0.125%（质量分数）即可产生银丝、云母斑、气泡，甚至开裂，应充分干燥并在使用时防止再吸湿。 2. 宜用螺杆式注射机成型，用直通式喷嘴并加热；加工前必须彻底清除对温度敏感的树脂，所以最好采用聚苯乙烯、聚乙烯、聚丙烯进行清洗。 3. 成型性能与聚碳酸酯相似，热稳定性比聚碳酸酯差，分解温度为360℃左右。 4. 流动性差，对温度变化敏感，冷却速度快。 5. 要求成型温度高，宜用高压成型，压力低易产生波纹、气泡和凹痕，过高则脱模困难。 6. 模温依壁厚而定，一般取90～100℃，对于结构复杂或长而薄壁塑件，则取140～150℃。 7. 模具应有足够的刚度和强度；浇注系统应短而粗、散热慢、阻力小，宜采用直接式、侧浇口和扇形浇口等，截面厚度宜取塑件壁厚的1/2～2/3。用点浇口时直径应取大值，浇口宜设在厚壁处，对薄长塑件宜用多点浇口
聚苯醚（PPE）	1. 非结晶型塑料，吸湿性小，但宜干燥后加工，易分解（熔点为300℃，分解温度为350℃）。 2. 流动性差（介于聚碳酸酯和ABS之间），对温度变化敏感，凝固速度快，成型收缩小。 3. 宜采用螺杆式注射机和直通式喷嘴，孔径宜取3～6mm，并应加热，但应比前段料筒温度低10～20℃，防止漏料。 4. 料温在300～330℃时有足够的流动性，可加工复杂及薄壁塑件。注射成型时宜取高压，高速注射，保压及冷却时间不要太长。 5. 模温取100～150℃为宜，可防止过早冷却，提高充模速度，降低料温及注射压力，改善表面光泽度，防止出现分层、熔接痕、皱纹及分解。模温低于100℃时，尤其对薄壁塑件，易造成充模不足和分层；高于150℃易出现气泡、银丝和翘曲。 6. 模具主流道锥度宜大并采用拉料钩。浇注系统对料流阻力小，冷却慢，浇口宜厚；流道短粗，宜用直浇口或扇形、扁平等浇口；用点浇口时，截面宜大；对长流道也可采用热流道结构
醋酸纤维素（CA）	1. 非结晶型塑料，吸湿性大，要预热干燥。 2. 极易分解（比聚氯乙烯、聚甲醛稍缓），分解时对设备、模具有腐蚀性。 3. 流动性比聚苯乙烯稍差，对温度变化敏感。 4. 模具应镀铬，不得有死角滞料。 5. 宜采用螺杆式注射机和直通式喷嘴，防止滞料分解
氟塑料（如PCTFF、FEP、PVDF）	1. 结晶型塑料（三氟料结晶速度快），吸湿性小，聚全氟乙丙烯易发生熔体破裂。 2. 热敏性料，极易分解，分解时产生有毒、有腐蚀性气体。三氟料分解温度为260℃，聚偏二氟乙烯料为340℃，必须严格控制成型温度。 3. 流动性差，熔融温度高（聚偏二氟乙烯成型较方便），成型温度范围窄；要高温、高压成型。 4. 宜用螺杆式注射机成型，模具要有足够的强度及刚度，应防止死角滞料。浇注系统对料流阻力小，模具应加热，并淬硬镀铬
玻璃纤维增强塑料（GFRP）	1. 流动性差，熔体流动速率比普通料低30%～70%，易产生填充不良、熔接不良、玻璃纤维分布不均匀等缺陷。成型时宜用高温、高压、高速，浇注系统截面应大，流程应平直而短，以利于纤维均匀分散，防止树脂纤维分头聚积、玻璃纤维裸露及局部烧伤。 2. 成型收缩率小，异向性明显，塑件易产生翘曲变形。 3. 不易脱模，对模具磨损大，注射时料流对浇注系统、型芯等都有较大磨损，故脱模斜度应取大值。模具应淬硬、抛光，易磨损部位应便于修换，并选用适当的脱模剂。 4. 成型时由于纤维表面处理剂易挥发成气体，所以模具应有排气槽和溢料槽，并设在易产生熔接痕的部位，以防熔接不良、缺料和烧伤等

附录B　常用热固性塑料的成型特性

塑料名称	成型特性
酚醛塑料	1. 成型性能好，但收缩及方向性一般比氨基塑料大，并含有水分挥发物。成型前应预热，成型过程中应排气。若不预热，则应提高模温和成型压力。 2. 模温对流动性影响较大，一般超过160℃时，流动性会迅速下降。 3. 硬化速度一般比氨基塑料慢，硬化时放出的热量大。大型厚壁塑件的内部温度容易过高，容易发生硬化不均匀和过热
氨基塑料	1. 流动性好，硬化速度快，故预热及成型温度要适当，装料、合模及加压速度要快。 2. 成型收缩率大，脲甲醛塑料等不宜压注大型塑件。 3. 含水分挥发物多，易吸湿、结块，成型前应预热干燥，并防止再吸湿，但过于干燥则流动性下降。成型时有水分及分解物，呈弱酸性，模具应镀铬，防止腐蚀；成型时应排气。 4. 成型温度对塑件质量影响较大。温度过高易发生分解、变色、气泡、开裂、变形、色泽不均匀，温度低时流动性差，无光泽，故应严格控制成型温度。 5. 性脆，嵌件周围易应力集中，尺寸稳定性差。 6. 储存期长、储存温度高时，会引起流动性迅速下降
有机硅塑料	1. 流动性好，硬化速度慢，压塑成型时需要较高的成型温度。 2. 压塑成型后，须经高温固化处理
硅酮塑料	1. 流动性极好，易溢料，收缩率小，但储存温度高时会使流动性迅速下降。 2. 硬化速度慢，成型后需高温固化，并可能发生后收缩。塑件厚度大于10mm时，应逐渐升温和适当延长保温时间，否则易脆裂。 3. 用于封装集成电路等电子元件时，浇口位置及截面应注意防止熔料流速太快，或者直接冲击细弱元件。主流道截面不宜过小，浇口相对方向宜开溢料槽
环氧塑料（浇铸料）	1. 流动性好，硬化收缩小，但热刚性差，不易脱模。 2. 硬化速度快，硬化时一般不需排气，装料后应立即加压
玻璃纤维增强塑料	1. 流动性比一般塑料差，但物料渗入力强，飞边厚，且不易除去，故选择分型面时，应注意飞边方向。上、下模及镶拼件宜取整件结构，其装配间隙不宜过大，上、下模可拆卸的成型零件宜采用间隙配合。 2. 收缩率一般取0.1%～0.2%，但有方向性，易产生熔接不良、变形、翘曲、缩孔、裂纹、应力集中、树脂填料分布不均匀等现象。薄壁件易碎，不易脱模，大面积塑件易产生波纹及物料聚集。 3. 成型压力大，物料渗挤力大，模具型芯和塑件嵌件应有足够的强度，以防变形、位移和损坏，尤其是细长型芯与型腔空隙较小时更应注意。 4. 比体积、压缩比都比一般塑料大，故模具设计时应取较大的加料腔，一般物料体积为塑件体积的2～3倍。 5. 适宜成型通孔，避免成型ϕ5mm以下的不通孔。大型塑件尽量不设计小孔。孔间距、孔边距宜取大值，大密度排列的小孔不宜压塑成型。成型不通孔时，其底部应呈半球面或圆锥面，以利于物料流动。孔径与孔深之比，一般取1:2～1:3。 6. 加压方向宜选塑件投影面积大的方向，不宜选尺寸精度高的部位或与嵌件、型芯的轴线呈垂直方向。 7. 模具应抛光、淬硬，选用耐磨钢材，脱模斜度宜取1°以上。推杆应有足够的强度，推出力分布均匀，推杆不宜兼作型芯。 8. 快速成型料可在成型温度下脱模，慢速成型料的模具应有加热及强迫冷却措施

附录C 常用热塑性塑料的注射成型工艺参数

项目 \ 塑料	PE-LD	PE-HD	乙丙共聚 PP	PP	玻纤增强 PP	软 PVC	硬 PVC	PS	PS-HD	ABS	高抗冲 ABS	耐热 ABS	电镀级 ABS	阻燃 ABS	透明 ABS	ACS
注射机类型	柱塞式	螺杆式	柱塞式	螺杆式	螺杆式	柱塞式	螺杆式	柱塞式	螺杆式	螺杆式	螺杆式	螺杆式	螺杆式	螺杆式	螺杆式	螺杆式
螺杆转速/(r/min)	—	30~60	—	30~60	30~60	—	20~30	—	30~60	30~60	30~60	30~60	20~60	20~50	30~60	20~30
喷嘴 形式	直通式	直通式	直通式	直通式	直通式	直通式	直通式	直通式	直通式	直通式	直通式	直通式	直通式	直通式	直通式	直通式
喷嘴 温度/℃	150~170	150~180	170~190	170~190	180~190	140~150	150~170	160~170	160~170	180~190	190~200	190~200	190~210	180~190	190~200	160~170
料筒温度/℃ 前段	170~200	180~190	180~200	180~200	190~200	160~190	170~190	170~190	170~190	200~210	200~210	200~220	210~230	190~200	200~220	170~180
料筒温度/℃ 中段	—	180~200	190~220	200~220	210~220	—	165~180	—	170~190	210~230	210~230	220~240	230~250	200~220	220~240	180~190
料筒温度/℃ 后段	140~160	140~160	150~170	160~170	160~170	140~150	160~170	140~160	140~160	180~200	180~200	190~200	200~210	170~190	190~200	160~170
模具温度/℃	30~45	30~60	50~70	40~80	70~90	30~40	30~60	20~60	20~50	50~70	50~80	60~85	40~80	50~70	50~70	50~60
注射压力/MPa	60~100	70~100	70~100	70~120	90~130	40~80	80~130	60~100	60~100	70~90	70~120	85~120	70~120	60~100	70~100	80~120
保压压力/MPa	40~50	40~50	40~50	50~60	40~50	20~30	40~60	30~40	30~40	50~70	50~70	50~80	50~70	30~60	50~60	40~50
注射时间/s	0~5	0~5	0~5	0~5	2~5	0~8	2~5	0~3	0~3	3~5	3~5	3~5	0~4	3~5	0~4	0~5
保压时间/s	15~60	15~60	15~60	20~60	15~40	15~40	15~40	15~40	15~40	15~30	15~30	15~30	20~50	15~30	15~40	15~30
冷却时间/s	15~60	15~60	15~60	15~50	15~40	15~30	15~40	15~30	10~40	15~30	15~30	15~30	15~30	10~30	10~30	15~30
成型周期/s	40~140	40~140	40~120	40~120	40~100	40~80	40~90	40~90	40~90	40~70	40~70	40~70	40~90	30~70	30~80	40~70

项目 \ 塑料	SAN (AS)	PMMA		PMMA /PC	氯化聚醚	均聚 POM	共聚 POM	PET	PBT	玻纤增强 PBT	PA6	玻纤增强 PA6	PA11	玻纤增强 PA11	PA12	PA66
注射机类型	螺杆式	螺杆式	柱塞式	螺杆式	螺杆式	螺杆式	螺杆式	螺杆式	螺杆式	螺杆式	螺杆式	螺杆式	螺杆式	螺杆式	螺杆式	螺杆式
螺杆转速/(r/min)	20~50	20~30	—	20~30	20~40	20~40	20~40	20~40	20~40	20~40	20~50	20~40	20~50	20~40	20~50	20~50
喷嘴 形式	直通式	直通式	直通式	直通式	直通式	直通式	直通式	直通式	直通式	直通式	直通式	直通式	直通式	直通式	直通式	自锁式
喷嘴 温度/℃	180~190	180~200	180~200	220~240	170~180	170~180	170~180	250~260	200~220	210~230	200~210	200~210	180~190	190~200	170~180	250~260
料筒温度/℃ 前段	200~210	180~210	210~240	230~250	180~200	170~190	170~190	260~270	230~240	230~240	220~230	220~240	185~200	200~220	185~220	255~265
料筒温度/℃ 中段	210~230	190~210	—	240~260	180~200	170~190	180~200	260~280	230~250	240~260	230~240	230~250	190~220	220~250	190~240	260~280
料筒温度/℃ 后段	170~180	180~200	180~200	210~230	180~190	170~180	170~190	240~260	200~220	210~220	200~210	200~210	170~180	180~190	160~170	240~250
模具温度/℃	50~70	40~80	40~80	60~80	80~110	90~120	90~100	100~140	60~70	65~75	60~100	80~120	60~90	60~90	70~110	60~120
注射压力/MPa	80~120	50~120	80~130	80~130	80~110	80~130	80~120	80~120	60~90	80~100	80~110	90~130	90~120	90~130	90~130	80~130
保压压力/MPa	40~50	40~60	40~60	40~60	30~40	30~50	30~50	30~50	30~40	40~50	35~50	30~50	30~50	40~50	50~60	40~50
注射时间/s	0~5	0~5	0~5	0~5	0~5	2~5	2~5	0~5	0~3	2~5	0~4	2~5	0~4	2~5	2~5	0~5
保压时间/s	15~30	20~40	20~40	20~40	15~50	20~80	20~90	20~50	10~30	10~20	15~50	15~40	15~50	15~40	20~60	20~50
冷却时间/s	15~30	20~40	20~40	20~40	20~50	20~60	20~60	20~30	15~30	15~30	20~40	20~40	20~40	20~40	20~40	20~40
成型周期/s	40~70	50~90	50~90	50~90	40~110	50~150	50~60	50~90	30~70	30~60	40~100	40~90	40~100	40~90	50~110	50~100

（续）

项目 \ 塑料	玻纤增强 PA66	PA610	PA612	PA1010		玻纤增强 PA1010		透明 PA	PC		PC/PE		玻纤增强 PC	PSU	改性 PSU	玻纤增强 PSU
注射机类型	螺杆式	螺杆式	螺杆式	螺杆式	柱塞式	螺杆式	柱塞式	螺杆式	螺杆式	柱塞式	螺杆式	柱塞式	螺杆式	螺杆式	螺杆式	螺杆式
螺杆转速/(r/min)	20～40	20～50	20～50	20～50	—	20～40	—	20～50	20～40	—	20～40	—	20～30	20～30	20～30	20～30
喷嘴 形式	直通式	自锁式	自锁式	自锁式	自锁式	直通式	直通式	直通式	直通式	直通式	直通式	直通式	直通式	直通式	直通式	直通式
喷嘴 温度/℃	250～260	200～210	200～210	190～200	190～210	180～190	180～190	220～240	230～250	240～250	220～230	230～240	240～260	280～290	250～260	280～300
料筒温度/℃ 前段	260～270	220～230	210～220	200～210	230～250	210～230	240～260	240～250	240～280	270～300	230～250	250～280	260～290	290～310	260～280	300～320
料筒温度/℃ 中段	260～290	230～250	210～230	220～240	—	230～260	—	250～270	260～290	—	240～260	—	270～310	300～330	280～300	310～330
料筒温度/℃ 后段	230～260	200～210	200～205	190～200	180～200	190～200	190～200	220～240	240～270	260～290	230～240	240～260	260～280	280～300	260～270	290～300
模具温度/℃	100～120	60～90	40～70	40～80	40～80	40～80	40～80	40～60	90～110	90～110	80～100	80～100	90～110	130～150	80～100	130～150
注射压力/MPa	80～130	70～110	70～120	70～100	70～120	90～130	100～130	80～130	80～130	110～140	80～120	80～130	100～140	100～140	100～140	100～140
保压压力/MPa	40～50	20～40	30～50	20～40	30～40	40～50	40～50	40～50	40～50	40～50	40～50	40～50	40～50	40～50	40～50	40～50
注射时间/s	3～5	0～5	0～5	0～5	0～5	2～5	2～5	0～5	0～5	0～5	0～5	0～5	2～5	0～5	0～5	2～7
保压时间/s	20～50	20～50	20～50	20～50	20～50	20～40	20～40	20～60	20～80	20～80	20～80	20～80	20～60	20～80	20～70	20～50
冷却时间/s	20～40	20～40	20～50	20～40	20～40	20～40	20～40	20～40	20～50	20～50	20～50	20～50	20～50	20～50	20～50	20～50
成型周期/s	50～100	50～100	50～110	50～100	50～100	50～90	50～90	50～110	50～130	50～130	50～140	50～140	50～110	50～140	50～130	50～110

项目 \ 塑料	聚芳砜	聚醚砜	PPE	改性 PPE	聚芳酯	聚氨酯	聚苯硫醚	聚酰亚胺	醋酰纤维素	醋酸丁酸纤维素	醋酸丙酸纤维素	乙基纤维素	F46
注射机类型	螺杆式	螺杆式	螺杆式	螺杆式	螺杆式	螺杆式	螺杆式	螺杆式	柱塞式	柱塞式	柱塞式	柱塞式	螺杆式
螺杆转速/(r/min)	20～30	20～30	20～30	20～50	20～50	20～70	20～30	20～30	—	—	—	—	20～30
喷嘴 形式	直通式	直通式	直通式	直通式	直通式	直通式	直通式	直通式	直通式	直通式	直通式	直通式	直通式
喷嘴 温度/℃	380～410	240～270	250～280	220～240	230～250	170～180	280～300	290～300	150～180	150～170	160～180	160～180	290～300
料筒温度/℃ 前段	385～420	260～290	260～280	230～250	240～260	175～185	300～310	290～310	170～200	170～200	180～210	180～220	300～330
料筒温度/℃ 中段	345～385	280～310	260～290	240～270	250～280	180～200	320～340	300～330	—	—	—	—	270～290
料筒温度/℃ 后段	320～370	260～290	230～240	230～240	230～240	150～170	260～280	280～300	150～170	150～170	150～170	150～170	170～200
模具温度/℃	230～260	90～120	110～150	60～80	100～130	20～40	120～150	120～150	40～70	40～70	40～70	40～70	110～130
注射压力/MPa	100～200	100～140	100～140	70～110	100～130	80～100	80～130	100～150	60～130	80～130	80～120	80～130	80～130
保压压力/MPa	50～70	50～70	50～70	40～60	50～60	30～40	40～50	40～50	40～50	40～50	40～50	40～50	50～60
注射时间/s	0～5	0～5	0～5	0～8	2～8	2～6	0～5	0～5	0～3	0～5	0～5	0～5	0～8
保压时间/s	15～40	15～40	30～70	30～70	15～40	30～40	10～30	20～60	15～40	15～40	15～40	15～40	20～60
冷却时间/s	15～20	15～30	20～60	20～50	15～40	30～60	20～50	30～60	15～40	15～40	15～40	15～40	20～60
成型周期/s	40～50	40～80	60～140	60～130	40～90	70～110	40～90	60～130	40～90	40～90	40～90	40～90	50～130

附录 D 海天 HTF 系列注射机的型号规格及主要技术参数

		HTF60 – Ⅰ	HTF60 – Ⅱ	HTF90	HTF120	HTF160	HTF200	HTF250	HTF280	HTF320	HTF380	HTF470	HTF530
注射装置	螺杆直径/mm	22	26	32	36	40	45	50	55	60	65	70	80
	理论容量/cm^3	38	66	121	173	253	334	471	618	792	1068	1424	2212
	注射质量(PS)/g	35	60	110	157	230	304	429	562	721	972	1296	2013
	注射速率(PS)/(g/s)	52	66	87	117	135	191	205	270	277	330	390	448
	塑化能力(PS)/(g/s)	5.1	7	11	12.6	15.4	20	24	29.6	33.7	38.2	44.9	58.7
	注射压力/MPa	266	236	249	237	238	231	215	219	213	211	207	205
合模装置	锁模力/kN	600	600	900	1200	1600	2000	2500	2800	3200	3800	4700	5300
	开模行程/mm	270	300	320	360	430	490	540	590	640	700	780	850
	拉杆内距(长/mm)×(宽/mm)	310×310	310×310	360×360	410×410	470×470	530×530	580×580	630×630	680×680	730×730	820×800	840×830
	最大模厚/mm	330	330	380	450	520	550	580	630	680	730	780	850
	最小模厚/mm	120	120	150	150	180	200	220	230	250	280	320	350
	喷嘴球面半径/mm	10	10	10	10	10	10	10	10	10	15	15	15
	喷嘴孔直径/mm	2	2	3	3	3	3	3	3	3	4	4	4
	顶出行程/mm	70	70	100	120	140	140	150	150	160	180	200	220
	顶出力/kN	22	22	33	33	33	62	62	62	62	110	110	158
	顶出杆根数及直径/mm	1×ϕ40	1×ϕ40	1×ϕ80+4×ϕ28	1×ϕ100+4×ϕ28	1×ϕ100+4×ϕ28	1×ϕ100+8×ϕ38	1×ϕ100+8×ϕ38	1×ϕ100+12×ϕ38	1×ϕ100+12×ϕ38	1×ϕ100+12×ϕ38	1×ϕ120+12×ϕ38+4×ϕ58	1×ϕ120+12×ϕ38+4×ϕ58
	动定模板尺寸(长/mm)×(宽/mm)	482×469	482×469	540×540	627×625	705×705	791×791	860×860	940×940	990×990	1040×1036	1210×1180	1250×1240

（续）

		HTF60－Ⅰ	HTF60－Ⅱ	HTF90	HTF120	HTF160	HTF200	HTF250	HTF280	HTF320	HTF380	HTF470	HTF530
其他	最大油泵压力/MPa	16	16	16	16	16	16	16	16	16	16	16	16
	油泵功率/kW	11	11	15	18.5	22	30	30	37	37	45	55	60
	电热功率/kW	4.55	5.1	6.2	9.75	9.75	14.25	16.65	17.85	19.65	24.85	29.45	44.45
	外形尺寸(长/m)×(宽/m)×(高/m)	3.64×1.2×1.76	3.64×1.2×1.76	4.2×1.25×1.85	4.73×1.34×1.94	5.06×1.45×1.97	5.4×1.57×2.04	5.9×1.68×2.08	6.43×1.83×2.08	6.9×1.91×2.08	7.36×1.96×2.15	8.16×2.13×2.28	9.23×2.2×2.66
	机器质量/t	2.3	2.3	3.46	4.6	5.3	6.9	8.3	10.5	13	16	21	30
	料斗容积/kg	25	25	25	25	25	50	50	50	50	50	50	100
	油箱容积/L	210	210	240	280	345	385	555	705	730	750	900	1040

注：1. 每种规格的注射机根据螺杆直径不同细分为2～4个品种（A～D），表中所列为A型螺杆注射机的参数。

2. A型螺杆直径最小，随着螺杆直径的增大，注射装置中的理论容量、注射质量、注射速率、塑化能力增大，而注射压力减小，其余参数不变。

参考文献

[1] 杨占尧. 塑料成型工艺与模具设计 [M]. 北京：航空工业出版社，2012.

[2] 杨占尧. 注塑模具典型结构图例 [M]. 北京：化学工业出版社，2005.

[3] 刘朝福. 注塑模具设计师速查手册 [M]. 北京：化学工业出版社，2010.

[4] 欧阳德祥. 塑料成型工艺与模具结构 [M]. 北京：机械工业出版社，2008.

[5] 李学锋. 塑料模具设计与制造 [M]. 2 版. 北京：机械工业出版社，2010.

[6] 蔡华. 塑料成型工艺与模具设计 [M]. 上海：上海科学技术出版社，2011.

[7] 张维合. 注塑模具设计实用教程 [M]. 2 版. 北京：化学工业出版社，2011.

[8] 李洪达，赖华清. 塑料模具设计与制造 [M]. 北京：科学出版社，2012.

[9] 屈华昌. 塑料成型工艺与模具设计 [M]. 北京：高等教育出版社，2006.

[10] 齐卫东. 塑料模具设计与制造 [M]. 北京：高等教育出版社，2004.

[11] 齐卫东. 注塑模具图集 [M]. 北京：北京理工大学出版社，2007.

[12] 模具实用技术丛书编委会. 塑料模具设计制造与应用实例 [M]. 北京：机械工业出版社，2002.

[13] 刘彦国. 塑料成型工艺与模具设计 [M]. 北京：人民邮电出版社，2009.

[14] 叶久新，王群. 塑料成型工艺及模具设计 [M]. 北京：机械工业出版社，2008.

[15]《塑料模设计手册》编写组. 塑料模设计手册 [M]. 北京：机械工业出版社，2002.